深入浅出 PyTorch
从模型到源码

张校捷 著

电子工业出版社
Publishing House of Electronics Industry
北京·BEIJING

内 容 简 介

本书从机器学习和深度学习的基础概念入手，由浅到深地详细介绍了 PyTorch 深度学习框架的知识，主要包含深度学习的基础知识，如神经网络的优化算法、神经网络的模块等；同时也包含了深度学习的进阶知识，如使用 PyTorch 构建复杂的深度学习模型，以及前沿的深度学习模型的介绍等。另外，为了加深读者对 PyTorch 深度学习框架的理解和掌握，本书还介绍了 PyTorch 的源代码结构，包括该框架的 Python 语言前端和 C++语言后端的源代码结构。

作为一本面向初中级读者的技术类图书，本书既可以作为深度学习框架 PyTorch 入门的参考书籍，也可以作为 PyTorch 深度学习框架的结构和源代码的阅读指南使用。

未经许可，不得以任何方式复制或抄袭本书之部分或全部内容。
版权所有，侵权必究。

图书在版编目（CIP）数据

深入浅出 PyTorch：从模型到源码 / 张校捷著. —北京：电子工业出版社，2020.4
ISBN 978-7-121-38641-1

Ⅰ. ①深⋯ Ⅱ. ①张⋯ Ⅲ. ①机器学习 Ⅳ. ①TP181

中国版本图书馆 CIP 数据核字（2020）第 036265 号

责任编辑：李利健
文字编辑：孔祥飞
印　　刷：北京捷迅佳彩印刷有限公司
装　　订：北京捷迅佳彩印刷有限公司
出版发行：电子工业出版社
　　　　　北京市海淀区万寿路 173 信箱　邮编：100036
开　　本：787×980　1/16　印张：26.75　字数：462 千字
版　　次：2020 年 4 月第 1 版
印　　次：2023 年 7 月第 11 次印刷
定　　价：89.90 元

凡所购买电子工业出版社图书有缺损问题，请向购买书店调换。若书店售缺，请与本社发行部联系，联系及邮购电话：（010）88254888，88258888。

质量投诉请发邮件至 zlts@phei.com.cn，盗版侵权举报请发邮件至 dbqq@phei.com.cn。
本书咨询联系方式：010-51260888-819，faq@phei.com.cn。

推荐序

深度学习的浪潮已经席卷了各行各业，从一开始被图像识别、自然语言处理这些相关专业领域的学者和技术人员熟悉到围棋领域由 Google 公司的 AlphaGo 一举成名，被普罗大众所熟悉也就用了三四年时间。在这之后，深度学习继续在各领域生根发芽并将会继续取得丰硕成果。

要学习深度学习，除了学习深度学习的相关理论知识，还要学习各大框架的使用方法。作为深度学习模型的载体，现在实现深度学习的框架主要有 Tensorflow 和 PyTorch，还有一些其他框架如 mxnet、CNTK 和 Chainer 等。而 PyTorch 自 2016 年 10 月首次对外发布以来，仅花了两年时间就可以和 Tensorflow 分庭抗礼，这与 PyTorch 的高性能和易用性是分不开的。截止 2019 年为止，深度学习的主要会议如 NIPS、ICCV、CVPR、ICML 等都有 50%～80%的会议论文使用了 PyTorch，这也说明了 PyTorch 的简明易用、高性能等特点吸引了大量学术界的用户。

现在市面上讲解 PyTorch 的入门级书已经有了很多，这些书分别从安装、使用和简单示例角度入手讲解 PyTorch，其优点是通俗易懂，但还是缺少一些从底层模块角度讲解 PyTorch 内容的书来帮助读者进一步了解并用好 PyTorch。而本书最大的优点就是囊括了 PyTorch 的常用模块，并给模块配备了不同使用方法的代码和代码背后的底层模块如何实现的逻辑，以便引导用户入门 PyTorch 后继续探索 PyTorch 的各种用法，进而提升科研和工作效率。除此以外，本书还囊括了近几年学术界和工业界都很常用的诸多热门模型，如 SSD、FCN、GAN、LSTM 和 BERT 等的 PyTorch 实现，省去了读者去网上搜索相关实现的烦琐。本书最后专门介绍了 PyTorch 的一些高级使用方法，例如，如何编写算子和自动求导机制，这可以帮助对 PyTorch 有进一步开发需求的研究者和学习者开发需要的算子。

本书作者张校捷自博士毕业以后一直从事 PyTorch 相关的工作，相信他在

NVIDIA公司的相关工作经验能帮助到广大读者更深入地了解PyTorch，从而学好深度学习。作为他的师兄，鄙人也很荣幸为本书作序。

最后，希望本书的出版能为国内的深度学习社区添砖加瓦，能吸引更多热爱深度学习的人加入到这个领域里。

Intel IAGS 软件工程师　石元坤

前言

近年来,以深度学习为代表的人工智能技术正引领着计算机领域和工业领域的一场革命。如今,我们日常生活中的很多场景都和人工智能领域息息相关。比如,日常生活中经常使用的刷脸支付、智能语音助手,以及正在逐渐投入使用的自动驾驶系统,在这些日常应用中,人工智能都扮演着一个重要的角色。而人工智能在这些领域的应用逐渐将人们从简单枯燥的重复劳动中解放出来,让人们能够投入到更有创造力的活动中去。可以预见,在未来,人工智能将会朝着更加智能,而且能够在越来越多的场景中替代人类的方向发展,代替人类去完成一些枯燥乏味的劳动。

目前人工智能的实现依赖的是使用深度学习模型在海量的数据上进行训练。由于深度学习模型是高度模块化的,因此,可以通过组合不同的模块来构造不同的深度学习模型以完成相应的任务。为了利用深度学习模型的这个特点,更加快速地进行深度学习模型的构建和开发,人们开发了一系列深度学习框架,比较有名的深度学习框架包括 PyTorch、TensorFlow、Caffe 等。这些框架的特点是内置了一系列基础模块,并且能够使用一定的方式(比如 Python 语言或者其他配置文件)来控制基础模块的组合,构造复杂多样的深度学习模型。作为其中一个成熟的深度学习框架,PyTorch 在学术界和工业界得到了广泛的应用。特别是在学术界,由于 PyTorch 简单高效,越来越多的研究课题组正在选择 PyTorch 作为深度学习的研究工具。在工业领域,PyTorch 也逐渐加入了一系列新功能,方便深度学习模型的部署。作为一款优秀的深度学习框架,PyTorch 主要的特点包括能够无缝地和 Python 语言整合,方便深度学习模型的构建和调试,以及使用动态计算图模型,灵活地实现各种需要的功能等。可以说,PyTorch 的设计思想完美地契合了 Python 语言的设计思想,即简洁和高效。这也让 PyTorch 对初学者非常友好,容易入门和掌握。可以说,PyTorch 是易于上手,同时保留了灵活性,能够构造绝大多数深度学习模型的一款强大的深度学习框架。

为了介绍这样一个功能强大的深度学习框架，本书从机器学习和深度学习的基础概念入手，首先让读者对深度学习的基础操作和主要任务有一定了解，在这个基础上，结合 PyTorch 中函数和类的定义介绍 PyTorch 是如何实现深度学习的这些基础操作的。接下来介绍了如何使用 PyTorch 中的这些基础操作来进行组合，构造复杂的深度学习模型。本书着重介绍了这些复杂的深度学习模型在两个重要领域（包括计算机视觉和自然语言处理）的应用，可以说，深度学习到目前为止在这两个领域都取得了巨大的成功。当然，深度学习的应用不止这两个领域。本书还介绍了深度学习在其他领域，如推荐系统、语音识别和语音合成，以及强化学习中的应用。同时，为了加深读者对 PyTorch 深度学习框架的理解，本书在介绍深度学习模型的同时，还着重介绍了 PyTorch 的源代码系统。为了让读者了解 PyTorch 的运行机制，本书还介绍了 PyTorch 的 C++ 后端是如何工作的，以及这个后端如何和前端的 Python 结合起来构造一个灵活的深度学习框架系统。从源代码阅读的角度来说，本书可以作为源代码的一个简单注释，帮助读者理解 PyTorch 各个构成部分的主要作用，以及这些构成部分是如何组合在一起协同工作的。

作为一个逐渐成熟的深度学习框架，PyTorch 经历了一系列的蜕变。从最初的 0.1 版本到目前最新的 1.3 版本，PyTorch 加入了一系列模块和新功能，大大增强了深度学习框架的灵活性并推展了其应用场景，同时也对代码进行了大量的修正，解决了很多代码中的错误。可以说，PyTorch 是一个飞速发展的深度学习框架。迄今为止，PyTorch 已经能够覆盖从学术研究到工业部署的一系列场景，在框架的功能和性能方面有了飞跃般的提升。相信在未来，随着基于深度学习模型的人工智能应用的逐渐推广，PyTorch 作为一个流行的深度学习框架将会得到更广泛的应用。

如无特殊说明，本书在公式中用斜体代表变量，黑斜体代表张量，正体代表常量。卷积神经网络的卷积核和中间特征的单位统一为像素。

因作者水平有限，书中错漏之处在所难免，恳请读者批评、指正。

作　者

目录

第1章 深度学习概念简介 1
  1.1 深度学习的历史 1
    1.1.1 深度学习的发展过程 1
    1.1.2 深度学习在计算机视觉领域的发展 2
    1.1.3 深度学习在自然语言处理和其他领域的发展 5
  1.2 机器学习基本概念 7
    1.2.1 机器学习的主要任务 7
    1.2.2 机器模型的类型 8
    1.2.3 损失函数以及模型的拟合 10
  1.3 深度学习基本概念 13
    1.3.1 向量、矩阵和张量及其运算 14
    1.3.2 张量的存储 18
    1.3.3 神经元的概念 18
  1.4 输入数据的表示方式 19
    1.4.1 图像数据的表示方式 19
    1.4.2 文本数据的表示方式 21
    1.4.3 音频数据的表示方式 22
  1.5 线性变换和激活函数 25
    1.5.1 全连接线性变换 25
    1.5.2 卷积线性变换 27
    1.5.3 激活函数 28
  1.6 链式求导法则和反向传播 31
    1.6.1 基于链式求导的梯度计算 31
    1.6.2 激活函数的导数 33

1.6.3 数值梯度 35
1.7 损失函数和优化器 36
1.7.1 常用的损失函数 36
1.7.2 基于梯度的优化器 37
1.7.3 学习率衰减和权重衰减 41
1.8 本章总结 42

第 2 章 PyTorch 深度学习框架简介 43

2.1 深度学习框架简介 43
2.1.1 深度学习框架中的张量 43
2.1.2 深度学习框架中的计算图 44
2.1.3 深度学习框架中的自动求导和反向传播 45
2.2 PyTorch 框架历史和特性更迭 46
2.3 PyTorch 的安装过程 48
2.4 PyTorch 包的结构 51
2.4.1 PyTorch 的主要模块 51
2.4.2 PyTorch 的辅助工具模块 56
2.5 PyTorch 中张量的创建和维度的操作 58
2.5.1 张量的数据类型 58
2.5.2 张量的创建方式 60
2.5.3 张量的存储设备 64
2.5.4 和张量维度相关的方法 65
2.5.5 张量的索引和切片 68
2.6 PyTorch 中张量的运算 69
2.6.1 涉及单个张量的函数运算 69
2.6.2 涉及多个张量的函数运算 71
2.6.3 张量的极值和排序 72
2.6.4 矩阵的乘法和张量的缩并 74
2.6.5 张量的拼接和分割 76
2.6.6 张量维度的扩增和压缩 78
2.6.7 张量的广播 79
2.7 PyTorch 中的模块简介 80

        2.7.1 模块类 80
        2.7.2 基于模块类的简单线性回归类 81
        2.7.3 线性回归类的实例化和方法调用 83
    2.8 PyTorch 的计算图和自动求导机制 85
        2.8.1 自动求导机制简介 85
        2.8.2 自动求导机制实例 86
        2.8.3 梯度函数的使用 87
        2.8.4 计算图构建的启用和禁用 88
    2.9 PyTorch 的损失函数和优化器 89
        2.9.1 损失函数 89
        2.9.2 优化器 91
    2.10 PyTorch 中数据的输入和预处理 94
        2.10.1 数据载入类 94
        2.10.2 映射类型的数据集 95
        2.10.3 torchvision 工具包的使用 96
        2.10.4 可迭代类型的数据集 99
    2.11 PyTorch 模型的保存和加载 100
        2.11.1 模块和张量的序列化及反序列化 100
        2.11.2 模块状态字典的保存和载入 102
    2.12 PyTorch 数据的可视化 103
        2.12.1 TensorBoard 的安装和使用 104
        2.12.2 TensorBoard 的常用可视化数据类型 107
    2.13 PyTorch 模型的并行化 109
        2.13.1 数据并行化 110
        2.13.2 分布式数据并行化 111
    2.14 本章总结 115

第3章 PyTorch 计算机视觉模块 118
    3.1 计算机视觉基本概念 118
        3.1.1 计算机视觉任务简介 118
        3.1.2 基础图像变换操作 119
        3.1.3 图像特征提取 122

3.1.4 滤波器的概念 ... 124
3.2 线性层 ... 125
3.3 卷积层 ... 127
3.4 归一化层 ... 136
3.5 池化层 ... 143
3.6 丢弃层 ... 148
3.7 模块的组合 ... 150
3.8 特征提取 ... 152
3.9 模型初始化 ... 156
3.10 常见模型结构 ... 159
  3.10.1 InceptionNet 的结构 ... 159
  3.10.2 ResNet 的结构 ... 163
3.11 本章总结 ... 166

第 4 章 PyTorch 机器视觉案例 ... 168

4.1 常见计算机视觉任务和数据集 ... 168
  4.1.1 图像分类任务简介 ... 168
  4.1.2 目标检测任务简介 ... 169
  4.1.3 图像分割任务简介 ... 170
  4.1.4 图像生成任务简介 ... 171
  4.1.5 常用深度学习公开数据集 ... 172
4.2 手写数字识别：LeNet ... 174
  4.2.1 深度学习工程的结构 ... 174
  4.2.2 MNIST 数据集的准备 ... 176
  4.2.3 LeNet 网络的搭建 ... 178
  4.2.4 LeNet 网络的训练和测试 ... 181
  4.2.5 超参数的修改和 argparse 库的使用 ... 184
4.3 图像分类：ResNet 和 InceptionNet ... 186
  4.3.1 ImageNet 数据集的使用 ... 186
  4.3.2 ResNet 网络的搭建 ... 188
  4.3.3 InceptionNet 网络的搭建 ... 192
4.4 目标检测：SSD ... 203

4.4.1　SSD 的骨架网络结构 203
　　　4.4.2　SSD 的特征提取网络结构 204
　　　4.4.3　锚点框和选框预测 209
　　　4.4.4　输入数据的预处理 213
　　　4.4.5　损失函数的计算 215
　　　4.4.6　模型的预测和非极大抑制算法 217
　4.5　图像分割：FCN 和 U-Net 218
　　　4.5.1　FCN 网络结构 219
　　　4.5.2　U-Net 网络结构 223
　4.6　图像风格迁移 227
　　　4.6.1　图像风格迁移算法介绍 228
　　　4.6.2　输入图像的特征提取 230
　　　4.6.3　输入图像的优化 233
　4.7　生成模型：VAE 和 GAN 235
　　　4.7.1　变分自编码器介绍 236
　　　4.7.2　变分自编码器的实现 238
　　　4.7.3　生成对抗网络介绍 241
　　　4.7.4　生成对抗网络的实现 242
　4.8　本章总结 247

第 5 章　PyTorch 自然语言处理模块 249
　5.1　自然语言处理基本概念 249
　　　5.1.1　机器翻译相关的自然语言处理研究 249
　　　5.1.2　其他领域的自然语言处理研究 251
　　　5.1.3　自然语言处理中特征提取的预处理 252
　　　5.1.4　自然语言处理中词频特征的计算方法 254
　　　5.1.5　自然语言处理中 TF-IDF 特征的计算方法 256
　5.2　词嵌入层 259
　5.3　循环神经网络层：GRU 和 LSTM 265
　　　5.3.1　简单循环神经网络 265
　　　5.3.2　长短时记忆网络（LSTM） 267
　　　5.3.3　门控循环单元（GRU） 269

5.4 注意力机制 ... 278
5.5 自注意力机制 ... 282
    5.5.1 循环神经网络的问题 ... 282
    5.5.2 自注意力机制的基础结构 ... 283
    5.5.3 使用自注意力机制构建 Seq2Seq 模型 ... 286
    5.5.4 PyTorch 中自注意力机制的模块 ... 288
    5.5.5 Pytorch 中的 Transformer 模块 ... 290
5.6 本章总结 ... 291

第 6 章 PyTorch 自然语言处理案例 ... 293
6.1 word2vec 算法训练词向量 ... 293
    6.1.1 单词表的创建 ... 293
    6.1.2 word2vec 算法的实现 ... 297
    6.1.3 word2vec 算法的特性 ... 299
6.2 基于循环神经网络的情感分析 ... 300
6.3 基于循环神经网络的语言模型 ... 303
    6.3.1 语言模型简介 ... 303
    6.3.2 语言模型的代码 ... 306
6.4 Seq2Seq 模型及其应用 ... 309
    6.4.1 Seq2Seq 模型的结构 ... 309
    6.4.2 Seq2Seq 模型编码器的代码 ... 310
    6.4.3 Seq2Seq 模型注意力机制的代码 ... 313
    6.4.4 Seq2Seq 模型解码器的代码 ... 315
6.5 BERT 模型及其应用 ... 319
    6.5.1 BERT 模型的结构 ... 319
    6.5.2 BERT 模型的训练方法 ... 323
    6.5.3 BERT 模型的微调 ... 325
6.6 本章总结 ... 326

第 7 章 其他重要模型 ... 328
7.1 基于宽深模型的推荐系统 ... 328
    7.1.1 推荐系统介绍 ... 328

		7.1.2 宽深模型介绍 329

- 7.2 DeepSpeech 模型和 CTC 损失函数 333
  - 7.2.1 语音识别模型介绍 333
  - 7.2.2 CTC 损失函数 335
- 7.3 使用 Tacotron 和 WaveNet 进行语音合成 340
  - 7.3.1 Tacotron 模型中基于 Seq2Seq 的梅尔过滤器特征合成 341
  - 7.3.2 Tacotron 模型的代码 342
  - 7.3.3 WaveNet 模型介绍 350
  - 7.3.4 因果卷积模块介绍 353
  - 7.3.5 因果卷积模块的代码 354
  - 7.3.6 WaveNet 模型的代码 356
- 7.4 基于 DQN 的强化学习算法 358
  - 7.4.1 强化学习的基础概念 358
  - 7.4.2 强化学习的环境 359
  - 7.4.3 DQN 模型的原理 361
  - 7.4.4 DQN 模型及其训练过程 362
- 7.5 使用半精度浮点数训练模型 366
  - 7.5.1 半精度浮点数的介绍 367
  - 7.5.2 半精度模型的训练 368
  - 7.5.3 apex 扩展包的使用 369
- 7.6 本章总结 371

第 8 章　PyTorch 高级应用 372

- 8.1 PyTorch 自定义激活函数和梯度 372
- 8.2 在 PyTorch 中编写扩展 374
- 8.3 正向传播和反向传播的钩子 381
- 8.4 PyTorch 的静态计算图 385
- 8.5 静态计算图模型的保存和使用 390
- 8.6 本章总结 393

第 9 章　PyTorch 源代码解析 394

- 9.1 ATen 张量计算库简介 394

9.2 C++的 Python 接口 397
9.3 csrc 模块简介 401
9.4 autograd 和自动求导机制 405
9.5 C10 张量计算库简介 406
9.6 本章总结 408

参考资料 409

读者服务

微信扫码回复：38641

- 获取博文视点学院 20 元付费内容抵扣券。
- 获取免费增值资源。
- 加入读者交流群，与更多读者互动。
- 获取精选书单推荐。

第 1 章
深度学习概念简介

作为近年来计算机科学的重要研究方向之一，人工智能这个概念得到了学术界和工业界的广泛追捧。迄今为止，人工智能的研究核心依然是基于大数据和高性能计算的深度神经网络，即我们所称的深度学习。由于深度学习需要用到大量的神经网络的构建和运算模块，基于这个需求，人们开发了很多深度学习框架，如 Caffe、MXNet、PyTorch 和 TensorFlow 等。这些框架的共同特点是极大地简化了深度学习的神经网络的构建过程。为了更好地理解这个框架的内在设计思路，以及如何使用这些框架，这里需要对深度学习的概念和术语进行简要介绍，希望对读者理解本书后续几章的内容有所帮助。

1.1 深度学习的历史

1.1.1 深度学习的发展过程

由于 PyTorch 和深度学习的联系紧密，下面回顾一下深度学习的历史。深度学习本质是一个前馈神经网络（Feed-Forward Neural Network），因此，它的历史可以追溯到人工神经网络（Artificial Neural Networks，ANN）研究的时期。人工神经网络主要是通过模拟动物的神经元的运行模式来对现实数据进行拟合和预测，即通过函数来模拟信息在神经元中的变换和传输。最早的人工神经网络是 20 世纪 60 年代 Frank Rosenblatt 发明的感知机（Perceptron）[1]，通过对输入进行单层的线性变换来完成分类。然而这个模型并不能解决线性不可分的问题，对于很多现实问题并不适用，因此这个模型很快就被废弃了，从而造成了人工神经网络研究的低潮。到了 20 世纪 80 年代，人们的研究又重新转向人工神经网络，并且开发了多层感知机（Multi-layer perceptron，MLP）[2]来解决感知机的问题。相比简单的感知机，多层感知机由于增加了人工神经网络的深度，对于相对复杂的函数拟合效果比较好，理论上，根据万能近似定理（Universal Approximation Theorem）[3]，对于多层感知机来说，只要参数和隐含层的数量足够，就能够拟合任意的连续函数，同时，人们也发明了反向传播算法（Backpropagation algorithm）[4]来高效地优化多层感知机的模型。使用反向传播算法虽然能够在神经网络层数比较少的时候有效地优化模型，但是不适用于神经网络层数较多的情况，这是由于在较深的网络中使用反向传播算法会导致梯度消失（Gradient Vanish）和梯度爆炸（Gradient Explode）。而且相比于一些比较简单的模型，比如支持向量机（Support Vector Machine，SVM）[5]，多层感知机的计算量比较大，模型的准确率也没有明显优势。因此，在 20 世纪 90 年代中期前后，人们对这种类型的人工神经网络逐渐失去了兴趣。神经网络方法研究的衰退一直到了 2007 年，人们发现了如何训练包含比较多隐含层的神经网络的方法，即深度信念网络（Deep Belief Network，DBN）[6]。深度信念网络的主要特征是叠合多层神经网络（可以使用限制玻尔兹曼机（Restricted Boltzmann Machine[7]，RBM）或者自编码器（Autoencoder[8]），并且逐层训练这些神经网络单元，最后进行微调训练，可以达到训练很深的神经网络的目的。同时，通过调整神经元的连接和激活，一些新的神经网络连接方式和激活函数也进入了人们的视线，著名的如卷积神经网络（Convolution Neural Network，CNN）、循环神经网络（Recurrent Neural Network，RNN）、残差网络（Residue Neural Network），以及新型激活函数如线性整流函数（Rectified Linear Unit，ReLU）。通过引入这些特殊结构的神经网络，能够使梯度在神经网络内部进行有效传播，不仅能够训练隐含层较多的神经网络，同时也可以使用比较多的参数，有效提高了模型的准确率。这里需要提到一点的是，隐含层的数量在神经网络拟合数据的准确性中起到了关键的作用。每个隐含层能够对前一层的神经网络的特征进行组合，从而构造更复杂的特征，并更好地拟合给定的数据集。因此，人们一般把现阶段的神经网络模型称为深度学习（Deep Learning），反映了这些神经网络具有很多隐含层的特点。

1.1.2 深度学习在计算机视觉领域的发展

我们可以从 ImageNet 大规模视觉理解竞赛（ImageNet Large Scale Visual Recognition Challenge，ILSVRC）使用的算法和准确率来一窥近年来深度学习的发展趋势。ImageNet 是由普林斯顿大学的课题组收集的大规模数据集[9]，主要包含了共计 12 大类和 5247 小类物体的照片，总共有 320 万张左右的图片。ILSVRC 竞赛从 2010 年到 2017 年一共举办了 8 次，其任务主要是物体的分类和物体的位置识别，其中任务中使用的所有数据集（包括训练集、验证集和测试集）都是 ImageNet 的子数据集。对于这么大的训练数据，传统的机器学习方法的结果不是很理想。在 ILSVRC10 和 ILSVRC11 的比赛中，人们主要使用的方法是尺度不变特征变换（Scale-invariant feature transform，SIFT）[10]的方法来提取图像的特征，然后结合 SVM 算法对图像进行分类，这些算法的特点是参数数量少，而且分类错误率相对较高。图 1.1 描述了理解 ILSVRC 从 2010 年到 2017 年优胜算法的 Top 5 错误率（即预测前五的图像类别不正确分类的概率），我们可以看到，从 2010 年到 2011 年，图像分类的错误率比较高，而且降低速度相对缓慢。到了 2012 年，由于人们对于深度学习模型的逐渐深入研究，该年度优胜的模型是基于卷积神经网络的深度学习模型 AlexNet[11]。该模型的分类错误率降到了 16.4%，相比于 2011 年有了一个质的飞跃。从此以后，在 ILSVRC 比赛中深度学习模型一直占据着优势地位。值得注意的是，在 2015 年 ResNet 的出现使得该项比赛的错误率首次降低到了 5% 以下（图 1.1 中虚线部分代表人类对这项任务的识别水平），达到了 3.56% 的错误率。这意味着深度学习模型通过结构的调节可以有超越人类的能力。

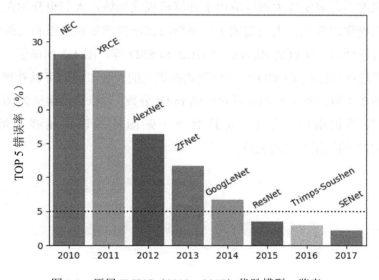

图 1.1　历届 ILSVC（2012—2017）优胜模型一览表

当然,深度学习在实践中的应用远不止图像识别这么简单。在计算机视觉的另一个领域,即目标检测(Object Detection)领域,深度学习也得到了广泛的应用。目标检测任务的任务目标可以简述如下:在一张照片中找到所有物体的位置,并且对物体进行分类。如图 1.2 所示,在目标检测的过程中,主要是把一张图片分割成若干个小区域(黑色的网格),每个小区域各自找到可能的物体的位置(图 1.2 中不同大小的候选框),以及对应物体的分类(狗、自行车、汽车和相应的位置)。在基于深度学习的目标检测被发明之前(2010—2012),由于缺乏很好的方法来选择有效的候选框,目标检测算法处在一种计算速度较慢、准确率也比较低的状态。同时,在这个阶段,机器学习算法的调整对提高检测的准确率也比较有限。

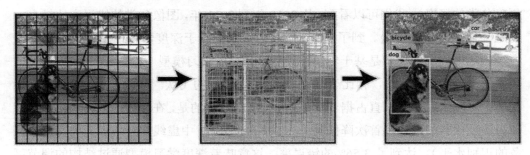

图 1.2　目标检测任务概述

随着深度学习算法被大规模应用于计算机视觉领域,人们也开始在目标检测算法中应用深度学习算法。人们发明了一系列的算法来产生候选框和对候选框进行分类。其中代表性的算法包括 RCNN、YOLO 和 SSD 等。图 1.3 列举了一系列的目标检测算法和这些算法在 COCO 目标检测数据集上的表现。我们可以看到,表现最好的算法能够在该数据集上达到接近 60%的 mAP 分数(可以粗略地认为图片中有 60%的物体被算法识别出来了),而且对于一张图片的识别能够在最少 22 ms(YOLOv3-320 的结果)以内完成。

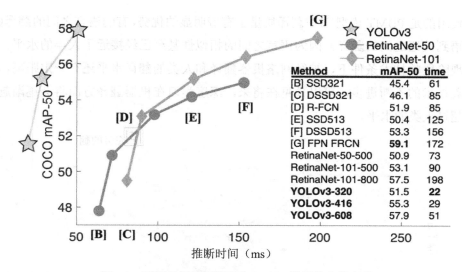

图 1.3　不同目标检测模型在 COCO 数据集上的表现

1.1.3　深度学习在自然语言处理和其他领域的发展

除在计算机视觉上的优异表现外，深度学习在自然语言处理（Natural Language Processing，NLP）任务中也得到了广泛的应用，而且在许多任务中表现优异。在各项自然语言处理的任务中，机器翻译（Machine Translation）作为自然语言处理的核心任务之一，很好地体现了深度学习模型的强大威力，用于机器翻译的模型称为神经网络机器翻译（Neural Machine Translation，NMT）。早在基于神经网络的机器翻译算法发明之前，人们就开始研究基于机器学习和统计模型的机器翻译，这种机器翻译被称为统计机器翻译（Statistical Machine Translation，SMT）。这个算法的主要原理是创建一个源语言和目标语言对应的数据库，然后构建一个机器学习模型根据源语言的单词或词组计算概率最大的目标语言的对应单词或词组。其主要缺点是需要花费大量时间进行预处理（构建对应的词汇数据库），而且算法很难考虑整个句子中单词之间的相关性（即单词的上下文语义）。相比之下，神经网络机器翻译不需要复杂的预处理（直接使用单词构造词向量），而且能够很容易地考虑上下文的单词（使用循环神经网络或者注意力机制），从而有效地提高了翻译结果的准确性和流畅性。神经机器翻译相对于统计机器翻译的优势可以通过图 1.4 表现出来。从图中可以看到，神经机器翻译算法（在图中使用的是 GNMT 模型[12]）相对于统计机器翻译算法（在图中使用的是 PBMT 模型[13])在翻译质量上有着明显的优势,有的语言之间的翻译(比如法语到英语之间的翻译)因为语言之间的相似性甚至已经接近了人类的水平。虽然在现阶段的技术条件下,神经网络机器翻译和人类的翻译水平还有一定距离,但是随着技术的不断进步,可以预见在将来,深度学习在机器翻译方面将会逐渐赶上甚至超过人类的水平。

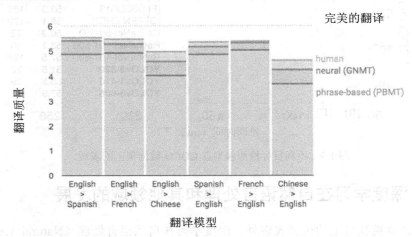

图 1.4　不同翻译模型结果的比较,GNMT 是一种 NMT 模型,PBMT 是一种 SMT 模型

当然,除了计算机视觉和自然语言处理这两个领域,深度学习在很多其他的领域也有着惊人的表现。在语音识别方面,LAS 模型[14]和 DS(DeepSpeech)模型[15]等模型均在单词错误率(Word Error Rate,WER)上达到了很低的水平,超越了传统的机器学习模型的效果。在语音合成方面,使用 Tacotron 模型[16]和 WaveNet 模型[17]从文本合成语音的深度学习模型也得到了广泛的应用,并且达到了接近人类声音的水平。另外,随着深度学习研究的逐渐深入,深度学习模型也出现在一些传统上使用机器学习模型的领域,并开始逐渐代替机器学习模型的一些作用,比如,广告和商品的推荐系统,比较著名的有 Deep Recommender[18]和 Wide & Deep Learning[19]等。

综上所述,鉴于深度学习在实践中具有很好的效果,而且其效果通常远远好于传统的机器学习方法,人们正逐渐在不同的领域中使用深度学习的方法。同时,笔者也相信,深度学习作为一种新兴的技术,在未来将发挥更大的作用,为未来人工智能技术的发展作出重要的贡献。

1.2 机器学习基本概念

由于深度学习是一种特殊的机器学习方法，一般的机器学习概念对于深度学习也适用。为了能够更好地对深度学习的一些概念做阐述，这里把机器学习的概念作为独立的一节，希望能够帮助读者更好地理解深度学习的基本概念。

1.2.1 机器学习的主要任务

首先让我们了解一下机器学习的主要任务。一般来说，我们可以把这个任务描述为：给定在现实中获取的一系列**数据**来构建一个**模型**，用于描述数据的具体**分布**（这个分布指的是概率论意义上的分布。也就是说，某些数据可能出现得比较频繁，另外一些数据可能出现得比较稀少，我们需要描述什么数据比较可能出现，并且用概率来描述数据出现的可能性）。在这里用粗体标出了三个重要的词，下面详细介绍一下这些词的具体意义。

数据是人们对周围发生的一些现象的数字化描述。我们在现实中获取的数据是各种各样的，比如图片（计算机使用像素的排列来表示图片，其中每个像素可表示为三个数值（即红绿蓝（RGB））或四个数值和透明度（RGBA））、文本（计算机使用字符串来表示文本）、音频（计算机中一个比较通用的格式是使用16bit（即65536个值）来代表声音的振幅，按照一定采样频率如44.1kHz来组成一段音频。）等。这些数据可以分成有标签的（比如电影评论的文本和文本对应的评价）和没有标签的（比如只是一段文本）。根据能够处理的数据类型，机器学习的任务大致可以分为两类：监督学习（Supervised Learning）和无监督学习（Unsupervised Learning）。前者指的是，我们拥有具体的数据和预测目标（标签），需要从数据出发构造具体的模型预测这些目标，当然模型预测越准确越好，其代表的主要任务包括回归（预测连续的值，如根据历史的气温预测未来的气温）和分类（预测离散的值，如根据图片预测图片描述的具体物体的类型）。后者指的是，我们只有数据，没有预测目标，需要构造具体的模型来找出数据的具体规律，其代表的主要任务包括聚类（找出相似的多组数据并把它们归类）。当然，实际上还有介于监督学习和无监督学习方法之间的半监督学习（Semi-supervised Learning），这里限于篇幅，就不具体展开介绍。

我们在机器学习的资料中经常会碰到一个概念：**模型**。大多数机器学习任务的目的可以归纳为得到一个模型，用这个模型来描述给定的数据。得到这个模型的过程称之为机器学习模型的训练过程。由于篇幅所限，本书并不打算详细介绍机器学习模型具体有哪些，以及这些模型具体的应用场景等，有兴趣的读者可以参考相关书籍。这里主要试图从概率分布的角度来帮助理解一下什么是机器学习模型。从概率论的角度说，我们可以认为机器学习模型是一个**概率分布** $P_\theta(X)$（这里以概率密度函数来代表概率分布），其中 X 是训练数据，这个概率分布拥有参数 $\theta = (\theta_1, \theta_2, \cdots, \theta_n)$（这个参数可以是一个或多个，我们用粗体字母来代表所有的参数，n 代表参数的个数）。机器学习的任务就是求最优参数 θ_t，使得概率分布 $P_\theta(X)$ 最大。我们可以用式（1.1）来代表这个过程，其中 argmax 函数代表的是取参数使得数据的概率密度最大。求解最优参数 θ_t 的过程，我们称之为模型的训练过程（Training），用来训练这个模型的数据集称之为训练集（Training Set），由此得到的模型就可以用来做相应的预测。

$$\theta_t = \underset{\theta}{\mathrm{argmax}}\, P_\theta(X) \tag{1.1}$$

由于用于机器学习的训练集通常有很多条具体数据，我们可以把训练数据 X 拆成单条数据的集合，即 $X=(X_1, X_2,\cdots, X_n)$，其中 n 为数据的总数目，X 为数据的批次（batch），X 的子集称之为数据的迷你批次（mini-batch）。假设训练数据的单条数据之间相互独立，我们可以把式（1.1）进一步展开成式（1.2）。需要注意的是，这里把对于独立单条数据的乘积取对数变成了求概率的对数的和，该方法是机器学习推导公式时经常使用的一个方法，我们把整体的求解最优参数 θ_t 的过程称之为极大似然估计（Maximum Likelihood Estimation，MLE）。

$$\theta_t = \underset{\theta}{\mathrm{argmax}} \prod_i P_\theta(X_i) = \underset{\theta}{\mathrm{argmax}} \sum_i \log P_\theta(X_i) \tag{1.2}$$

1.2.2 机器模型的类型

以上的机器学习理论适用于所有的机器学习，包括监督学习和无监督学习。对于监督学习来说，我们面对的训练集包含输入的数据 X 及其对应的标签 Y。所以我们应该求的是包含了 X 和 Y 的一个概率分布。根据概率论的知识可以知道，对应的

概率分布（这里均以对应的概率密度函数来指代分布）有两种，即联合概率分布（Joint Distribution）$P_\theta(X, Y)$和条件概率分布（Conditional Distribution）$P_\theta(Y|X)$。这两个概率分布的区别在于，前者表示的是数据和标签共同出现的概率，后者表示的是在给定数据的条件下，对应标签的概率。根据描述的概率分布，我们也可以把监督学习的机器学习模型分成两类：生成式模型（Generative Model）和判别式模型（Discriminative Model），前者基于的是联合概率分布，后者基于的是条件概率分布。生成式模型代表性的有朴素贝叶斯（Naive Bayes，NB）和隐马尔可夫模型（Hidden Markov Model，HMM）等，判别式模型代表性的有逻辑斯蒂回归（Logistic Regression，LR）和条件随机场（Conditional Random Fields，CRF）等。除了概率分布形式上的区别，这两类模型在许多方面都有区别。生成式模型除了能够根据输入数据 X 来预测对应的标签 Y，还能根据训练得到的模型产生服从训练数据集分布的数据(X, Y)，相当于生成一组新的数据，这个也就是名称中的生成式模型的来源。相对而言，判别式模型就仅能根据具体的数据 X 来预测对应的标签 Y。一般来说，牺牲了生成数据的能力，判别式模型获取的是比生成式模型高的预测准确率。至于为什么判别式模型的预测准确率高，我们可以通过全概率公式和信息熵公式来说明这个问题。首先看一下全概率公式（1.3）。我们可以看到，相对于条件概率，在计算联合概率的时候引入了输入数据的概率分布 $P(X)$，而这并不是我们关心的（我们只关心给定 X 的情况下 Y 的分布），于是这个就相对削弱了模型的预测能力。

$$P(X, Y) = \int P(Y|X)P(X)\mathrm{d}X \qquad (1.3)$$

前面是定性的说明，下面从定量的角度来阐述生成式模型和判别式模型的信息量。首先定义一下信息熵，如式（1.4）所示。如果概率密度分布相对集中，意味着概率密度包含的信息比较少，信息熵就比较小，反之信息熵比较大。我们可以定义一下联合分布的信息熵（见式（1.5））和条件分布的信息熵（见式（1.6））。根据条件概率的定义，可以得到式（1.7）。假如 X 的分布比较离散，而且相对均匀，满足 $H(X) > 0$（所有的离散分布和很多连续分布满足这个条件），可以得到条件分布的信息熵小于联合分布，从对应模型的角度上说，我们可以认为判别式模型比生成式模型包含的信息更多。这就是判别式模型比生成式模型在很多条件下效果好的原因。

更多关于判别式和生成式模型的相关理论可以参考相应的资料[20]。

$$H(X) = -\int P(X) \log P(X) \, dX \tag{1.4}$$

$$H(X,Y) = -\int P(X,Y) \log P(X,Y) \, dXdY \tag{1.5}$$

$$H(Y|X) = -\int P(X,Y) \log P(Y|X) \, dX \tag{1.6}$$

$$H(Y|X) = H(X,Y) - H(X) \tag{1.7}$$

1.2.3 损失函数以及模型的拟合

有了关于极大似然估计和监督学习的一些知识后,我们可以进一步考虑一个问题:如何优化机器学习模型?让我们首先从回归模型(Regression)出发。所谓回归模型,可以简单地认为拟合一个函数 $f_\theta(x)$,给定输入的值 X_i,给出对应的目标值 Y_i,其中 θ 是需要训练的参数。假设我们的噪声,也就是模型的预测值和对应目标值的差值 $f_\theta(X_i) - Y_i$ 服从高斯分布 $N(0, \sigma^2)$,其中,σ^2 是噪声的方差,这样就可以通过极大似然估计的方法来计算最优的参数 θ_t。整个过程的公式如式(1-8)~式(1.10)所示,其中,式(1.8)是根据极大似然估计,代入高斯分布的概率密度函数,可以最后化简得到式(1.9)。这个公式意味着,在上述的假设条件下,回归模型的极大估计可以归结为求出最优的参数 θ_t,使得模型的预测值和目标值差值对于所有训练数据的平方和最小。我们把 argmin 函数中需要优化的函数称之为损失函数,这个损失函数被称为 L2 模损失函数(L2-norm Loss Function)或者方均误差函数(Mean Square Error,MSE)。我们可以看到这个损失函数和正态分布密切相关。当然,如果误差服从其他分布,如拉普拉斯分布(Laplacian Distribution),最后得到的损失函数称为 L1 模损失函数(L1-norm Loss Function),如式(1.10)所示。

$$\theta_t = \underset{\theta}{\operatorname{argmax}} \sum_i \log P_\theta(X_i) = -\underset{\theta}{\operatorname{argmax}} \sum_i \log \frac{1}{\sqrt{2\pi}\sigma} e^{-\frac{(f_\theta(X_i) - Y_i)^2}{2\sigma^2}} \tag{1.8}$$

$$\theta_t = \underset{\theta}{\operatorname{argmin}} \sum_i (f_\theta(X_i) - Y_i)^2 \tag{1.9}$$

$$P_\theta(X_i) = e^{-\alpha|f_\theta(X_i)-Y_i|}; \ \theta_t = \underset{\theta}{\operatorname{argmin}} \sum_i |f_\theta(X_i) - Y_i| \tag{1.10}$$

接下来，我们关注一下监督学习的另一类问题，即分类问题。对于分类问题，我们关注的是另外一个分布，即多项分布（Multinomial Distribution）。对于这类分布，我们设计的机器学习模型需要输出的是概率，相应的任务是拟合一个函数 $f_\theta^k(x)$，给定输入的值 X_i，给出对应的目标值 Y_i^k 的概率，其中 $k=1,\cdots,L$，L 是总的分类个数，Y_i^k 取 0 和 1 两个值中的一个，如果标签是目标标签，则 Y_i^k 为 1，否则 Y_i^k 为 0（在 L 个值中只有一个为 1，其他为 0，我们称之为独热编码，即 One-hot Encoding）。相应的概率分布和极大似然估计如式（1.11）和式（1.12）所示。这里之所以要求最小值，是因为一般的优化过程都是做极小化的优化，而相应的优化目标函数（即损失函数）称之为交叉熵（Cross Entropy）。

$$\theta_t = \underset{\theta}{\operatorname{argmax}} \sum_i \log P_\theta(X_i) = \underset{\theta}{\operatorname{argmax}} \sum_i \sum_k \log f_\theta^k(X_i)^{Y_i^k} \tag{1.11}$$

$$\theta_t = -\underset{\theta}{\operatorname{argmin}} \sum_i \sum_k Y_i^k \log f_\theta^k(X_i) \tag{1.12}$$

在训练过程中，我们一般会把数据集进行一定的分割，包括前面讲到的训练集，我们会把数据集分为训练集（Training Set）、验证集（Validation Set）和测试集（Test Set）。之所以要这样分类，首先是因为备选的模型有很多，同时，选定了一种模型，可以调节的超参数（hyper-parameter，指的是在模型初始化时选定，不随着训练过程变化的参数，比如神经网络的层数等，在后面会进一步提到）也很多，我们需要实验什么样的模型在什么超参数条件下表现最好，这时就要使用验证集，根据模型在验证集的表现来决定具体使用的模型和模型对应的超参数。一般来说，随着训练模型的进行，模型的损失函数（Loss Function，衡量模型预测的结果和真实数据结果的差异，一般来说，这个值越小越好，如前面提到的 L2 Loss 和 Cross Entropy）在训练集上将会越来越低，而在验证集上将会呈现出先减小后增加的情况，如图 1.5 所示。

之所以会这样，是因为在训练模型的过程中，模型的分布会逐渐趋向训练集的分布，这个在训练集数据能够很好地代表全体数据的分布时当然是一种很好的现象，但是在实际应用过程中，我们得到的训练集数据往往是有限的，而且不能完全正确地描述实际的数据分布，这样就要求我们保持模型具有一定的泛化性，即用和训练集不同但数据源一致的数据来验证我们得到的模型时，损失函数不能太大。我们可以看到在图 1.5 直虚线右边的区域，模型已经完全偏向于训练集，失去了一定的泛化性，这个区域称之为过拟合（Over-fitting）区域，相应的左边的位置由于模型还没训练到验证集的损失函数最低点，我们称之为欠拟合区域（Under-fitting）。需要注意的是，过拟合和欠拟合是模型所处的一个状态，发生的位置和模型的参数数目、数据量大小有关系。一般来说，随着数据量增大，模型越不容易过拟合，随着参数数目增大（即增大模型复杂性），模型越容易过拟合。另外，测试集的存在是为了避免超参数的调节影响到最终的结果。在实际的应用过程中，超参数的调节总是以尽量降低验证集的损失函数为目的，这样验证集就不能作为一种很好的评判标准，我们需要一个独立的未针对其调节过参数的数据集来验证模型是否有很高的准确率，因此，我们从数据集中独立出了测试集，以此来验证模型是否正常工作。在机器学习实践中，可以考虑类似 70%、20%、10%的训练集、验证集、测试集的划分（这里的划分仅供参考）。在深度学习中，由于训练集越大越好，可以考虑类似 90%、5%、5%的训练集、验证集、测试集的划分（这里的划分仅供参考）。

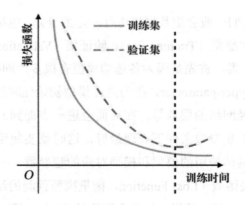

图 1.5　损失函数随着训练时间的变化（实线曲线为训练集的损失函数，虚线曲线为验证集的损失函数，直线虚线为验证集损失函数最小的位置）

为了消除过拟合的状态，我们需要引入参数的先验分布（Prior Distribution），这是因为之前我们在所有的推导中没有假设参数的范围，因此给了参数很大的变动范围，从而使得模型更容易过拟合。为了减小过拟合的趋势，我们可以人为假设参数服从一定的分布，比如高斯分布，这样就能减小参数的选择范围。我们称这种人为选择的分布叫参数的先验分布。一般来说，可以假设参数 θ 服从 $N(0, \sigma_1^2)$ 的正态分布。结合式（1.8），可以得到式（1.13），其中 $\alpha = \sigma^2/\sigma_1^2$。我们可以看到后面加了一项，即所有的参数平方和乘以一个常数 α。我们称这个方法为 L2 正则化（Regularization），相应的系数 α 为正则化系数，正则化系数越大，则正则化的效果越强，参数分布的标准差就越小，对应的模型在训练过程中就会偏向欠拟合区域，反之，模型则会偏向过拟合区域。这样，我们通过调节正则化系数，就可以控制模型的拟合情况，使得最后模型在验证集上尽量得到高的准确率。另外需要提到的一点是，这里显示的先验分布是正态分布，相应地，如果先验分布为拉普拉斯分布，这里使用的正则化就称之为 L1 正则化，相应的正则化的项则表现为所有参数值的绝对值的和。

$$\theta_t = \underset{\theta}{\mathrm{argmax}} \sum_i \log P_\theta(X_i|\theta) P(\theta) = \underset{\theta}{\mathrm{argmin}} \sum_i (f_\theta(X_i) - Y_i)^2 + \frac{\alpha}{2}\|\theta\|^2 \quad (1.13)$$

除了加入正则项，在深度学习的实践过程中，我们往往会使用其他的功能来避免过拟合，比如提前停止（Early Stopping），这是因为我们发现在训练过程中可以通过观察验证集的损失函数是否停止下降并开始上升来判断模型是否到达了过拟合的区域，从而避免过拟合的发生。另外一些手段，例如，把神经元的数值按照一定的概率置为零，即丢弃（Dropout），以及在优化器中使用权重衰减（Weight Decay，我们会在优化器的部分介绍这个方法）也能有效避免模型训练中的过拟合。这些方法的本质原理都是减小参数的变化空间，从而缩小模型的表示范围，最后达到让模型在表示训练集数据的同时，也能很好地泛化到验证集数据的目的。

1.3 深度学习基本概念

前面简单回顾了机器学习的基础概念，本节将会更进一步了解深度学习的相关概念。首先需要了解的是，深度学习是一种基于神经网络的机器学习。因此，我们前面学到的机器学习的概念可以和深度学习无缝衔接。另外，由于在神经网络模型的计算过程中，会涉及大量的向量、矩阵和张量计算，下面先来回顾一下相关的线性代数的基础知识。

1.3.1 向量、矩阵和张量及其运算

首先要介绍的是向量的概念。这里把向量定义为一行或者一列数，分别称之为行向量和列向量，如式（1.14）和式（1.15）所示（这里用 T 代表转置，意思是行列互换）。向量是最基本的一种数据排列方式，组成向量的每个数称为向量的分量，这里用 $a_1, a_2, \cdots, a_n$ 来表示，其中的 n 代表向量分量的数目，即向量的大小。在几何上，向量可以看作 $\mathbb{R}^n$ 空间中的一个方向，其中向量的每个分量代表向量在某个坐标（比如，当 n 等于 3 时可以认为是在空间 x、y、z 坐标上）上分量的大小。我们定义向量和实数的乘法为向量的每一个分量乘以该实数得到一个新向量，向量与向量的加减法为向量每个元素一一对应相加减（仅对分量数大小相等的向量有意义）。向量与向量之间一个重要的运算是点积（Dot Product），或者称之为内积（Inner Product），表现为两个相同大小的向量按分量相乘并且求和。我们把向量与自身内积的平方根称之为向量的长度（或模，即前面提到的 L2-norm），两个向量的内积等于向量的模长乘以向量之间夹角的余弦，如式（1.16）所示。

$$\boldsymbol{a} = (a_1, a_2, \cdots, a_n) \tag{1.14}$$

$$\boldsymbol{a}^\mathrm{T} = \begin{pmatrix} a_1 \\ a_2 \\ \vdots \\ a_n \end{pmatrix} \tag{1.15}$$

$$\boldsymbol{a} \cdot \boldsymbol{b} = \sum_i a_i b_i = \|\boldsymbol{a}\| \|\boldsymbol{b}\| \cos\theta, \quad \|\boldsymbol{a}\| = \sqrt{\sum_i a_i^2} \tag{1.16}$$

向量相当于把数排成一维的一条线，当我们把数排列成一个平面的时候，就有了矩阵的概念。所谓矩阵，就如前面所说，是把数按照矩形的形状排列成一个二维的结构，如式（1.17）所示。这里展示了一个 $m \times n$ 的矩阵 $\boldsymbol{a}$，其中 m 是矩阵的行数，n 是矩阵的列数。和向量一样，我们可以定义矩阵的转置操作，如式（1.18）所示，

一个 $m×n$ 的矩阵 a 的转置是一个 $n×m$ 的矩阵。同向量一样，矩阵和实数的乘法得到一个新矩阵，该矩阵的每个元素等于原来的矩阵对应位置的元素乘以该矩阵，矩阵的加减法同样定义为对应元素相加减得到的新矩阵（两个相加减的矩阵行列数必须相等）。矩阵的另一个比较重要的操作称为矩阵乘法，我们定义一个 $m×n$ 的矩阵 c 为一个 $m×k$ 大小的矩阵 a 和 $k×n$ 的矩阵 b 的乘积（这里注意矩阵 a 的列数和矩阵 b 的行数必须相等，否则乘法无意义）。矩阵 c 的每个分量定义如式（1.19）所示。我们可以看到，c 矩阵的每个元素等于 a 矩阵对应的行和 b 矩阵对应的列，按照元素一一对应的乘积的和。如果把 a 矩阵的行和 b 矩阵的列分别看作一个向量，则 c 矩阵的元素的值是这两个向量的内积。矩阵的乘法由于和线性方程的变量替换有关，我们也把矩阵的乘法称为线性变换。这里需要注意的是矩阵的乘法和一般的乘法不同，一般不满足交换律，但是满足结合率，即 $ab ≠ ba$，$(ab)c = a(bc)$。

$$a = \begin{pmatrix} a_{11} & a_{12} & \dots & a_{1n} \\ a_{21} & a_{22} & \dots & a_{2n} \\ \vdots & \vdots & & \vdots \\ a_{m1} & a_{m2} & \dots & a_{mn} \end{pmatrix} \quad (1.17)$$

$$a^T = \begin{pmatrix} a_{11} & a_{21} & \dots & a_{m1} \\ a_{12} & a_{22} & \dots & a_{m2} \\ \vdots & \vdots & & \vdots \\ a_{1n} & a_{2n} & \dots & a_{mn} \end{pmatrix} \quad (1.18)$$

$$c_{ij} = \sum_k a_{ik} b_{kj} \quad (1.19)$$

我们把行和列数目相等的矩阵称为方阵。当一个方阵对角线都为 1，剩下的元素都为 0 时，我们称这个方阵为单位矩阵，如式（1.20）所示。单位矩阵和任意矩阵的乘积（无论是左乘还是右乘）等于该任意矩阵本身的公式（1.21）。我们定义一个（可逆）方阵的逆是和该矩阵乘积为单位矩阵的一个矩阵。需要注意的是，有些方阵不可逆，这个涉及行列式的操作（用 det 来表示取矩阵的行列式，可以认为是把方阵映射为一个实数的函数），详细内容可以参考线性代数的相关书籍。我们把方阵对角线元素的和称为方阵的迹，用 tr 函数来表示，如式（1-22）所示。

$$I = \begin{pmatrix} 1 & 0 & \cdots & 0 \\ 0 & 1 & \cdots & 0 \\ \vdots & \vdots & & \vdots \\ 0 & 0 & \cdots & 1 \end{pmatrix} \quad (1.20)$$

$$Ia = aI = a, \quad \det(a) \neq 0 \quad (1.21)$$

$$\mathrm{tr}(a) = \sum_i a_{ii} \quad (1.22)$$

我们可以把数字的排列进一步推广为张量（Tensor）。作为张量的特例，向量可以看作一维张量，矩阵可以看作二维张量，三维的张量可以看作数字排列成长方体。更高维的张量虽然我们无法想象，但是可以根据前面的例子推理得到。举例来说，我们可以把黑白图片看作一个二维矩阵，其两个维度分别为图片的高 h 和图片的宽 w，而彩色图片由于有 RGB（即红绿蓝）三个通道，可以看作一个三维张量，即 $h \times w \times c$，其中 h 是图片的高度，w 是图片的宽度，c 是图片的通道数目（$c=3$）。一个三维张量可以看成多个二维张量的堆叠，如前面所示的彩色图片可认为是三个单通道图片的堆叠。同理，我们可以把多个三维张量堆叠在一起形成四维的张量。在进行深度学习过程中，我们经常会用到四维张量，增加的一个维数称为迷你批次（mini-batch）的大小，可以认为是每次输入深度学习神经网络的图片的数目。根据四维张量四个维度的排列方式可以分为 NCHW 和 NHWC 两种，前一种代表的意思是输入神经网络的张量的大小是迷你批次的大小×通道数目×图片高度×图片宽度，后一种代表的意思是输入神经网络的张量大小是迷你批次的大小×图片高度×图片宽度×通道数目。不同的深度框架可能会采用不同的排列方式，需要根据具体使用的框架来决定具体的维数排列应该是什么。图 1.6 展示了向量、矩阵、三维张量的元素排列方式，读者可以根据这些元素排列的形状来想象更高维的张量应该是什么样的。向量、矩阵和张量是深度学习的基础，很多深度学习的运算涉及向量和矩阵的加法和乘法。

另外，这里可以补充一点知识，作为前面的向量、矩阵和张量之间关系的进一步说明。实际上，我们可以在向量的基础上添加一个维度，让向量成为矩阵，矩阵上添加一个维度，让矩阵成为（三维）张量。具体地说，假如向量的大小为 m，我们可以直接把这个向量转换为 $m \times 1$ 或者 $1 \times m$ 的矩阵（即增加一个维度，保持元素不变）。同理，如果有一个 $m×n$ 大小的矩阵，我们可以自由选择增加在某一个维度，使之成为 $m×n×1$ 或者 $m×1×n$ 或者 $1×m×n$ 的三维张量，而保持其中的元素不变。

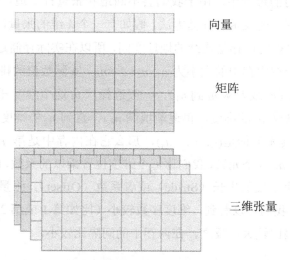

图 1.6　向量、矩阵和三维向量示意图（每个格子代表一个浮点数）

在深度学习的神经网络的构造过程中，我们经常会碰到各种各样的线性变换，而这些线性变换的过程主要分成两类，一类是对于张量（包括向量和矩阵）的线性变换，另一类是张量的逐点（Point-wise）变换。举一个具体的例子，假如有一个长度为 n 的向量，需要转换为长度为 m 的向量，这时可以根据前面的知识，使用一个大小为 $m×n$ 的矩阵来对其进行变换，因为我们知道，$m×n$ 的矩阵乘以 $n×1$ 的矩阵（亦即长度为 n 向量），结果能够得到 $m×1$ 的矩阵（即长度为 m 向量）。在实践中，神经网络的基本构建可以使用各种层来表示，其中一些重要的层如卷积层（Convolution Layer）和线性层（Linear Layer）可以直接通过线性变换和矩阵乘法来计算，我们将会在后续章节介绍相关内容。关于张量的逐点计算，相对于前面的线性变换的概念比较简单一点，即对输入张量的每一个分量（数字）进行相同的运算，比如都乘以一个数（或者形状相同的张量的对应分量），或者都应用一个（非线性）函数，最后输出一个与输入张量形状相同的新张量，即对于张量应用激活函数（Activation Function）的过程。我们也将在后面章节陆续介绍相关内容。一般来说，在神经网络的构建过程中，都是一系列的线性变换和非线性的激活函数的运算交错进行叠加，最后构造出一个含有很多参数的非线性模型，其中，可训练的参数是线性变换的系数。

1.3.2 张量的存储

在整个深度学习的过程中，由于我们会不断地和张量打交道，这里需要进一步阐述一下张量在内存中的表示和存储方法。假如有一个 k 维的张量，它的维数为 $(n_1, n_2, \cdots, n_k)$，由于计算机的内存是连续的地址空间，所以在实际存储过程中存储的是 1 维的向量，这个向量在内存中的大小为 $n_1 \times n_2 \times \cdots \times n_k$。实际数值的排列方式可以从两个方向开始（从 n_1 到 n_k 或者从 n_k 到 n_1），一般选择从 n_k 这个维度开始，由小到大排列这个向量，即先填满 n_k 的维度，再逐渐填满 n_{k-1}，直到 n_1 的维度。假设有 1 个元素，它在张量中的具体下标是 $(i_1, i_2, \cdots, i_k)$，那么它在内存中是第 $i_1 \times (n_2 \times n_3 \times \cdots \times n_k) + i_2 \times (n_3 \times .. n_k) + \cdots + i_{k-1} \times n_k + i_k$ 个元素，我们称每个维度位置乘以的系数，即 $(n_2 \times n_3 \times \cdots \times n_k)$，$(n_3 \times .. n_k)$，$\cdots$，1 为这个维度的步长（Stride）或者系数（Offset）。张量在内存中的排列方式如图 1.7 所示。我们可以看到，维度序数较小（比如第 1 或第 2 个维度）的相邻数字在内存中的间隔比较大，反之，在内存中的间隔比较小。

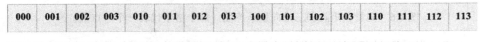

图 1.7　一个 2×2×4 的张量在内存中数字的排布（下标从 0 开始）

1.3.3 神经元的概念

神经网络最基础的组成单元可以认为是一个神经元（Neuron），它的结构由数个输入和输出组成。如图 1.8 所示，一个神经元的输入 x 是之前神经元输入的线性组合 $x = \sum w_i a_i$，其中，$w_i (i = 1, \cdots, n)$ 为一系列的可训练的参数，称为神经网络的权重。该神经元随之对这个线性组合输出的结果做一个非线性的函数变换 $f(x)$，输出该函数的变换结果。非线性的函数又称激活函数，其选择有多样性，我们会在激活函数的相关章节提到相关方面的问题。由于非线性函数变换的存在，整个神经元的输出结果是非线性的，这就使得神经元的输出能够模拟不同的函数，构成神经网络的数学基础。在实际应用中，虽然深度学习的神经网络架构多种多样，但最终都能表示为神经元之间相互连接的形式，唯一的区别在于神经元的数目和神经元之间的相互连接方式不同。结合前面讲的向量、矩阵和张量的知识，我们可把神经元的输入和输出排列成矩阵的形式，那么使用神经网络的权重进行线性变换就可以对应成矩阵的乘法，同时激活函数的计算就可以看作一个对于矩阵每个元素的逐点计算。

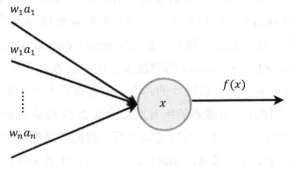

图 1.8　单个神经元结构示意图

1.4　输入数据的表示方式

前面已经讲到了可以用张量（包括向量和矩阵）的形式来表示神经网络中的数据。一般来说，在神经网络的神经元之间互相进行传递的数据是以浮点数的形式来表示的。与之相反，日常生活中接触到的图像、文本和语音都不是按照浮点数的形式进行存储的。为了能够利用这些数据进行深度学习，我们需要把这些内容转换为浮点数的形式，才能输入神经网络进行计算，这个过程称之为数据的预处理（Preprocessing）。下面简单介绍一下常见的几类数据如何进行预处理。

1.4.1　图像数据的表示方式

在前面已经简单介绍过，图像数据可以表示为像素点的集合，而每个像素点有一个（灰度，Grayscale）、三个（RGB）或者四个（RGBA）通道，单个像素点的通道的取值范围决定了像素可以表示的对比度的大小，一般在最亮和最暗的值之间离散地取 256 个分立的值，即取 0～255 之间的整数，分别代表不同的对比度。于是，一张图片可以表示为 $h×w×c$ 的三维张量，其中 h 是图片的高度（像素数），w 是图片的宽度（像素数），c 是图片的通道数目（如果是灰度图片，则 c=1；若是红绿蓝，则 c=3；若是红绿蓝以及透明度，则 c=4）。由于 0～255 之间的整数在计算机上可以用一字节来表示，所以一个像素的一个通道大小是一字节（8 比特），一般称之为 byte

或者 uint8 类型。当然，由于神经网络的运算主要是通过浮点数来进行的，因此，需要进一步把图片转换为浮点数类型的张量。另外，因为图片的大小（高度和宽度）各不相同，而神经网络在训练过程中一般会同时批量处理很多图片，所以需要把图片调整为相同大小，可以通过最近邻插值（Nearest Neighbor Interpolation）算法，或双线性插值（Bilinear Interpolation）等算法来把图片设置为目标的大小（这里假设为 $h \times w$ 大小，其中 h 为调整大小后图片的高度，w 为调整大小后图片的宽度）。调整好大小之后，就可以把图片所有像素的所有通道除以 255，转换为 0～1 之间的浮点数。这样，假设有 n 张图片，经过一系列变换之后，我们可以把图片转换为 $n \times h \times w \times c$ 的一个张量（其中 c 为图片的通道，如前所述，一般 $c=3$ 或 $c=4$）。需要注意的是，为了能够增加图片的多样性，人们一般在调整图片大小之前会对图片做一些特殊处理，比如，从图片中随机裁剪出一定的区域（Random Cropping），用这部分图片来调整图片大小，进而转换为浮点数张量，或者对图片进行色彩的轻微变化（Jittering，主要过程是把图片从 RGB 先变换到 HSV，即色相（Hue）、饱和度（Saturation）和明度（Brightness Value），然后在这三个值上做 5%～10% 的随机增减，再变换回 RGB），最后进行缩放并转换成张量。做这些处理的目的是扩增数据集，增加神经网络的泛化能力。另外，在转换为张量之后，可能还需要其他一些操作才能输入神经网络。首先就是归一化（Normalization）。由于图像像素值的分布多种多样，为了能够让数据的分布规整，从而有利于神经网络的训练，我们需要让一批图像的张量减去所有图像的平均值，除以所有图像的方差，这个过程称之为归一化，具体可以参考式（1.23）~式（1.25），其中，μ 是所有图像像素的平均，σ 是所有图像像素的标准差，a' 是归一化后的图像。归一化数据输入能够有效增加神经网络训练的数值稳定性，更有利于优化损失函数，从而提高训练结果的准确率。

$$\mu_{chw} = \frac{1}{N} \sum_{n=1}^{N} a_{nchw} \tag{1.23}$$

$$\sigma_{chw} = \sqrt{\frac{1}{N} \sum_{n=1}^{N} (a_{nchw} - \mu_{chw})^2} \tag{1.24}$$

$$a'_{nchw} = \frac{a_{nchw} - \mu_{chw}}{\sigma_{chw}} \tag{1.25}$$

1.4.2 文本数据的表示方式

除图像以外,深度学习的另一种重要的输入是文本。相对于图像可以数值化,文本是由离散的字符组成的,我们在转换文本为数值张量的过程中需要进行一系列的预处理。首先需要对文本做的处理是分词(Tokenization)。顾名思义,分词就是把连续的文本转换为单词的序列。对英文等基于单词的文本来说,这个过程相对比较简单,就是根据空格和标点符号把连续的英文句子或段落转换为单词的列表。对中文来说,我们需要使用一些分词工具把一段或者一句中文分成中文词组的列表。常用的中文分词工具有 THULAC 和 Jieba 等。有了分词之后,接下来需要做的一件事情是去停词。停词(Stop words)指的是文本中出现频率相对比较高,但是对于文本实际意义没有太大关联的单词。在很多自然语言处理任务中,这些词可以被忽略而不影响文本的意思,代表性的一些单词在英文中有"the""of"等,在中文中有"啊""哦"等。去停词之后可能要对文本做正则化(Normalization)处理。一些意思相同的单词在文本中的意义可能相同,但是却有不同的文本表现形式,比如,中文数字和阿拉伯数字,这时就需要把不同的文本形式转换为一致的文本形式,方便下一步处理,这个过程就称为正则化。经过前面的预处理之后,我们可以把预处理的结果直接转换为词向量,这个过程称为词嵌入(Embedding)。具体的构造过程是:首先建立一个词表,其中每个单词对应一定大小的词向量,假如有 n 个单词,每个单词对应一个长度为 m 的向量,那么这个词嵌入矩阵就可以构成一个 $n \times m$ 的矩阵(如图 1.9 所示,每个单词是一个向量,这个向量的大小为 m)。对于深度学习来说,这个矩阵的元素首先可以进行随机初始化(一般初始化为正态分布或者均匀分布),也可以使用预训练的词向量(如 Word2vec 或者 GloVe 算法预先训练好的词向量)进行初始化。另外需要提到的一点是,我们在自然语言处理过程中经常会使用一些特殊的字符,比如文本的开头(标志着文本开始)、文本的结尾(标志着文本的结束)、占位词(为了让一组文本的单词数目相同,需要对较短的文本增加占位词,让所有的文本长度对齐),以及未知单词(代表任何一个不在词表内的单词)。还有一个问题是如何挑选向量长度为 m 的大小。这里有个经验性的规律,即 m 的大小和 n 的四次方根成正比,比例系数在 1~10 之间。另外,为了词嵌入矩阵在内存中对齐,建议 m 选择为 2 的整数次方。举例来说,我们有 10000 个单词组成的词表,由于 10000 的四次方根是 10,我们可以选择 32 和 64 作为 m 的大小。当然这个规律不是绝对的,大家在实践中可以尝试使用不同的 m,并测试不同 m 下模型的表现,从而选出最好的 m 的大小。

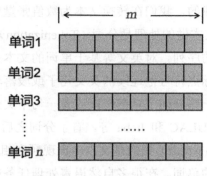

图 1.9　词嵌入示意图

1.4.3　音频数据的表示方式

音频也是一个比较重要的数据输入。下面以最简单的 16bit 的脉冲编码调制(Pulse-code Modulation,PCM)的音频信号为例,介绍如何从音频信号中提取特征。首先,这里的 16bit 代表这个音频将会按照信号的振幅取离散的 2^{16} 个值,即-32768～+32767,振幅越大,声音的强度越大。音频信号的另一个重要参数是采样率,比如采样率为 44.1 kHz,意思就是每秒采样 441000 个点。如果需要提取音频信号中的信息,就需要对采样时间×采样率数目的点做预处理。首先需要把振幅从整数转变为-1～+1 之间的浮点数,即对所有的振幅先加 32768,除以 32768,然后减去 1.0。我们可以画出振幅随着时间的变化,如图 1.10 所示。有了振幅之后,第一步需要做的事情是预加重,即对音频做式(1.26)所示的变换,其中 $α$ 是参数,一般取值为 0.95~0.97(这里假设有 N 个点,序号从 0 到 N-1,其中第 0 个点不发生改变)。在数学上,预加重相当于一个高通滤波器,起到了提高高频信号分量、滤除低频噪声的作用。在实际应用中,预加重是一个可选的预处理步骤,对于信号中噪声的滤除有一定的效果。

$$x'_{t+1} = x_{t+1} - \alpha \cdot x_t, \quad t = 0, \cdots, N-2 \tag{1.26}$$

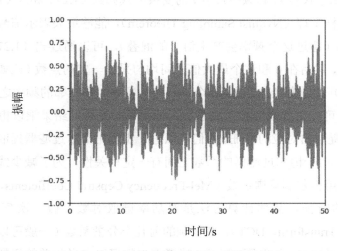

图 1.10　一段 50 s 的音频示意图（采样率为 44.1kHz）

在前面得到的信号的基础上，我们需要对信号进行分帧（Framing）和加窗（Window）处理。分帧即把音频切成一小段，一般每段长度在 20ms 到 40ms 之间，两个段之间重叠在 50%左右，比如，选择 25ms 作为音频段落大小，两个段落之间的重叠为 15ms（后一段开头距离前一段开头为 10ms）。一般来说，我们会让采样点的数目接近 2 的整数次幂，比如，对于采样率为 44.1kHz 的音频，为了计算方便，我们可选取 1024 个点（大约 23ms），前后音频段落开头间隔 512 个点（大约 11ms）。分帧之后，需要把每一帧的信号乘以窗口函数，其目的是为了防止信号泄漏，增加后续傅里叶变换以后频率空间信号的信噪比。有关具体的窗口函数的形式，读者可以参考相关资料。其基本方法是根据音频片段的大小（比如 1024）计算出每一点窗函数的值，然后把窗函数的值和信号的值做逐点乘积，最后输出结果。

有了加窗的信号，接下来需要做的是对信号进行快速傅里叶变换（Fast Fourier Transform，FFT）。在做完快速傅里叶变换之后（结果是一个复数的向量，长度和原始信号长度相同），我们可以得到信号在频率上的分布。可以画出快速傅里叶变换后的信号功率（复数的模长平方）相对频率的分布，如图 1.11 所示。有了傅里叶变换谱之后，需要得到梅尔尺度（Mel-scale）上的特征信息，即对数频率尺度的特征。由于梅尔尺度的特征信息是通过一组过滤器实现的，这里称之为梅尔过滤器（Mel Filter Banks）。其中，梅尔尺度 m 和频率尺度 f 的变换公式如式（1.27）和式（1.28）所示。根据奈奎斯特采样定理（Nyquist Sampling Theorem），能够最大表示信号的频率是系统采样率的一半（超过这个频率会产生信号的混叠），可以通过式（1.27）计算出最大的梅尔尺度值，然后在 0 和这个最大值之间均匀采样一定的点数（比如 40 个点），再通过式（1.28）做逆变换计算出 40 个点对应的频率。在相邻的频率之间做 0~1 之间的线性插值，可以得到对应频率的系数。把傅里叶变换的结果乘以梅尔过滤器对应的系数，即可提取出对应的特征。我们可以进一步画出梅尔过滤器提取出的特征，如图 1.12 所示。由于梅尔过滤器的系数之间有一定相关性，为了减少线性相关，我们可以进一步使用梅尔倒频谱系数（Mel-Frequency Cepstral Coefficients，MFCC）来代表音频片段的特征，具体计算方法是对功率谱取对数，做一次离散余弦变换（Discrete Cosine Transform，DCT），取低频的前几个分量系数（一般可以取除直流分量外的前 12 个系数），这里不再赘述，读者有兴趣可以参考相关的资料。最后为了增加信噪比，需要做的一个处理是把信号减去信号对于时间的平均，这个过程称之为平均归一化（Mean Normalization），这样可以有效提高机器学习和深度学习模型的识别效果。

$$m = 2595 \log_{10}\left(1 + \frac{f}{700}\right) \tag{1.27}$$

$$f = 700\left(10^{\frac{m}{2595}} - 1\right) \tag{1.28}$$

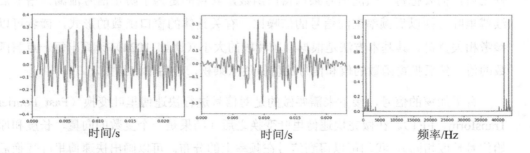

图 1.11　一帧音频（1024 个点）、加窗后的结果、快速傅里叶变换后的结果

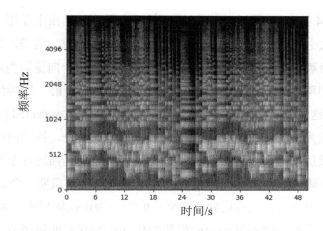

图 1.12　梅尔过滤器提取出特征随时间的变化图

1.5　线性变换和激活函数

1.5.1　全连接线性变换

有了前面的线性代数的基础知识后，我们就可以在这个基础上构建深度学习的基本模块，即线性变换模块。最简单的线性变换就是全连接线性变换。我们可以通过前面介绍的多层感知机（MLP）来举例说明线性变换在神经网络中起到的作用。图 1.13 画的是一个简单的多层感知机模型，把神经元分成了三类，即输入层（Input Layer）、隐藏层（Hidden Layer）和输出层（Output Layer）。其中，输入层只有 1 层，这一层有 3 个神经元（每个神经元由一个浮点数来表示），隐藏层由 2 层组成，分别有 4 个神经元和 5 个神经元，输出层同输入层一样，也只有 1 层，这一层由 2 个神经元组成。在实际的多层感知机模型中，一般输入层和输出层各有一层，而中间的隐藏层可以有若干层（这里是 2 层）。我们可以看到层与层之间的神经元用实线相互连接，而这些相互连接的关系采用线性变换（以及一个非线性函数）的方法来进行描述。具体可以表述为：假如这个神经网络输入的是大小为 3 的向量，在从输入层到第一层隐藏层的变换过程中，这个大小为 3 的向量会和一个大小为 4×3 的矩阵做矩阵乘法，最终得到一个大小为 4 的向量。对于这个向量，我们需要对每个分量求一个激活函数（后面会提到），得到第一层隐藏层的值。同理，把第一层隐藏层的值

（即一个大小为 4 的向量）乘以 5×4 的矩阵，然后在得到的结果上作用一个激活函数，最后得到一个大小为 5 的向量，这就是第二层隐藏层的值。同理，经过一系列的线性变换和激活函数的作用可以得到大小为 2 的向量，这个向量即为这个神经网络最后的输出。我们可以看到，下一层神经网络的每个值都和前一层神经网络的每个值相关联，我们称这种神经网络连接方式为全连接层（Fully Connected Layer，FC Layer），对应的线性变换为全连接线性变换。对于多层感知机来说，神经网络的连接层中每一层都是全连接层。对于全连接层来说，我们可以用矩阵描述这个连接方式，即如果对一个 n 大小输入的向量，将其变换为 m 大小的向量，需要一个 $m×n$ 大小的矩阵来描述这种线性变换，我们称这种线性变换的矩阵为连接的权重（Weight）。对于神经网络来说，权重是一个经过一定随机初始化（比如权重的每个分量值都初始化为标准正态分布），权重在神经网络的训练过程中会逐渐向着让模型更好地符合数据分布的方向变化，这个过程称之为模型的优化（Optimization）。除权重外，我们一般还会给线性变换之后的输出统一加一个可训练的参数，这个参数是标量，即为一个实数，我们称这个参数为偏置（Bias）。

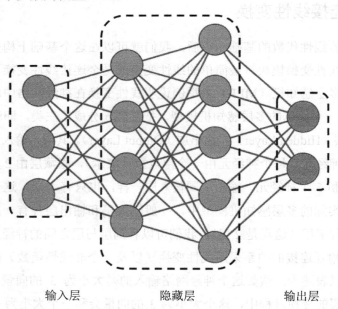

输入层　　　　　隐藏层　　　　　输出层

图 1.13　多层感知机连接图例

1.5.2 卷积线性变换

全连接的线性变换由于前一层和后一层所有的神经元之间都有一对一的连接关系，也称为稠密连接层（Dense Layer）。在实际的应用过程中，这种神经元之间关系的描述可能有许多冗余，对于神经网络模型的训练并不是很友好。为此，人们发明了一系列稀疏（Sparse）的连接方式来描述前后两层神经元之间的连接关系，其中最有名的一个就是卷积层（Convolution Layer，Conv Layer），对应的神经网络称为卷积神经网络（Convolution Neural Networks，CNN），如图 1.14 所示，左边是输入的一张图片（某一通道），右边是一个 3×3 的卷积核（Convolution Kernel，或称为 Filter），卷积核的每个分量都是可训练的实数，也称为权重，在运算过程中，需要从输入图片中取出和卷积核大小相同的一块区域（左边虚线方框的区域），然后把区域里面的数和卷积核的权重按照一一对应的方式相乘，并把所有的乘积求和，作为最后的输出。通过变化虚线框的位置（按照箭头方向移动，得到对应行列的值，其中移动的步长 Stride 是一个可以调节的参数），可以得到新的输出，这个过程即为卷积的过程。由于卷积核的权重只和输入的局部区域相连接，因此，这里称卷积的连接方式为稀疏连接。在实际的运算中，卷积运算一般是转换为矩阵运算来进行的，首先是把图片按照卷积的顺序转换为矩阵，对应的函数称之为 Im2Col (Image to Columns)，其中列的大小和卷积核的大小一致，比如 3×3 的卷积核对应的矩阵的列就是 9，行的方向则和卷积的方向一致。然后把卷积核也转换为矩阵，其中行的大小和卷积核大小一致，列的大小和不同的卷积核的数目一致（图 1.14 所示的是一个卷积核的卷积过程，实践中可以有多个卷积核，对应不同通道的输出）。然后对着两个矩阵做乘法计算，对应调用的函数称之为 GEMM (GEneral Matrix Multiplication)。相对于全连接的矩阵乘法而言，卷积的矩阵乘法由于卷积核的大小一般比较小（1×1、3×3、5×5 等），相对而言，权重数目也比较小，能有效地减少可训练参数的数目，加快模型的训练和收敛速度。因此，卷积神经网络在深度学习模型中得到了广泛的应用。以上是对卷积神经网络的一个初步介绍，我们将在后面几章对其做进一步介绍。

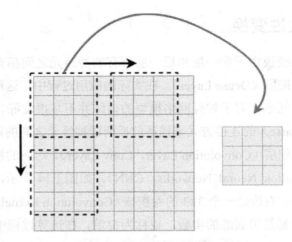

图 1.14 卷积神经网络示意图

1.5.3 激活函数

根据线性代数的知识，我们可以知道线性变换的组合还是线性变换。因此，仅仅通过组合全连接层和卷积层，最后得到的结果是线性变换的组合，可以等价为一个线性变换，因此这对于神经网络模型是没有意义的。为了能够让神经网络引入非线性的特性，我们需要在线性变换之间插入非线性层，于是需要引入激活函数（Activation Function）的概念。所谓激活函数，就是一类非线性函数的统称，通过对线性变换中输出结果的每个分量都应用激活函数，可以输出非线性的结果。理论上，所有非线性的函数都可以用于激活函数，而在实践中，人们主要应用的包括 Sigmoid 函数、Tanh 函数和 ReLU 函数（见图 1.15）。Sigmoid 函数的形式如式（1.29）所示（这里用 σ 来代表 Sigmoid 函数），其中横坐标为输入的值，纵坐标为输出的值。我们可以看到，Sigmoid 函数的取值范围在 0～1 之间，当 x 很小的时候接近于 0，x 很大的时候接近于 1。Tanh 函数的形式如式（1.30）所示（公式中用 tanh 来代表 Tanh 函数），我们可以看到 Tanh 函数的取值范围在 -1～1 之间，实际上 Tanh 函数可以表示为 2 倍的 Sigmoid 函数减去 1。相比于前面的函数而言，ReLU 函数（Rectifier Linear Unit）的形式更简单，如式（1.31）所示，max 的意思是取两个值中的较大值，于是当输入值大于 0 的时候，输出值等于输入值，当输入值小于 0 的时候，输出值等于 0。另外，我们可以看到，ReLU 函数相比于前面的两个函数，在 x 大于 0 的时候并没有一个边界，而是随着 x 趋向于无穷大，输出也趋向于无穷大，其相应的导数的值在这个过程中也恒为 1（Sigmoid 和 Tanh 在 x 很大和很小的时候，导数趋向于 0），这个特性在后面的反向传播相关的章节会提到，是非常重要的一个特性，有助于深度学习模型的训练和收敛。同时，由于 ReLU 的计算非常简单（只需要比较输入和 0 的大小），相比于 Sigmoid 和 Tanh 函数，能够更快地进行计算。因此，在深度学习架构的激活函数中得到了广泛的应用。

$$\sigma(x) = \frac{1}{1+e^{-x}} \tag{1.29}$$

$$\tanh(x) = \frac{1-e^{-x}}{1+e^{-x}} \tag{1.30}$$

$$\text{ReLU}(x) = \max(0, x) \tag{1.31}$$

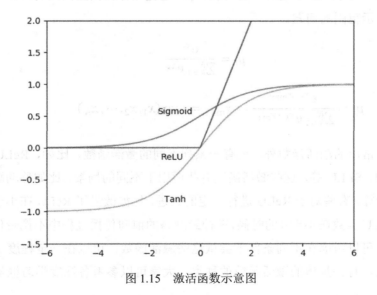

图 1.15　激活函数示意图

以上介绍的主要是输入层和隐藏层之间的激活函数，在最终的隐藏层和输出层之间，根据神经网络预测的目标不同，我们会使用一些不同的激活函数。首先是回归问题。前面已经介绍过回归问题的目标是预测一系列连续的值，由于这些值并没有范围的限制，这里会直接使用全连接的线性输出作为最终的预测（一般最终输出一个值，即神经网络的输出层的神经元数目为 1）。因此，如果要做回归预测，一般输出层是没有激活函数的。如果是二分类的问题，可以直接使用 Sigmoid 函数作为输出，因为 Sigmoid 函数的输出在 0～1 之间，能够表示二分类中某一个分类的概率。如果是多分类问题，最后一层的线性输出要等于最终分类的数目，而具体输出的每一个类的概率需要通过 Softmax 激活函数来得到。假如最终有 N 个分类，那么第 i 个分类（$i=1,\cdots,N$）的概率 p_i 由 Softmax 激活函数输出，即式（1.32）得到。我们可以看到，在式（1.32）中，首先对线性变换结果的所有分量取指数函数，然后对每个分量分别除以所有分量的和，这样可以保证 Softmax 函数的输出求和为 1，即所有分类的概率的和为 1。同时可以看到，在只有两个输出的情况下，Softmax 函数最终退化为 Sigmoid 函数。在实际的计算中，由于线性变换的某一个分量可能会非常大，计算指数函数的时候会超出浮点数的表示范围，为了能够计算这种情况下 Softmax 函数的输出，一般在计算 Softmax 函数之前会对所有的分量统一减去这些分量中最大的值，这样可以保持 Softmax 函数值不变，而且可以避免在计算指数函数的时候因中间结果过大超出表示范围的问题。

$$p_i = \frac{e^{x_i}}{\sum_{k=1}^{N} e^{x_k}} \tag{1.32}$$

$$p_i = \frac{e^{x_i - x_{\max}}}{\sum_{k=1}^{N} e^{x_k - x_{\max}}}, \quad x_{\max} = \max(x_1, x_2, \cdots, x_N) \tag{1.33}$$

除以上常用的激活函数外，还有一系列不同的激活函数，比如，ReLU 的一些变种，如 ELU、SELU 等，这些激活函数有些适用于不同的场景，比如移动端的神经网络的推理计算，有些对于 ReLU 进行一定的改进，比如改进了 ReLU 在小于 0 时的函数行为（ReLU 函数在小于 0 的时候，在神经网络的前向传播过程中不携带任何信息），一般来说，可以考虑在不同条件下尝试这些激活函数，可以在一定程度上提高深度学习的效果。有关具体的激活函数的种类，大家可以参考各深度学习框架相关的文档。

线性变换和激活函数构成了神经网络的基础。通过组合线性变换和激活函数，我们可以构造出多种多样的神经网络。同时，这些神经网络也根据激活函数的不同能够进行回归和分类等任务。我们将会在后续章节详细介绍如何使用这些基础的组件进行组合，构建不同结构的深度学习网络，以使进行不同的机器学习任务。

1.6 链式求导法则和反向传播

优化深度学习模型的过程是优化模型的权重，从而让损失函数尽可能小的一个过程。这里可以把深度学习模型的损失函数看作是一个有两种参数的函数，其中，第一种参数是输入的数据，第二种参数是线性变换的权重，在给定输入数据（训练集）的情况下，如果想要求得最优的权重，根据微积分的知识可知，需要求得损失函数相对权重的导数（梯度），然后沿着导数的方向对权重进行变化。因此，这里需要研究一下怎么得到损失函数对于权重的导数。为了叙述的方便，我们会换用导数（Derivative）和梯度（Gradient）两个词，这两个词在上下文语境中可以认为是同义的。

1.6.1 基于链式求导的梯度计算

由于深度学习的模型是由输入层、隐含层和输出层构成的，而最后的损失函数由输出层的值决定，最终的损失函数是所有中间层的权重的复合函数。基于深度学习模型的复杂性，模型的计算是逐层叠加在一起进行的，我们可以得到式（1.34）所示的递推公式，其中，h_j是第j层的神经元的值（这里称为数据），W_j是第j层的线性变换的权重，$f_j(x)$是对应的激活函数。我们可以看到，这里首先需要用到的是微积分中的链式求导法则，如式（1.35）所示（这里的x和y均为向量，f是y的函数，y是x的函数，我们需要求f对x的导数）。因此，求导应该视为对每个分量之间两两求导，因此，式（1.35）右边第一项和第二项均为导数的矩阵，链式法则最终归结为导数矩阵的乘法。

$$h_{j+1} = f_j(W_j h_j) \tag{1.34}$$

$$\frac{\partial f(x)}{\partial x} = \frac{\partial f(x)}{\partial y} \frac{\partial y}{\partial x} \tag{1.35}$$

根据式（1.35）并假设最后的损失函数为$L = f_n(h_n)$是输出层神经元值的函数，我们对两边求导，可以得到对应导数的递推式（1.36）和式（1.37），其中⊙符号代表按照分量一一对应相乘，其他的乘法均为矩阵乘法。假设h_{j+1}是$m \times 1$的向量，W_j是

$m×n$ 的矩阵，h_j 是 $n×1$ 的向量，则可以看到式（1.36）右端导数的形状和 W_j 的矩阵形状一致，式（1.37）右端导数的形状和 h_j 的向量的形状一致。我们可以看到，在神经网络的前向计算过程中，需要用到式（1.34）递推进行计算，最后得到损失函数的值，而在神经网络的反向计算过程中，因为一开始获得的是损失函数相对于输出层神经元的函数和对应的导数值，则需要依靠式（1.36）和式（1.37）来反向计算损失函数相对于前一层的权重的导数式（1.36）和相对于前一层神经元值的导数式（1.37）。根据式（1.37）求出的损失函数相对于神经元的导数可以递归的应用式（1.36）和式（1.37），进一步求出前一层的对应导数，这样就能求得损失函数相对于所有权重的导数。这个过程称之为反向传播过程（Backward Propagation，BP），和计算损失函数时的前向传播（Forward）相反，同时前向计算的权重和反向计算的权重导数一一对应。为了方便起见，我们称式（1.36）求出的导数为权重梯度（Weight Gradient），式（1.37）求出的导数为数据梯度（Data Gradient）。这样公式可以总结为，前一层的数据梯度和权重梯度依赖于后一层的数据梯度，且数据梯度和权重有关，权重梯度和数据（当前神经网络层神经元的值）有关。由于需要求解的权重梯度和当前神经网络层的值有关，在计算神经网络的时候，在进行前向传播时一般需要保存每一层神经网络计算出来的结果，以便在反向传播的时候用来求权重梯度。

$$\frac{\partial L}{\partial \boldsymbol{W}_j} = \frac{\partial L}{\partial \boldsymbol{h}_{j+1}} \frac{\partial \boldsymbol{h}_{j+1}}{\partial \boldsymbol{W}_j} = \left(\frac{\partial L}{\partial \boldsymbol{h}_{j+1}} \odot \frac{\partial f_j(\boldsymbol{W}_j \boldsymbol{h}_j)}{\partial \boldsymbol{W}_j \boldsymbol{h}_j} \right) \boldsymbol{h}_j^{\mathrm{T}} \quad (1.36)$$

$$\frac{\partial L}{\partial \boldsymbol{h}_j} = \frac{\partial L}{\partial \boldsymbol{h}_{j+1}} \frac{\partial \boldsymbol{h}_{j+1}}{\partial \boldsymbol{h}_j} = \boldsymbol{W}_j^{\mathrm{T}} \left(\frac{\partial L}{\partial \boldsymbol{h}_{j+1}} \odot \frac{\partial f_j(\boldsymbol{W}_j \boldsymbol{h}_j)}{\partial \boldsymbol{W}_j \boldsymbol{h}_j} \right) \quad (1.37)$$

为了进一步方便理解，整个前向传播和反向传播过程可以画出图像，如图 1.16 所示。这里用矩形代表神经网络每一层神经元的值，用圆形代表每一层权重的值，用实线代表前向传播的过程，虚线代表反向传播的过程。这样我们可以看到整个递归的计算过程由神经网络层和权重层的互相连接构成。整个前向传播过程和反向传播过程可以看作是数据在图 1.16 中的流动，其中前向传播的计算可以看作是数据从左到右流动（右边的数据依赖左边的数据），反向传播过程与之相反，数据从右到左流动（左边的数据依赖右边的数据）。图 1.16 所示的节点的连接过程能够形象地描述神经网络的工作过程，我们称这个图为计算图（Computational Graph），现代几乎所有的深度学习框架都建立在计算图的构建，并沿着计算图的前向和反向传播上。当然，实际的深度学习计算图中节点之间的连接方式可能会更复杂，比如，两个不同数据层之间可能会相加、相乘等，但是基础的构建原理都是权重和数据节点进行计算，最后输出新的数据节点。

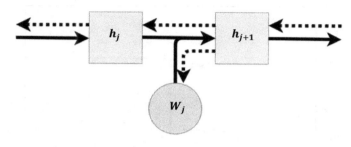

图 1.16　前向传播（实线）和反向传播（虚线）示意图

1.6.2　激活函数的导数

在实践中，我们需要具体的函数的导数。在这里简单的列举如下，首先是 Sigmoid 函数的导数，该函数的导数如式（1.38）所示。我们可以看到，这个函数的最大值取在 $x = 0$ 处，相应的导数的值为 1/4。另外，我们看到在 x 很大或很小的时候，对应的激活函数的导数都会趋向于 0。同理，可以求得 Tanh 函数的导数，如式（1.39），正如前面介绍的，因为 Tanh 函数是 Sigmoid 函数的尺度变换，对应的导数情况和 Sigmoid 函数类似。相比于 Sigmoid 函数和 Tanh 函数是导数连续的函数，ReLU 函数的导数并不连续，可以看到，在图 1.17 中 ReLU 函数的导数在 $x = 0$ 处有一个阶梯跳跃，从 0 变化到了 1。因此，为严格起见，ReLU 函数在 $x = 0$ 处导数不存在。一般来说，导数的不连续并不会影响深度学习模型的结果（而且实际上在权重比较多的情况下，线性变换的结果很少严格等于 0）。为了方便计算，一般把 $x = 0$ 处的导数定义为 0。另外，我们可以看到，ReLU 函数在 $x > 0$ 的条件下导数处为 1，在反向传播的过程中，这意味着后一层的导数能够很容易地传导到前一层而没有任何衰减，这个函数行为有助于梯度（导数）在神经网络中的反向传播，对于深度学习神经网络的训练非常有意义。

$$\sigma'(x) = \sigma(x)(1 - \sigma(x)) \qquad (1.38)$$

$$\tanh'(x) = 1 - \tanh^2(x) \tag{1.39}$$

$$\text{ReLU}'(x) = \begin{cases} 0, x \leqslant 0 \\ 1, x > 0 \end{cases} \tag{1.40}$$

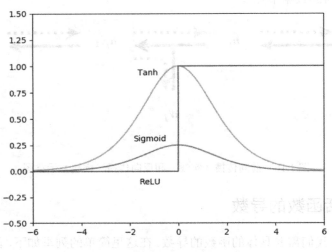

图 1.17　激活函数导数示意图

最后介绍一下梯度消失（Gradient Vanishing）和梯度爆炸（Gradient Explosion）的概念。在前面的内容里可以看到，在神经网络的训练过程中梯度的传播是一个反向传播的过程，而且与每一层的权重和数据有关。当神经网络很深的时候，我们可以看到，如果使用 Sigmoid 函数和 Tanh 函数作为激活函数（因为每次的梯度都小于1），那么在反向传播的时候，因为每次数据梯度的传播都要乘以关于数据的导数，数据梯度就会越来越小，对应的权重梯度也会越来越小。这样就会造成随着梯度的反向传播，靠前的神经网络层的梯度非常小。因此，会造成难以对这部分的权重进行优化的结果，这个现象就称为梯度消失。这对于深度学习模型是非常致命的，因为深度学习依赖的是许多层神经网络叠加在一起，组合成复杂的特征来进行预测。对深度学习模型来说，基本上就是几十上百层的神经网络叠加在一起，那么，如果使用 Sigmoid 和 Tanh 函数作为激活函数，前面几层的权重梯度就会非常接近于 0。这也是普通的神经网络通常都用比较浅的几层隐含层的原因。用来解决这个问题的方法有很多，其中一个方法就是使用 ReLU 作为激活函数。在前面已经看到，ReLU

函数既可以提供深度学习需要的非线性激活函数，也因为其特殊的梯度（每次传播的时候，数据大于 0 的部分的数据梯度保持不变）能够解决梯度消失的问题，因此，在深度学习中有着重要的作用。因为数据梯度对于在深度学习的反向传播的过程中起着重要的作用，而数据梯度的传播和权重有关。因此，权重取值的范围对于深度学习也非常重要。假如一开始权重取值比较大，我们会看到，随着反向传播的进行，数据梯度会逐渐变大，最后在前几层会变得非常大（超过浮点数的表示范围），这个过程称为梯度爆炸。因为数据梯度和权重梯度相互耦合，在这个情况下对权重进行优化（沿着梯度的方向改变权重）就可能会导致权重进一步增大。这样就会导致权重不稳定，从而使深度学习模型变得非常难以优化，甚至优化过程中会发生数值不稳定的现象。同理，如果权重的值非常小，那么就会造成梯度消失的结果。为了避免因为权重过大或者过小造成梯度爆炸和消失的结果，权重的初始化非常重要，其核心是让下一层的数据绝对值尽可能分布在 1 附近。本书在后续章节会陆续介绍权重初始化的内容。除权重的初始化外，为了避免梯度爆炸的结果，还可以对神经网络反向传播过程中的梯度做梯度截断（Gradient Clipping），使得梯度的 L2 模长小于一定的值，这样就可以避免梯度在传播过程中过大的问题。

1.6.3　数值梯度

由于权重和数据梯度的计算是神经网络算法的核心，基本上现代的深度学习框架都自带自动微分（Automatic Differentiation）功能。也就是说，对于框架提供的所有层，如果有数据输入、数据输出和权重，能够根据反向传入的梯度来计算对应的输入数据的数据梯度和线性变换层的权重梯度。这样，通过记录建立神经网络过程中所有的节点和最后的损失函数，建立一个有向无环图（Directed Acyclic Graph，DAG），再让梯度沿着有向无环图的反方向计算数据梯度和权重梯度，递归到输入节点，就能得到路径上所有权重的梯度。自动微分功能需要有对应的正向和反向传播函数的支持。在实践中，经常会碰到一种情况就是框架没有提供用户想要的神经网络层，用户需要自己实现一个，包括神经网络的前向和反向部分。前向部分的计算是否正确一般很容易验证，反向部分的计算可以通过数值微分（Numerical Difference）的方法来验证。其基本的如式（1.41）所示，其中，ε 是一个比较小的数，比如 10^{-6}。这样就得到了真正梯度（解析梯度）的一个近似，即为数值梯度，由于 x 是一个向量，式（1.41）给出的是导数的一个分量的计算方法，如果要计算对整个向量的导数，则需要对每个分量进行相应的操作。因为数值梯度计算起来非常简单，而且结果不容易出错，可以把它作为解析梯度的一个参考值，验证解析梯度是否计算正确（验证两个梯度值是否非常接近）。另外，需要提到的一点是尽量不要在实际的深度学习模型中使用数值梯度，因为其计算速度会非常慢（对每个分量都要做数值计算）。

$$\frac{\partial f}{\partial x_i} \approx \frac{f(x_i + \varepsilon) - f(x_i - \varepsilon)}{2\varepsilon} \tag{1.41}$$

1.7 损失函数和优化器

1.7.1 常用的损失函数

前面介绍了一些简单的损失函数。本节首先归纳总结一下深度学习中一些常用的损失函数。神经网络中常用的损失函数同样可以划分为用于分类的损失函数和用于回归的损失函数。对用于分类的损失函数来说，主要分为两类，一类是二分类的神经网络，其输出的激活函数是 Sigmoid 函数，对应的损失函数是二分类的交叉熵（Binary Cross Entropy），具体如式（1.42）所示。由于激活函数是 Sigmoid 函数，输出的是对应正分类的概率 p，如果训练数据是正分类，那么 $l=1$，否则 $l=0$。由于深度学习的优化器一般是使损失函数最小，所以这里对应正分类和负分类的对数概率前面有个负号。于是当 $l=1$ 时，因为对数函数是单调递增函数，优化损失函数使之最小就意味着优化神经网络 Sigmoid 激活函数输出值 p，使得这个输出值尽可能大，即尽可能让神经网络预测正样本，反之，如果 $l=0$，可以看到神经网络的优化会使 $(1-p)$ 尽可能大，即 p 尽可能小，让神经网络偏向于预测负样本。对于多分类的问题来说，如前所述，使用的是概率分布，由 Softmax 函数产生，对应的损失函数是（多分类）交叉熵（Cross Entropy）。交叉熵的计算如式（1.43）所示，其中 l_i 是 i 号标签的独热编码，如果训练数据给出的目标标签为 $i(0, \cdots, N-1)$，其中 N 是标签的个数，则 $l_i = 1$，其他的标签都等于 0。于是在给定优化器的情况下，优化器会使模型向着 p_i 变大的方向优化。如果需要预测连续的值，即回归问题，那么需要的则是平方损失函数（Square Loss，或称为 Mean Square Error，MSE），其公式如式（1.44）所示。

其中 y_p 是神经网络预测的值，y_t 是训练数据集的值。可以看到，这个损失函数设计的目标是让神经网络预测的值尽可能和训练数据的值接近。

$$L_{\text{BCE}} = -l \cdot \log p - (1-l) \cdot \log(1-p) \tag{1.42}$$

$$L_{\text{CE}} = -\sum_i l_i \log p_i \tag{1.43}$$

$$L_{\text{MSE}} = (y_p - y_t)^2 \tag{1.44}$$

1.7.2　基于梯度的优化器

前面介绍了神经网络中梯度的求解，正如前面提到的一样，之所以要计算神经网络中的权重梯度，其目的是为了在后续的优化算法中使用梯度下降（Gradient Descent）算法来进行优化（Optimization）。这里首先从最简单的例子来说明一下梯度下降算法是如何工作的。根据微积分的知识可以知道，在函数的极小值点附近，如果沿着函数梯度的方向行走，函数的值是下降的（见式（1.45））。在式（1.45）中可以看到有个参数 α，这个参数控制着权重沿着梯度下降的大小，称为学习率（Learning Rate），当学习率比较小（比如 10^{-3}）的时候，权重梯度优化的速度比较慢，但由于每次变化的步长比较小。因此，函数的变化相对连续，优化过程也是连续的，能够逐渐收敛到函数的极小值点。当学习率比较大的时候（比如 10^{-1}），每次变化步长大，梯度优化的速度相对较快，但是优化的行为可能不连续，这就导致了函数可能在某些值附近振荡收敛，甚至可能会导致整个优化行为的数值不稳定，即函数在优化过程中不断振荡无法收敛，甚至会不收敛（函数的值越来越大，直到无穷大）。图 1.18 显示了不同的学习率情况下梯度下降算法进行优化的行为，可以看到，在小学习率的情况下，整体参数（横坐标）的变化趋势是使目标函数不断变小的。但是在大学习率的情况下，参数会在正负之间发生振荡，虽然目标函数还是不断变小，而且变小的速率也相对于小学习率情况下比较快，但是参数在正负之间不断地变化导致了优化行为的不稳定。

$$L(\boldsymbol{w}') < L(\boldsymbol{w}), \quad \boldsymbol{w}' = \boldsymbol{w} - \alpha \frac{\partial L}{\partial \boldsymbol{w}} \tag{1.45}$$

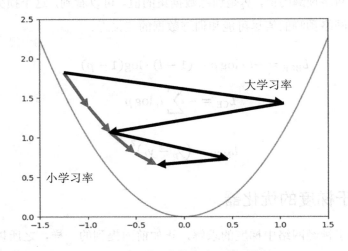

图1.18 不同学习率的损失函数下降情况

在深度学习的过程中，经常会遇到训练数据的数据量很大的情况。由于训练过程是相对于所有的训练数据来进行的，理论上，需要一次性计算给定所有数据的情况下的权重梯度。显然，这在训练数据很大的情况下是不可能的。为了能够在这个情况下对深度学习模型进行优化，一般采用的方式是使用基于迷你批次（Mini-batch）的数据来估算神经网络的权重梯度，并且使用估算得到的权重梯度来对模型进行梯度下降优化。其一般的流程为，对所有的数据进行随机排列(Shuffle)，然后从这些随机排列的数据中抽取一定数目的数据，这个数目称为批次大小（Batch Size），计算出每个数据的损失函数，并对损失函数求平均（或者求和，视模型的架构而定），接着用平均后的损失函数进行反向传播，计算对应的权重梯度。因为求导计算是线性的，因此损失函数平均求得的权重梯度和数据梯度等于迷你批次中给所有数据中单个损失函数对应权重梯度和数据梯度的平均，如式（1.46）所示，其中 i 代表该迷你批次中的第 i 个数据，N 是迷你批次的数目。我们称包含了所有数据的迷你批次的集合为迭代期（Epoch），称训练完一次训练数据包含的所有的迷你批次为一个迭代期。实际的训练往往需要经过几十甚至几百个迭代期。显然，因为迷你批次的大小在实际计算过程中远小于训练数据的数目，一个迷你批次计算出来的梯度并不能代表所有数据的梯度，只能代表所有数据梯度的一个近似。因此，在梯度下降的过程中带有一定的随机性。因此，这种优化算法被称为随机梯度下降算法（Stochastic Gradient

Descent，SGD)。在实际的优化行为的表现上，随机梯度下降算法有一定的不稳定性，需要调节学习率使得损失函数处于下降速率比较快的状态。

$$\frac{\partial \frac{\sum L_i}{N}}{\partial \boldsymbol{w}} = \frac{1}{N}\sum \frac{\partial L_i}{\partial \boldsymbol{w}} \tag{1.46}$$

因为随机梯度下降算法使用的梯度是迷你批次的近似梯度，而不是所有数据的准确梯度。因此，在使用随机梯下降算法的情况下会导致优化行为有一定的不稳定性，而且有可能会导致算法收敛速度降低。这时就需要一系列的其他优化算法来加快算法的收敛速度并提高算法的稳定性。一般来说，深度学习的优化算法大多数是仅基于损失函数对权重的一阶导数，这些算法统称为一阶优化算法，对于基于权重的二阶导数的优化算法，因限于篇幅，这里不再介绍，有兴趣的读者可以参考相关资料[21]。对于一阶优化算法而言，一个重要的关注点是如何校正当前的梯度，让当前迷你批次的梯度尽可能正确地反映真正的梯度方向。这里首先需要介绍的一个概念是动量（Momentum）。我们知道，之所以梯度随机下降算法的梯度不正确，是因为没有所有批次的梯度的信息。为了引入其他迷你批次梯度的信息，一般需要在当前梯度中引入历史的信息。式（1.47）展示了动量的计算方法，令初始时刻的动量为 0，t 时刻的动量等于 $t-1$ 时刻的动量加上权重梯度乘以学习率。γ 的值代表优化器中包含过去历史信息的多少，一般取值是 0.9 左右。在整合了动量以后，随机梯度下降算法可以应用动量来进行优化，如式（1.48）所示。相比于原始的随机梯度下降算法，基于动量的梯度下降算法能够更接近真实的梯度，从而增加了算法的稳定性。

$$\boldsymbol{m}_t = \gamma \cdot \boldsymbol{m}_{t-1} + \alpha \frac{\partial L}{\partial \boldsymbol{w}_t} \tag{1.47}$$

$$\boldsymbol{w}_{t+1} = \boldsymbol{w}_t - \boldsymbol{m}_t \tag{1.48}$$

除引入动量外，还可以引入权重梯度的平方来对权重进行优化。下面描述的算法称为 AdaGrad 算法，其基本思想是把历史的权重梯度的分量平方求和，并用这个平方和更新权重，如式（1.49）和式（1.50）所示。从这个公式可以看出，如果梯度的平方在过去的历史中某个分量很大，对应的 $\boldsymbol{G}_t$ 在这个分量上也会很大。式（1.50）描述了 AdaGrad 算法如何更新权重，其中 ϵ 是一个很小的常数，主要目的是为了避免无穷大，可以看到，如果G_t在某个分量上很大，对应的权重分量的更新会减小。相比于随机梯度下降算法，AdaGrad 算法对于学习率α比较不敏感，一般取值 0.01 能够得到很好的效果。同样，由于 AdaGrad 引入了历史的梯度数据，同时减小了过大的分量，其数值稳定性相对于随机梯度下降算法有了很大的提高。

$$G_t = \sum_{i=1}^{t} \left(\frac{\partial L}{\partial w_i}\right)^2 \quad (1.49)$$

$$w_{t+1} = w_t - \frac{\alpha \frac{\partial L}{\partial w_t}}{\sqrt{G_t + \epsilon}} \quad (1.50)$$

AdaGrad 算法由于引入了梯度平方的历史求和，随着训练的进行，权重下降会越来越小。为了解决这个问题，需要引入过去历史的平均，而不是求和。为此，在 RMSProp 算法中，引入了梯度平方（又称为速度，Velocity）的指数移动平均（Exponential Moving Average），用于求梯度在一定时长内的平均，具体如式（1.51）所示。其中γ的值决定了记忆历史的长度，我们可以看到γ越大，记忆的历史越长，一般取γ在 0.9 左右。有了梯度平方的指数移动平均后，可以通过指数移动平均来对权重进行更新，如式（1.52）所示。

$$v_t = \gamma \cdot v_{t-1} + (1-\gamma)\left(\frac{\partial L}{\partial w_t}\right)^2 \quad (1.51)$$

$$w_{t+1} = w_t - \frac{\alpha}{\sqrt{v_t + \epsilon}} \frac{\partial L}{\partial w_t} \quad (1.52)$$

Adam 算法则整合了动量和速度，并且把它们整合进一个优化框架中。可以看到，式（1.53）和式（1.54）分别计算了动量和速度的指数移动平均，然后式（1.55）把动量和速度整合进了优化过程中。一般来说，β_1默认取值为 0.9，β_2默认取值为 0.999。

$$m_t = \beta_1 \cdot m_{t-1} + (1-\beta_1)\frac{\partial L}{\partial w_t} \quad (1.53)$$

$$v_t = \beta_2 \cdot v_{t-1} + (1-\beta_2)\left(\frac{\partial L}{\partial w_t}\right)^2 \tag{1.54}$$

$$w_{t+1} = w_t - \alpha \frac{m_t}{\sqrt{v_t + \epsilon}} \tag{1.55}$$

1.7.3 学习率衰减和权重衰减

在深度学习模型的优化过程中，另一个比较重要的技巧是学习率衰减。一般来说，在优化的时候，可以观察到损失函数逐渐下降，然后停滞到一个平台不再下降。这时候可以尝试着降低学习率，然后观察损失函数是否继续下降。学习率可以降低为初始学习率的 0.5 倍或 0.1 倍，正常情况下，可以尝试降低学习率 2～3 次，然后发现损失函数有一定的下降。这个过程就是最简单的学习率衰减的过程，其主要原理就是可能当前的学习率对于当前的权重和损失函数来说偏大，调低学习率后能够让损失函数继续沿着梯度的方向做更多的下降。

以上是最简单的学习率衰减过程，在实践中，还有更复杂的梯度下降算法，比如，指数学习率衰减（Exponential Decay）和余弦退火（Cosine Annealing）等算法，具体的实现算法可以参考深度学习框架（如 PyTorch 等）的文档。

优化器除了能够用来优化神经网络，还能对神经网络做一定的正则化，具体使用的方法是权重衰减（Weight Decay）。让我们从前面介绍的 L2 正则化出发。假设神经网络的损失函数是 L，如果需要对权重进行正则化，则需要加上相关的正则化的项（其中 α 是正则化系数），得到新的损失函数 L'，如式（1.56）所示。如果对新的损失函数求导，可以得到新的梯度项，如式（1.57）所示。这样，相当于在优化过程中引入了跟权重相关的项，这一项和权重的值成正比。在存在正则化项的情况下，优化器的优化相当于沿着梯度的方向进行优化，然后把权重替换为 $1-\alpha$ 倍原来的权重。整个过程就相当于对权重进行了衰减。一般来说，权重衰减的值可以取得比较小，一般在 10^{-4} 到 10^{-5} 之间。

$$L' = L + \frac{\alpha}{2}\|w\|^2 \tag{1.56}$$

$$\frac{\partial L'}{\partial \boldsymbol{w}} = \frac{\partial L}{\partial \boldsymbol{w}} + \alpha \cdot \boldsymbol{w} \tag{1.57}$$

以上算法就是现代深度学习中使用的主流优化算法。事实上，由于神经网络的复杂性，损失函数存在复数个局部极小值点（即损失函数是非凸的，Non-convex），而并不像一般的机器学习算法一样只有一个全局的极小值点（凸函数，Convex）。所以，优化器最终收敛到的点可能不是所有的极小值点，甚至可能不是极小值点，而是鞍点（Saddle Point）。鉴于一般情况下神经网络优化得到的模型在准确率方面还是相对比较高的，所以这个问题在实践中对大多数的情况不造成影响。关于神经网络损失函数的特性，可以参考相关资料[22]。

1.8 本章总结

本章主要介绍了神经网络和深度学习的历史，以及机器学习和深度学习的基础知识。深度学习作为机器学习的一个分支，大量利用了机器学习中已有的统计学的知识，同时，作为机器学习的新方向，深度学习也在机器学习的基础上引入了大量新的概念，包括线性变换和激活函数等，其中张量作为深度学习中的基本运算单元扮演着重要的作用。另外，虽然特征提取在深度学习中的重要性相比于机器学习有所下降，但是如何从训练数据中提取特征并输入神经网络进行训练依然是构建深度学习模型的重要组成部分。在进行深度学习的过程中，如何选择激活函数和线性变换的结构在深度学习模型的设计过程中也起着重要的作用。最后则是有关深度学习神经网络的训练过程，为了能够在给定训练数据的情况下对深度学习模型的权重进行训练，我们需要获得模型相对于权重的梯度。为了得到权重的梯度，就需要使用反向传播算法使梯度从损失函数层传播到输入层。给定权重的梯度后，选择一个合适的优化器也是非常重要的，不同的优化器对于模型优化行为的影响非常大。虽然本章的内容偏重于基础，但是在后续章节里会陆续提到相关的知识，尤其是神经网络的很多线性变换层和激活函数层都是前面介绍的线性变换和激活函数的一种变体。当然，后续章节也会结合代码对本章所述的内容做一定的深化。本章作为一个引导性的章节，系统地介绍了深度学习中的一些基础知识，希望对读者后面章节的学习有所裨益。

第 2 章
PyTorch 深度学习框架简介

深度学习算法是高度结构化的,其主要组成部分是第 1 章介绍的线性变换、激活函数、反向传播和梯度优化等模块。在实际应用中,由于实现深度学习算法的基础代码具有模块化的特点,我们在使用过程中并不会从头开始构造某一个深度学习模型的代码。为了方便算法的实现,人们开发了一系列的框架,通过将深度学习算法和模型抽象成对张量的一系列计算,并把计算涉及的一些算法抽象成应用程序接口(API)供用户调用,从而实现各种各样的深度学习算法。使用这种方法方便了深度学习模型的搭建和修改,使得人们可以更快地构建和部署深度学习模型。本章主要介绍 PyTorch 深度学习框架的一些基本功能。为后续使用 PyTorch 构造深度学习模型的章节打下基础。

2.1 深度学习框架简介

随着深度学习技术的不断发展,近年来各种深度学习框架层出不穷。不同的深度学习框架拥有的功能也千差万别。虽然深度学习框架的种类很多,每个种类又有不同的功能,但是从本质上说,所有的深度学习框架都要支持一些基本的功能,并且通过组合这些功能,有能力构建复杂的神经网络模型。下面介绍一下深度学习框架需要支持的功能。

2.1.1 深度学习框架中的张量

一个深度学习框架首先需要支持的功能是张量的定义。在第 1 章我们可以看到,张量的运算是深度学习的核心,比如,一个迷你批次大小的图片可以看成四维的张量,一个迷你批次的文本可以看成二维张量等。基本上所有深度学习模型的神经网络层(包括线性变换层和激活函数层等)都可以表示为张量的操作,梯度和反向传播算法也可以表示成张量和张量的运算。前面已经介绍过张量在内存中的排列方式是连续的,而且是从最后一个维度开始排列。在深度学习框架中,张量首先应该能够支持得到每一个维度的长度,也就是保存张量的形状。其次,需要能够支持和其他相同类型张量的运算,如加、减、乘、除等。另外,张量还应该能够支持变形,也就是说,变换成总元素的数目相同,但是维数不同的另外一个张量。比如,可以把某个维度分裂成两个维度,或者把最后几个维度合并成一个维度等。由于变形前后两个张量的分量在内存中的排列形状一般是相同的,因此,这两个张量一般会在底层共享同一个内存区域。最后,张量应该能支持线性变换的操作(如卷积层和全连接层运算)和对每个元素的激活函数操作。实现线性变换操作和激活函数操作相关的类和函数是为了能够方便地进行神经网络的前向计算。

2.1.2 深度学习框架中的计算图

有了张量的定义和运算还不够,我们需要让一个深度学习框架支持反向传播计算和梯度计算。为了能够计算权重梯度和数据梯度,一般来说,神经网络需要记录运算的过程,并构建出计算图。关于构建计算图的方法,深度学习框架采用的是两种策略。第一种是静态图(Static Graph),也就是在计算之前预先构建一个计算图,图中的节点是运算操作(Operator),包括矩阵乘法和加减等,而图中的边则是参与运算的张量。支持静态计算图的框架包括 TensorFlow 和 Caffe 等。在使用框架时,一般使用配置文件或者不同语言的接口函数先构建出深度学习模型对应的静态图,然后在静态图中输入张量,框架的执行引擎会根据输入的张量进行计算,最后输出深度学习模型的计算结果。静态图的前向和反向传播路径在计算前已经被构建,所以是已知的。由于计算图在实际发生计算之前已经存在,执行引擎可以在计算之前对计算图进行优化,比如删除冗余的运算合并两个运算操作等。同时因为计算图是固定的,而不是每次计算都重新构建计算图,这有效地减少了计算图构建的时间消耗,相对来说效率较高。但静态图也有一定的缺点,主要是因为静态图为了效率牺牲了灵活性。因为静态计算图在构建完成之后不能修改,因此,在静态计算图中使用条件控制(比如循环和判断语句)会不大方便。首先,计算图需要有对应条件控制的计算操作。另外，如果在计算图中使用条件控制，一般需要计算条件的所有不同分支，也会给计算图增加一定的消耗。其次是框架的易用性，因为静态计算图在构建时只能检查一些静态的参数，比如输入/输出张量的形状是否合理，在执行时暴露的一些问题可能就无法在图的构建阶段预先排查，只能在引擎执行的时候被发现。因此，在代码的调试方面，静态计算图相对来说比较低效，同时也造成了基于静态计算图的深度学习框架上手比较困难。相比于静态计算图，动态计算图牺牲了执行效率，但灵活性更强。

总结一下上面的叙述，动态计算图指的是在计算过程中逐渐构建计算图，最后得到神经网络的输出结果。如果要进行反向传播的计算，动态计算图的反向传播路径只有在计算图构建完成的时候才能获得。使用动态计算图的深度学习框架有 PyTorch 和 Chainer 等。对动态图来说，条件控制语句非常简单，可以使用前端语言（如 Python 等）现成的条件控制语句。动态计算图的另一个特点是使用方便，因为可以实时输出深度学习模型的中间张量。因此，调试起来非常方便，通过检查程序出错处的张量的值，可以很容易得到出错的原因，相对于静态图需要不断修改图的构建过程并重新执行新构建的图，动态图的调试过程非常方便。顺便提一句，动态图的构建和计算是深度学习框架的主流发展方向，类似 TensorFlow 之类的传统的基于静态图的深度学习框架也开始开发支持动态图计算的模块。

2.1.3 深度学习框架中的自动求导和反向传播

除了计算图的构建，深度学习框架的另一个特性是能够进行自动求导（Automatic Differentiation）。一般深度学习模型在训练的时候，需要构建计算图，计算图的最后输出是一个损失函数的标量值，然后根据 1.6.1 节介绍的反向传播算法，从标量值反推计算图权重张量的梯度，这个过程被称为自动求导。在静态图的计算过程中，在构建前向的计算操作的同时会构建一个反向传播的梯度计算操作，这样，前向的计算图的构建完毕伴随着反向计算图的构建完毕。有了损失函数之后，就可以从损失函数所在的张量的边开始逐渐沿着反向计算图获取对应的梯度。与静态计算图的构建相比，动态计算图在构建前向计算图的时候则是给每个输出张量绑定一个反向传播的梯度计算函数，当计算图到达最终的损失函数张量的时候，直接调用该张量对应的反向传播函数，并不断根据前向计算图进行递归的反向传播函数调用，最后到达输入张量，即可求得每个权重张量对应的梯度张量。

在损失函数的优化方面，基于静态计算图的深度学习框架直接在计算图中集成了优化器，在求出权重张量梯度之后直接执行优化器的计算图，更新权重张量的值。与静态计算图相比，动态计算图则直接把优化器绑定在了权重张量上。当反向传播计算完毕之后，权重张量会直接绑定对应的梯度张量，优化器的工作则是根据绑定的梯度张量来更新权重张量。同样，与静态计算图相比，动态计算图在损失函数的优化方面可以更加灵活地进行设计，比如，可以很方便地指定一些权重使用一个学习率，而另外一些权重使用另外一个学习率。

作为一个基于 Python 的深度学习框架，PyTorch 使用了动态计算图，而且在 API 的设计上类似于 Numpy 等流行的 Python 数值计算框架，非常方便初学者上手。在保持 API 的简单性的同时，PyTorch 还提供了强大的可扩展性，包括能够自由定制张量计算操作、CPU/GPU 上的异构计算，以及并行训练环境等。本章主要介绍的是 PyTorch 的一些基本数值操作。在后续章节中将会介绍 PyTorch 的各种高级特性。

2.2 PyTorch 框架历史和特性更迭

为了方便理解后续章节中对 PyTorch 的详细阐述，这里首先介绍一下 PyTorch 的发展历史和一些特性的变化过程。截至本书写作的时候，PyTorch 的最新版本为 1.3.0，所以本书叙述的历史为 PyTorch 1.3.0 之前的特性更迭，本书后面的代码将主要基于 PyTorch 1.3.0。

PyTorch 是由 Facebook 公司开发的深度学习框架，其起源应该是 Torch 这个深度学习框架。Torch 深度学习框架最初的开发可以追溯到 2002 年。相比使用 Python 语言作为深度学习框架前端的 PyTorch，Torch 使用了 Lua 语言作为深度学习框架的前端。由于机器学习的主流语言是 Python，相比之下，Lua 语言比较小众。Facebook 在 2016 年发表了 PyTorch 最初的版本 0.1.1（alpha-1 版本），作为 Torch 向 Python 迁移的一个项目。在最初的版本中，PyTorch 和 Torch 共享的是底层的 C 语言 API 库，现在还可以在 PyTorch 源代码里看到 TH、THC、THNN、THCUNN 这些目录，即来源于 Torch 的代码。同时，在前端代码的组织上，PyTorch 也借鉴了 Torch 的一些概念（比如张量和模块等）。

在最初的版本中，PyTorch 支持的深度学习计算操作很少，而且在并行计算和异构计算（CPU/GPU 混合）方面的支持不是很完善。在后续版本中，PyTorch 逐渐引入了多进程计算的功能，而且逐渐集成了 CuDNN 的 GPU 深度学习计算库，引入了越来越多的张量运算操作和深度学习模块。在 PyTorch 0.2.0 中已经实现了高阶导数、分布式计算、张量广播等功能。同时，在重要的并行计算的支持方面，也得到了很大的完善。到了 PyTorch 0.3.0，PyTorch 支持更多的损失函数和优化器，同时在框架的计算性能的表现上有了长足的进步。另外，PyTorch 开始支持导出神经网络为开放神经网络交换格式（Open Neural Network Exchange Format，ONNX），这个格式用于存储神经网络的连接方式和权重，也用于和其他深度学习框架（如 Caffe2 和 MXNet 等）交换构建神经网络的权重。

PyTorch 0.4 是在 PyTorch 1.0 之前的最后一个大版本，在 PyTorch 0.4.0 中，相对前一个版本而言，对分布式计算的支持更加完善，方便了用户的使用。同时，ONNX 也增加了对循环神经网络（Recurrent Neural Network，RNN）的支持。另外，在这个版本中，也增加了对 Windows 操作系统的支持，实现了张量（Tensor）和变量（Variable）的合并，而在之前的版本中，这两个概念是相互独立的，变量是可以构建计算图且能够进行自动求导的张量。在 PyTorch 0.4.0 中，通过指定张量支持导数的选项，就不再需要用到变量。因此，这两个概念合并为张量。

到了 PyTorch 1.0，深度学习框架本身又有了几个重大的变化。首先是分布式训练方式的更改，PyTorch 在分布式计算方面开始对不同的后端有了完善的支持，包括 MPI 和 NCCL 等。在即时编译器（Just-In-Time Compiler，JIT）方面，PyTorch 1.0 新增了许多功能，使得之前的深度学习模型追踪（trace）的功能有了很大提高。通过使用改进的 JIT，可以把 PyTorch 的动态计算图编译成静态计算图，方便模型的部署。为了减少 Python 前端在运行深度学习模型的时间损耗，PyTorch 也加强了对 C++前端的支持，这样一个 Python 训练和保存的模型就能通过 C++前端运行，有效地提高了模型的运行效率。

PyTorch Hub 的开发也是 1.0 版本的亮点之一，通过 PyTorch Hub，用户可以获得一系列预训练的深度学习模型，主要包括计算机视觉、自然语言处理、生成式模型和音频模型等，这些预训练模型的出现能有效地加快用户开发新型的深度学习模型，方便用户构建基线模型和复现深度学习模型的效果。到了 PyTorch 1.1，PyTorch 开始支持 TensorBoard 对于张量的可视化，并且加强了 JIT 的功能。PyTorch 1.2 增强了 TorchScript 的功能，同时增加了 Transformer 模块，也增加了对视频、文本和音频的训练数据载入的支持。到了 PyTorch 1.3，增加了移动端的处理，而且增加了对模型的量化功能（Quantization）的支持。

综上所述，PyTorch 从 2016 年发布以来，迭代非常迅速，经历了从 0.1.0 到 1.3.0 一共 8 个大版本的更新，同时在大版本之间各有一个小版本的更新。在保持快速更新的同时，PyTorch 保持了 API 的稳定性，而且作为一个飞速迭代的深度学习框架，PyTorch 在构建和运行深度学习模型方面也非常稳定，并没有因为迭代速度太快而导致代码运行不稳定。得益于迭代速度，PyTorch 现阶段支持非常多的神经网络类型和张量的运算类型。可以预见，PyTorch 在未来能够兼顾更新速度和代码质量，支持更多的神经网络类型，并拥有更高的计算效率。

2.3 PyTorch 的安装过程

PyTorch 是一个基于 Python 的深度学习框架，支持 Linux、macOS、Windows 平台。为了能够使用 PyTorch，首先需要有 Python 的运行环境，一般来说，推荐选择 Anaconda 的 Python 环境。进入 Anaconda 的网站可以看到，Anaconda 可以针对操作系统和 Python 的版本选择不同的 Anaconda 安装包（截至本书写作的时候，最流行的 Python 版本为 3.7，因此，这里使用基于 Python 3.7 的 Anaconda 安装包）。下载和安装 Anaconda 安装包之后，就可以开始使用 conda 命令了，这也是 Anaconda 的 Python 环境管理命令。如果是 Windows 操作系统，可以打开 Anaconda Prompt；如果是 Linux/macOS 操作系统，可以在安装完毕之后直接在命令行（Terminal）运行 conda 命令来测试是否成功安装了 Anaconda 环境（见图 2.1）。我们可以在对应的命令行界面运行 conda --help，就可以看到 Anaconda 的帮助文件。

在安装 Anaconda 以后，我们可以使用 Anaconda 创建一个虚拟环境，具体的命令为 conda create -n pytorch python=3.7。可以看到这里有两个参数,第一个参数是-n,后面紧接着虚拟环境的名字,这里直接使用 pytorch 作为虚拟环境的名字(读者可以使用任意的字符作为虚拟环境的名字),另外一个参数则用于指定 Python 的版本(这里使用 3.7 版本)。Anaconda 会自动安装好初始的依赖并设置好具体的环境变量。创建好环境之后,可以使用 conda activate pytorch 来激活刚刚创建的虚拟环境,其中 pytorch 是创建的虚拟环境的名字。如果要退出虚拟环境,可以使用 conda deactivate 命令。

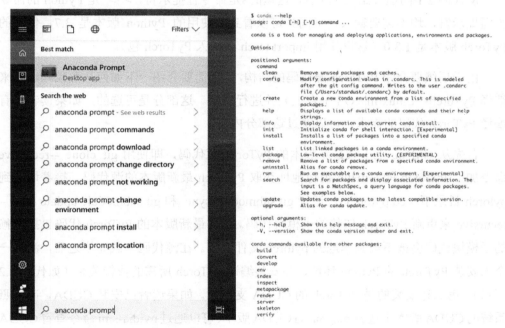

图 2.1　Windows 的 Anaconda 环境(左)和 Linux/macOS 的 Anaconda 命令(右)

在激活虚拟环境之后,接下来需要安装 PyTorch 包,具体的安装过程可以参考 PyTorch 官网。在使用 GPU(CUDA)运行环境的情况下,可以通过运行命令 conda install pytorch torchvision cudatoolkit=10.0 -c pytorch 来安装 PyTorch 和相关的依赖包。如果仅仅使用 CPU 来运行深度学习模型,可以通过运行命令 conda install pytorch torchvision -c pytorch 来安装 PyTorch 和相关的依赖包。当运行完安装命令之后,我们就可以开始使用 PyTorch 了。通过代码 2.1 来测试 PyTorch 是否被正确安装。

代码 2.1 PyTorch 软件包的导入和测试。

```
$ python
Python 3.7.5 (default, Oct 25 2019, 15:51:11)
[GCC 7.3.0] :: Anaconda, Inc. on linux
Type "help", "copyright", "credits" or "license" for more information.
>>> import torch
>>> torch.__version__
'1.3.0a0+ee77ccb'
```

从代码 2.1 的运行结果（注意，这里的$是命令行提示符，>>> 是 Python 的命令界面提示符，均不需要输入，下同）可以看到，使用的 Python 版本是 3.7，使用的 PyTorch 版本是 1.3.0（这里使用 import torch 来导入 PyTorch 包）。

由于后续要介绍 PyTorch 源代码的结构，这里简要介绍一下如何从源代码出发来编译 PyTorch（Linux/macOS 平台上）并进行安装。这部分是可选的，如果读者没有编译 PyTorch 代码的需求，可以跳过这部分内容。

首先从 GitHub 上下载最新版本的 PyTorch 源代码，即使用 git clone --recursive 命令加上 PyTorch 的 GitHub 镜像地址获取 PyTorch 最新版本的源代码。接着切换到 pytorch 目录下（cd pytorch），运行 git submodule sync 和 git submodule update --init –recursive 来更新 PyTorch 依赖的子模块代码。这样最新版本的 PyTorch 代码包括依赖的子模块代码会被下载到本地的 pytorch 文件夹下。在源代码下载完毕之后，激活一个未安装 PyTorch 的 Python 环境，并安装编译 PyTorch 所需的依赖关系（如代码 2.2 所示）。第二行安装的是 PyTorch 的 CUDA 支持包。如果读者已安装 CUDA，请按照系统的 CUDA 版本来选择 magma 的 CUDA 版本（可以通过 nvidia-smi 命令查看 CUDA 版本）。比如，使用 CUDA 10.0 的读者请安装 magma-cuda100，具体 magma 支持的 CUDA 版本可以参考 magma 的官网和 PyTorch 的 Anaconda 软件包镜像源（可以看到最新支持的是 magma-cuda101）。

代码 2.2 安装 PyTorch 的依赖关系。

```
$ conda install numpy ninja pyyaml mkl mkl-include setuptools \
cmake cffi typing
$ conda install -c pytorch magma-cuda100
```

接下来在命令行界面运行代码 2.3，即可开始 PyTorch 的编译。

代码 2.3 PyTorch 编译命令。

```
# (Linux)
$ export CMAKE_PREFIX_PATH=${CONDA_PREFIX:-"$(dirname $(which conda))/../"}
$ python setup.py install
# (Mac)
$ export CMAKE_PREFIX_PATH=${CONDA_PREFIX:-"$(dirname $(which conda))/../"}
$ MACOSX_DEPLOYMENT_TARGET=10.9 CC=clang CXX=clang++ python setup.py install
```

假如不需要直接安装 PyTorch，只需要 wheel 格式的文件的安装包，可以把最后的 python setup.py install 改成 python setup.py bdist_wheel。由于 Linux/macOS 是比较流行的深度学习操作系统，这里将略过 Windows 操作系统的编译方法。有兴趣的读者可以参考 PyTorch 的 GitHub 镜像的 README.md 文件（该文件还描述了 Docker 镜像的编译方法，对容器云的用户有一定的参考价值）。

2.4 PyTorch 包的结构

本节首先从 PyTorch 包的结构出发，简单介绍一下 PyTorch 模块中子模块的作用，方便后续对子模块的功能进行更深入的学习。下面首先从 PyTorch 1.3.0 的文档出发，介绍每个子模块的功能和作用。

2.4.1 PyTorch 的主要模块

PyTorch 主要包括以下 16 个模块。

1. torch 模块

torch 模块本身包含了 PyTorch 经常使用的一些激活函数，比如 Sigmoid (torch.sigmoid)、ReLU (torch.relu) 和 Tanh (torch.tanh)，以及 PyTorch 张量的一些操作，比如矩阵的乘法（torch.mm）、张量元素的选择（torch.select）。需要注意的是，这些操作的对象大多数都是张量，因此，传入的参数需要是 PyTorch 的张量，否则会报错

（一般报类型错误，即 TypeError）。另外，还有一类函数能够产生一定形状的张量，比如 torch.zeros 产生元素全为 0 的张量，torch.randn 产生元素服从标准正态分布的张量等。

2. torch.Tensor 模块

torch.Tensor 模块定义了 torch 中的张量类型，其中的张量有不同的数值类型，如单精度、双精度浮点、整数类型等，而且张量有一定的维数和形状。同时，张量的类中也包含着一系列的方法，返回新的张量或者更改当前的张量。torch.Storage 则负责 torch.Tensor 底层的数据存储，即前面提到的为一个张量分配连续的一维内存地址（用于存储相同类型的一系列元素，数目则为张量的总元素数目）。这里需要提到一点，如果张量的某个类方法会返回张量，按照 PyTorch 中的命名规则，如果张量方法后缀带下画线，则该方法会修改张量本身的数据，反之则会返回新的张量。比如，Tensor.add 方法会让当前张量和输入参数张量做加法，返回新的张量，而 Tensor.add_ 方法会改变当前张量的值，新的值为旧的值和输入参数之和。

3. torch.sparse 模块

torch.sparse 模块定义了稀疏张量，其中构造的稀疏张量采用的是 COO 格式（Coordinate），主要方法是用一个长整型定义非零元素的位置，用浮点数张量定义对应非零元素的值。稀疏张量之间可以做元素加、减、乘、除运算和矩阵乘法。

4. torch.cuda 模块

torch.cuda 模块定义了与 CUDA 运算相关的一系列函数，包括但不限于检查系统的 CUDA 是否可用，当前进程对应的 GPU 序号（在多 GPU 情况下），清除 GPU 上的缓存，设置 GPU 的计算流（Stream），同步 GPU 上执行的所有核函数（Kernel）等。

5. torch.nn 模块

torch.nn 是一个非常重要的模块，是 PyTorch 神经网络模块化的核心。这个模块定义了一系列模块，包括卷积层 nn.ConvNd（N=1, 2, 3）和线性层（全连接层）nn.Linear

等。当构建深度学习模型的时候，可以通过继承 nn.Module 类并重写 forward 方法来实现一个新的神经网络（后续会提到如何通过组合神经网络模块来构建深度学习模型）。另外，torch.nn 中也定义了一系列的损失函数，包括平方损失函数（torch.nn.MSELoss）、交叉熵损失函数（torch.nn.CrossEntropyLoss）等。一般来说，torch.nn 里定义的神经网络模块都含有参数，可以对这些参数使用优化器进行训练。

6. torch.nn.functional 函数模块

torch.nn.functional 是 PyTorch 的函数模块，定义了一些与神经网络相关的函数，包括卷积函数和池化函数等，这些函数也是深度学习模型构建的基础。需要指出的是，torch.nn 中定义的模块一般会调用 torch.nn.functional 里的函数，比如，nn.ConvNd 模块（N=1, 2, 3）会调用 torch.nn.functional.convNd 函数（N=1, 2, 3）。另外，torch.nn.functional 里面还定义了一些不常用的激活函数，包括 torch.nn.functional.relu6 和 torch.nn.functional.elu 等。

7. torch.nn.init 模块

torch.nn.init 模块定义了神经网络权重的初始化。前面已经介绍过，如果初始的神经网络权重取值不合适，就会导致后续的优化过程收敛很慢，甚至不收敛。这个模块中的函数就是为了解决神经网络权重的初始化问题，其中使用了很多初始化方法，包括均匀初始化 torch.nn.init.uniform_ 和正态分布归一化 torch.nn.init.normal_ 等。在前面提到过，在 PyTorch 中函数或者方法如果以下画线结尾，则这个方法会直接改变作用张量的值。因此，这些方法会直接改变传入张量的值，同时会返回改变后的张量。

8. torch.optim 模块

torch.optim 模块定义了一系列的优化器，包括但不限于前一章介绍的优化器，如 torch.optim.SGD（随机梯度下降算法）、torch.optim.Adagrad（AdaGrad 算法）、torch.optim.RMSprop（RMSProp 算法）和 torch.optim.Adam（Adam 算法）等。当然，这个模块还包含学习率衰减的算法的子模块，即 torch.optim.lr_scheduler，这个子模块中包含了诸如学习率阶梯下降算法 torch.optim.lr_scheduler.StepLR 和余弦退火算法

torch.optim.lr_scheduler.CosineAnnealingLR 等学习率衰减算法。

9. torch.autograd 模块

torch.autograd 模块是 PyTorch 的自动微分算法模块，定义了一系列的自动微分函数，包括 torch.autograd.backward 函数，主要用于在求得损失函数之后进行反向梯度传播，torch.autograd.grad 函数用于一个标量张量（即只有一个分量的张量）对另一个张量求导，以及在代码中设置不参与求导的部分。另外，这个模块还内置了数值梯度功能和检查自动微分引擎是否输出正确结果的功能。

10. torch.distributed 模块

torch.distributed 是 PyTorch 的分布式计算模块，主要功能是提供 PyTorch 并行运行环境，其主要支持的后端有 MPI、Gloo 和 NCCL 三种。PyTorch 的分布式工作原理主要是启动多个并行的进程，每个进程都拥有一个模型的备份，然后输入不同的训练数据到多个并行的进程，计算损失函数，每个进程独立地做反向传播，最后对所有进程权重张量的梯度做归约（Reduce）。用到后端的部分主要是数据的广播（Broadcast）和数据的收集（Gather），其中，前者是把数据从一个节点（进程）传播到另一个节点（进程），比如归约后梯度张量的传播，后者则是把数据从其他节点（进程）转移到当前节点（进程），比如把梯度张量从其他节点转移到某个特定的节点，然后对所有的张量求平均。PyTorch 的分布式计算模块不但提供了后端的一个包装，还提供了一些启动方式来启动多个进程，包括但不限于通过网络（TCP）、通过环境变量、通过共享文件等。

11. torch.distributions 模块

torch.distributions 模块提供了一系列类，使得 PyTorch 能够对不同的分布进行采样，并且生成概率采样过程的计算图。在一些应用过程中，比如强化学习（Reinforcement Learning），经常会使用一个深度学习模型来模拟在不同环境条件下采取的策略（Policy），其最后的输出是不同动作的概率。当深度学习模型输出概率之后，需要根据概率对策略进行采样来模拟当前的策略概率分布，最后用梯度下降方法来让最优策略的概率最大（这个算法称为策略梯度算法，Policy Gradient）。实际上，因为采样的输出结果是离散的，无法直接求导，所以不能使用反向传播的方法来优化网络。torch.distributions 模块的存在目的就是为了解决这个问题。我们可以结合 torch.distributions.Categorical 进行采样，然后使用对数求导技巧来规避这个问题。当然，除了服从多项式分布的 torch.distributions.Categorical 类，PyTorch 还支持其他的分布（包括连续分布和离散分布），比如 torch.distributions.Normal 类支持连续的正态分布的采样，可以用于连续的强化学习的策略。

12. torch.hub 模块

torch.hub 提供了一系列预训练的模型供用户使用。比如，可以通过 torch.hub.list 函数来获取某个模型镜像站点的模型信息。通过 torch.hub.load 来载入预训练的模型，载入后的模型可以保存到本地，并可以看到这些模型对应类支持的方法。更多 torch.hub 支持的模型可以参考 PyTorch 官网中的相关页面。

13. torch.jit 模块

torch.jit 是 PyTorch 的即时编译器（Just-In-Time Compiler，JIT）模块。这个模块存在的意义是把 PyTorch 的动态图转换成可以优化和序列化的静态图，其主要工作原理是通过输入预先定义好的张量，追踪整个动态图的构建过程，得到最终构建出来的动态图，然后转换为静态图（通过中间表示，即 Intermediate Representation，来描述最后得到的图）。通过 JIT 得到的静态图可以被保存，并且被 PyTorch 其他的前端（如 C++语言的前端）支持。另外，JIT 也可以用来生成其他格式的神经网络描述文件，如前文叙述的 ONNX。需要注意的一点是，torch.jit 支持两种模式，即脚本模式（ScriptModule）和追踪模式（Tracing）。前者和后者都能构建静态图，区别在于前者支持控制流，后者不支持，但是前者支持的神经网络模块比后者少，比如脚本模式不支持 torch.nn.GRU（详细的描述可以参考 PyTorch 官方提供的 JIT 相关的文档）。

14. torch.multiprocessing 模块

torch.multiprocessing 定义了 PyTorch 中的多进程 API。通过使用这个模块，可以启动不同的进程，每个进程运行不同的深度学习模型，并且能够在进程间共享张量（通过共享内存的方式）。共享的张量可以在 CPU 上，也可以在 GPU 上，多进程 API

还提供了与 Python 原生的多进程 API（即 multiprocessing 库）相同的一系列函数，包括锁（Lock）和队列（Queue）等。

15. torch.random 模块

torch.random 提供了一系列的方法来保存和设置随机数生成器的状态，包括使用 get_rng_state 函数获取当前随机数生成器状态，set_rng_state 函数设置当前随机数生成器状态，并且可以使用 manual_seed 函数来设置随机种子，也可使用 initial_seed 函数来得到程序初始的随机种子。因为神经网络的训练是一个随机的过程，包括数据的输入、权重的初始化都具有一定的随机性。设置一个统一的随机种子可以有效地帮助我们测试不同结构神经网络的表现，有助于调试神经网络的结构。

16. torch.onnx 模块

torch.onnx 定义了 PyTorch 导出和载入 ONNX 格式的深度学习模型描述文件。前面已经介绍过，ONNX 格式的存在是为了方便不同深度学习框架之间交换模型。引入这个模块可以方便 PyTorch 导出模型给其他深度学习框架使用，或者让 PyTorch 可以载入其他深度学习框架构建的深度学习模型。

2.4.2 PyTorch 的辅助工具模块

torch.utils 提供了一系列的工具来帮助神经网络的训练、测试和结构优化。这个模块主要包含以下 6 个子模块。

1. torch.utils.bottleneck 模块

torch.utils.bottleneck 可以用来检查深度学习模型中模块的运行时间，从而可以找到导致性能瓶颈的那些模块，通过优化那些模块的运行时间，从而优化整个深度学习模型的性能。

2. torch.utils.checkpoint 模块

torch.utils.checkpoint 可以用来节约深度学习使用的内存。通过前面的介绍我们知道，因为要进行梯度反向传播，在构建计算图的时候需要保存中间的数据，而这些数据大大增加了深度学习的内存消耗。为了减少内存消耗，让迷你批次的大小得到提高，从而提升深度学习模型的性能和优化时的稳定性，我们可以通过这个模块记录中间数据的计算过程，然后丢弃这些中间数据，等需要用到的时候再重新计算这些数据。这个模块设计的核心思想是以计算时间换内存空间，当使用得当的时候，深度学习模型的性能可以有很大的提升。

3. torch.utils.cpp_extension 模块

torch.utils.cpp_extension 定义了 PyTorch 的 C++扩展，其主要包含两个类：CppExtension 定义了使用 C++来编写的扩展模块的源代码相关信息，CUDAExtension 则定义了 C++/CUDA 编写的扩展模块的源代码相关信息。在某些情况下，用户可能需要使用 C++实现某些张量运算和神经网络结构（比如 PyTorch 没有类似功能的模块或者 PyTorch 类似功能的模块性能比较低），PyTorch 的 C++扩展模块就提供了一个方法能够让 Python 来调用使用 C++/CUDA 编写的深度学习扩展模块。在底层上，这个扩展模块使用了 pybind11，保持了接口的轻量性并使得 PyTorch 易于被扩展。在后续章节会介绍如何使用 C++/CUDA 来编写 PyTorch 的扩展。

4. torch.utils.data 模块

torch.utils.data 引入了数据集（Dataset）和数据载入器（DataLoader）的概念，前者代表包含了所有数据的数据集，通过索引能够得到某一条特定的数据，后者通过对数据集的包装，可以对数据集进行随机排列（Shuffle）和采样（Sample），得到一系列打乱数据顺序的迷你批次。

5. torch.utils.dlpacl 模块

torch.utils.dlpack 定义了 PyTorch 张量和 DLPack 张量存储格式之间的转换，用于不同框架之间张量数据的交换。

6. torch.utils.tensorboard 模块

torch.utils.tensorboard 是 PyTorch 对 TensorBoard 数据可视化工具的支持。TensorBoard 原来是 TensorFlow 自带的数据可视化工具，能够显示深度学习模型在训练过程中损失函数、张量权重的直方图，以及模型训练过程中输出的文本、图像和视频等。TensorBoard 的功能非常强大，而且是基于可交互的动态网页设计的，使用者可以通过预先提供的一系列功能来输出特定的训练过程的细节（如某一神经网络层的权重的直方图，以及训练过程中某一段时间的损失函数等）。PyTorch 支持 TensorBoard 可视化之后，在 PyTorch 的训练过程中，可以很方便地观察中间输出的张量，也可以方便地调试深度学习模型。

2.5　PyTorch 中张量的创建和维度的操作

2.5.1　张量的数据类型

前面已经介绍过，张量的运算是深度学习的基本操作。因此，深度学习框架的重要功能之一就是支持张量的定义和张量的运算。为此，PyTorch 提供了专门的 torch.Tensor 类，在这个类中，根据张量数据的格式和需要使用张量的设备，为张量开辟了不同的存储区域，对张量的元素进行存储。

PyTorch 中的张量一共支持 9 种数据类型，每种数据类型都对应 CPU 和 GPU 的两种子类型，整体的类型如表 2.1 所示（表格来源于 PyTorch 官网）。表中第 1 列代表张量实际的数据类型。PyTorch 类型代表的是在 PyTorch 中用什么类型来指代这种数据类型。如果一行中有两个不同名字的 PyTorch 类型，则一种类型是另外一种类型的别名。举例来说，用户可以通过运行 "torch.float32 is torch.float" 来判断这两种类型是否指向同一种类型，结果返回 True，代表它们指向的是一个类型。除了数据类型，张量数据存储的位置也十分重要，表 2.1 中第 3、4 列分别代表张量存储的位置在 CPU 上和在 GPU 上时张量的具体数值类型。假如要获得一个张量具体的类型，可以直接访问张量的 dtype 属性，如果想要进一步获取张量的存储位置和数据类型，可以通过调用张量的 type 方法来同时获取存储位置和数据类型的值。需要提到的一点是，现阶段 PyTorch 并不支持复数类型，如果有用到的场合（如使用 torch.fft/torch.ifft 进行快速傅里叶变换），需要使用张量的两个分量来分别模拟复数的实部和虚部。在 PyTorch 的不同类型之间，可以通过调用 to 方法进行转换，该方法传入的参数是转换目标类型（参考代码 2.4）。

表 2.1　PyTorch 支持的张量数据类型

数据类型	PyTorch 类型	CPU 上的张量	GPU 上的张量
32 位浮点数	torch.float32 torch.float	torch.FloatTensor	torch.cuda.FloatTensor
64 位浮点数	torch.float64 torch.double	torch.DoubleTensor	torch.cuda.DoubleTensor
16 位浮点数	torch.float16 torch.half	torch.HalfTensor	torch.cuda.HalfTensor
8 位无符号整数	torch.uint8	torch.ByteTensor	torch.cuda.ByteTensor
8 位带符号整数	torch.int8	torch.CharTensor	torch.cuda.CharTensor
16 位带符号整数	torch.int16 torch.short	torch.ShortTensor	torch.cuda.ShortTensor
32 位带符号整数	torch.int32 torch.int	torch.IntTensor	torch.cuda.IntTensor
64 位带符号整数	torch.int64 torch.long	torch.LongTensor	torch.cuda.LongTensor
布尔型	torch.bool	torch.BoolTensor	torch.cuda.BoolTensor

代码 2.4　Python 列表和 Numpy 数组转换为 PyTorch 张量。

```
>>> import numpy as np # 导入 numpy 包
>>> import torch # 导入 torch 包
>>> torch.tensor([1,2,3,4]) # 转换 Python 列表为 PyTorch 张量
tensor([1, 2, 3, 4])
>>> torch.tensor([1,2,3,4]).dtype # 查看张量数据类型
torch.int64
>>> torch.tensor([1,2,3,4], dtype=torch.float32)
# 指定数据类型为 32 位浮点数
tensor([1., 2., 3., 4.])
>>> torch.tensor([1,2,3,4], dtype=torch.float32).dtype
# 查看张量数据类型
torch.float32
>>> torch.tensor(range(10)) # 转换迭代器为张量
tensor([0, 1, 2, 3, 4, 5, 6, 7, 8, 9])
>>> np.array([1,2,3,4]).dtype # 查看 numpy 数组类型
dtype('int64')
>>> torch.tensor(np.array([1,2,3,4])) # 转换 numpy 数组为 PyTorch 张量
tensor([1, 2, 3, 4])
>>> torch.tensor(np.array([1,2,3,4])).dtype # 转换后 PyTorch 张量的类型
torch.int64
```

```
>>> torch.tensor([1.0, 2.0, 3.0, 4.0]).dtype
# PyTorch 默认浮点类型为 32 位单精度
torch.float32
>>> torch.tensor(np.array([1.0, 2.0, 3.0, 4.0])).dtype
# numpy 默认浮点类型为 64 位双精度
torch.float64
>>> torch.tensor([[1,2], [3,4,5]])
# 列表嵌套创建张量，错误：子列表大小不一致
Traceback (most recent call last):
  File "<stdin>", line 1, in <module>
ValueError: expected sequence of length 2 at dim 1 (got 3)
>>> torch.tensor([[1,2,3], [4,5,6]])
# 列表嵌套创建张量，正确：2×3 的矩阵
tensor([[1, 2, 3],
        [4, 5, 6]])
# 从 torch.float 转换到 torch.int，也可以调用 .int() 方法
>>> torch.randn(3,3).to(torch.int)
tensor([[ 0,  0,  0],
        [-1,  0,  1],
        [-1,  0,  0]], dtype=torch.int32)
# 从 torch.int64 到 torch.float，也可以调用 .float() 方法
>>> torch.randint(0, 5, (3,3)).to(torch.float)
tensor([[4., 2., 0.],
        [1., 0., 0.],
        [4., 4., 2.]])
```

2.5.2　张量的创建方式

在 PyTorch 中创建张量主要有四种方式，分别阐述如下。

1. 通过 torch.tensor 函数创建张量

第一种是通过 torch.tensor 函数来进行转换。如果预先有数据（包括列表和 Numpy 数组），可以通过这个方法来进行转换。我们来看一下代码 2.4（这里为了方便理解，用#符号加了注释，读者在运行时可以删除#符号及其后面的内容）。在这里，首先导入了 torch 包和 numpy 包，然后把 Python 的列表转换为一个 PyTorch 张量。接下来通过查看张量数据类型可以看到，这个转换张量的数据类型为 int64，即表 2.1 中的 64 位带符号整数。在 torch.tensor 函数中，可以通过传入 dtype 参数来指定生成的张

量的数据类型，函数内部会自动做数据类型的转换。当传入的 dtype 为 torch.float32 时，可以看到输出的张量分量多了一个小数点，而且当查看 dtype 的值时，可以发现这个值变成了 torch.float32，即 32 位单精度浮点数。进一步看，一些能够转换为 Python 列表的类型也可以转换为 PyTorch 张量，比如，range 函数产生的迭代器可以被转换为 Python 列表，从而进一步转换为张量。在后面的几个例子里，可以看到 PyTorch 能转换 Numpy 数组为张量，而且保证张量的数据类型不发生改变。值得注意的是最后两个例子，当传入 Python 的浮点数的列表时，PyTorch 默认把浮点数转换为单精度浮点数，Numpy 默认把浮点数转换为双精度浮点数（Python 语言没有单精度浮点数，默认的 float 类型是双精度浮点数），这样就造成了最后数据类型的差异，即通过 Numpy 中转后输出的 PyTorch 张量使用的是双精度浮点数，而直接通过 torch.tensor 函数转换的张量使用的是单精度浮点数。PyTorch 创建张量支持列表的嵌套（即列表的列表），用这个方法可以创建矩阵和其他多维张量（注意子列表的大小要一致，不然会报错）。

2. 通过 PyTorch 内置的函数创建张量

创建张量的第二种方式是使用 PyTorch 内置的函数创建张量，通过指定张量的形状，返回给定形状的张量。这里介绍几个常用的函数，具体如代码 2.5 所示。

代码 2.5　指定形状生成张量。

```
>>> torch.rand(3,3) # 生成3×3的矩阵，矩阵元素服从[0, 1]上的均匀分布
tensor([[0.4139, 0.0875, 0.9860],
        [0.7857, 0.5656, 0.7406],
        [0.8590, 0.2527, 0.2601]])
>>> torch.randn(2,3,4) # 生成2×3×4的张量，张量元素服从标准正态分布
tensor([[[ 1.2001, -0.3726, -0.2752,  0.7444],
         [-0.1529,  1.1252,  0.1054, -2.0259],
         [-1.2311, -0.5925, -0.3802,  0.2008]],
        [[ 1.5538, -0.2256, -0.3576, -0.6458],
         [ 1.5476,  0.4858, -1.5233, -1.3660],
         [ 0.2772,  0.8928, -0.0091,  0.7214]]])
>>> torch.zeros(2,2,2) # 生成 2×2×2的张量，张量元素全为0
tensor([[[0., 0.],
         [0., 0.]],
        [[0., 0.],
```

```
        [0., 0.]]])
>>> torch.ones(1,2,3)  # 生成1×2×3的张量，张量元素全为1
tensor([[[1., 1., 1.],
         [1., 1., 1.]]])
>>> torch.eye(3)  # 生成3×3的单位矩阵
tensor([[1., 0., 0.],
        [0., 1., 0.],
        [0., 0., 1.]])
# 生成0（包含）到10（不含）之间均匀分布整数的3×3矩阵
>>> torch.randint(0, 10, (3,3))
tensor([[6, 9, 6],
        [1, 2, 6],
        [7, 4, 0]])
```

代码中，torch.rand 函数用于元素生成服从[0, 1)上的均匀分布的任意形状的张量，其中张量的形状由输入的参数决定。torch.randn 函数能够生成任意形状的张量，张量的形状由函数的传入参数决定，张量的元素服从标准正态分布，即平均值为0、标准差为1的正态分布。torch.zeros 生成元素全为0的张量，形状由传入函数的参数决定。torch.ones 生成元素全为1的张量，形状由传入函数的参数决定。torch.eye 生成单位矩阵，矩阵的大小由输入参数决定。torch.randint 生成一定形状的均匀分布的整数张量，整数的上限和下限，以及输出的张量由函数的参数决定。

3. 通过已知张量创建形状相同的张量

张量创建的第三种方式是已知某一张量，创建和已知张量相同形状的张量。另一个张量虽然和原始张量的形状相同，但是里面填充的元素可能不同，具体如代码2.6所示。

代码 2.6 通过已知张量生成形状相同的张量。

```
>>> t = torch.randn(3,3)  # 生成一个随机正态分布的张量t
>>> t
tensor([[-0.1109, -0.0436, -0.3278],
        [-0.9598,  0.2362,  0.5643],
        [-0.0224,  1.7305,  0.6954]])
>>> torch.zeros_like(t)  # 生成一个元素全为0的张量，形状和给定张量t相同
tensor([[0., 0., 0.],
        [0., 0., 0.],
        [0., 0., 0.]])
```

```
>>> torch.ones_like(t)   # 生成一个元素全为1的张量，形状和给定张量 t 相同
tensor([[1., 1., 1.],
        [1., 1., 1.],
        [1., 1., 1.]])
# 生成一个元素服从[0, 1)上的均匀分布的张量，形状和给定张量 t 相同
>>> torch.rand_like(t)
tensor([[0.3334, 0.2203, 0.6882],
        [0.3580, 0.7396, 0.2417],
        [0.4509, 0.1570, 0.3053]])
>>> torch.randn_like(t)
# 生成一个元素服从标准正态分布的张量，形状和给定张量 t 相同
tensor([[ 0.8109, -0.7460, -0.0821],
        [ 0.0125, -0.4434, -0.4512],
        [-0.9188, -0.0409,  0.2703]])
```

从上述代码可以看到，当给定一个张量以后，可以任意生成一个元素全为0、全为1、元素服从[0, 1)上的均匀分布和元素服从标准正态分布的张量，而且新的张量和给定张量的形状相同。

4. 通过已知张量创建形状不同但数据类型相同的张量

创建张量的最后一种方法是已知张量的数据类型，创建一个形状不同但数据类型相同的新张量。这种方法一般较少用到，但在一定条件下，比如，写设备无关（Device-agnostic）的代码有一定的作用。相关的应用可以参考代码2.7。

代码 2.7 已知张量生成相同类型的张量（接代码 2.6）。

```
# 根据 Python 列表生成张量，注意这里输出的是单精度浮点数
>>> t.new_tensor([1,2,3]).dtype torch.float32
>>> t.new_zeros(3, 3)   # 生成相同类型且元素全为0的张量
tensor([[0., 0., 0.],
        [0., 0., 0.],
        [0., 0., 0.]])
>>> t.new_ones(3,3)   # 生成相同类型且元素全为1的张量
tensor([[1., 1., 1.],
        [1., 1., 1.],
        [1., 1., 1.]])
```

其中，第一个方法是 new_tensor 方法，具体用法和 torch.tensor 方法类似。我们可以看到，在这里新的张量类型不再是 torch.int64，而是和前面创建的张量的类型一

样,即 torch.float32。和前面一样,可以用 new_zeros 方法生成和原始张量类型相同且元素全为 0 的张量,用 new_ones 方法生成和原始张量类型相同且元素全为 1 的张量。另外需要注意的一点是没有类似于 new_rand 和 new_randn 的函数,所以不能用这种方法生成随机元素填充的张量。

2.5.3 张量的存储设备

前面介绍过,PyTorch 张量可以在两种设备上存储,即 CPU 和 GPU。在没有指定设备的时候,PyTorch 会默认存储张量到 CPU 上。如果想转移张量到 GPU 上,则需要指定张量转移到 GPU 设备。一般来说,GPU 设备在 PyTorch 上以 cuda:0,cuda:1……指定,其中数字代表的是 GPU 设备的编号,如果一台机器上有 N 个 GPU,则 GPU 设备的编号分别为 0,1,…,N-1。GPU 设备的详细信息可以使用 nvidia-smi 命令查看,如图 2.2 所示。对于前面的 1~3 种张量初始化方法,可以在创建张量的函数的参数中指定 device 参数(如 device="cpu",或者 device="cuda:0",device="cuda:1",…)来指定张量存储的位置,如代码 2.8 所示。

```
Sun Aug 11 01:27:25 2019
+-----------------------------------------------------------------------------+
| NVIDIA-SMI 425.00       Driver Version: 425.00       CUDA Version: 10.2     |
|-------------------------------+----------------------+----------------------+
| GPU  Name        Persistence-M| Bus-Id        Disp.A | Volatile Uncorr. ECC |
| Fan  Temp  Perf  Pwr:Usage/Cap|         Memory-Usage | GPU-Util  Compute M. |
|===============================+======================+======================|
|   0  Tesla V100-SXM2...  On   | 00000000:00:07.0 Off |                    0 |
| N/A   32C    P0    55W / 300W |      0MiB / 16160MiB |      0%      Default |
+-------------------------------+----------------------+----------------------+
|   1  Tesla V100-SXM2...  On   | 00000000:00:09.0 Off |                    0 |
| N/A   34C    P0    53W / 300W |      0MiB / 16160MiB |      0%      Default |
+-------------------------------+----------------------+----------------------+

+-----------------------------------------------------------------------------+
| Processes:                                                       GPU Memory |
|  GPU       PID   Type   Process name                             Usage      |
|=============================================================================|
|  No running processes found                                                 |
+-----------------------------------------------------------------------------+
```

图 2.2 nvidia-smi 命令显示结果(图中是两张 Tesla V00 显卡,编号分别为 0 和 1)

代码 2.8 PyTorch 在不同设备上的张量。

```
>>> torch.randn(3, 3, device="cpu") # 获取存储在 CPU 上的一个张量
tensor([[-1.3139, -2.6096,  0.5458],
```

```
          [ 0.4843, -0.8848, -0.3600],
          [-1.1504,  1.3606, -0.4409]])
>>> torch.randn(3, 3, device="cuda:0") # 获取存储在 0 号 GPU 上的一个张量
tensor([[-0.4466,  0.8339, -0.1710],
        [-0.6546,  0.9865,  1.2877],
        [-0.0920, -1.7965,  0.1159]], device='cuda:0')
>>> torch.randn(3, 3, device="cuda:1") # 获取存储在 1 号 GPU 上的一个张量
tensor([[ 0.4402,  0.0957,  0.6847],
        [-1.1026, -0.7443, -0.6609],
        [ 0.4582, -0.6437, -0.9056]], device='cuda:1')
>>> torch.randn(3, 3, device="cuda:1").device # 获取当前张量的设备
device(type='cuda', index=1)
>>> torch.randn(3, 3, device="cuda:1").cpu().device
# 张量从 1 号 GPU 转移到 CPU
device(type='cpu')
>>> torch.randn(3, 3, device="cuda:1").cuda(1).device
# 张量保持设备不变
device(type='cuda', index=1)
# 张量从 1 号 GPU 转移到 0 号 GPU
>>> torch.randn(3, 3, device="cuda:1").cuda(0).device
device(type='cuda', index=0)
# 张量从 1 号 GPU 转移到 0 号 GPU
>>> torch.randn(3, 3, device="cuda:1").to("cuda:0").device
device(type='cuda', index=0)
```

通过访问张量的 device 属性可以获取张量所在的设备。如果想将一个设备上的张量转移到另外一个设备上，有几种方法。首先可以使用 cpu 方法把张量转移到 CPU 上，其次可以使用 cuda 方法把张量转移到 GPU 上，其中需要传入具体的 GPU 的设备编号。也可以使用 to 方法把张量从一个设备转移到另一个设备，该方法的参数是目标设备的名称（可以是字符串名称，也可以是 torch.device 实例）。需要注意的一点是，两个或多个张量之间的运算只有在相同设备上才能进行（都在 CPU 上或者在同一个 GPU 上），否则会报错。

2.5.4　和张量维度相关的方法

在深度学习中经常会用到一些方法来获取张量的维度数目，以及某一维度的具体大小，或者对张量的某些维度进行操作。下面介绍和张量维度相关的方法。

首先介绍获取张量形状的方法，具体如代码 2.9 所示，主要包含获取张量的某一特定的维度元素的数目和张量包含的所有元素数目的一些方法。

代码 2.9 PyTorch 张量形状相关的一些函数。

```
>>> t = torch.randn(3,4,5) # 产生一个 3×4×5 的张量
>>> t.ndimension() # 获取维度的数目
3
>>> t.nelement() # 获取该张量的总元素数目
60
>>> t.size() # 获取该张量每个维度的大小，调用方法
torch.Size([3, 4, 5])
>>> t.shape # 获取该张量每个维度的大小，访问属性
torch.Size([3, 4, 5])
>>> t.size(0) # 获取该张量维度 0 的大小，调用方法
3
>>> t = torch.randn(12) # 产生大小为 12 的向量
>>> t.view(3, 4) # 向量改变形状为 3×4 的矩阵
tensor([[-1.5137, -1.4061, -0.8753,  0.2021],
        [-0.9399,  1.6116, -0.0555,  0.1512],
        [-0.1443,  0.4978, -1.0036,  0.3068]])
>>> t.view(4, 3) # 向量改变形状为 4×3 的矩阵
tensor([[-1.5137, -1.4061, -0.8753],
        [ 0.2021, -0.9399,  1.6116],
        [-0.0555,  0.1512, -0.1443],
        [ 0.4978, -1.0036,  0.3068]])
>>> t.view(-1, 4) # 第一个维度为-1，PyTorch 会自动计算该维度的具体值
tensor([[-1.5137, -1.4061, -0.8753,  0.2021],
        [-0.9399,  1.6116, -0.0555,  0.1512],
        [-0.1443,  0.4978, -1.0036,  0.3068]])
>>> t
tensor([-1.5137, -1.4061, -0.8753,  0.2021, -0.9399,  1.6116, -0.0555, 0.1512,
        -0.1443,  0.4978, -1.0036,  0.3068])
# view 方法不改变底层数据，改变 view 后张量会改变原来的张量
>>> t.view(4, 3)[0, 0] = 1.0 >>> t
tensor([ 1.0000, -1.4061, -0.8753,  0.2021, -0.9399,  1.6116, -0.0555, 0.1512,
        -0.1443,  0.4978, -1.0036,  0.3068])
>>> t.data_ptr() # 获取张量的数据指针
140326790003456
>>> t.view(3,4).data_ptr() # 数据指针不改变
```

```
140326790003456
>>> t.view(4,3).data_ptr()  # 同上，不改变
140326790003456
>>> t.view(3,4).contiguous().data_ptr()  # 同上，不改变
140326790003456
>>> t.view(4,3).contiguous().data_ptr()  # 同上，不改变
140326790003456
>>> t.view(3,4).transpose(0,1).data_ptr()
# transpose 方法交换两个维度的步长
140326790003456
# 步长和维度不兼容，重新生成张量
>>> t.view(3,4).transpose(0,1).contiguous().data_ptr()
140326756515840
```

通过调用张量的 ndimension 方法，可以获取张量的维度的数目；调用张量的 nelement 方法可以得到张量的元素的数目；调用张量的 size 方法或者 shape 属性，可以得到张量的形状（其类型是 torch.Size，可通过索引获得某个维度的大小），也可以通过在 size 方法里传入具体的维度，来获得该维度的大小（可通过传入-1、-2 等数字来代表倒数第一个和倒数第二个维度）。

另一个有用的函数是改变张量的形状，这里主要介绍两个方法：view 方法和 reshape 方法。

（1）view 方法

view 方法作用于原来的张量，传入改变新张量的形状，新张量的总元素数目和原来张量的元素数目相同。另外，假如新的张量有 N 维，我们可以指定其他 N-1 维的具体大小，留下一个维度大小指定为-1，PyTorch 会自动计算那个维度的大小（注意 N-1 维的乘积要能被原来张量的元素数目整除，否则会报错）。view 方法并不改变张量底层的数据，只是改变维度步长的信息（关于张量的存储形式，可以参考 1.3 节与张量相关的介绍），如果需要重新生成一个张量（复制底层数据），则需要调用 contiguous 方法，调用这个方法的时候，如果张量的形状和初始维度形状的信息兼容（兼容的定义是新张量的两个连续维度的乘积等于原来张量的某一维度），则会返回当前张量，否则会根据当前维度形状信息和数据重新生成一个形状信息兼容的张量，并且返回新的张量。为了验证这点，可以使用 data_ptr 方法来获取当前数据的指针，如果指针发生变化，则张量的数据得到重新分配。可以看到，当张量为长度 12 的向

量时,调用 view 方法变成 3×4 和 4×3 不影响数据的地址。但是,当引入 transpose 方法的时候(这个方法用于交换两个维度的步长,相当于在这两个维度做了转置,具有同样作用的方法有 permute,用于交换多个维度的步长),返回的新张量虽然还是共享底层的数据指针,但是维度和步长不再兼容(即形状信息不再兼容),需要通过调用 contiguous 方法,才能生成一个新的张量。

(2)reshape 方法

大多数情况下,PyTorch 的张量在改变形状的时候不需要调用 contiguous,在某些情况下,如调用 view 方法以后再调用 transpose 方法和一个与初始张量形状不兼容的 view 方法,会在 transpose 方法后加 contiguous 方法的调用。在这种情况下,可以直接调用 reshape 方法,该方法会在形状信息不兼容的时候自动生成一个新的张量,并自动复制原始张量的数据(相当于连续调用 view 方法和 contiguous 方法)。

2.5.5　张量的索引和切片

PyTorch 的张量还支持类似 Numpy 的索引(Indexing)和切片(Slicing)操作,具体如代码 2.10 所示。

代码 2.10　PyTorch 张量的切片和索引。

```
>>> t = torch.randn(2,3,4)  #   构造 2×3×4 的张量
>>> t
tensor([[[-1.3222, -0.7832,  0.6344, -0.2702],
         [ 0.0482, -2.1939,  0.6459,  1.8661],
         [ 0.9687, -2.1236,  1.3070,  0.5690]],
        [[ 1.4757,  0.6694, -0.7803,  1.5674],
         [ 0.0874, -0.1958, -1.7667,  0.0969],
         [ 1.0389, -0.3782, -0.1958, -0.3496]]])
>>> t[1,2,3] # 取张量在 0 维 1 号、1 维 2 号、2 维 3 号的元素(编号从 0 开始)
tensor(-0.3496)
>>> t[:,1:-1,1:3] # 仅仅一个冒号表示取所有的,-1 表示最后一个元素
tensor([[[-2.1939,  0.6459]],
        [[-0.1958, -1.7667]]])
>>> t[1,2,3] = -10
>>> t # 直接更改索引和切片会更改原始张量的值
tensor([[[ -1.3222,  -0.7832,   0.6344,  -0.2702],
```

```
            [ 0.0482, -2.1939,  0.6459,  1.8661],
            [ 0.9687, -2.1236,  1.3070,  0.5690]],
           [[ 1.4757,  0.6694, -0.7803,  1.5674],
            [ 0.0874, -0.1958, -1.7667,  0.0969],
            [ 1.0389, -0.3782, -0.1958, -10.0000]]])
>>> t > 0 # 张量大于零部分的掩码
tensor([[[0, 0, 1, 0],
         [1, 0, 1, 1],
         [1, 0, 1, 1]],

        [[1, 1, 0, 1],
         [1, 0, 0, 1],
         [1, 0, 0, 0]]], dtype=torch.uint8)
>>> t[t>0] # 根据掩码选择张量的元素，注意最后选出来的是一个向量
tensor([0.6344, 0.0482, 0.6459, 1.8661, 0.9687, 1.3070, 0.5690, 1.4757, 0.6694,
        1.5674, 0.0874, 0.0969, 1.0389])
```

　　上述操作基本上都基于 Python 的索引操作符，即[]，通过给定不同的参数，实现构造新的张量。和 Python 一样，PyTorch 的编号从 0 开始，同样可以使用[i:j]的方式来获取张量切片（从 i 开始，不包含 j）。索引和切片后的张量，以及初始的张量共享一个内存区域，如果要在不改变初始张量的情况下改变索引或切片后张量的值，可以使用 clone 方法得到索引或切片后张量的一份副本，然后进行赋值。索引操作还支持掩码选择，可以传入一个和原来张量形状相同的布尔型张量，返回初始张量对应布尔型张量值为 True（或者 8 位无符号整数 1）位置的元素。在这种情况下，索引返回的是一个向量（一维张量），这个张量的每个元素对应的是布尔型张量值为 True（或者 8 位无符号整数 1）位置的元素。

2.6　PyTorch 中张量的运算

2.6.1　涉及单个张量的函数运算

　　2.5 节介绍了张量的一些基本属性操作。在进行深度学习的过程中，经常会遇到另一类操作——张量的运算，例如，对张量做四则运算、线性变换和激活等。这些基础操作既可以由张量自带的方法实现，也可以由 torch 包中的一些函数实现，具体如

代码 2.11 所示。

代码 2.11 PyTorch 张量的函数运算。

```
>>> t1 = torch.rand(3, 4) # 产生一个 3×4 的张量
>>> t1 # 打印张量的值
tensor([[0.4911, 0.2289, 0.4523, 0.9167],
        [0.1232, 0.8909, 0.1674, 0.6289],
        [0.2128, 0.5220, 0.5462, 0.3473]])
>>> t1.sqrt() # 张量的平方根，张量内部方法
tensor([[0.7008, 0.4784, 0.6726, 0.9575],
        [0.3510, 0.9439, 0.4091, 0.7930],
        [0.4613, 0.7225, 0.7391, 0.5893]])
>>> torch.sqrt(t1) # 张量的平方根，函数形式
tensor([[0.7008, 0.4784, 0.6726, 0.9575],
        [0.3510, 0.9439, 0.4091, 0.7930],
        [0.4613, 0.7225, 0.7391, 0.5893]])
>>> t1 # 前两个操作不改变张量的值
tensor([[0.4911, 0.2289, 0.4523, 0.9167],
        [0.1232, 0.8909, 0.1674, 0.6289],
        [0.2128, 0.5220, 0.5462, 0.3473]])
>>> t1.sqrt_() # 平方根原地操作
tensor([[0.7008, 0.4784, 0.6726, 0.9575],
        [0.3510, 0.9439, 0.4091, 0.7930],
        [0.4613, 0.7225, 0.7391, 0.5893]])
>>> t1 # 原地操作，改变张量的值
tensor([[0.7008, 0.4784, 0.6726, 0.9575],
        [0.3510, 0.9439, 0.4091, 0.7930],
        [0.4613, 0.7225, 0.7391, 0.5893]])
>>> torch.sum(t1) # 默认对所有的元素求和
tensor(7.8185)
>>> torch.sum(t1, 0) # 对第 0 维的元素求和
tensor([1.5131, 2.1448, 1.8208, 2.3398])
>>> torch.sum(t1, [0,1]) # 对第 0、1 维的元素求和
tensor(7.8185)
>>> t1.mean() # 对所有元素求平均，也可以用 torch.mean 函数
tensor(0.6515)
>>> t1.mean(0) # 对第 0 维的元素求平均
tensor([0.5044, 0.7149, 0.6069, 0.7799])
>>> torch.mean(t1, [0,1]) # 对第 0、1 维元素求平均
tensor(0.6515)
```

从代码 2.11 中可以看到，对于大多数常用的函数，比如平方根函数 sqrt，一般有两种调用方式，第一种是调用张量的内置方法（大多数的函数都有张量的内置方法版本，比如前面介绍过的 sigmoid、relu 和 tanh 等，以及常用的函数，如幂函数 pow 等），第二种是调用 torch 自带的函数。这两种操作的结果相同，均返回一个新张量，该张量的每个元素是原始张量的每个元素经过函数作用的结果。

前面也介绍过，很多张量的内置方法都有一个"下画线版本"，该版本的方法会直接改变调用方法的张量的值，这个操作也叫原地（In-Place）操作。一个常用的带下画线的方法是 copy_方法，通过在这个方法中传入一个形状相同的张量，将会把这个张量的值复制到原张量中。需要注意的是，这里不能直接用等号进行赋值，因为 Python 的等号表示绑定变量和某个张量，如果直接用等号对张量赋值，得到的张量和等号右边的张量是同一个张量（copy_方法不会改变张量分配的内存地址，而是改变张量内存地址中存储的值）。对张量来说，也可以对自身的一些元素做四则运算，比如，经常用到的函数，包括求和的函数（和内置方法）torch.sum、求积的函数（和内置方法）torch.prod、求平均的函数（和内置方法）torch.mean。默认情况下，这些函数在进行求和、求积、求平均等计算的同时，会自动消除被计算的维度（即张量的维度被缩减），如果要保留这些维度，需要设置参数 keepdim=True，这样这个维度就会被保留为 1。

2.6.2 涉及多个张量的函数运算

除前面介绍的以一个张量作为参数的操作外，还有以两个张量作为参数的操作。比如，两个形状相同的张量之间逐个元素的四则运算（参与运算的两个元素的位置一一对应）。这里既可以使用加、减、乘、除的运算符进行张量间的运算，也可以使用 add、sub、mul 和 div 方法来进行运算。同样，这些内置方法有原地操作版本 add_、sub_、mul_/div_，具体可以参考代码 2.12。

代码 2.12 PyTorch 张量的四则运算。

```
>>> t1 = torch.rand(2, 3)
>>> t2 = torch.rand(2, 3)
>>> t1.add(t2)  # 四则运算，不改变参与运算的张量的值
tensor([[1.1961, 0.4777, 1.5052],
```

```
        [1.0808, 1.1320, 0.6109]])
>>> t1+t2
tensor([[1.1961, 0.4777, 1.5052],
        [1.0808, 1.1320, 0.6109]])
>>> t1.sub(t2)
tensor([[-0.5722,  0.0786,  0.1060],
        [-0.0799,  0.0215,  0.1707]])
>>> t1-t2
tensor([[-0.5722,  0.0786,  0.1060],
        [-0.0799,  0.0215,  0.1707]])
>>> t1.mul(t2)
tensor([[0.2758, 0.0555, 0.5636],
        [0.2905, 0.3202, 0.0860]])
>>> t1*t2
tensor([[0.2758, 0.0555, 0.5636],
        [0.2905, 0.3202, 0.0860]])
>>> t1.div(t2)
tensor([[0.3528, 1.3941, 1.1516],
        [0.8624, 1.0388, 1.7755]])
>>> t1/t2
tensor([[0.3528, 1.3941, 1.1516],
        [0.8624, 1.0388, 1.7755]])
>>> t1
tensor([[0.3120, 0.2782, 0.8056],
        [0.5005, 0.5767, 0.3908]])
>>> t1.add_(t2)  # 四则运算，改变参与运算张量的值
tensor([[1.1961, 0.4777, 1.5052],
        [1.0808, 1.1320, 0.6109]])
>>> t1
tensor([[1.1961, 0.4777, 1.5052],
        [1.0808, 1.1320, 0.6109]])
```

2.6.3 张量的极值和排序

在进行深度学习的过程中，我们经常需要获取张量（沿着某个维度）的最大值和最小值，以及这些值所在的位置。如果只需要最大值或者最小值的位置，可以使用 argmax 和 argmin，通过传入具体要沿着哪个维度求最大值和最小值的位置，返回沿着该维度最大和最小值对应的序号是多少。如果既要求获得最大和最小值的位置，又要求获得具体的值，就需要使用 max 和 min，通过传入具体的维度，同时返回沿

着该维度最大和最小值的位置,以及对应最大值和最小值组成的元组(Tuple)。

最后一个和大小有关的函数是排序函数 sort(默认顺序是从小到大,如果要从大到小排序,需要设置参数 descending=True),同样是传入具体需要进行排序的维度,返回的是排序完的张量,以及对应排序后的元素在原始张量上的位置。如果想知道原始张量的元素沿着某个维度排第几位,只需要对相应排序后的元素在原始张量上的位置进行再次排序,得到的新位置的值即为原始张量沿着该方向进行大小排序后的序号。同前面一样,关于极值和排序的函数,既可以是 PyTorch 的函数,也可以是张量的内置方法,两种方法调用的效果等价。具体函数的调用可参考代码 2.13。

代码 2.13 PyTorch 极值和排序的函数。

```
>>> t = torch.randn(3,4) # 建立一个 3×4 的张量
>>> t
tensor([[ 0.5193, -0.5139, -0.7327, -0.1931],
        [-0.0605,  1.1628,  0.0908, -0.0071],
        [ 2.1230, -0.9163, -0.1045, -0.9887]])
>>> torch.argmax(t, 0) # 函数调用,返回的是沿着第 0 个维度,极大值所在位置
tensor([2, 1, 1, 1])
>>> t.argmin(1) # 内置方法调用,返回的是沿着第 1 个维度,极小值所在的位置
tensor([2, 0, 3])
# 函数调用,返回的是沿着最后一个维度,包含极大值和极大值所在位置的元组
>>> torch.max(t, -1)
torch.return_types.max(
values=tensor([0.5193, 1.1628, 2.1230]),
indices=tensor([0, 1, 0]))
>>> t.min(0)
# 内置方法调用,返回的是沿着第 0 个维度,包含极小值和极小值所在位置的元组
torch.return_types.min(
values=tensor([-0.0605, -0.9163, -0.7327, -0.9887]),
indices=tensor([1, 2, 0, 2]))
>>> t.sort(-1)
# 沿着最后一个维度排序,返回排序后的张量和张量元素在该维度的原始位置
torch.return_types.sort(
values=tensor([[-0.7327, -0.5139, -0.1931,  0.5193],
        [-0.0605, -0.0071,  0.0908,  1.1628],
        [-0.9887, -0.9163, -0.1045,  2.1230]]),
indices=tensor([[2, 1, 3, 0],
        [0, 3, 2, 1],
        [3, 1, 2, 0]]))
```

2.6.4 矩阵的乘法和张量的缩并

除四则运算、最大和最小值，以及排序运算外，由两个张量作为参数的操作还有矩阵乘法（线性变换）。在 Python 3.5 以后，@运算符号可以作为矩阵乘法的运算符号（参考 Python 的 PEP 465 标准）。因此，有几种方法来实现矩阵乘法。第一种是使用 torch.mm 函数来进行矩阵乘法（mm 代表 Matrix Multiplication），第二种是使用张量内置的 mm 方法来进行矩阵乘法，第三种是利用@运算符号来实现，具体如代码 2.14 所示。

代码 2.14 PyTorch 张量的矩阵乘法运算。

```
>>> a = torch.randn(3,4) # 建立一个 3×4 的张量
>>> b = torch.randn(4,3) # 建立一个 4×3 的张量
>>> torch.mm(a,b) # 矩阵乘法，调用函数，返回 3×3 的矩阵乘积
tensor([[ 0.0400,  3.1297,  1.1808],
        [ 1.4099, -0.8135, -1.6962],
        [ 0.7779, -1.4152, -1.1267]])
>>> a.mm(b) # 矩阵乘法，内置方法
tensor([[ 0.0400,  3.1297,  1.1808],
        [ 1.4099, -0.8135, -1.6962],
        [ 0.7779, -1.4152, -1.1267]])
>>> a@b # 矩阵乘法，@运算符号
tensor([[ 0.0400,  3.1297,  1.1808],
        [ 1.4099, -0.8135, -1.6962],
        [ 0.7779, -1.4152, -1.1267]])
>>> a = torch.randn(2,3,4) # 建立一个大小为 2×3×4 的张量
>>> b = torch.randn(2,4,3) # 建立一个张量，大小为 2×4×3
>>> torch.bmm(a,b) # （迷你）批次矩阵乘法，返回结果为 2×3×3，函数形式
tensor([[[ 0.4706, -0.6271, -1.2426],
         [-1.7036,  1.1440,  3.5773],
         [ 0.0322,  0.5471, -0.4406]],

        [[-0.3832,  2.2105, -1.0919],
         [-0.3620, -1.1906, -0.3259],
         [ 1.3192, -0.6055,  0.3259]]])
>>> a.bmm(b) # 同上乘法，内置方法形式
tensor([[[ 0.4706, -0.6271, -1.2426],
         [-1.7036,  1.1440,  3.5773],
         [ 0.0322,  0.5471, -0.4406]],

        [[-0.3832,  2.2105, -1.0919],
         [-0.3620, -1.1906, -0.3259],
```

```
         [ 1.3192, -0.6055,  0.3259]]])
>>> a@b  # 运算符号形式，根据输入张量的形状决定调用批次矩阵乘法
tensor([[[ 0.4706, -0.6271, -1.2426],
         [-1.7036,  1.1440,  3.5773],
         [ 0.0322,  0.5471, -0.4406]],

        [[-0.3832,  2.2105, -1.0919],
         [-0.3620, -1.1906, -0.3259],
         [ 1.3192, -0.6055,  0.3259]]])
```

另一个特殊的矩阵乘法的函数是 bmm 函数。在进行深度学习的过程中，实际经常用到的是迷你批次的数据，一般来说，第一个维度是（迷你）批次的大小。因此，数据的矩阵实际上是一个（迷你）批次的矩阵，即一个三维的张量（可以看作是一个迷你批次数量的矩阵叠加在一起）。在这种情况下，如果两个张量做矩阵乘法，一般情况下是沿着（迷你）批次的方向分别对每个矩阵对做乘法，最后把所有乘积的结果整合在一起。如果是大小为 $b \times m \times k$ 的张量和 $b \times k \times n$ 的张量相乘，那么结果应该是一个 $b \times m \times n$ 的张量。

对于更大维度的张量的乘积，往往要决定各自张量元素乘积的结果需要沿着哪些维度求和，这个操作称为缩并（Contraction）。这时就需要引入爱因斯坦求和约定（Einstein Summation Convention），具体如公式 2.1 所示。

$$C_{ijki'j'k'\ldots} = \sum_{l_1 l_2 \ldots l_n} A_{ijk\ldots ml_1 l_2 \ldots l_n} B_{i'j'k'\ldots ml_1 l_2 \ldots l_n} \qquad (2.1)$$

其中，参与运算的有两个张量，分别记为 **A** 和 **B**，输出结果为 **C**，这里把对应维度的下标分为三类：在 **A**、**B**、**C** 中都出现的，意味着这两个下标对应的一系列元素需要做两两乘积（即张量积）；如果在 **A**、**B** 中出现，但 **C** 中并没有出现，意味着这两个下标对应的一系列元素要做乘积求和（类似于内积）；在 **A**、**B** 中出现，**C** 中只出现一次且这两个指标对应的维度大小相等，意味着这两个维度之间元素按照位置做乘法。

在上述条件下，前面介绍的矩阵乘法和批次矩阵乘法都能归结为爱因斯坦求和乘法，具体在 PyTorch 中对应的函数为 torch.einsum。这里可以参考代码 2.15 来看一下这个函数的用法。

代码 2.15 torch.einsum 函数的使用。

```
>>> a = torch.randn(2,3,4)  # 随机产生张量
>>> b = torch.randn(2,4,3)
>>> a.bmm(b)  # 批次矩阵乘法的结果
tensor([[[ 1.8232,  0.0362, -0.5953],
         [-2.4052,  0.4951,  0.1975],
         [ 0.4932, -1.3743,  0.2130]],

        [[ 0.2954,  2.4621,  2.3774],
         [-2.0413, -0.0535,  2.1543],
         [-0.0228, -2.1096, -2.3142]]])
>>> torch.einsum("bnk,bkl->bnl", a, b)
# einsum 函数的结果，和前面的结果一致
tensor([[[ 1.8232,  0.0362, -0.5953],
         [-2.4052,  0.4951,  0.1975],
         [ 0.4932, -1.3743,  0.2130]],

        [[ 0.2954,  2.4621,  2.3774],
         [-2.0413, -0.0535,  2.1543],
         [-0.0228, -2.1096, -2.3142]]])
```

torch.einsum 函数在使用的时候需要传入两个张量的下标对应的形状，以不同的字母来区分（字母可以任意选择，只需要服从前面的规则即可），以及最后输出张量的形状，用->符号连接，最后传入两个输入的张量，即可得到输出的结果。这里需要注意的是，求和的指标所在维度的大小一定要相同，否则会报错。

2.6.5 张量的拼接和分割

在实际应用中，经常会碰到的另一种情况是把不同的张量按照某一个维度组合在一起，或者把一个张量按照一定的形状进行分割，这时候就需要用到张量的组合和分割函数，主要有以下几个函数：torch.stack、torch.cat、torch.split 和 torch.chunk。其中前两个函数负责将多个张量堆叠和拼接成一个张量，后两个函数负责把一个张量分割成多个张量。

- torch.stack 函数的功能是通过传入的张量列表，同时指定并创建一个维度，把列表的张量沿着该维度堆叠起来，并返回堆叠以后的张量。传入的张量列表中所有张量的大小必须一致。

- torch.cat 函数通过传入的张量列表指定某一个维度，把列表中的张量沿着该维度堆叠起来，并返回堆叠以后的张量。传入的张量列表的所有张量除指定堆叠的维度外，其他的维度大小必须一致。这个函数和 torch.stack 函数类似，都是对张量进行组合，两个函数的区别在于，前者的维度一开始并不存在，会新建一个维度，后者的维度则是预先存在的，所有的张量会沿着这个维度堆叠。
- torch.split 函数的功能是执行前面叠加函数的反向操作，最后输出的是张量沿着某个维度分割后的列表。该函数需要传入三个参数，即被分割的张量、分割后维度的大小（整数或者列表）和分割的维度。如果传入整数，则沿着传入的维度分割成好几段，每段沿着该维度的大小是传入的整数（如果传入张量的维度不能被分割后的张量整除，则最后一个张量在该维度的大小会小于传入的整数）；如果传入整数列表，则按照列表整数的大小来分割这个维度。
- torch.chunk 函数与 torch.split 函数的功能类似，区别在于前者传入的整数参数是分割的段数，输入张量在该维度的大小需要被分割的段数整除。另外，张量有内置的 split 和 chunk 方法，与 torch.split 和 torch.chunk 函数等价。

有关张量拼接和分割的代码可以参考代码 2.16。

代码 2.16 张量的拼接和分割。

```
>>> t1 = torch.randn(3,4)  # 随机产生四个张量
>>> t2 = torch.randn(3,4)
>>> t3 = torch.randn(3,4)
>>> t4 = torch.randn(3,2)
# 沿着最后一个维度做堆叠，返回大小为 3×4×3 的张量
>>> torch.stack([t1,t2,t3], -1).shape
torch.Size([3, 4, 3])
# 沿着最后一个维度做拼接，返回大小为 3×14 的张量
>>> torch.cat([t1,t2,t3,t4], -1).shape
torch.Size([3, 14])
>>> t = torch.randn(3, 6)  # 随机产生一个 3×6 的张量
>>> t.split([1,2,3], -1)  # 把张量沿着最后一个维度分割为三个张量
(tensor([[-0.5114],
        [-0.6385],
        [ 0.0146]]), tensor([[-0.5738,  1.4167],
```

```
         [ 1.3739,  0.6770],
         [-0.9207, -0.7657]]), tensor([[-0.2319,  1.1787,  1.5829],
         [ 0.6181,  0.0165, -0.1058],
         [ 2.3295, -0.7516,  0.5247]]))
>>> t.split(3, -1)
# 把张量沿着最后一个维度分割，分割大小为3，输出的张量大小均为3×3
(tensor([[-0.5114, -0.5738,  1.4167],
         [-0.6385,  1.3739,  0.6770],
         [ 0.0146, -0.9207, -0.7657]]), tensor([[-0.2319,  1.1787,
1.5829],
         [ 0.6181,  0.0165, -0.1058],
         [ 2.3295, -0.7516,  0.5247]]))
>>> t.chunk(3, -1) # 把张量沿着最后一个维度分割为三个张量，大小均为3×2
(tensor([[-0.5114, -0.5738],
         [-0.6385,  1.3739],
         [ 0.0146, -0.9207]]), tensor([[ 1.4167, -0.2319],
         [ 0.6770,  0.6181],
         [-0.7657,  2.3295]]), tensor([[ 1.1787,  1.5829],
         [ 0.0165, -0.1058],
         [-0.7516,  0.5247]]))
```

2.6.6 张量维度的扩增和压缩

对于张量，还有一个比较常用的操作是沿着某个方向对张量做扩增（Expand）或对张量进行压缩（Squeeze）。这两种情况与张量的大小等于 1 的维度有关。对一个张量来说，可以任意添加一个维度，该维度的大小为 1，而不改变张量的数据，因为张量的大小等于所有维度大小的乘积，那些为 1 的维度不改变张量的大小。于是我们就可以自由地在张量中添加任意数目为 1 的维度。在 PyTorch 中，使用 torch.unsqueeze 函数和张量 unsqueeze 方法来增加张量的维度，其中传入的参数为需要扩增的维度。同样，假如有一个张量的一些维度大小为 1，就能直接压缩这些维度，具体使用的是 torch.squeeze 函数和张量的 squeeze 方法。

张量维度扩增和压缩的代码如代码 2.17 所示。

代码 2.17 张量维度扩增和压缩。

```
>>> t = torch.rand(3, 4) # 随机生成一个张量
>>> t.shape
torch.Size([3, 4])
```

```
>>> t.unsqueeze(-1).shape  # 扩增最后一个维度
torch.Size([3, 4, 1])
>>> t.unsqueeze(-1).unsqueeze(-1).shape  # 继续扩增最后一个维度
torch.Size([3, 4, 1, 1])
>>> t = torch.rand(1,3,4,1)  # 随机生成一个张量，有两个维度大小为1
>>> t.shape
torch.Size([1, 3, 4, 1])
>>> t.squeeze().shape  # 压缩所有大小为1的维度
torch.Size([3, 4])
```

2.6.7 张量的广播

张量的扩增有助于实现张量的另外一种功能，即张量的广播（Broadcast）。在张量的运算中会碰到一种情况，即两个不同维度张量之间做四则运算，且两个张量的某些维度相等。显然，如果按照张量的四则运算的定义，两个不同维度的张量不能进行四则运算。为了能够让它们进行计算，首先需要把维度数目比较小的张量扩增到和维度数目比较大的张量一致，这就需要使用 unsqueeze 方法来对张量进行维度扩增。完成扩增维度的两个张量必须能够在维度上对齐，即两个张量之间对应的维度存在两种情况，至少有一个维度大小为1，或者两个维度大小均不为1，但是相等。

下面举例来说，假设一个张量的大小为3×4×5，另外一个张量大小为3×5，为了能够让两个张量进行四则运算，需要把第二个张量的形状展开成3×1×5，这样两个张量就能对齐。关于大小为3×4×5的张量如何和大小为3×1×5的张量进行四则运算，其定义是将3×1×5的张量沿着第二个维度复制4次，使之成为3×4×5的张量，这样这两个张量就能进行元素一一对应的计算。

关于张量广播的具体代码可以参考代码 2.18。

代码 2.18 张量的广播。

```
>>> t1 = torch.randn(3,4,5)  # 定义 3×4×5 的张量 1
>>> t2 = torch.randn(3,5)    # 定义 3×5 的张量 2
>>> t1
tensor([[[ 0.2142,  1.7443, -0.4562, -0.6357,  0.7566],
         [ 0.9619, -1.6716,  0.4870,  0.7091,  1.5056],
         [ 0.4412, -0.8844, -0.7630, -1.1551, -0.6775],
         [ 1.2637,  0.0865, -0.2730, -0.3528,  1.0719]],
```

```
        [[ 0.4501,  1.8696,  1.8502, -0.4432,  0.2208],
         [-0.1702, -1.0884, -0.2520, -2.6749, -0.3512],
         [ 0.1323,  2.4176, -1.8364,  2.3796,  0.3072],
         [-0.5907,  0.8276,  0.4678,  0.7745,  0.2103]],
        [[-2.2531,  1.1188, -0.3454,  0.9243, -0.0309],
         [-0.5167, -1.1121,  0.1635,  1.4281,  0.3314],
         [-0.7248,  0.1682,  1.4806,  1.5681,  0.0266],
         [-0.5606, -0.2260,  1.3664,  1.2538, -0.0505]]])
>>> t2
tensor([[ 3.2869,  0.6012,  1.0978, -1.2276,  0.8675],
        [-0.0879, -1.3148,  1.4468,  1.7939,  0.9952],
        [-0.0525, -0.6486, -0.8779,  1.0215, -0.7658]])
>>> t2 = t2.unsqueeze(1) # 张量 2 的形状变为 3×1×5
>>> t1.shape
torch.Size([3, 4, 5])
>>> t2.shape
torch.Size([3, 1, 5])
>>> t3 = t1 + t2 # 广播求和，最后结果为 3×4×5 的张量
>>> t3
tensor([[[ 3.5011,  2.3456,  0.6416, -1.8633,  1.6240],
         [ 4.2488, -1.0704,  1.5848, -0.5184,  2.3730],
         [ 3.7281, -0.2832,  0.3349, -2.3827,  0.1900],
         [ 4.5505,  0.6877,  0.8248, -1.5804,  1.9393]],
        [[ 0.3621,  0.5549,  3.2969,  1.3507,  1.2160],
         [-0.2581, -2.4032,  1.1948, -0.8810,  0.6440],
         [ 0.0444,  1.1029, -0.3897,  4.1736,  1.3024],
         [-0.6786, -0.4872,  1.9145,  2.5685,  1.2055]],
        [[-2.3056,  0.4702, -1.2234,  1.9457, -0.7967],
         [-0.5692, -1.7607, -0.7144,  2.4495, -0.4343],
         [-0.7773, -0.4804,  0.6027,  2.5896, -0.7392],
         [-0.6131, -0.8746,  0.4884,  2.2752, -0.8163]]])
>>> t3.shape
torch.Size([3, 4, 5])
```

2.7 PyTorch 中的模块简介

2.7.1 模块类

作为 PyTorch 深度学习框架的核心概念之一，模块在 PyTorch 深度学习模型的搭

建过程中扮演着重要的角色。模块本身是一个类 nn.Module，PyTorch 的模型通过继承该类，在类的内部定义子模块的实例化，通过前向计算调用子模块，最后实现深度学习模型的搭建，具体模块类的构建如代码 2.19 所示。

代码 2.19 PyTorch 模块类的构建方法。

```
import torch.nn as nn

class Model(nn.Module):
    def __init__(self, ...): # 定义类的初始化函数，...是用户的传入参数
        super(Model, self).__init__()
        ... # 根据传入的参数来定义子模块

    def forward(self, ...):
        # 定义前向计算的输入参数，...一般是张量或者其他的参数
        ret = ... # 根据传入的张量和子模块计算返回张量
        return ret
```

从代码 2.19 中可以看到，首先导入 torch.nn 库，然后基于继承 nn.Module 的方法构建深度学习模块。整个模块的函数主要由两部分组成：通过 __init__ 方法初始化整个模型，forward 方法对该模型进行前向计算。其中，在使用 __init__ 方法的时候，可以在类内部初始化子模块，然后在 forward 方法中调用这些初始化的子模块，最后输出结果张量。在代码 2.19 中，把类的名字取为 Model，实际上可以给类取任意的名字。因为需要调用父类 nn.Module 的初始化方法，这里需要使用 super 函数来获取当前类的父类（即 nn.Module），然后调用父类的构造函数，从而初始化一些必要的变量和参数。

2.7.2 基于模块类的简单线性回归类

为了让读者更加熟悉 PyTorch 模块的应用，我们用 PyTorch 来构造一个线性回归模型，具体如代码 2.20 所示。

代码 2.20 PyTorch 线性回归模型示例。

```
import torch
import torch.nn as nn

class LinearModel(nn.Module):
```

```python
    def __init__(self, ndim):
        super(LinearModel, self).__init__()
        self.ndim = ndim

        self.weight = nn.Parameter(torch.randn(ndim, 1)) # 定义权重
        self.bias = nn.Parameter(torch.randn(1)) # 定义偏置

    def forward(self, x):
        # y = Wx + b
        return x.mm(self.weight) + self.bias
```

根据前面的介绍我们已经知道，线性回归模型是输入一个特征的张量，做线性变换，输出一个预测张量。为了能够构造线性变换，我们需要知道输入特征维度大小，并且知道线性回归的权重（self.weight）和偏置（self.bias）。在 forward 方法中，输入一个特征张量 x（大小为迷你批次大小×特征维度大小），做线性变换（使用 mm 方法做矩阵乘法进行线性变换），加偏置的值，最后输出一个预测的值。需要注意的是模型的初始化部分，self.weight 和 self.bias 是模型的参数，并且一开始被初始化，使得每个分量为标准正态分布（torch.randn）。另外，需要使用 nn.Parameter 来包装这些参数，使之成为子模块（仅仅由参数构成的子模块），这是因为在后续训练的时候需要对参数进行优化，只有将张量转换为参数才能在后续的优化过程中被优化器访问到。

在使用线性回归模型之前，首先要做的一件事是模型的初始化，初始化的任务由初始化模型的类实例开始。对于在代码 2.20 中构造的线性回归模型来说，假如输入的特征大小为 n，可以直接调用 LinearModel(n) 来构造线性回归模型的一个实例。如果需要预测 $m×n$ 大小的张量对应的输出值，可以直接将 $m×n$ 输入线性回归模型的实例中，如代码 2.21 所示。

代码 2.21 PyTorch 线性回归模型调用方法实例。

```
>>> lm = LinearModel(5) # 定义线性回归模型，特征数为 5
>>> x = torch.randn(4, 5) # 定义随机输入，迷你批次大小为 4
>>> lm(x) # 得到每个迷你批次的输出
tensor([[0.3702],
        [2.3959],
        [1.3455],
        [0.6902]], grad_fn=<AddBackward0>)
```

2.7.3 线性回归类的实例化和方法调用

对于 PyTorch 的模块，有一些常用的方法可以在训练和预测的时候调用。

1. 使用 named_parameters 方法和 parameters 方法获取模型的参数

通过调用 named_parameters 方法，返回的是 Python 的一个生成器（Generator），通过访问生成器的对象得到的是该模型所有参数的名称和对应的张量值。通过调用 parameters 方法，返回的也是一个生成器，访问生成器的结果是该模型的所有参数对应张量的值。PyTorch 的优化器直接接受模型的参数生成器作为函数的参数，并且会根据梯度来优化生成器里的所有张量（需要调用反向传播函数）。

2. 使用 train 和 eval 方法进行模型训练和测试状态的转换

在模型的使用过程中，有些子模块（如丢弃层和批次归一化层等）有两种状态，即训练状态和预测状态，PyTorch 的模型经常需要在两种状态中相互转换。通过调用 train 方法会把模块（包括所有的子模块）转换到训练状态，调用 eval 方法会把模块（包括所有的子模块）转换到预测状态。PyTorch 的模型在不同状态下的预测准确率会有差异，在训练模型的时候需要转换为训练状态，在预测的时候需要转换为预测状态，否则最后模型预测准确率可能会降低，甚至会得到错误的结果。

3. 使用 named_buffers 方法和 buffers 方法获取张量的缓存

除通过反向传播得到梯度来进行训练的参数外，还有一些参数并不参与梯度传播，但是会在训练中得到更新，这种参数称为缓存（Buffer），其中具体的例子包括批次归一化层的平均值（Mean）和方差（Variance）。通过在模块中调用 register_buffer 方法可以在模块中加入这种类型的张量，通过 named_buffers 可以获得缓存的名字和缓存张量的值组成的生成器，通过 buffers 方法可以获取缓存张量值组成的生成器。

4. 使用 named_children 方法和 children 方法获取模型的子模块

有时需要对模块的子模块进行迭代，这时就需要使用 named_children 方法和 children 方法来获取子模块名字、子模块的生成器，以及只有子模块的生成器。由于 PyTorch 模块的构造可以嵌套，所以子模块还有可能有自身的子模块，如果要获取模块中所有模块的信息，可以使用 named_modules 和 modules 来（递归地）得到相关信息。

5. 使用 apply 方法递归地对子模块进行函数应用

如果需要对 PyTorch 所有的模块应用一个函数，可以使用 apply 方法，通过传入一个函数或者匿名函数（通过 Python 语言的 lambda 关键字定义）来递归地应用这些函数。传入的函数以模块作为参数，在函数内部对模块进行修改。

6. 改变模块参数数据类型和存储的位置

除对模块进行修改外，在深度学习模型的构建中还可能对参数进行修改。和张量的运算一样，可以改变模块的参数所在的设备（CPU 或者 GPU），具体可以通过调用模块自带的 cpu 方法和 cuda 方法来实现。另外，如果需要改变参数的数据类型，可以通过调用 to 方法加上需要转变的目标数据类型来实现（也可以使用具体的一些方法，比如 float 方法会转换所有的参数为单精度浮点数，half 方法会转换所有的参数为半精度浮点数，double 方法会转换所有的参数为双精度浮点数）。具体调用的实例可以参考代码 2.22。

代码 2.22 PyTorch 模块方法调用实例。

```
>>> lm = LinearModel(5) # 定义线性模型
>>> x = torch.randn(4, 5) # 定义模型输入
>>> lm(x) # 根据模型获取输入对应的输出
tensor([[ 1.2690],
        [-4.2987],
        [-0.5970],
        [-0.0963]], grad_fn=<AddBackward0>)
>>> lm.named_parameters() # 获取模型参数（带名字）的生成器
<generator object Module.named_parameters at 0x7fa7ed816390>
>>> list(lm.named_parameters()) # 转换生成器为列表
[('weight', Parameter containing:
tensor([[-0.1145],
        [ 0.9865],
        [-1.0076],
        [-0.7851],
        [ 0.4463]], requires_grad=True)), ('bias', Parameter
containing:
tensor([0.4549], requires_grad=True))]
>>> lm.parameters() # 获取模型参数（不带名字）的生成器
```

```
<generator object Module.parameters at 0x7fa7ed816390>
>>> list(lm.parameters()) # 转换生成器为列表
[Parameter containing:
tensor([[-0.1145],
        [ 0.9865],
        [-1.0076],
        [-0.7851],
        [ 0.4463]], requires_grad=True), Parameter containing:
tensor([0.4549], requires_grad=True)]
>>> lm.cuda() # 将模型参数移到 GPU 上
LinearModel()
>>> list(lm.parameters()) # 显示模型参数,可以看到已经移到了 GPU 上 (device='cuda:0')
[Parameter containing:
tensor([[-0.1145],
        [ 0.9865],
        [-1.0076],
        [-0.7851],
        [ 0.4463]], device='cuda:0', requires_grad=True), Parameter containing:
tensor([0.4549], device='cuda:0', requires_grad=True)]
>>> lm.half() # 转换模型参数为半精度浮点数
LinearModel()
>>> list(lm.parameters()) # 显示模型参数,可以看到已经转换为了半精度浮点数 (dtype=torch.float16)
[Parameter containing:
tensor([[-0.1145],
        [ 0.9863],
        [-1.0078],
        [-0.7852],
        [ 0.4463]], device='cuda:0', dtype=torch.float16,
requires_grad=True), Parameter containing:
tensor([0.4548], device='cuda:0', dtype=torch.float16,
requires_grad=True)]
```

2.8 PyTorch 的计算图和自动求导机制

2.8.1 自动求导机制简介

在前面已经提到,PyTorch 会根据计算过程来自动生成动态图,然后可以根据动态图的创建过程进行反向传播，计算得到每个节点的梯度值。为了能够记录张量的梯度，首先需要在创建张量的时候设置一个参数 requires_grad=True，意味着这个张量将会加入到计算图中，作为计算图的叶子节点参与计算，通过一系列的计算，最后输出结果张量，也就是根节点。几乎所有的张量创建方式（如 2.5.2 节中介绍的四种方式）都可以指定 requires_grad=True 这个参数，一旦指定了这个参数，在后续的计算中得到的中间结果的张量都会被设置成 requires_grad=True。对于 PyTorch 来说，每个张量都有一个 grad_fn 方法，这个方法包含着创建该张量的运算的导数信息。在反向传播过程中，通过传入后一层的神经网络的梯度，该函数会计算出参与运算的所有张量的梯度。grad_fn 本身也携带着计算图的信息，该方法本身有一个 next_functions 属性，包含连接该张量的其他张量的 grad_fn。通过不断反向传播回溯中间张量的计算节点，可以得到所有张量的梯度。一个张量的梯度张量的信息保存在该张量的 grad 属性中。

除 PyTorch 张量本身外，PyTorch 提供了一个专门用来做自动求导的包，即 torch.autograd。它包含有两个重要的函数，即 torch.autograd.backward 函数和 torch.autograd.grad 函数。torch.autograd.backward 函数通过传入根节点张量，以及初始梯度张量（形状和当前张量的相同），可以计算产生该根节点所有对应的叶子节点的梯度。当张量为标量张量时（Scalar，即只有一个元素的张量），可以不传入初始梯度张量，默认会设置初始梯度张量为 1。当计算梯度张量的时候，原先建立起来的计算图会被自动释放，如果需要再次做自动求导，因为计算图已经不存在，就会报错。如果要在反向传播的时候保留计算图，可以设置 retain_graph=True。另外，在自动求导的时候默认不会建立反向传播的计算图（因为反向传播也是一个计算过程，可以动态创建计算图），如果需要在反向传播计算的同时建立和梯度张量相关的计算图（在某些情况下，如需要计算高阶导数的情况下，不过这种情况比较少），可以设置 create_graph=True。对于一个可求导的张量，也可以直接调用该张量内部的 backward 方法来进行自动求导。

2.8.2 自动求导机制实例

下面举一个简单的例子来说明自动求导是如何使用的。根据高等数学的知识可知,如果定义一个函数$f(x)=x^2$,则它的导数$f'(x)=2x$。于是可以创建一个可求导的张量来测试具体的导数,具体如代码 2.23 所示。

代码 2.23 反向传播函数测试代码。

```
>>> t1 = torch.randn(3, 3, requires_grad=True) # 定义一个 3×3 的张量
>>> t1
tensor([[ 0.4041, -0.9214, -0.9306],
        [-1.3421, -2.8612,  0.3447],
        [-2.1810,  0.8725,  1.4354]], requires_grad=True)
>>> t2 = t1.pow(2).sum() # 计算张量的所有分量平方和
>>> t2.backward() # 反向传播
>>> t1.grad # 梯度是张量原始分量的 2 倍
tensor([[ 0.8082, -1.8428, -1.8612],
        [-2.6841, -5.7225,  0.6893],
        [-4.3621,  1.7451,  2.8709]])
>>> t2 = t1.pow(2).sum() # 再次计算所有分量的平方和
>>> t2.backward() # 再次反向传播
>>> t1.grad # 梯度累积
tensor([[ 1.6164, -3.6856, -3.7224],
        [ -5.3683, -11.4450,  1.3787],
        [ -8.7241,  3.4901,  5.7417]])
>>> t1.grad.zero_() # 单个张量清零梯度的方法
tensor([[0., 0., 0.],
        [0., 0., 0.],
        [0., 0., 0.]])
```

需要注意的一点是,张量绑定的梯度张量在不清空的情况下会逐渐累积。这种特性在某些情况下是有用的,比如,需要一次性求很多迷你批次的累积梯度,但在一般情况下,不需要用到这个特性,所以要注意将张量的梯度清零(模块和优化器都有清零参数张量梯度的函数,会在后面提到)。

2.8.3 梯度函数的使用

在某些情况下,不需要求出当前张量对所有产生该张量的叶子节点的梯度,这时可以使用 torch.autograd.grad 函数。这个函数的参数是两个张量,第一个张量是计算图的数据结果张量(或张量列表),第二个张量是需要对计算图求导的张量(或张量列表)。最后输出的结果是第一个张量对第二个张量求导的结果(注意最后输出的

梯度会累积，和前面介绍的 torch.autograd.backward 函数的行为一样）。这里需要注意的是，这个函数不会改变叶子节点的 grad 属性，而不像 torch.autograd.backward 函数一样会设置叶子节点的 grad 属性为最后求出梯度张量。同样，torch.autograd.grad 函数会在反向传播求导的时候释放计算图，如果需要保留计算图，同样可以设置 retain_graph = True。如果需要反向传播的计算图，可以设置 create_graph = True。

另外，有时候会碰到一种情况是求导的两个张量之间在计算图上没有关联，在这种情况下函数会报错，如果不需要函数的报错行为，可以设置 allow_unused = True 这个参数，结果会返回分量全为 0 的梯度张量（因为两个张量没有关联，所以求导的梯度为 0）。

具体的 torch.autograd.grad 函数的使用方法可以参考代码 2.24。

代码 2.24 梯度函数的使用方法。

```
>>> t1 = torch.randn(3, 3, requires_grad=True) # 初始化 t1 张量
>>> t2 = t1.pow(2).sum() # 根据 t1 张量计算 t2 张量
>>> torch.autograd.grad(t2, t1) # t2 张量对 t1 张量求导
(tensor([[ 0.2624,  0.1899,  0.5118],
        [-3.0144,  0.9985, -1.9771],
        [ 0.0697,  2.4295, -1.7422]]),)
```

2.8.4 计算图构建的启用和禁用

由于计算图的构建需要消耗内存和计算资源，在一些情况下，计算图并不是必要的，比如神经网络的推导。在这种情况下，可以使用 torch.no_grad 上下文管理器，在这个上下文管理器的作用域里进行的神经网络计算不会构建任何计算图。

另外，还有一种情况是对于一个张量，我们在反向传播的时候可能不需要让梯度通过这个张量的节点，也就是新建的计算图要和原来的计算图分离。在这种情况下，可以使用张量的 detach 方法，通过调用这个方法，可以返回一个新的张量，该张量会成为一个新的计算图的叶子节点，新的计算图和老的计算图相互分离，互不影响，具体如代码 2.25 所示。

代码 2.25 控制计算图产生的方法示例。

```
>>> t1 = torch.randn(3, 3, requires_grad=True) # 初始化 t1 张量
>>> t2 = t1.sum()
>>> t2 # t2 的计算构建了计算图，输出结果带有 grad_fn
tensor(0.6064, grad_fn=<SumBackward0>)
>>> with torch.no_grad():
...     t3 = t1.sum()
>>> t3 # t3 的计算没有构建计算图，输出结果没有 grad_fn
tensor(0.6064)
>>> t1.sum() # 保持原来的计算图
tensor(0.6064, grad_fn=<SumBackward0>)
>>> t1.sum().detach() # 和原来的计算图分离
tensor(0.6064)
```

2.9 PyTorch 的损失函数和优化器

2.9.1 损失函数

在 1.7 节中，我们初步学习了深度学习中常用的损失函数和优化器的相关理论，下面介绍一下 PyTorch 中常用的损失函数。一般来说，PyTorch 的损失函数有两种形式：函数形式和模块形式。前者调用的是 torch.nn.functional 库中的函数，通过传入神经网络预测值和目标值来计算损失函数，后者是 torch.nn 库里的模块，通过新建一个模块的实例，然后通过调用模块的方法来计算最终的损失函数。

由于训练数据一般以迷你批次的形式输入神经网络，最后预测的值也是以迷你批次的形式输出的，而损失函数最后的输出结果应该是一个标量张量。因此，对于迷你批次的归约一般有两种方法，第一种是对迷你批次的损失函数求和，第二种是对迷你批次的损失函数求平均。一般来说，也是默认和最常见的情景，最后输出的损失函数是迷你批次损失函数的平均。

前面已经介绍过神经网络处理的预测问题分为回归问题和分类问题两种。对于回归问题，一般情况下使用的是 torch.nn.MSELoss 模块，即前面所介绍的平方损失函数，通过创建这个模块的实例（一般使用默认参数，即在类的构造函数中不传入任何参数，这将会输出损失函数对迷你批次的平均，如果要输出迷你批次的每个损

失函数，可以指定参数 reduction='none'，如果要输出迷你批次的损失函数的和，可以指定参数 reduction='sum'），在实例中传入神经网络预测的值和目标值，能够计算得到最终的损失函数。具体的使用方法参考代码 2.26。

代码 2.26 损失函数模块的使用方法。

```
>>> mse = nn.MSELoss() # 初始化平方损失函数模块
>>> t1 = torch.randn(5, requires_grad=True) # 随机生成张量 t1
>>> t2 = torch.randn(5, requires_grad=True) # 随机生成张量 t2
>>> mse(t1, t2) # 计算张量 t1 和 t2 之间的平方损失函数
tensor(0.3139, grad_fn=<MeanBackward0>)
>>> t1 = torch.randn(5, requires_grad=True) # 随机生成张量 t1
>>> t1s = torch.sigmoid(t1)
# 对张量求 Sigmoid 函数，转换为(0,1)之间的概率
>>> t2 = torch.randint(0, 2, (5, )).float()
# 随机生成 0，1 的整数序列，并转换为浮点数
>>> bce(t1s, t2) # 计算二分类的交叉熵
tensor(0.7564, grad_fn=<BinaryCrossEntropyBackward>)
>>> bce_logits = nn.BCEWithLogitsLoss() # 使用交叉熵对数损失函数
>> bce_logits(t1, t2) # 计算二分类的交叉熵，可以发现和前面的结果一致
tensor(0.7564, grad_fn=<BinaryCrossEntropyWithLogitsBackward>)
>>> N=10 # 定义分类数目
>>> t1 = torch.randn(5, N, requires_grad=True) # 随机产生预测张量
>>> t2 = torch.randint(0, N, (5, )) # 随机产生目标张量
>>> t1s = torch.nn.functional.log_softmax(t1, -1)
# 计算预测张量的 LogSoftmax
>>> nll = nn.NLLLoss() # 定义 NLL 损失函数
>>> nll(t1s, t2) # 计算损失函数
tensor(2.9377, grad_fn=<NllLossBackward>)
>>> ce = nn.CrossEntropyLoss() # 定义交叉熵损失函数
>>> ce(t1, t2) # 计算损失函数，可以发现和 NLL 损失函数的结果一致
tensor(2.9377, grad_fn=<NllLossBackward>)
```

除回归问题外，关于分类问题，PyTorch 也有和回归问题使用方法类似的损失函数。如果是二分类问题用到的交叉熵损失函数，可以使用 torch.nn.BCELoss 模块实现。同样，在初始化这个模块的时候可以用默认参数，输出所有损失函数的平均。该模块一般接受的是 Sigmoid 函数的输出，然后按照 1.7 节中的式（1.42）来计算损失函数。具体的使用方法可以参考代码 2.26 的相关部分。需要注意的是，这个损失函数接受两个张量，第一个张量是正分类标签的概率值，第二个张量是以 0 为负分类标

签、1 为正分类标签的目标数据值，这两个值都必须是浮点类型。另外一个经常用到的函数是对数（Logits）交叉熵损失函数 torch.nn.BCEWithLogitsLoss，这个函数和前面函数的区别在于，可以直接省略 Sigmoid 函数的计算部分，不用计算概率，该损失函数会自动在损失函数内部的实现部分添加 Sigmoid 激活函数。在训练的时候使用这个损失函数可以增加计算的数值的稳定性，因为当概率接近 0 或者概率接近 1 的时候，二分类交叉熵函数的对数部分会很容易接近无穷大，这样会造成数值不稳定，通过在损失函数中加入 Sigmoid 函数并针对 Sigmoid 函数化简计算损失函数，能够有效地避免这两种情况下的数值不稳定。

和二分类的问题类似，在多分类情况下，也可以使用两个模块。第一个模块是 torch.nn.NLLLoss，即负对数似然函数，这个损失函数的运算过程是根据预测值（经过 Softmax 的计算和对数计算）和目标值（使用独热编码）计算这两个值按照元素一一对应的乘积，然后对乘积求和，并取负值。因此，在使用这个损失函数之前必须先计算 Softmax 函数取对数的结果。PyTorch 中有一个函数 torch.nn.functional.log_softmax 可以实现这个目的。第二个模块是 torch.nn.CrossEntropyLoss，用于构建目标损失函数，这个损失函数可以避免 LogSoftmax 的计算，在损失函数里整合 Softmax 输出概率，以及对概率取对数输出损失函数。

2.9.2 优化器

有了损失函数之后，就可以使用优化器对模型进行优化。下面从最简单的随机梯度下降算法开始，结合代码 2.20 构造的线性回归模型，来介绍如何使用优化器优化模型的参数。这里会使用实际数据来演示如何拟合一个线性模型，具体的数据是波士顿地区的房价数据。关于这个数据，可以通过安装 scikit-learn 库（pip install scikit-learn）来载入相应的数据。载入数据后可以看到，该数据有 13 个特征，一共 506 条数据。为简便起见，这里不对数据做分割，直接使用全量数据来进行训练。另外，因为数据量比较小，每一次模型的优化都会使用全量数据，不使用迷你批次数据进行训练。代码 2.27 演示了如何使用优化器来优化简单线性回归模型。

代码 2.27 简单线性回归函数和优化器。

```
from sklearn.datasets import load_boston
```

```python
boston = load_boston()

lm = LinearModel(13)
criterion = nn.MSELoss()
optim = torch.optim.SGD(lm.parameters(), lr=1e-6) # 定义优化器
data = torch.tensor(boston["data"], requires_grad=True, dtype=torch.float32)
target = torch.tensor(boston["target"], dtype=torch.float32)

for step in range(10000):
    predict = lm(data) # 输出模型预测结果
    loss = criterion(predict, target) # 输出损失函数
    if step and step % 1000 == 0 :
        print("Loss: {:.3f}".format(loss.item()))
    optim.zero_grad() # 清零梯度
    loss.backward() # 反向传播
    optim.step()
# 输出结果:
# Loss: 150.855
# Loss: 113.852
# ...
# Loss: 98.165
# Loss: 97.907
```

从代码中可以看到，这里首先要定义输入数据和预测目标。因为数据需要输入代码 2.19 中构造的线性回归的实例代码中，这里首先构建有 13 个参数的线性回归模型 LinearModel(13)，然后构建损失函数的计算模块 criterion，并将其设置为 MSELoss 模块的实例。同时，这里构建了一个随机梯度下降算法的优化器（torch.optim.SGD），这个优化器的第一个参数是线性回归模型参数的生成器（调用 lm.parameters 方法），第二个参数是学习率（lr）。接下来构建训练的输入特征（data）和预测目标（target），传入的参数是载入的波士顿房价的特征和预测目标的 Numpy 数组，因为这个数据是双精度类型，所以需要使用 dtype=torch.float32 将数据转换为单精度类型。为了实现前向和反向传播计算，在构建输入特征的时候需要设置 requires_grad=True，这样就能在计算过程中构建计算图。接下来就是优化的过程，需要先获取当前参数下模型的预测结果，并且使用这个结果计算出损失函数，然后预先清空梯度（前面已经介绍过，多次计算梯度会导致梯度累积），损失函数调用反向传播方法，计算得到每个参数对应的梯度，最后执行一步优化的计算（调用 optim.step 方法）。从输出结果可

以看到，损失函数在每一步优化的时候逐渐下降了。

正如前面演示的例子一样，PyTorch 的随机梯度下降算法优化器 torch.optim.SGD 构建了一个方法，能够对传入参数生成器（以及传入列表或迭代器）中的每个参数进行优化（通过调用 step 方法）。这里需要注意的是，在优化之前，首先要执行两个步骤，第一步是调用 zero_grad 方法清空所有的参数前一次反向传播的梯度，第二步是调用损失函数的 backward 方法来计算所有参数的当前反向传播的梯度。除这两个参数外，随机梯度下降优化器还可以引入动量（Momentum）参数，通过在优化器类的初始化中指定 momentum 来得到。PyTorch 的优化器对于不同的参数可以使用不同的学习率，如代码 2.28 所示，默认的学习率为 10^{-2}，默认的动量为 0.9，但对于 model.classifier 子模块来说，它的学习率是 10^{-3}。通过使用字典的列表分别指定学习率，可以达到对不同的参数使用不同的学习率的目的。

代码 2.28 PyTorch 优化器对不同参数指定不同的学习率。

```
optim.SGD([
    {'params': model.base.parameters()},
    {'params': model.classifier.parameters(), 'lr': 1e-3}
], lr=1e-2, momentum=0.9)
```

除随机梯度下降优化器以外，PyTorch 还自带了很多其他的优化器。这里简单介绍一下（1.7 节中已经介绍过相应的算法）常用的一些优化器。这些优化器类在构造时传入的第一个参数一般是模型参数的生成器（或者如代码 2.27 所示的参数组的字典列表），第二个参数一般是学习率。对于 AdaGrad 算法来说，可以使用 torch.optim.Adagrad 优化器来进行优化，其中，lr_decay 参数指定了学习率的衰减速率，weight_decay 参数指定了权重的衰减速率，initial_accumulator_value 设置了梯度的初始累加值。如果要使用 RMSProp 算法，可以使用 torch.optim.RMSprop 类，alpha 参数设置了指数移动平均的参数，eps 参数设置是为了提高算法的数值稳定性，可以保持默认的值，weight_decay 参数指定了权重的衰减速率，momentum 指定了动量参数，centered 参数如果设置为 True，会对梯度做基于方差的归一化处理（默认为 False），即梯度除以梯度方差估计值的平方根。如果要使用 Adam 算法，可以使用 torch.optim.Adam 类，其中 betas 参数输入含有两个参数的一个元组，分别是梯度和梯度平方的指数移动平均的参数。eps 参数设置是为了提高算法的数值稳定性，可以保持默认的值，weight_decay 参数指定了权重的衰减速率，amsgrad 参数指定是否使用 AMSGrad 算法作为 Adam 算法的变种。有关 AMSGrad 算法，可以参考相关的资料[23]。

在优化器以外，torch.optim 包还提供了学习率衰减的相关类，这些类都在 torch.optim 的子包 torch.optim.lr_scheduler 中。举例来说，可以使用 torch.optim.lr_scheduler.StepLR 类来进行学习率衰减，具体如代码 2.29 所示。

代码 2.29　PyTorch 学习率衰减类示例。

```
>>> scheduler = StepLR(optimizer, step_size=30, gamma=0.1)
>>> for epoch in range(100):
>>>     train(...)
>>>     validate(...)
>>>     scheduler.step()
```

从代码 2.29 可以看到，在使用的时候，需要传入具体的优化器，以及隔多少步进行学习率衰减（step_size）及其衰减的系数（gamma）。在代码 2.29 中，每次经过 30 个迭代期，学习率会变成原来的 0.1 倍，每次经过一个迭代期的时候都会调用梯度衰减类的 step 方法，学习率衰减类会记录当前的迭代期，并根据当前的迭代期决定是否会发生学习率的衰减。同样，如果需要在算法中使用余弦退火算法，可以使用 torch.optim.lr_scheduler.CosineAnnealingLR 类，并在这个类中传入最小的学习率 eta_min，以及余弦退火算法的最大周期 T_max，这样每次调用 step 方法时就会自动根据余弦退火算法和当前的迭代期数目决定当前的学习率。

2.10　PyTorch 中数据的输入和预处理

2.10.1　数据载入类

在使用 PyTorch 构建和训练模型的过程中，经常需要把原始的数据（比如图片等）转换为张量的格式。为了能够方便地批量处理图片数据，PyTorch 引入了一系列工具来对这个过程进行包装。这里将会介绍如何使用 PyTorch 的数据处理类来对图片进行预处理，并输出可以用来进行模型训练的数据张量。通常来说，PyTorch 数据的载入使用的是 torch.utils.data.DataLoader 类，这个类的签名如代码 2.30 所示。

代码 2.30　torch.utils.data.DataLoader 类的签名。

```
DataLoader(dataset, batch_size=1, shuffle=False, sampler=None,
           batch_sampler=None, num_workers=0, collate_fn=None,
           pin_memory=False, drop_last=False, timeout=0,
           worker_init_fn=None)
```

其中，dataset 是一个 torch.utils.data.Dataset 类的实例，batch_size 是迷你批次的大小，shuffle 代表数据会不会被随机打乱，sampler 是自定义的采样器（shuffle=True 时会构建默认的采样器，如果想使用自定义采样方法，可以构造一个 torch.utils.data.Sampler 的实例来进行采样，并设置 shuffle=False），其中采样器是一个 Python 迭代器，每次迭代的时候会返回一个数据的下标索引，batch_sampler 类似于 sampler，不过返回的是一个迷你批次的数据索引，而 sampler 返回的仅仅是一个下标索引。num_workers 是数据载入器使用的进程数目，默认为 0，即使用单进程来处理输入数据，collate_fn 定义如何把一批 dataset 的实例转换为包含迷你批次数据的张量。pin_memory 参数会把数据转移到和 GPU 内存相关联的 CPU 内存（Pinned Memory）中，从而能够加快 GPU 载入数据的速度，drop_last 的设置决定了是否要把最后一个迷你批次的数据丢弃掉，加入最后一个迷你批次的数据的数目小于预先设置的 batch_size 参数，timeout 值如果大于 0，就会决定在多进程情况下对数据的等待时间，worker_init_fn 决定了每个数据载入的子进程开始时运行的函数，这个函数运行在随机种子设置以后、数据载入之前。

2.10.2　映射类型的数据集

为了能够使用 DataLoader 类，首先需要构造关于单个数据的 torch.untils.data.Dataset 类。这个类有两种，第一种是映射类型（Map-style）的，对于这个类型，每个数据有一个对应的索引，通过输入具体的索引，就能得到对应的数据，其构造方法如代码 2.31 所示。

代码 2.31　torch.untils.data.Dataset 类的构造方法。

```
class Dataset(object):
    def __getitem__(self, index):
```

```
    # index：数据缩索引（整数，范围为 0 到数据数目-1）
    # ...
    # 返回数据张量

def __len__(self):
    # 返回数据的数目
    # ...
```

从上述代码中可以看到，对于这个类，主要需要重写两个方法，第一个方法是 __geitem__。该方法是 Python 内置的操作符方法，对应的操作符是索引操作符[]，通过输入整数数据索引，其大小在 0 至 N-1 之间（N 为数据的总数目），返回具体的某一条数据记录，这就是该方法需要完成的任务。而具体的内部逻辑需要根据数据集的类型来决定。另外一个方法是__len__，该方法返回数据的总数。我们知道，在 Python 中，如果一个 Dataset 类重写了该方法，可以通过使用 len 内置函数来获得数据的数目。

2.10.3 torchvision 工具包的使用

PyTorch 有一个辅助的工具包 torchvision，其中有一些计算机视觉的模型和相关的数据集。在前面的 PyTorch 安装教程中，已经一并安装了这个包。下面从这个包的角度来看一下在 torchvision 里是如何实现一个具体的 torch.utils.data.Dataset 类（这些类包含在 torchvision.datasets 包的目录下）的，具体代码可以参考 2.32。

我们从 DatasetFolder 类开始，该类的使用情形是，数据集存储在一个目录下，每个目录有很多子目录，子目录的个数是图片类的数目，每个子目录下都存储有很多图片，且这些图片都属于一类，即子目录图片。DatasetFolder 类继承了 VisionDataset 类，而 VisionDataset 类的主要目的是存储数据集所在的根目录，以及训练数据和预测目标的变换函数（transform 和 target_transform）。VisionDataset 本身并没有实现 __getitem__ 和 __len__ 方法。为了能够实际使用数据集，这两个方法在 DatasetFolder 类中得到了实现。从源代码中可以看到，在 DatasetFolder 类的构造函数中，一开始调用了类的内部函数_find_classes 来找到具体的预测目标的类别（classes）和类别对应的整数（class_to_idx）得到，包含所有数据记录的一个列表（self.samples，通过 make_dataset 函数得到），这个列表记录着数据的路径和数据的预测目标。另外，这个构造函数还传入了一个参数 loader，这个参数是一个函数，用来载入数据（比如，可以在函数中使用 PIL.Image 工具来读取图片）。

下面来看一下 __getitem__ 是怎么实现的，这个方法会传入一个 index，根据 index 从 self.samples 取得一条数据记录，得到数据记录的路径（path）和预测目标（target），然后使用 loader 来对数据进行载入，并使用 self.transform 和 self.target_transform 对数据进行变换。最后返回变换以后的数据和预测目标。关于 __len__ 方法，由于已经获得了包含所有数据的列表 self.samples，只需要返回这个列表的长度，即可得到所有数据的数目。

代码 2.32　简单 torch.utils.data.Dataset 类的实现。

```python
class VisionDataset(data.Dataset):
    def __init__(self, root, transforms=None, transform=None,
        target_transform=None):
        # ...

    def __getitem__(self, index):
        raise NotImplementedError

    def __len__(self):
        raise NotImplementedError

class DatasetFolder(VisionDataset):
    def __init__(self, root, loader, extensions=None, transform=None,
        target_transform=None, is_valid_file=None):
        super(DatasetFolder, self).__init__(root, transform=
transform,target_transform=target_transform)
        classes, class_to_idx = self._find_classes(self.root)
        self.samples = make_dataset(self.root, class_to_idx,
extensions, is_valid_file)
        self.loader = loader
        # ...

    def __getitem__(self, index):
        path, target = self.samples[index]
        sample = self.loader(path)
        if self.transform is not None:
            sample = self.transform(sample)
```

```
        if self.target_transform is not None:
            target = self.target_transform(target)
        return sample, target

    def __len__(self):
        return len(self.samples)
```

在 torchvision 包中有一些内置的转换类（函数）供我们使用，这些转换类主要存在 torchvision.transforms 包中。这里介绍几个常用的类，这些类主要分为两种。

第一种类作用于 PIL.Image 类上（可以通过 PIL.Image.open 方法打开一张图片，并返回一个 PIL.Image 类），比如 torchvision.transforms.CenterCrop 类，它的构造需要输入图片的大小（可以是整数，会从图片中间截取一个正方形的区域，其边长为输入的整数，单位为像素，也可以是一个元组，代表截取图片的长宽，单位为像素）。构造完这个类的实例之后（通过调用__call__方法），可以直接在这个类中传入一个 PIL.Image 类的实例，会返回一个新的 PIL.Image 类，里面包含截取以后的图像。torchvision.transforms.Resize 类可以用来缩放图像，同样，输入的可以是整数和元组，代表的是缩放的目标图像的像素大小。另外，可以设置插值的方法，默认是 PIL.Image.BILINEAR 双线性插值算法。如果需要将 PIL.Image 类转换为 torch.Tensor，可以使用 torchvision.transforms.ToTensor 类，它会把图像从 0~255 之间的整数的像素值转换为 0~1 之间的浮点数张量。

第二种类主要作用于 PyTorch 的张量上。首先是将张量转换为图片的类，即 torchvision.transforms.ToPILImage 类，这个类能够把浮点数张量转换为 PIL.Image 类的图像。其次，在生成深度学习训练数据的时候，转换图片为张量以后，常常还需要做另外一件事情，就是标准化，这里可以使用 torchvision.transforms.Normalize 类来实现。这个类需要传入两个参数，第一个参数是所有图片的平均值张量（mean），另外一个是所有图片的标准差张量（std），输出的结果是输入图片张量减去平均值张量，然后除以标准差张量。最后，前文所述所有的转换类可以组合成一个大的转换类，其具体的组合方法是按顺序把转换的过程放到一个 Python 列表里，然后调用 torchvision.transforms.Compose 类的构造函数来构造一个整体的包含所有列表按次序转换的转换类，这个类的调用效果是输出这些转换依次作用后的结果。

2.10.4 可迭代类型的数据集

下面简要介绍一下第二种数据集的类型，即可迭代类型（Iterable-style）的数据集。相比映射类型的数据集，这个数据集并不需要实现 __getitem__ 方法或者 __len__ 方法，它本身更像一个 Python 迭代器。代码 2.33 是一个可迭代数据集类型的构造方法示例。不同于映射类型，因为索引之间相互独立，在使用多进程载入数据的情况下（DataLoader 中的参数 num_works > 1），多个进程可以独立分配索引，迭代器在使用过程中，因为索引之间有前后顺序关系，需要考虑如何分割数据，使得不同的进程可以得到不同的数据。

代码 2.33 torch.utils.data.IterableDataset 类的构造方法。

```python
class MyIterableDataset(torch.utils.data.IterableDataset):
    def __init__(self, start, end):
        super(MyIterableDataset).__init__()
        assert end > start, \
"this example code only works with end >= start"
        self.start = start
        self.end = end

    def __iter__(self):
        worker_info = torch.utils.data.get_worker_info()
        if worker_info is None:  # 单进程数据载入
            iter_start = self.start
            iter_end = self.end
        else:  # 多进程，分割数据
            per_worker = int(math.ceil((self.end - self.start) / float(worker_info.num_workers)))
            worker_id = worker_info.id
            iter_start = self.start + worker_id * per_worker
            iter_end = min(iter_start + per_worker, self.end)
        return iter(range(iter_start, iter_end))
```

从代码 2.33 中可以看到，根据不同工作进程的序号 worker_id，设定了不同进程数据迭代器取值的范围，这样就能保证不同的进程获取不同的迭代器，而且迭代器返回的数据各不相同。

2.11 PyTorch 模型的保存和加载

在深度学习模型的训练过程中，如何周期性地对模型做存档（Checkpoint）非常重要。一方面，深度学习模型的训练是一个长期的过程，一般来说，大的模型可能运行数天甚至数周，这样可能就会在训练的过程中出现一些问题，比如硬件错误、断电等。由于模型一般在运行时保存在计算机的内存或者显存中，碰到这些问题后，所有的模型数据都会消失，这样就会导致模型训练的结果丢失。另一方面，对于训练好的模型，经常需要用这些模型对实际数据进行预测（Predict，或称为推理Inference），这时就要求模型的权重能以一定的格式保存到硬盘中，方便后续使用模型的时候直接载入原来的权重。这两点共同要求深度学习框架能够方便地保存模型和权重，并且能够方便地读取这些模型。PyTorch 提供了很好的机制来进行模型的保存和加载。

2.11.1 模块和张量的序列化及反序列化

由于 PyTorch 的模块和张量本质上是 torch.nn.Module 和 torch.tensor 类的实例，而 PyTorch 自带了一系列的方法，可以将这些类的实例转换成字符串，所以这些实例可以通过 Python 序列化方法进行序列化（Serialization）和反序列化（Deserialization）。

PyTorch 的实现里集成了 Python 自带的 pickle 包对模块和张量进行序列化。张量的序列化过程本质上是把张量的信息，包括数据类型和存储位置，以及携带的数据等转换为字符串，而这些字符串随后可以使用 Python 自带的文件 IO 函数进行存储，当然这个过程是可逆的，即可以通过文件 IO 函数来读取存储的字符串，然后将字符串逆向解析成 PyTorch 的模块和张量。

下面介绍一下 PyTorch 存储和载入模型的 API 的函数签名，以及这些函数的使用方法，如代码 2.34 所示。

代码 2.34 PyTorch 保存和载入模型。

```
torch.save(obj, f, pickle_module=pickle, pickle_protocol=2)
torch.load(f, map_location=None, pickle_module=pickle,
**pickle_load_args)
```

其中，torch.save 函数传入的第一个参数是 PyTorch 中可以被序列化的对象，包括模型和张量等。第二个参数是存储文件的路径，序列化的结果将会被保留在这个路径里。第三个参数是默认的，传入的是序列化的库，可以使用 PyTorch 默认的序列化库 pickle。第四个参数是 pickle 协议，即如何把对象转换成字符串的规范，这里用的是协议版本 2（到本书写作时为止，Python 的序列化协议有 0~4 版本，具体可参考相关官方网站的相关说明）。

与 torch.save 函数对应的是 torch.load 函数，该函数在给定序列化后的文件路径以后，就能输出 PyTorch 的对象。在代码 2.34 里可以看到，torch.load 函数的第一个参数是文件路径，第二个参数是张量存储位置的映射。如果存储时的模型在 CPU 中，使用默认参数是没问题的，但是当存储的模型在 GPU 中时， torch.load 的默认行为是先把模型载入 CPU 中，然后转移到保存时的 GPU 中。假如载入模型的时候是在另一台计算机上，而计算机没有 GPU，或者 GPU 的设备号对不上（比如在"cuda:1"中存储模型，但是当前计算机只有一个显卡），这样就会报错。解决的方法是引入 map_location 函数，如设置 map_location="cpu"，这样就能把模型保留在 CPU 中，不再移动到 GPU 中。pickle_module 参数和 torch.save 里的同名参数的作用一致，这里不再赘述。pickle_load_args 的参数用来指定传给 pickle_module.load（在大多数情况下，是 pickle.load 函数，除非指定其他的 pickle_module）的参数，比如，文件编码 encoding=…等。

在 PyTorch 中，一般模型可以有两种保存方式，第一种是直接保存模型的实例（因为模型本身可以被序列化），第二种则是保存模型的状态字典（State Dict），一个模型的状态字典包含模型所有参数的名字（nn.Module 类在初始化模型的时候会自动给所有的参数都分配一个名字），以及名字对应的张量。通过调用一个模型的 state_dict 方法，可以获取当前模型的状态字典。

以代码 2.20 的线性回归模型为例，可以看到，当调用这个方法的时候，线性回归模型实例返回一个 OrderedDict 的对象，即顺序字典（普通 Python 字典没有字典键的顺序，OrderedDict 字典键在存储和迭代的时候保持一定顺序，其他的和 Python 的原生字典类一致。你怎么你有关 OrderedDict 的介绍，可以参考 Python 的相关文档）。可以看到，在顺序字典中有两个键值对，分别对应着权重 weight 的张量和偏置 bias

的张量。

有了模块的状态字典后,可以通过 load_state_dict 方法传入该状态字典让模型载入参数,具体可以参考代码 2.35。

代码 2.35 PyTorch 的状态字典的保存和载入。

```
>>> lm = LinearModel(5) # 定义线性模型
>>> lm.state_dict() # 获取状态字典
OrderedDict([('weight', tensor([[ 0.9354],
       [ 0.4849],
       [ 1.9119],
       [ 0.0404],
       [-1.6420]])), ('bias', tensor([-0.6802]))])
>>> t = lm.state_dict() # 保存状态字典
>>> lm = LinearModel(5) # 重新定义线性模型
>>> lm.state_dict() # 新的状态字典,模型参数和原来的不同
OrderedDict([('weight', tensor([[-0.3785],
       [-1.5217],
       [-0.7482],
       [-1.0809],
       [-1.2246]])), ('bias', tensor([0.1480]))])
>>> lm.load_state_dict(t) # 载入原来的状态字典
IncompatibleKeys(missing_keys=[], unexpected_keys=[])
>>> lm.state_dict() # 模型参数已更新
OrderedDict([('weight', tensor([[ 0.9354],
       [ 0.4849],
       [ 1.9119],
       [ 0.0404],
       [-1.6420]])), ('bias', tensor([-0.6802]))])
```

2.11.2 模块状态字典的保存和载入

在实践过程中,由于 PyTorch 模块的实现依赖于具体的 PyTorch 版本,所以可能会碰到一种情况,即使用某一个版本的 PyTorch 保存的模块序列化文件,无法被另一个版本的 PyTorch 载入。相比之下,PyTorch 张量的实现变动比较小,而状态字典只含有张量参数的名字和张量参数具体值的信息,与模块的实现关联较小。因此,推荐使用前面所述的第二种方法,即调用 state_dict 方法来获取状态字典,然后保存该张量字典来保存模型,这样可以最大限度地减小代码对 PyTorch 版本的依赖性。另外,

在训练的时候，不仅要保存模型相关的信息，还要保存优化器相关的信息，因为可能需要从存储的检查点出发，继续进行训练。为了能够实现这个目的，PyTorch 的优化器本身也带有状态字典，用于存储优化器的一些信息，比如，当前的学习率、当前梯度的指数移动平均等。通过调用优化器的 state_dict 方法和 load_state_dict 方法，可以让优化器输出和载入相关的状态信息。

综上所述，一般一个 PyTorch 训练的检查点的信息如代码 2.36 所示，包含模型的状态、优化器的状态和当前迭代的步数等（当然也可以包含其他信息，如当前模型的损失函数平均值和准确率平均值等）。

代码 2.36 PyTorch 检查点的结构。

```
save_info = { # 保存的信息
    "iter_num": iter_num, # 迭代步数
    "optimizer": optimizer.state_dict(), # 优化器的状态字典
    "model": model.state_dict(), # 模型的状态字典
}
# 保存信息
torch.save(save_info, save_path)
# 载入信息
save_info = torch.load(save_path)
optimizer.load_state_dict(save_info["optimizer"])
model.load_state_dict(sae_info["model"])
```

2.12　PyTorch 数据的可视化

在 PyTorch 1.10 中，引入了对 TensorBoard 的支持。前面已经介绍过，TensorBoard 是一个数据可视化工具，能够直观地显示深度学习过程中张量的变化，从这个变化过程可以很容易了解到模型在训练中的行为，包括但不限于损失函数的下降趋势是否合理，张量分量的分布是否在训练过程中发生变化，以及输出训练过程中的图片和音频数据等。下面以代码 2.20 回归模型的训练为例，介绍如何使用 TensorBoard 来可视化 PyTorch 模型训练时的数据。

2.12.1 TensorBoard 的安装和使用

为了使用 TensorBoard，首先需要在当前 Anaconda 的 Python 环境中安装 TensorBoard，这个过程可以通过运行 pip install tensorflow-tensorboard==1.5.1，然后运行 pip install tensorboard==1.14.0 来实现（注意，TensorBoard 的版本号要大于或等于 1.14.0，否则 PyTorch 会提示输出无法使用当前版本 TensorBoard。另外，如果报错找不到 past 包，需要运行命令 pip install future）。接下来就是在训练模型的代码中加入 TensorBoard 写入数据的相关代码，如代码 2.37 所示（这里省略了代码 2.30 的回归模型定义代码）。

代码 2.37 TensorBoard 使用方法示例。

```python
from sklearn.datasets import load_boston
from torch.utils.tensorboard import SummaryWriter
import torch
import torch.nn as nn

boston = load_boston()
lm = LinearModel(13)
criterion = nn.MSELoss()
optim = torch.optim.SGD(lm.parameters(), lr=1e-6)
data = torch.tensor(boston["data"], requires_grad=True, dtype=torch.float32)
target = torch.tensor(boston["target"], dtype=torch.float32)
writer = SummaryWriter() # 定义 TensorBoard 输出类
for step in range(10000):
    predict = lm(data)
    loss = criterion(predict, target)
    writer.add_scalar("Loss/train", loss, step) # 输出损失函数
    writer.add_histogram("Param/weight", lm.weight, step)
# 输出权重直方图
    writer.add_histogram("Param/bias", lm.bias, step) # 输出偏置直方图
    if step and step % 1000 == 0 :
        print("Loss: {:.3f}".format(loss.item()))
    optim.zero_grad()
    loss.backward()
    optim.step()
```

从代码 2.37 中可以看到，相比原先的训练代码，这里增加了 SummaryWriter 的

构造函数（其中，SummaryWriter 从 PyTorch 的 TensorBoard 支持包中导入），在构造一个摘要写入器（SummaryWriter）的实例以后，可以调用实例的方法来添加需要写入摘要的张量信息。在后面将会详细介绍能够具体写入什么类型的数据，这里只需要知道添加了一个标量数据（add_scalar）和两个直方图数据（add_histogram）。通过运行训练的代码，在运行 10000 个迭代步之后，可以发现在当前目录下多了一个文件夹 runs，runs 下面还有一个文件夹，具体的文件夹名字与训练开始时间、用户主机名称有关。接下来可以直接运行 tensorboard –logdir ./run 命令，发现 TensorBoard 的服务器已经启动。在默认情况下，可以发现 TensorBoard 的端口是 6006 端口，于是通过在浏览器中访问 http://127.0.0.1:6006，可以看到 TensorBoard 的网页界面，如图 2.3 所示。

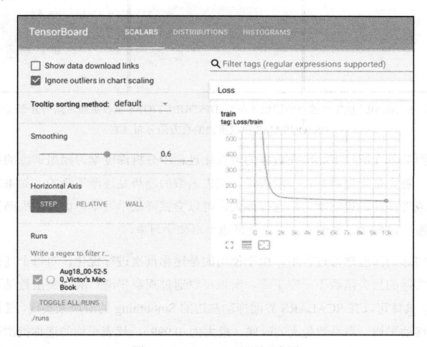

图 2.3　TensorBoard 界面示意图

从图 2.3 中可以看到，TensorBoard 的界面可以显示很多值，比如 SCALARS、DISTRIBUTIONS、HISTOGRAMS 等。在默认情况下，TensorBoard 只显示写入数据类型的几个标签，这里主要是 add_scalar 产生的 SCALARS 标签，以及 add_histogram

产生的 DISTRIBUTIONS 和 HISTOGRAMS 标签。单击 TensorBoard 界面右上角的 INACTIVE 下拉列表，可以看到 TensorBoard 支持的其他类型，包括但不限于 IMAGES、AUDIOS 等。在这个例子中，可以把 SCALARS、DISTRIBUTIONS、HISTOGRAMS 具体的图像展示出来，如图 2.4 所示，这里略去了偏置值的数据分布，只显示损失函数和权重的数据分布。可以看到，SCALARS 图像主要是损失函数随着训练步数变化的曲线，DISTRIBUTIONS 主要显示权重值的最大和最小的边界随着训练步数的变化过程，而 HISTOGRAMS 主要显示权重的直方图随着训练步数的变化过程。

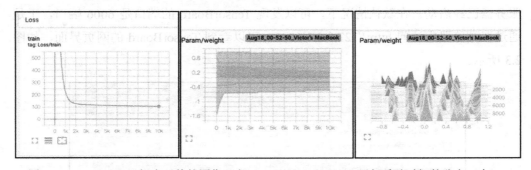

图 2.4　SCALARS 里损失函数的图像（左），DISTRIBUTIONS 里权重随时间的分布（中），HISTOGRAMS 里权重值的直方图分布（右）

下面简单介绍一下如何在数据的可视化过程中分析深度学习模型训练的行为是否正确。首先是损失函数，一般来说，损失函数的趋势是逐渐下降的，如果损失函数上升或者振荡，说明学习率选择偏大，可以尝试降低学习率；如果损失函数下降比较缓慢，说明学习率偏小，可以尝试适当增加学习率。

在实际的深度学习过程中，由于使用的是迷你批次进行优化，对每个迷你批次来说，实际的损失函数不一定下降，所以可以通过观察平滑后的损失函数是否下降来验证，具体可以在 SCALARS 界面拖动左边的 Smoothing 的滑块来实现，使用的还是指数移动平均，当系数越大的时候（最大为 0.999），代表平均的迷你批次越多。而参数的分布和直方图代表这个模型的某个参数是否能得到训练，随着训练的进行，参数的分布和直方图应该不断发生变化，直到分布稳定为止。如果在训练过程中参数的分布一直没有发生变化，那么有可能模型结构有问题，或者梯度无法在模型中得到反向传播。

2.12.2 TensorBoard 的常用可视化数据类型

除上面演示的 add_scalar 和 add_histogram 方法外，TensorBoard 的 SummaryWriter 还有一系列其他的方法用于添加不同的数据到 TensorBoard 界面中。这里将会展示常用的一些 API，如代码 2.38 所示。

代码 2.38 SummaryWriter 提供的添加数据显示的方法。

```
torch.utils.tensorboard.writer.SummaryWriter(log_dir=None, comment='',
    purge_step=None, max_queue=10, flush_secs=120, filename_suffix='')
add_scalar(tag, scalar_value, global_step=None, walltime=None)
add_scalars(main_tag, tag_scalar_dict, global_step=None, walltime=None)
add_histogram(tag, values, global_step=None, bins='tensorflow', walltime=None, max_bins=None)
add_image(tag, img_tensor, global_step=None, walltime=None, dataformats='CHW')
add_images(tag, img_tensor, global_step=None, walltime=None, dataformats='NCHW')
add_figure(tag, figure, global_step=None, close=True, walltime=None)
add_video(tag, vid_tensor, global_step=None, fps=4, walltime=None)
add_audio(tag, snd_tensor, global_step=None, sample_rate=44100,
    walltime=None)
add_text(tag, text_string, global_step=None, walltime=None)
add_graph(model, input_to_model=None, verbose=False)
add_embedding(mat, metadata=None, label_img=None, global_step=None,
    tag='default', metadata_header=None)
add_pr_curve(tag, labels, predictions, global_step=None, num_thresholds=127,
    weights=None, walltime=None)
```

首先是 SummaryWriter 类，该类的构造函数包含以下参数：

- log_dir 代表可视化的数据将会写入哪个文件夹里，如果传入参数是 None，这个类将会创建 runs 文件夹，然后在文件夹中创建一个新的文件夹，文件夹名称和当前的日期时间，以及当前的主机名有关。接着在这个新的文件夹中写入可视化数据。
- comment 参数会将一些注释信息写入当前文件夹的名字中，默认为空字符串。

- **purge_step** 参数的作用是如果写入可视化数据崩溃，到这个参数设定的步数以后的数据将会被丢弃，在 TensorBoard 中隐藏不可见。TensorBoard 的可视化数据并不是实时写入的，一般来说有个队列，当积累的数据超过队列的限制时将会触发数据文件的写入。
- **max_queue** 参数定义了在写入磁盘之前内存中最多可存留的事件（数据）数目。
- **flush_secs** 参数定义了多长时间写入一次。
- **filename_suffix** 参数定义了可视化数据文件的后缀，默认为空字符串。

调用 SummaryWriter 的构造函数之后，接下来需要调用方法往 SummaryWriter 实例中添加张量的值。add_scalar 方法用来添加标量数据，比如损失函数、模型的准确率等。该方法包括以下参数：

- 第一个参数 tag 决定了不同图表的标签，一般格式是 name1/name2/…（标签的格式服从 Linux 目录的命名规则，以斜杠符号分割）这样类似文件层级的组织方式，相同层级名字的不同标量的数据图将会被组合在一起。
- 第二个参数 scalar_value 写入的是张量的值，一般是一个浮点数。
- 第三和第四个参数分别代表目前的迭代步数和迭代时间函数。通常情况下，global_step 可以传入一个代表当前迭代步数的变量，而 walltime 函数可以传入一个浮点数代表当前的时间，如果不传入时间，则方法内部会使用 time.time() 返回一个浮点数来代表当前的时间。

add_scalars 方法和 add_scalar 方法类似，其主要原理是通过传入一个主标签（第一个参数），然后传入键值对是标签和标量值的一个字典，对每个标量值进行显示。

add_histogram 方法同样需要传入字符串标签，然后传入对应的 torch.tensor 张量，这样就能显示张量分量的直方图和对应的分布。其中的参数 bins 决定了产生直方图的方法，可以从"tensorflow"、"auto"、"fd"中选择一个，分别对应不同产生直方图的方法。参数 max_bins 决定了最大直方图的分段数目。

add_image 方法可以在 TensorBoard 中写入图片的信息，从而可以在界面中显示训练过程的图片，默认的图片格式是"CH"，也就是以 PyTorch 默认图片数据排列格式（即通道、高度和宽度这三个方向，数据在内存中的存储方式为先填满宽度，再填满高度，最后填满通道）对数据进行排列。如果要添加多张图片，则可以传入 NCHW 的图片张量，一次性显示多张图片。

添加视频信息可以使用 add_video 方法，具体视频的格式是 NTCHW，其中 T 为视频时间的方向，设定的参数 fps 代表每秒钟展示多少张图片（即帧率）。

添加音频信息可以使用 add_audio 方法，其中的参数 snd_tensor 是一个 $1×L$ 的张量，张量的值在[-1, 1]之间，参数 sample_rate 是音频的采样率。

添加文本信息可以使用 add_text 方法，通过参数 text_string 传入需要显示的文本来实现。TensorBoard 也提供了计算图的功能，如果需要查看计算时建立的计算图，可以使用 add_graph 方法，通过传入 PyTorch 的模块，以及模块的输入，可以显示模块对应的计算图。在自然语言中，如果需要查看词嵌入的信息，可以通过输入词嵌入的矩阵 mat，其中，这个矩阵的每行对应的是每个单词，metadata 对应的是每行词嵌入的单词的标签（文本的列表）。这个方法也可以用来显示图像的嵌入，具体的方法是传入 label_img 参数（torch.Tensor），其中的每张图片和词嵌入矩阵每行一一对应。

如果需要显示准确率-召回率曲线（Precision-Recall Curve），可以使用 add_pr_curve 方法，labels 传入目标数据的值（数据类型为 torch.Tensor），predictions 传入模型的预测值（数据类型为 torch.Tensor），num_thresholds 传入曲线中间的插值点数，weights 输入每个点的权重，TensorBoard 输出准确率-召回率曲线。

2.13 PyTorch 模型的并行化

前面的模型和张量计算都是在一个节点上运行的。在很多情况下，我们需要在多个机器节点上运行模型的张量的计算（每个节点可能包含多个 GPU），这就需要考虑如何对 PyTorch 模型进行并行化。PyTorch 模型的并行化方法分为模型并行（Model Parallel）和数据并行（Data Parallel）两种。前者的并行方式是将模型的计算图放入不同的计算节点中（不同的 GPU 上或不同的 CPU 节点上），然后不同的节点并行计算计算图的不同部分。后者的原理是每个节点有一份模型的计算图的副本，通过在不同节点输入不同迷你批次的数据来对节点进行前向和反向计算,最后归约反向计算的梯度,并对模型进行优化和权重更新。这两种方法各有优缺点,前者的优点是可以很容易容纳很大的模型,即可以把模型的一部分放到一个节点,另一部分放到另外一个节点,缺点是模型的并行化算法复杂,因为需要考虑如何控制数据在不同节点的计算顺序,从而保证最高的计算资源利用率。后者的优点是并行化算法简单,只需要考虑不同节点的张量的归约即可,缺点是难以计算比较大的模型,当深度学习模型到达一个节点装不下的时候,数据并行算法将不再适用。

PyTorch 主要支持的是数据并行化的概念。这个概念在 PyTorch 中分为两种类型,即数据并行化(Data Parallel,DP)和分布式数据并行化(Distributed Data Parallel,DDP)。下面分别介绍这两种并行化算法。

2.13.1 数据并行化

最简单的并行方式是 PyTorch 的数据并行化,使用的是 torch.nn.DataParallel 类。这个方法不需要任何前置工作,代码会自动对一个迷你批次进行分割,将其均匀分布到多个 GPU 上进行计算,最后将结果归约到某一个 GPU 上,具体的 API 和代码可以参考代码 2.39。

代码 2.39 torch.nn.DataParallel 使用方式。

```
torch.nn.DataParallel(module, device_ids=None, output_device=None, dim=0)
   >>> model = …
   >>> model = model.cuda()
   >>> model = nn.DataParallel(model, device_ids=[0, 1, 2, 3])
   >>> output = model(input_var)
```

从上述代码中可以看到,nn.DataParallel 需要传入一个 PyTorch 的模块,这个模块需要先保存在设备号为 0 的 GPU 上(可以通过运行 cuda 方法来转换)。接着需要传入 device_ids 作为模型运行的 GPU 设备号。output_device 是可选参数,如果参数是默认的,输出到设备号为 0 的 GPU 上。dim 参数规定了迷你批次的分割方向,因为 nn.DataParallel 类的工作原理是将模型从设备号为 0 的设备上复制到 device_ids 指定的设备上(如果 device_ids 的输入值为 None,默认会复制到所有的可用设备上),

然后将数据沿着某个维度进行分割（一般是第 0 维，即一般情况下迷你批次的维度，但有些输入数据张量的第 0 维并不是迷你批次所在的维度，比如文本数据和时间序列数据等，这时需要指定迷你批次所在的维度，如第 1 维）。最后，该类的构造函数会返回一个新的并行化的模块，通过往模块里输入数据张量，即可对数据进行并行计算，最后输出到指定设备上。和前面介绍的输入数据张量和模块必须处于一个设备上的用法不同，这里输入的数据张量可以在任何设备上，包括 GPU 和 CPU。

2.13.2 分布式数据并行化

虽然使用 torch.nn.DataParallel 能够很快对模型进行并行化，充分利用多 GPU 的优势，但其是基于 Python 线程的，通过不同线程在不同 GPU 上异步运行模型来得到最终的结果。由于 Python 自带全局解释器锁（Global Interpreter Lock，GIL），任何时候，Python 的解释器只能运行一个线程，对于多 CPU 的情况，就造成了计算资源的浪费。为了解决这个问题，需要引入多进程的模型并行对模型进行训练，该方法也可以拓展到多节点（不同主机）分布式模型的训练。为了使用这个功能，这里首先介绍 PyTorch 的分布式计算包 torch.distributed。

2.4 节已经介绍过，torch.distributed 包里包含了所有用于 PyTorch 的分布式计算 API。前面也介绍过，分布式框架的后端主要有 Gloo、MPI 和 NCCL 三种，这三个后端的主要作用是对张量数据进行通信和归约。其中，Gloo 既支持 CPU，也支持 GPU，但是对 GPU 的支持相对较差；MPI 通常情况下只支持 CPU，但是因为 MPI 是一个应用非常广泛的分布式计算框架，所以相对比较成熟，在基于 CPU 的分布式计算方面相对成熟；NCCL 只支持 GPU，但是对 GPU 的各种通信 API 的支持较好。这里不打算对底层的通信 API 进入深入介绍，有兴趣的读者可以参考 PyTorch 的分布式训练相关的文档。如果需要 MPI 的支持，PyTorch 需要重新进行编译，加入 MPI 相关的编译选项。在后端的选择上，PyTorch 官方的规则是：如果是分布式 GPU 训练，优先推荐 NCCL；如果是分布式 CPU 训练，优先推荐 Gloo，其次是 MPI。

为了能够启动不同的进程，首先要对所有计算进程进行初始化，这个过程可以通过调用 torch.distributed.init_process_group 函数来实现。具体的函数的 API 函数签名可以参考代码 2.40。

代码 2.40 PyTorch 分布式进程启动函数。

```
torch.distributed.init_process_group(backend, init_method=None,
    timeout=datetime.timedelta(0, 1800), world_size=-1,
    rank=-1, store=None, group_name='')
```

其中，第一个传入的参数是 backend，分别传入三个字符串'gloo'、'mpi'和'nccl'，前面已经介绍过这三种不同的后端。接下来的参数是进程启动的初始化方法，因为每个进程需要知道自己的地址和其他进程的地址，从而能够使这些进程相互通信。如果 init_method 的值为 None，默认会采用"env://"的方法来启动进程，即每个进程会从当前的环境变量中获取当前节点和其他节点的信息。其他方法可以通过"tcp://ip:port"的方式来得到其他进程的信息，其中，ip 是通信目标的 ip 地址，可以是本机的 ip 地址，port 是端口，可以通过文件"file://filename"的方式来初始化，其中，filename 是一个不存在的文件名，所有的进程通过这个文件来共享通信信息。另外，time_out 是操作的超时时间，这个参数只对 Gloo 后端有效。如果设置了 store 参数，那么 init_method 参数不会生效，使用 store 参数传入字典的键值对来指定节点的信息，这时需要同时指定 word_size（即进程的数目）和 rank（即当前进程的序号）。最后一个参数 group_name 是进程组的名字，这个参数是废弃参数，不需要指定。

PyTorch 多进程训练需要用特殊的代码给每个进程分配相应的进程信息，因此，需要用特殊的方法启动。假设训练脚本为 main.py，那么如果需要启动多进程的训练，则需要运行代码 python -m torch.distributed.lauch --nproc_per_node={num_gpus} main.py，其中，num_gpus 是单个节点启动的进程数目，这个数目一般和节点可用的 GPU 数目一致。如果 main.py 有其他参数，可以加到 main.py 后面。在启动多进程的训练时，torch.distributed.launch 会自动加入--local_rank 参数，这个参数代表当前进程的 id。为了设置当前的 GPU 为 local_rank 对应的 GPU，可以调用 torch.cuda.set_device，传入 local_rank 对应的 id，这样每个进程都会被分配一个独立的 GPU。

为了让多进程训练的每个进程能够分配到不同的输入数据，需要定义特殊的数据集和数据载入器，具体可参考代码 2.41。

代码 2.41　多进程训练模型的数据载入。

```
train_dataset = datasets.ImageFolder(
    traindir,
    transforms.Compose([
        transforms.RandomResizedCrop(224),
        transforms.RandomHorizontalFlip(),
        transforms.ToTensor(),
        normalize,
    ]))
train_sampler = \
    torch.utils.data.distributed.DistributedSampler(train_dataset)
train_loader = torch.utils.data.DataLoader(
    train_dataset, batch_size=args.batch_size,
    shuffle=(train_sampler is None),
    num_workers=args.workers, pin_memory=True,
sampler=train_sampler)
```

从代码 2.41 可以看到，在定义数据集以后，通常需要使用 DistributedSampler 类包装训练数据集，产生分布式训练的数据采样器。该采样器会对输入的数据集按照进程进行分割，给每个进程分配独立的数据，这样就能在数据载入器的参数中传入数据采样器（sampler=train_sampler）。另外，如果设置数据采样器，需要设置 shuffle 参数为 False。为了让每个迭代期所有的进程能够进行合理分割和随机排列，需要每次让所有的进程共享一个随机种子。因此，在每次迭代期开始的时候需要运行 train_sampler.set_epoch(epoch)，其中 epoch 为当前的迭代期。

在分布式训练系统的启动和模型的数据载入之后，就是分布式数据并行模型的构建。其构建方式很简单，可以直接调用 torch.nn.parallel.DistributedDataParallel 对构建的深度学习模型进行包装，最后返回的模型即分布式数据并行模型。具体分布式并行模型的构造可以参考代码 2.42。

代码 2.42　分布式数据并行模型的 API。

```
torch.nn.parallel.DistributedDataParallel(module, device_ids=None,
    output_device=None, dim=0, broadcast_buffers=True,
    process_group=None, bucket_cap_mb=25,
    find_unused_parameters=False, check_reduction=False)
```

在代码 2.42 中，第一个参数是需要被分布式数据并行化的模型，第二个是分布式 GPU 设备的 id，第三个是输出的设备，第四个是分割的维度。前面几个参数和 DataParallel 类的构造函数的参数类似，这里不再详细介绍了。参数 broadcast_buffers 决定了模型是否会在每次前向计算的时候广播模型的缓冲区数据，process_group 决定了分布式并行模型的进程组的名字，默认值为 None，使用的是 torch.distributed.init_process_group 创建的进程组，bucket_cap_mb 决定的是参数分块的大小。分布式数据并行模型会把参数分成很多块，这样就能在反向传播时和梯度归约的计算进行重合，参数分块的大小决定了重合的粒度。最后两个参数 find_unused_parameters 和 check_reduction 可以用来对模型进行调试，前者设置为 True 时会找出模块中是否有一些参数没有在归约时被用到，后者设置为 True 时会保证在下一步的前向计算开始时，上一步的反向传播一定会完成。

最后需要注意的一点，在使用分布式训练系统进行模型训练的时候，要记住会有很多进程同时进行计算。因此，如果使用 IO 函数（打印到屏幕或者输出到文件），许多进程会竞争输出，导致最后输出的数据产生错误（特别是写文件的时候，因为多个进程同时输出到一个文件会导致文件数据损坏）。因此，在输出到文件和进行标准输出的时候，一定要注意防止这个输出竞争的产生。一般方法是判断当前的进程 id 是否为 0，如果是，则调用 IO 函数进行输出，否则不进行输出。具体可以参考代码 2.43（取自官网的 ImageNet 相关机器视觉模型的训练代码）。可以看到，这里使用了 args.rank % ngpus_per_node == 0，表示如果当前进程是 GPU 设备 id 为 0 的进程，则保存检查点，否则不保存检查点。

代码 2.43　分布式数据并行模型训练时的输出。

```
if not args.multiprocessing_distributed or
(args.multiprocessing_distributed
    and args.rank % ngpus_per_node == 0):
    save_checkpoint({
        'epoch': epoch + 1,
        'arch': args.arch,
        'state_dict': model.state_dict(),
        'best_acc1': best_acc1,
        'optimizer' : optimizer.state_dict(),
    }, is_best)
```

2.14 本章总结

本章主要介绍了 PyTorch 深度学习框架的安装方法和一些基本概念。作为一个成熟的深度学习框架，PyTorch 提供了一系列方便的功能，包括对张量的抽象（这是几乎所有主流深度学习框架支持的基础抽象），为了方便对张量进行各种操作，PyTorch 为张量建立一个基础的 torch.tensor 类，这个类本质上是内存里的一段连续张量数据的包装。在提供张量数据包装的同时，PyTorch 给 torch.tensor 类添加了很多内置方法，能够进行一系列的操作，包括张量大小的查询、张量的下标索引、张量的切片，以及张量的维度和形状的变换等。同时，为了满足在不同的设备上对张量进行操作，PyTorch 还提供了对设备的抽象，张量能够方便地从一个设备转移到另外一个设备上。

因为张量的运算是深度学习框架的构建基础，PyTorch 也提供了丰富的函数来对张量进行运算，包括但不限于激活函数、矩阵乘法函数等。同时，在深度学习的模型构建方面，PyTorch 也提供了一系列的模块，包括 nn.module 抽象类，通过继承这个抽象类，并且在创建类的时候构建子模块，PyTorch 实现了深度学习的模块化，即可以通过组合子模块成为更大的深度学习模块，最后将所有的模块组合在一起构造深度学习模型。这个构造过程充分利用了深度学习子模块的相似性。在后续章节中会看到很多深度学习模型都是由结构相似但参数不同的子模块组合起来的，这样通过在模型中构建一系列的不同参数的子模块实例，并且把它们组合在一起，就能方便地构造复杂的深度学习模型。同时，PyTorch 的模块抽象类还提供了一系列方法，方便在模型训练和预测状态之间进行转换，以及能够快速获取一个模型所有的参数，方便优化器的调用。

除模块外，PyTorch 还定义了一系列损失函数，包括回归的损失函数和分类的损失函数，在后续章节中还将陆续介绍一些其他的损失函数，分别用于不同的深度学习任务。有了损失函数和模块、张量的概念之后，PyTorch 引入了计算图的构建和自动微分功能。前面已经有过介绍，PyTorch 使用的是动态计算图，该计算图的特点是灵活。虽然在构建计算图的时候有性能开销，PyTorch 本身的优化抵销了一部分开销，尽可能让计算图的构建和释放过程的代价最小，因此，相对静态图的框架来说，PyTorch 本身的运算速度并不慢（网上有很多相关的速度比较文章，在大多数的比较中，PyTorch 的速度略慢于 TensorFlow，但是远远快于 Keras）。有了计算图之后，可以很方便地通过自动微分机制进行反向传播的计算，从而获取计算图叶子节点的梯度。在训练深度学习模型的时候，可以通过对损失函数的反向传播，计算所有参数的梯度，随后在优化器中优化这些梯度。

作为一个成熟的深度学习框架，PyTorch 在优化器方面也提供了大量的优化器实现，包括 SGD、AdaGrad、RMSProp 和 Adam 算法等。通过这些优化器的类，可以很容易根据模型的参数构建对应优化器的实例，然后通过反向传播，计算出模型参数对应的梯度，最后调用优化器相关的优化方法对模型的参数进行优化，整个过程非常方便和直观。为了能够在模型训练过程中提供学习率的动态调节方法，PyTorch 也提供了相关的类来调节学习率。

在进行深度学习的过程中，数据的输入和预处理也是重要的过程。PyTorch 提供了数据的抽象类，以及数据载入器的类，通过继承数据的抽象类，可以构造出针对某一个特殊数据的类的实例，然后输入数据载入器中，数据载入器可以自动对数据进行多进程的处理，最后输出数据的张量供深度学习模型使用。对深度学习框架来说，如何保存和载入模型也非常重要，因为这关系到模型是否容易在不同的计算机中进行交换，以及训练过程中检查点存储的问题。PyTorch 通过复用 Python 自带的序列化函数库 pickle，同时构建了张量和模块的序列化方法，来实现深度学习模型的保存和载入。深度学习模型也可以很方便地输出和载入当前模型参数的状态字典，该状态字典和模型的分离也方便不同版本 PyTorch 训练的模型之间的相互兼容。

为了能够方便地观察深度学习的中间结果和张量，以及损失函数的变化情况，PyTorch 还集成了 TensorBoard 相关的插件，能够方便地在网页中对深度学习模型输出的中间张量进行可视化，也方便了用户对深度学习模型的调试和效果评估。在这一点上，可以说 PyTorch 很好地学习了 TensorFlow，起到了取长补短的效果。

作为一个可扩展性（Scalability）非常好的深度学习框架，PyTorch 也提供了一系列的分布式数据并行的 API，从底层上支持了不同节点之间的数据归约运算，同时通过在不同的节点上复制相同的一套模型，用这套相同的模型输入不同的数据，进行前向和反向传播计算，最后进行梯度归约和优化，PyTorch 很好地支持了深度学习模型数据并行的概念。

综上所述，本章介绍了 PyTorch 一系列核心的功能，这些功能在深度学习模型的搭建中起到了至关重要的作用，本书将会在后续章节中详细介绍这些核心功能是如何用于各种深度学习模型的。

第 3 章
PyTorch 计算机视觉模块

3.1 计算机视觉基本概念

3.1.1 计算机视觉任务简介

计算机视觉（Computer Vision，CV）是一门研究如何从视觉信号（如图片、视频等）获得信息的学科。从理论角度说，计算机视觉是一门研究如何从图像来重建出图像描述的物体性质，比如，形状、光照和颜色分布的学科。从工程角度说，计算机视觉主要研究如何使用算法模拟人类的视觉系统，从而自动完成人类通过视觉完成的一些工作。由于人类生理构造的复杂性，如何构造出计算机算法来模拟人类的视觉，并从视觉图像中提取信息一直是一个非常具有挑战性的课题。而视觉环境的复杂性也加剧了这个课题研究的难度，因为视觉信号中表现的内容往往是从不同的角度、不同的光照环境，以及不同的相对位置上呈现的，如何在这样复杂的条件下提取目标的信息往往是一件非常困难的工作。

计算机视觉可以被广泛应用于多个现实世界领域[24]，包括光学字符识别（Optical Character Recognition，OCR），即从图片中提取文本和数字的信息；机器检测（Machine Inspection），即通过图像信息来检测机器零件是否有问题，比如裂纹和变形等；零售（Retail），通过机器自动识别零售商品；3D 建模（3D Model Building），通过多张图片来重建三维物体的形状，比如通过航空图片建立地面上建筑物的形状；医学影像（Medical Imaging），通过一系列不同角度的图像来建立三维的医学结构；自动驾驶安全（Automotive Safety），通过图像检测行人和障碍物等，从而辅助自动驾驶汽车绕过障碍物；匹配移动（Match Move），匹配目标图像，然后让摄像头根据目标的移动随之移动；动作捕捉（Motion Capture），使用一些特殊的标记来捕捉演员的运动过程，从而方便动画的制作；安保监视（Surveillance），对于特定安全区域的监视，检查建筑物的入侵者和交通繁忙区域等；指纹和生物识别（Fingerprint recognition and biometric），通过指纹的图片来比对用户的身份。

以上任务或多或少涉及了计算机视觉的一些基础任务，包括物体分类（Object Classification），即给定一张图片，粗略地给出这张图片主要是描述什么物体的；物体识别（Object Identification），即给定一张图片，识别出图片中所有物体的类型；物体检测（Object Detection），即给定一张图片，识别出图片中物体在图片中的位置，并给出物体的具体类型；关键点检测（Keypoints Detection），给定一张图片，检测出图片中关键点的位置；物体分割（Object Segmentation），给定一张图片，识别出图片中的每一个像素归属于什么物体。

3.1.2 基础图像变换操作

人们对于计算机视觉最开始的研究是从图像处理的研究开始的。为了能够在图像中提取信息，人们从图像的变换出发，对图像使用一系列的变换函数，从而生成新的一幅图像，而新的图像和原来的图像相比，更明显地呈现了某些（可能隐含）信息。从这个角度来说，这些图像变换的过程其实是一个特征提取的过程。通过对图像做一定的变换，得到了一个新的图像，这个图像能够反映出原始图像的某方面信息。最简单的图像变换是基于单个像素的变换，即通过对图像的每个像素值都做一个函数变换，得到新的图像。比较常用的像素变换是伽马校正（Gamma Correction），如式（3.1）所示，其中α和γ是常数，v和v'分别为变换前和变换后的像素值。

$$v' = \alpha v^{\gamma} \tag{3.1}$$

在$\alpha = 1$的情况下，$\gamma = \frac{1}{3}$、$\frac{1}{2}$、1、2、3的图像如图3.1所示。这里像素的值已经被归一化到 0～1 之间。在前面章节已经看到，像素值的大小意味着图像的亮度（Brightness），而从图 3.1 的对比可以得到，当$\gamma > 1$的时候，γ越大，意味着图像在高亮度区域的变化会被放大，低亮度区域的变化将会被缩小，从而增加了高亮度区域细节，减少了低亮度区域的细节；反之，当$\gamma < 1$的时候，γ越小，则低亮度区域

的细节增加，高亮度区域的细节减少。具体的图像处理结果可以参考图 3.2。可以看到，不同的伽马校正最后能产生不同亮度对比的图片。除了最简单的伽马校正，其他像素变换的例子包括直方图的均衡（Histogram Equalization）等，有兴趣的读者可以参考相关资料。

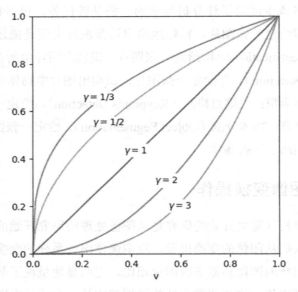

图 3.1　伽马校正输出 v' 随着输入 v 的变化

图 3.2　伽马校正效果（γ 分别为 1/3、1 和 3 的情况）

除像素变换外，另一种常用的变换是滤波器。线性滤波器通过 1.5 节所述的卷积运算来对图像进行变换，输出目标图像。其中，卷积核的权重在线性滤波器中是固定的。一个简单的例子是 Sobel 滤波器，通过式（3.2）来计算图像 A 在 x 方向上的梯

度和 y 方向上的梯度向量（*符号代表卷积运算），然后通过式（3.3）计算梯度的长度$\|g\|$来得到边缘的信息。Sobel 算子的具体效果可以参考图 3.3。除 Sobel 滤波器以外，还有一些其他的滤波器，比如高斯滤波器等，其基本原理都是基于给定的卷积核权重，对图片进行卷积计算，最后输出含有目标信息的图像。

$$g_x = \begin{pmatrix} -1 & 0 & +1 \\ -2 & 0 & +2 \\ -1 & 0 & +1 \end{pmatrix} * A, \quad g_y = \begin{pmatrix} -1 & -2 & -1 \\ 0 & 0 & 0 \\ +1 & +2 & +1 \end{pmatrix} * A \qquad (3.2)$$

$$\|g\| = \sqrt{g_x^2 + g_y^2}, \quad \tan\theta = \frac{g_y}{g_x} \qquad (3.3)$$

图 3.3　原始图像（左）和 Sobel 算子作用结果（右）

以上特征变换都是基于空间域上的计算。除了空间域上的特征变换，还可以进行频率域上的特征变换，其典型的代表就是使用傅里叶变换（Fourier Transform）对图像进行处理。根据给定图像 A 的每个像素，其傅里叶变换的值如式（3.4）所示，其中 i 为虚数单位，H 为图像的高度，W 为图像的宽度。傅里叶变化后的值代表图片在频域的值，其中高频部分是图片的细节，高频部分为图片的轮廓。在频域做处理以后，可以通过式（3.5）做逆傅里叶变换得到一张新的图片。

$$\widetilde{A_{mn}} = \frac{1}{\sqrt{HW}} \sum_{j=0}^{H-1} \sum_{k=0}^{W-1} A_{jk} e^{-2\pi i\left(\frac{jm}{H} + \frac{kn}{W}\right)} \qquad (3.4)$$

$$A_{jk} = \frac{1}{\sqrt{HW}} \sum_{m=0}^{H-1} \sum_{n=0}^{W-1} \widetilde{A_{mn}} e^{2\pi i \left(\frac{jm}{H} + \frac{kn}{W}\right)} \tag{3.5}$$

图 3.4 是一个傅里叶变换的例子，其中，左边是原始图片，中间的图做了傅里叶变换，并且把直流分量移动到了中心（中间的亮点是傅里叶变换后频率的零点，也称为直流分量），右边是把高频区域过滤后的图片（低通滤波器）。可以看到，在频域做低通滤波之后，图片发生了改变，丢失了高频的细节。

图 3.4　原始图片（左）、傅里叶变换后的图片（中）、低通滤波后的图片（右）

图像处理的其他一些操作还涉及对整个图像进行几何变换，来改变图像中的几何形状，使之更易于识别。其中代表性的算法有 Hough 变换，用来检测图像中的直线和圆形。

3.1.3　图像特征提取

除应用于图片的变换，使其中的某些特征更加明显外，计算机视觉还可以直接从图片中提取一些有用的数字特征。其中代表性的算法是尺度不变特征转换算法（Scale-Invariant Feature Transform，SIFT）。这里简单叙述一下该算法的特性。

首先要计算图像的金字塔表示（Pyramid Representation），其主要方法是使用卷积方法对图像做高斯滤波（卷积核权重计算由式（3.6）给出，x 和 y 是像素对应的滤波器卷积核的位置）对图像进行卷积计算，然后对图像进行降采样（Down-sampling），即把一个较大的图像按比例缩放成较小的图像，具体可以采用最邻近插值（Nearest-neighbor Interpolation）和线性插值算法（Linear Interpolation）等算法来对图像进行缩放。重复高斯滤波和缩放的过程，就能得到一系列的图像，这一系列的图像就称为图像金字塔。

$$G(x,y,\sigma) = \frac{1}{\sqrt{2\pi}\sigma} e^{-\frac{x^2+y^2}{2\sigma^2}} \tag{3.6}$$

为了能够在图像金字塔中找到特征点，需要使用另一种滤波器，即拉普拉斯滤波器（Laplacian Filter），3×3 的拉普拉斯滤波器如式（3.7）所示。由于拉普拉斯滤波器和高斯滤波器都是线性滤波器，所以这两个可以整合在一起，成为一个新的线性滤波器，即高斯-拉普拉斯滤波器（Laplacian of Gaussian，LoG），具体的公式可以通过式（3.8）来表示。具体的 LoG 作用一张图片后的效果如图 3.5 所示。

$$L * A = \frac{\partial^2 A}{\partial A^2}, \quad L = \begin{pmatrix} 0 & -1 & 0 \\ -1 & 4 & -1 \\ 0 & -1 & 0 \end{pmatrix} \tag{3.7}$$

$$\text{LoG}(x,y,\sigma) = \frac{x^2+y^2-2\sigma^2}{\sigma^4} e^{-\frac{x^2+y^2}{2\sigma^2}} \tag{3.8}$$

图 3.5　原始图片（左）、LoG 的结果（中）、DoG 的结果（右）

通过改变不同 σ 的值，能够探测得到不同大小的斑点（Blob），如图 3.5 所示。由于 LoG 的计算代价比较大，实际上一般通过计算不同 σ 的高斯过滤器的差值（Difference of Gaussian，DoG）来近似 DoG，可以证明在检测斑点方面 LoG 等价于 DoG，其计算公式如式（3.9）所示。根据 DoG 可以获得一系列的极大值的点，这些点是后续计算的基础。

$$\text{DoG}(x,y,k,\sigma) = G(x,y,k\sigma) - G(x,y,\sigma) \approx (k-1)\sigma^2 \text{LoG}(x,y,\sigma) \tag{3.9}$$

图像金字塔的每一层都能得到一系列的 DoG 极大值的点，这里需要从极大值的点中选择关键点。其中这些点需要满足两个条件，第一，这个点的值是周围的点中间最大的；第二，这个点在相邻的图像金字塔中对应的一个点，也应该是周围的点中最大的。满足这两个特性时，这个点就具有了缩放不变性，因为在图像金字塔中，无论是放大还是缩小，都无法改变这个点是局部最大的特点。满足这两个条件的点有可能是边缘响应（Edge Response），而不是我们想要的斑点中的关键点，为了过滤掉边缘响应，可以计算该点的 Hessian 矩阵，然后通过 Hessian 矩阵计算该点上的主曲率，过滤掉曲率比较小的点，最后得到的点称为关键点。

在得到关键点之后，为了保持关键点的旋转不变性，需要记录关键点的梯度最大的方向，具体方式是选取关键点的相邻点，计算周围所有点的梯度的角度（使用式（3.3）计算角度的部分），并且把 360°分成 36 份，每份 10°，画出对应的直方图，找出直方图最大的角度，如果次大角度的直方图的值为最大角度的 80%以上，则同时记录次大的角度。记录最大的角度和次大的角度，作为该关键点的方向，记录该方向可以保持关键点的旋转不变性。有了关键点之后，就可以根据关键点计算 SIFT 特征。具体是在关键点周围找 16 个像素点（16×16 的区域），以每 4 个为一组（一共 4×4=16 组），计算每一组像素的梯度的角度，然后根据像素梯度来计算角度的直方图（一般可以把 360°分成 8 份）。根据直方图的计算结果，最后可以给每个点分配 16×8=128 个特征，通过这个特征向量，这 128 个特征构成的向量可以用来描述图片局部区域的信息，这些特征可以被进一步作为机器学习算法的输入来完成一些机器学习任务，比如物体识别和物体检测等。

3.1.4　滤波器的概念

传统的计算机视觉方法对图像的处理都依赖于滤波器，比如 Sobel 滤波器、高斯滤波器，以及拉普拉斯滤波器。傅里叶变换的滤波在大多数情况下也可以等效于一个在图像空间的滤波器（卷积的傅里叶变换等于傅里叶变换的乘积），比如，频率区域的低通滤波器可以用高斯滤波器来实现。在这种情况下，可以认为滤波器构成了图像处理的基础，用不同的卷积核对图像进行卷积计算能够提取出图像的不同特征。这就构成了深度学习的基础，即用卷积和激活函数的组合运算来提取图像不同层次的特征。

如图 3.6 所示，可以看到，在输入图像以后，卷积神经网络能够在不同层次提取不同类型的特征。在开始的基层卷积神经网络中，得到的是比较简单的特征，比如像素块、直线、圆等；中间几层是简单特征的组合，最后形成稍复杂的纹理；经过卷积神经网络的进一步运算，最后几层神经网络输出的结果是非常复杂的纹理，这些纹理能够作为特征来代表整个图像。神经网络的深度决定了最后组合出来的特征的复杂性。可以看到，通过简单的卷积运算的叠加，可以在神经网络中提取出非常复杂的特征。相比于传统的机器视觉方法通过简单的卷积核来提取简单的特征，卷积神经网络往往能够获取更多的信息，因为所有的卷积核的权重是通过反向传播和梯度下降进行优化的，最后训练出来的不同卷积层的权重各不相同。这些卷积核的权重就代表神经网络从训练数据中获取得到的信息。

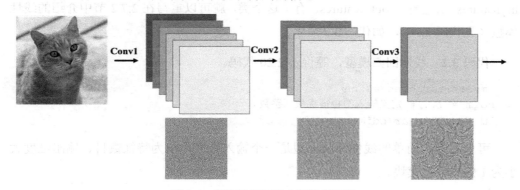

图 3.6　卷积神经网络中间特征图像

在深度学习神经网络中，整个网络的结构是由不同类型的层（Layer）构建而来的（在 PyTorch 中也称为模块，继承了第 2 章所述的 nn.module 类），包括常用的卷积层和线性（变换）层，中间通过激活函数相连接（当然激活函数也可以看作一个特殊的层）。在后续章节中，本书会陆续介绍一些重要的机器视觉常用的层，以及这些层如何组合在一起形成复杂的深度学习神经网络。

3.2　线性层

线性层（Fully-Connected Layer，FC Layer）又称为全连接层，是最基础、最简单的深度学习模块。该模块的定义如代码 3.1 所示。

代码 3.1 线性层模块的定义代码。

```
torch.nn.Linear(in_features, out_features, bias=True)
```

可以看到，构建这个类需要三个参数，in_features 代表输入特征的维度，out_features 代表输出特征的维度，bias 代表是否会引入线性层的偏置参数。这个层实际上执行的是一个线性变换，在二维的情况下，相当于做了一个矩阵乘法和矩阵加法（在 bias=True 的情况下）$y = x \cdot W + b$。

当然，线性层的输入不仅仅是二维的张量，可以是多维的张量，假设输入的形状是（N, *, H_{in}），则输出的形状是（N, *, H_{out}），其中，*代表中间的维度，可以是 0 维（代表输入和输出的张量是矩阵），也可以是其他任意的维数，而 H_{in} 在这里等于 in_features，H_{out} 等于 out_features。有了这个类，就可以重写在 2.7.2 节中介绍的线性模型（见代码 2.20），如代码 3.2 所示。

代码 3.2 线性回归模型，等价于 2.20 代码。

```
import torch.nn as nn
ndim = ... # 定义输入的特征维数（整数）
lm = nn.Linear(ndim, 1)
```

可以看到，简单的线性回归模型是一个输入维度大小为特征数目、输出维度大小为 1 的线性层模块。

正如代码 2.20 中有定义权重和偏置一样，nn.Linear 模块本身也自带了对应的参数。通过调用 named_parameters 方法可以看到，这个模块有两个参数，第一参数是权重 weight，第二个参数是偏置 bias。其中，权重大小为 $H_{out} \times H_{in}$ 的矩阵中，每个元素被初始化为$(-\sqrt{k}, \sqrt{k})$的均匀随机分布，$k = 1/H_{in}$。偏置为大小是 H_{out} 的向量（如果设置初始化构造函数 bias=True，则会创建这个响应，否则这个模块的偏置向量不存在），同样，这个向量的每个元素被初始化为$(-\sqrt{k}, \sqrt{k})$的均匀随机分布，其中 $k = 1/H_{in}$。模块的参数也可以直接通过 weight 属性和 bias 属性进行访问。

最后演示一下如何使用线性模块，具体如代码 3.3 所示，构造了一个输入特征为 5、输出特征为 10 的线性模块，然后给模块传入一个迷你批次大小为 4、特征大小为 5 的矩阵。可以看到，如同预测的一样，输出的迷你批次大小为 4、特征大小为 10。

代码 3.3 线性模块使用示例。

```
>>> import torch
>>> import torch.nn as nn
>>> lm = nn.Linear(5, 10) # 输入特征 5，输出特征 10
>>> t = torch.randn(4, 5) # 迷你批次大小 4，特征大小 5
>>> lm(t).shape # 迷你批次大小 4，特征大小 10
torch.Size([4, 10])
```

3.3 卷积层

在深度学习模型中，另外一个常用的也是比较核心的模块是卷积层。如前所述，卷积运算是线性变换的一种，而且属于一种稀疏连接的线性变换（不同于全连接的线性变换层，是稠密连接的线性变换）。卷积操作的运算涉及两个张量，第一个张量为输入张量，第二个张量是线性变换的权重张量，也称为卷积核（Convolution Kernel）或者滤波器（Convolution Filter）。在 PyTorch 中，卷积操作主要可以分为两类，第一类为正常的卷积，第二类为转置卷积（Transposed Convolution，又称为反卷积，Deconvolution）。这两类卷积都分别有三个子类，即一维卷积、二维卷积和三维卷积。卷积核转置卷积都有一个公共的父类，即 _ConvNd 类，这个类是隐藏的，具体代码在 torch/nn/modules/conv.py 文件中。下面首先介绍该类的定义，如代码 3.4 所示。

代码 3.4 ConvNd 类的定义代码。

```
class _ConvNd(in_channels, out_channels, kernel_size, stride,
    padding, dilation, transposed, output_padding,
    groups, bias, padding_mode)
```

可以看到，_ConvNd 类的构造函数有 11 个参数，下面分别介绍这 11 个参数代表的意义。

第 1 个参数是 in_channels，即输入通道。前面已经介绍过，卷积运算的输入张量都有一个通道参数，在二维卷积（也是图像处理中最常用的运算）的情况下，PyTorch 张量的默认内存排列是 $N \times C \times H \times W$，其中，$N$ 是张量的迷你批次大小，C 是张量通道的数目，H 是张量特征（图像）的高度，W 是张量特征（图像）的宽度。

第 2 个参数是 out_channels，即输出通道。假设卷积的计算结果是 $N \times K \times H' \times W'$，则 out_channels 是卷积结果张量的输出通道 K。

第 3 个参数是 kernel_size，这个值代表卷积核在不同维度上的大小。对二维卷积来说，这个值可以是一个元组，比如（3, 4），意味着卷积核的大小是 3×4，也可以是一个整数，在这个情况下，意味着卷积核的高度和宽度都为这个值，比如，如果传入的是一个整数 3，则卷积核的大小为 3×3。

第 4 个参数是 stride，卷积核在卷积运算时的步长。对于二维卷积来说，这个值和 kernel_size 一样，可以是一个元组，也可以是一个整数。如果是一个整数，因为每次运算完之后，卷积核会在高度或宽度方向移动整数个像素，直到遍历输入张量的所有位置为止，如果是一个元组，比如（hs, ws），则意味着运算完之后，卷积核会在高度方向移动 hs 个像素，或者宽度方向移动 ws 个像素，直到遍历输入张量的所有位置为止。该参数默认值为 1，即每次卷积核运算的时候只在高度或者宽度移动 1 像素。

第 5 个参数是 padding，这个参数控制输入张量的大小。在 kernel_size > 1，执行二维卷积的情况下，执行卷积运算，意味着输出张量的空间大小 $H' \times W'$ 在空间的两个方向 $H \times W$ 上，均有 $H < H'$，$W < W'$。读者可以实际验算一下这个结果。为了保证输出的张量大小在这两个方向上和输入的张量大小一致，需要在计算卷积中引入输入张量在 $H \times W$ 上的填充，也就是 padding 参数。和前面的两个参数一样，在二维卷积的情况下，如果 padding 的值是一个整数，则在输入张量的高度和宽度方向都会填充该整数大小的像素（具体像素的值由 padding_mode）来决定，如果该参数是一个元组如（hp, wp），则会在输入张量的 H 维度上填充 hp 像素，W 维度上填充 wp 像素。

第 6 个参数是 dilation，这个参数控制着另外一种算法，即扩张卷积（Dilated Convolution），又称为空洞卷积（À Trous Convolution）。通常情况下，卷积核相邻的参数对应输入张量的元素也应该是相邻的，这是扩张卷积参数在 dilation = 1 时的特殊情况。这意味着卷积核的感受野（Receptive Field）并不大，比如，3×3 的卷积核只能感受到相邻的 9 像素的值。在 dilation > 1 的情况下，卷积核权重对应的参数不再是和输入张量的相邻元素做运算，而是与下标索引差值为 dilation 的元素做卷积运算，于是 3×3 的卷积核覆盖的区域为 5×5，这样就有效地扩展了卷积核覆盖的区域。

通过多个扩张卷积的联合使用，可以有效地扩展卷积核覆盖的区域（随着卷积运算的数目呈指数增长）。

第 7 个参数是 transposed，它控制着是否进行转置卷积。如果该值为 False，则进行普通卷积的计算；如果为 True，则进行转置卷积的计算。

在第 1 章已经介绍过，卷积的计算在很多实现里是通过 Im2Col 将输入张量和卷积核张量转换为矩阵，接着使用 GEMM 算法对这两个矩阵做乘法，最后使用 Col2Im 将矩阵乘法输出的结果重新转换为张量。在 stride > 1 的情况下，假设步长为 (hs, ws)，对于输出张量有 $H' = H/hs$ 和 $W' = W/ws$（这个结果是近似的值，具体的输出还与卷积核的大小和填充的大小有关）。由于输出的张量在高度和宽度的维度大小小于输入张量对应的维度大小，这个过程称为下采样（Down-sampling）。如果需要产生一个输出张量的高度和宽度大于输入张量对应的维度大小的效果，就需要将这个过程倒过来，即上采样（Up-sampling）。具体的算法同样涉及矩阵乘法，只不过乘积的参数矩阵用的是下采样的矩阵的转置矩阵，这也是该操作被称为转置卷积的原因。对于同样的参数，卷积和转置卷积的输入和输出张量的形状互为相反，也就是卷积的输入张量大小和转置卷积的输出张量大小一致，反之亦然。由于转置卷积算法看起来和卷积算法互为逆过程，所以这个过程也被称为反卷积。需要注意的是，反卷积这个称呼并不确切，因为卷积运算的权重矩阵和转置卷积运算的权重矩阵并不是互为逆矩阵，而是互为转置矩阵。

第 8 个参数是 output_padding，这个参数的实现是为了保证转置卷积输出结果的唯一性，因为在不同的 input_padding 情况下，最后的输出结果可能相同，为了保证转置卷积输出结果的唯一，需要指定 output_padding，这个参数对应的是卷积运算的 input_padding，最后就能输出正确的转置卷积形状。注意，这个参数只和输出张量的形状有关，不会参与实际的输出张量的计算。

第 9 个参数是 groups，这个参数意味着沿着输入张量的通道维度，并不是一次性把所有的通道做卷积计算，而是对输入张量的通道做分组，其中分组的数目为 groups 指定的数目，最后把每组的卷积输出结果沿着通道进行拼接。

为了能够完成分组卷积计算，卷积层的 in_channels 参数和 out_channels 参数必须能够被 groups 参数整除。也就是说，分组卷积代表把输入张量的通道分为 groups 组，每组的大小为 $N \times C' \times H \times W$，其中 $C' = C/\text{groups}$，每组输出的结果为 $N \times K' \times H \times W$，其中 $K' = K/\text{groups}$，最后把 groups 组 $N \times K' \times H \times W$ 输出张量拼接在一起，得到输出结果张量，其大小为 $N \times K \times H \times W$。分组卷积能够有效地减小运算的次数，当 $C = K = \text{groups}$ 的时候，称为深度分离卷积（Depthwise Separable Convolution）。这个卷积结构由于参数数量少，计算速度快，被很多移动端的模型采用，比如 MobileNet[25]和 ShuffleNet[26]等。

第 10 个参数是 bias，当这个参数为 True 的时候，对于卷积运算输出的每个通道都会加上一个偏置的参数（使用张量的广播运算），否则不会加偏置参数，这个值默认为 True。

第 11 个参数是 padding_mode，该参数是 PyTorch 1.1.0 相比于 PyTorch 1.0.0 新加的一个参数，默认是 zeros，意味着如果 padding > 0，会用 0 作为输入张量新增的部分填充。另外一种模式是 circular，意味着如果 padding > 0，按照循环的方式对张量新增的区域做填充，比如，需要在第 0 个元素前面填充两个元素，那么这两个元素应该分别为倒数第二个元素和倒数第一个元素。

为了方便读者理解，这里为张量的卷积画了相关的示意图，图 3.7 是卷积的步长示意图。可以看到，在 stride = 1 的情况下，卷积核每次（在 H 或 W 方向上）移动 1 个元素；在 stride = 2 的情况下，卷积核每次移动 2 个元素。同时可以看到，在 stride= 1 的情况下，如果输入是 8×8 的张量，则输出的是 6×6 的张量；在 stride = 2 的情况下，如果输入的是 8×8 的张量，则输出的是 3×3 的张量。

图 3.8 所示的是不同 padding 下张量的输出结果，在 zeros 的模式下（也是默认和最常用的模式），周围所有填充的元素值应该是 0。可以发现，在图 3.8 中，如果输入的张量大小为 6×6，在填充 padding = 1 的情况下，输出为 7×7 的张量；在填充 padding = 2 的情况下，输出为 8×8 的张量。

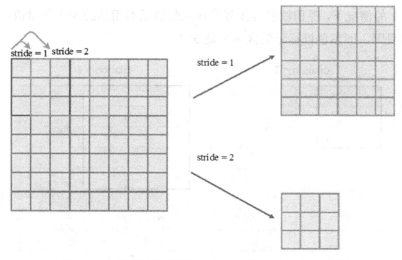

图 3.7　3×3 的卷积核在步长 stride = 1 和 stride = 2 的情况

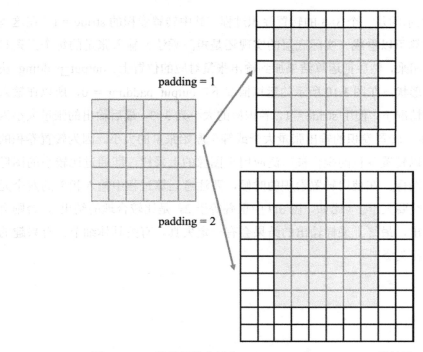

图 3.8　3×3 的卷积核在填充 padding = 1 和 padding = 2 的情况

图 3.9 所示的是在不同的 dilation 参数下的 3×3 卷积的计算情况。可以看到，在

dilation = 2 的情况下，卷积核参与计算的输入张量是不相邻的 3×3 张量值，其覆盖的区域（感受野，即黑色框标示的区域）是 5×5。

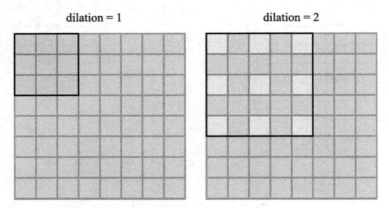

图 3.9 3×3 的卷积核在扩张 dilation = 1 和 dilation= 2 的情况

图 3.10 表示的是一个 3×3 的转置卷积过程，其中转置卷积的 stride = 1。在这里转置卷积的运算可以看成（实际底层的实现还是矩阵乘法）输入张量的每个元素和卷积核的元素相乘，然后把运算结果加到输出张量对应的位置上。output_padding 决定输出张量的形状，在图 3.10 所示的运算情况下，output_padding = 0，所以在输入张量是 6×6 的情况下，使用 stride = 1，卷积核的大小为 3×3，最后输出的张量大小为 8×8。一般来说，转置卷积的输出张量大于或等于原始张量的大小。因为转置卷积的这个特性，所以转置卷积的操作被广泛应用于图像的上采样，即通过比较小的图像生成比较大的图像。在使用转置卷积的时候，要注意运算过程中输入相邻的两个元素的输出的重叠要大于 1（比如，图 3.9 中重叠等于 2，是比较合理的结果），否则会出现棋盘状输出，最终上采样输出的结果会有一定失真。有关具体细节，有兴趣的读者可以查找相关资料。

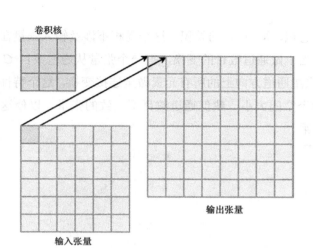

图 3.10 3×3 的卷积核在 stride = 1 的转置卷积运算过程

图 3.11 演示了一个 group = 2 的分组卷积。在实际的普通二维卷积运算中,由于输入张量的形状是 $N \times C \times H \times W$,对应的卷积核的形状应该是 $K \times C \times R \times S$,其中,$K$ 是输出的通道数目,R 和 S 是卷积核在空间(宽度和高度)的维度。可以看到,图像的通道数目和卷积核的输入通道数目应该一致。在卷积的计算过程中,会计算 C 个不同卷积结果,然后把这 C 个不同的卷积结果相加。同样的卷积核有 $K \times C$ 个,每 C 个卷积核输出一个通道的值,所以最后输出张量的通道维度的大小为 K。实际上,在 Im2Col 的计算过程中,C、R、S 这三个维度会在矩阵的计算中融合在一起,并且和输入张量 Im2Col 以后卷积运算的维度相匹配。也就是说,卷积的过程最终计算的是输入张量 C、H、W 维度转变的向量和卷积核张量 C、R、S 维度转变向量的点积的结果,整个计算会重复 K 次,最后输出的通道个数为 K,在这个情况下计算量正比于 C^2。在 group > 1 的情况下,输入张量和卷积核张量会在 C 方向分裂成 group 份,每个 group 按照正常的卷积进行运算,然后把结果进行拼接。所以,计算资源的消耗是原来的 1/groups 倍(C/groups×C/groups×groups= C^2/groups)。这个性质非常有用。在极端情况下,当 groups = C 时,最后的计算资源消耗和 C 成正比,对于输入通道非常大的情况下,节省的计算资源非常可观。

另外,由于分组卷积的权重是共享的,所以如果使用分组卷积,存储权重的元素数目也会减小到原来的 1/groups,这也在另一方面节省了权重的存储空间。最后提一下一种特殊的卷积，即 1×1 的卷积。这个卷积不涉及输入张量在空间上相邻的元素值，其作用相当于做通道数目的变换，把一个张量从通道数目 C 变换为通道数目 K，也相当于对张量通道方向上的所有元素做全连接变换，这个特性被用在很多模型中，用于对齐两个空间大小一致但通道数目不一致的张量，以使这两个张量能够按元素相加或者相乘。

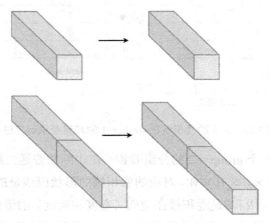

图 3.11　普通卷积（group = 1）和分组卷积（group = 2）示意图

以上内容用的是二维卷积的例子来介绍卷积的基本概念。正如本节最开始介绍的一样，卷积的模块在 PyTorch 中分为一维、二维和三维三种，在 PyTorch 的 API 中分别带有后缀 1d、2d 和 3d。比如，二维的卷积是 Conv2d，三维的转置卷积是 ConvTranspose3d。对于一维卷积的输入张量，其默认的张量的内存排列是 NCL，其中 C 是通道数，L 是一维序列的长度；二维卷积的输入张量内存排列是 NCHW，前面已经有详细介绍；三维卷积的输入张量的内存排列是 NCDHW，其中 D、H、W 是长宽高三个维度（分别代表张量在 z、y、x 三个方向上的值）。对于不同维度的卷积操作，有影响的是 kernel_size、stride、padding、dilation、output_padding 这几个参数。对于这几个参数而言，如果是整数，意味着对应的所有空间维度的值都是这个整数，如果需要在不同方向上使用不同的值，则需要根据具体的维度数目指定元组的元素数目，一维元组的元素数目是一个，三维元组的元素数目是三个。

卷积计算的输出张量的大小与输入张量大小和卷积的参数相关。以二维卷积运算为例，可以写出具体的公式，如式（3.10）和式（3.11）所示。其中（hp, wp）是输入张量的填充大小,(hd, wd)是输入张量的扩张大小,(hk, wk)则是卷积核的大小,最后输出的结果需要向下取整。

一维和三维卷积的对应公式可以根据二维的公式推导得到,这里不再赘述。对于转置卷积来说,输入和输出形状的对应公式与卷积的公式并不一致,二维的情况可以参考式(3.12)和式(3.13),其中(hop, wop)为输出填充(output_padding)的大小。

$$H' = \left\lfloor \frac{H + 2 \cdot hp - hd \cdot (hk - 1) - 1}{hs} + 1 \right\rfloor \tag{3.10}$$

$$W' = \left\lfloor \frac{W + 2 \cdot wp - wd \cdot (wk - 1) - 1}{ws} + 1 \right\rfloor \tag{3.11}$$

$$H' = (H - 1) * hs - 2 \cdot hp + hd \cdot (hk - 1) + hop + 1 \tag{3.12}$$

$$W' = (W - 1) * hs - 2 \cdot wp + wd \cdot (wk - 1) + wop + 1 \tag{3.13}$$

对于卷积模块来说,有两个参数张量,即卷积的权重和卷积的偏置(需要设置 bias = True,否则模块的偏置向量不存在)。其中,在二维情况下,权重是大小为 $K \times C \times R \times S$ 的矩阵(K 为输出的通道数,C 为输入的通道数,R 和 S 为卷积在空间的维度大小),每个元素被初始化为 $(-\sqrt{k}, \sqrt{k})$ 的均匀随机分布,其中 $k = 1/(C \times R \times S)$,偏置为大小 C 的向量(需要设置初始化构造函数 bias=True,否则模块的偏置向量不存在)。在 groups > 1 的情况下,权重是大小为 $K \times C' \times R \times S$ 的张量,其中 $C' = C/\text{groups}$,权重的初始化分布不变。同样,如果设置 bias = True,则会创建偏置向量,其为大小是 C 的向量,向量初始的每个元素服从 $(-\sqrt{k}, \sqrt{k})$ 的均匀随机分布,其中 $k = 1/(C \times R \times S)$。可以通过 weight 和 bias 属性来获取权重张量和偏置向量参数(如果 bias=False,则偏置向量这个参数不存在),同样,也可以通过 parameters 方法来获得含有这两个参数的迭代器。

3.4 归一化层

在卷积神经网络中另一个常用的层是归一化层（Normalization Layer）。归一化层有很多种，包括但不限于批次归一化（Batch Normalization）、组归一化（Group Normalization）、实例归一化（Instance Normalization）、层归一化（Layer Normalization）和局部响应归一化（Local Response Normalization）等。几乎所有的归一化层都有类似式（3.14）的表示方式，其中，x 是输入的张量的值，ϵ 是一个小的浮点数常量（为了保证分母不为零），β 和 γ 是可训练的向量参数，其元素的数目和输入张量的通道数目相等，它们之间的区别在于归一化的平均值 $E(x)$ 的计算方式和归一化的方差 $\text{Var}(x)$ 的计算方式不同。下面分别介绍 PyTorch 中这些归一化层对应的模块及其相关的算法和公式。

$$y = \gamma \cdot \frac{x - E(x)}{\sqrt{\text{Var}(x) + \epsilon}} + \beta \tag{3.14}$$

1. 批次归一化方法

深度学习中最常见的归一化层是批次归一化层，其对应模块的定义如代码 3.5 所示。

代码 3.5 批次归一化层模块的定义。

```
class torch.nn.BatchNorm1d(num_features, eps=1e-05, momentum=0.1, affine=True, track_running_stats=True)
class torch.nn.BatchNorm2d(num_features, eps=1e-05, momentum=0.1, affine=True, track_running_stats=True)
class torch.nn.BatchNorm3d(num_features, eps=1e-05, momentum=0.1, affine=True, track_running_stats=True)
```

其中包含三个模块类：BatchNorm1d、BatchNorm2d 和 BatchNorm3d，分别用于二维/三维张量、4 维张量和 5 维张量。从模块的定义可以看出，这些类的构造函数需要传入 num_features 作为输入。这个值对应的应该是输入张量的通道数目（在 PyTorch 中对应从零开始计数的第一个维度）。对 BatchNorm1d 来说，输入的张量形状应该为 (N,C)，对应二维张量，或者 (N, C, L) 对应三维张量，num_features 应该

等于 C。同理，对 BatchNorm2d 来说，输入张量的形状应该为 (N, C, H, W)，对 BatchNorm3d 来说，输出张量的形状为 (N, C, D, H, W)。同样，它们的 num_features 输入也应该等于 C。

参数 eps 代表式（3.14）中的浮点常数 ϵ，目的是为了防止计算过程中分母为零。参数 momentum 控制着指数移动平均计算 $E(x)$ 和 $\text{Var}(x)$ 时的动量，如式（3.15）所示，其中 α 是动量的值，$\hat{x}_t$ 是当前的 $E(x)$ 或 $\text{Var}(x)$ 的计算值，$\hat{x}$ 是上一步的指数移动平均的估计值，$\hat{x}_{\text{new}}$ 是当前的指数移动平均的估计值。参数 affine 决定了是否在归一化后做仿射变换，即是否设定 γ 和 β 参数，affine = True 对应的是式（3.14）的情况，其中 γ 和 β 是可训练的标量参数，如果 affine = False，则固定 $\gamma = 1$，$\beta = 0$。最后一个参数 track_running_stats 决定了是否使用指数移动平均来估计当前的统计参量，默认情况下是使用指数移动平均的方式，如果设置 track_running_stats = False，则直接使用式（3.15）中当前统计量的计算值 $\hat{x}_t$ 来对 $E(x)$ 和 $\text{Var}(x)$ 进行估计。最后，批次归一化方法不改变输入张量的形状，只改变输入张量的元素的数据分布。

$$\hat{x}_{\text{new}} = (1-\alpha)\hat{x} + \alpha\hat{x}_t \tag{3.15}$$

可以看到，无论是否使用指数移动平均对统计量进行估计，当前迷你批次的统计量的计算结果 $\hat{x}_t$（包括 $E(x)$ 和 $\text{Var}(x)$）都非常重要。不同归一化算法的重要区别之一在于这些统计量的计算方法不同。对于批次归一化方法，之所以称为批次归一化，其原因是所有的统计量都是相对于批次计算的。对于 BatchNorm2d 的情况，具体如式（3.16）和式（3.17）所示，可以看到，平均值和方差都是相对于 N、H、W 三个方向进行计算和平均的。对于 BatchNorm1d 和 BatchNorm3d 的情况，具体的公式也是类似的，唯一的区别在于，对于 BatchNorm1d，在输入二维张量的情况下，统计量是相对于 N 做平均；输入三维张量的情况，统计量是相对于 N、L 做平均；对于 BatchNorm3d 输入 5 维张量的情况下，统计量是相对于 N、D、H、W 做平均。对于统计量的输出结果而言，最后应该是大小为 C 的一个向量。由于在求统计量的过程中包含了迷你批次 N 的平均，所以称为批次归一化方法。

$$E(x_C) = \frac{1}{N \times H \times W} \sum_{N,H,W} x_C \tag{3.16}$$

$$\text{Var}(x_C) = \frac{1}{N \times H \times W} \sum_{N,H,W} (x_C - E(x_C))^2 \qquad (3.17)$$

在实际应用过程中，批次归一化方法常常和卷积神经网络结合使用。经常的做法是卷积层和批次归一化层结合使用，即卷积层的输出结果直接输入到批次归一化层中。在这个情况下，因为批次归一化层会减去卷积层输出结果的平均值，对于卷积层来说，偏置的参数会在减去平均的过程中被消去。因此，可以直接在对应卷积模块的初始化中设置 bias = False，这样可以避免重复计算。

根据前面的公式可以看到，在批次归一化层作用之后，无论之前输入张量的元素分布是什么，最后都被归一化成（按照通道方向）平均值为β、标准差为γ的分布。我们已经知道，由于训练过程中迷你批次的数据仅仅是训练数据非常小的一部分，数据的变化会非常剧烈，这就导致了神经网络训练时的不稳定性，因为我们在前面知道权重的梯度和数据的值是相关的。在做标准化之后，相当于中间数据的分布都非常稳定，因此，在一定程度上也稳定了权重梯度的变化，使之不至于变化过于剧烈，从而增加了模型训练时的数值稳定性，在某种意义上也加快了模型的收敛速度。更详细的有关批次归一化在训练过程中的理论，有兴趣的读者可以参考相关的资料[27]。

PyTorch 批次归一化类的参数主要有以下几个，在设置 affine = True 的情况下，weight 参数代表式（3.14）中的γ，bias 参数代表式（3.14）中的β；如果设置 affine = False，则不存在这两个参数（分别被固定为 0 和 1，即不做仿射变换）。这两个参数的大小和输入张量的通道的大小一致。除参数外，批次归一化层还引入了缓存，主要用于存储计算过程中的指数移动平均，缓存值只有在设置 track_running_stats = True 的情况下才会出现。在最新的 PyTorch 批次归一化模块中，主要是三个缓存的张量，running_mean 代表输入张量的批次平均值，running_var 代表输入张量的方差，这两个值的大小均和输入张量的通道数相同，num_batches_tracked 则代表当前批次归一化经历的迷你批次的数目。如果存在，以上参数张量和缓存的张量都能通过具体类的实例的对应属性获得。

在迷你批次比较小的情况下，批次归一化并不是一个很好的选择。因为批次比较小，可能会造成平均值和方差的波动比较大，在这种情况下进行批次归一化，最后结果反而会减小训练过程中的数值稳定性。为了解决这个问题，这里引入了组归一化的方法[28]，这个方法的特点是减小了对批次的依赖性，而且不需要跨批次进行计算。组归一化模块的定义如代码 3.6 所示。

代码 3.6　组归一化层模块的定义。

```
class torch.nn.GroupNorm(num_groups, num_channels, eps=1e-05, affine=True)
```

因为组归一化并不涉及迷你批次的维度，这里只需要指定通道分组的个数 num_groups，以及通道的个数 nun_channels。剩下参数的介绍和之前批次归一化层的介绍类似，这里不再赘述。通过指定通道个数和通道分组的个数，组归一化将会对输入张量的通道分成 num_groups 组，然后对每组分别进行归一化。这个模块输入张量的形状是 (N, C, *)，其中*代表任意维度（可以是 0 维或多维），模块不会改变输入张量的形状。具体组归一化的公式如式（3.18）和式（3.19）所示。可以看到，所有的通道被均匀分成了 num_groups 份，每份大小为 C_g（C_g = C/num_groups，要求 C 能被 num_groups 整除），然后分别对这几组的张量按照 (H, W, C_g) 方向求平均数和方差的统计量。最后按照式（3.14）计算归一化和仿射变换。仿射变换的参数 γ 和 β 的大小与通道个数 nun_channels 的值一致。PyTorch 的组归一化的代码没有指数移动平均，统计平均量的计算由当前的迷你批次的输入张量的数值估计得到。因此，组归一化没有缓存张量，只有参数张量 weight 和 bias，而且只有在设置 affine = True 的时候才有这两个参数存在，这两个参数的大小等于 num_groups 的值。

$$E\left(\boldsymbol{x}_{C_g}\right) = \frac{1}{H \times W \times C_g} \sum_{H,W,C_g} \boldsymbol{x}_{C_g} \tag{3.18}$$

$$\mathrm{Var}\left(\boldsymbol{x}_{C_g}\right) = \frac{1}{H \times W \times C_g} \sum_{H,W,C_g} \left(\boldsymbol{x}_{C_g} - E\left(\boldsymbol{x}_{C_g}\right)\right)^2 \tag{3.19}$$

2. 实例归一化方法

另一种归一化的方法是实例归一化[29]。在深度学习模型中，因为批次归一化会涉及当前迷你批次中所有的输入张量。也就是说，输入的某一张图片会引入其他图片的信息。在图像识别的时候,这种归一化方法很有用,因为在预测的时候可以引入其他图片的信息做参照,在提高训练的数值稳定性的同时也提高了识别的鲁棒性。在另一些应用场景中,引入其他图片的信息可能对输出结果并没有帮助,甚至可能会使输出效果下降。典型的应用场景是生成图像的场景,比如,图像风格迁移(Style Transfer),即输入一幅图像,给定某种风格的图像(比如油画风格或水彩风格),输出一幅和输入图像相似的有给定风格的图像;生成对抗网络(Generative Adversarial Network, GAN),即通过神经网络生成类似于输入图像的一系列随机图像。在这类神经网络中,生成一幅图像并不需要参考同一批次中其他的图像,在这种情况下就可以使用实例归一化。实例归一化的模块定义如代码 3.7 所示。

代码 3.7 实例归一化模块的定义。

```
class torch.nn.InstanceNorm1d(num_features, eps=1e-05, momentum=0.1,
    affine=False, track_running_stats=False)
class torch.nn.InstanceNorm2d(num_features, eps=1e-05, momentum=0.1,
    affine=False, track_running_stats=False)
class torch.nn.InstanceNorm3d(num_features, eps=1e-05, momentum=0.1,
    affine=False, track_running_stats=False)
```

在代码中,**num_features** 等于输入张量的通道数目。根据输入张量的维度,实例归一化层包括三种:一维用于三维张量(N,C,L)的 InstanceNorm1d、用于四维张量(N,C,H,W)的 InstanceNorm2d,以及用于五维张量(N, C, D, H, W)的 InstanceNorm3d。实例归一化不会改变输入张量的形状。在默认情况下,实例归一化并不会做仿射变换(affine = False),也不会记录平均值和方差的统计量(track_running_stats = False)。其他参数和前面介绍的归一化模块一致,这里不再赘述。同样,如果设置 affine = True,实例归一化的参数包含 weight 和 bias,其大小和输入张量的通道一致;如果设置 track_running_stats = True,实例归一化的缓存张量会包含 running_mean、running_var 和 num_batches_tracked 三种,参数的意义和批次归一化中所述同名的缓存张量的意义一致。实例归一化的公式如式(3.20)和式(3.21)所示。可以看到,实例归一化相当于组归一化在组的数目等于通道数目的特殊情况。

$$E(x) = \frac{1}{H \times W} \sum_{H,W} x \tag{3.20}$$

$$\text{Var}(\boldsymbol{x}) = \frac{1}{H \times W} \sum_{H,W} (\boldsymbol{x} - E(\boldsymbol{x}))^2 \tag{3.21}$$

3. 层归一化方法

除了前面所述的归一化方法以外，另一种特殊的归一化方法是层归一化方法[30]。相比于其他的算法，层归一化算法求的是除迷你批次维度以外的其他所有维度的平均值和方差，如式（3.22）和式（3.23）所示。

$$E(\boldsymbol{x}) = \frac{1}{H \times W \times C} \sum_{H,W,C} \boldsymbol{x} \tag{3.22}$$

$$\text{Var}(\boldsymbol{x}) = \frac{1}{H \times W \times C} \sum_{H,W,C} (\boldsymbol{x} - E(\boldsymbol{x}))^2 \tag{3.23}$$

相比于上面算法的仿射变换是沿着通道做仿射变换，层归一化算法是对所有的元素做仿射变换，即对四维张量来说，要对 $C \times H \times W$ 的每个元素都分配一个权重和偏置值，具体模块的定义如代码 3.8 所示。

代码 3.8 层归一化模块的定义。

```
class torch.nn.LayerNorm(normalized_shape, eps=1e-05,
    elementwise_affine=True)
```

其中，第一个参数是 normalized_shape，需要传入输入张量除迷你批次维度外的其他维度的列表，比如对四维张量来说，则需要传入[C, H, W]这个列表。默认情况下，层归一化算法使用的是每个元素的仿射变换，即设置了 elementwise_affine。因此，权重张量和偏置张量都是 $C \times H \times W$ 大小的张量，分别用 weight 和 bias 属性来访问。层归一化模块没有记录指数移动平均的缓存张量。层归一化算法适用于循环神经网络（Recurrent Neural Networks，RNN），能够有效提高循环神经网络中隐含状态（hidden states）的稳定性。因此，被较多地用于自然语言处理等需要循环神经网络的任务中。

图 3.12 是不同归一化方法的示意图（图片来源于参考资料 31）。如果把四维张量的四个通道展现在一个立方体上，其中立方体的三个方向分别为 C、N 和 HW（合并为一个维度），并且用蓝色的立方体代表归一化的元素。可以看到，批次归一化方

法是沿着 C 通道，对 N、H、W 维度进行的；层归一化方法是对所有的 N、H、C 维度进行的；实例归一化方法是对 H、W 维度进行的；组归一化方法是对 H、W 和部分 C 维度进行的。

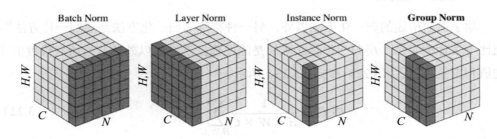

图 3.12　不同归一化方法的示意图

4. 局部响应归一化方法

和其他的归一化模块相比，局部响应归一化方法的公式并不遵循式（3.14）的形式，其具体的公式如式（3.24）所示。

$$y_c = x_c \left(k + \frac{\alpha}{n} \sum_{c'=\max\left(0, c-\frac{n}{2}\right)}^{\min\left(C-1, c+\frac{n}{2}\right)} x_{c'}^2 \right)^{-\beta} \quad (3.24)$$

从公式中可以看到，这个归一化涉及某一通道和相邻通道的计算。在公式中，k、n、α、β 是可调节的参数，用来调节涉及的相邻通道的数目和对应的归一化的分母。局部响应归一化模块的定义如代码 3.9 所示。

代码 3.9　局部响应归一化模块的定义。

```
class torch.nn.LocalResponseNorm(size, alpha=0.0001, beta=0.75, k=1.0)
```

其中，size 是式（3.24）中的 n、k、α 和 β，分别对应参数中的 n、k、alpha、beta。局部响应归一化被用在 AlexNet[31] 中，一般来说，在通常的深度学习模型中并不经常使用。

3.5 池化层

深度学习的运算量与运算过程的张量大小（N,C,H,W）有关。在大多数情况下，输入的图像大小（比如 ImageNet 中很多输入图像都是 3 通道的 224×224 的图片，即 $C = 3$，$H = W = 224$）总是远远大于最终输出的大小（ImageNet 中最终分类为 1000 类，输入是输出的大约 100 倍）。输入的张量太大，不仅不匹配最终的输出结果，还会使计算量变大（卷积的计算量正比于图片的大小 $H×W$）。为了能够同时减小计算量，并且得到比较小的输出，神经网络会使用池化层（Pooling Layer）来对中间的特征张量进行降采样，减小 H 和 W 的大小。池化层没有任何参数张量和缓存张量，在深度学习过程中仅相当于改变维度大小的模块。

1. 最大池化层算法

首先是最大池化层（Max Pooling Layer），最大池化层的基本原理非常简单，即选定某一卷积核的区域，取这个区域中输入张量的最大值，根据输入张量的形状不同，最大池化层分为一维、二维和三维最大池化，具体形式如代码 3.10 所示。

代码 3.10 最大池化模块的定义。

```
class torch.nn.MaxPool1d(kernel_size, stride=None, padding=0,
dilation=1,return_indices=False, ceil_mode=False)
    class torch.nn.MaxPool2d(kernel_size, stride=None, padding=0,
dilation=1,return_indices=False, ceil_mode=False)
    class torch.nn.MaxPool3d(kernel_size, stride=None, padding=0,
dilation=1,return_indices=False, ceil_mode=False)
```

这三段代码的所有参数都一样，第 1 个参数为 kernel_size，即卷积核的大小。注意，这里的卷积核严格来说只能称为核，因为并不实际执行卷积计算，而是在输入张量的卷积核的区域内选择最大的值，如图 3.13 所示。可以看到，这里使用了 2×2 的卷积核，步长为 2，把整个 4×4 的图像分成了每块 2×2 的四块区域，每块区域取当前区域中的最大值。与卷积核 kernel_size 的定义一样，一维的可以是一个整数或含有一个元素的元组；二维的可以是一个整数和含有两个元素的元组（代表 W、H 的大小），当取整数时，认为卷积核的 W 和 H 大小均为这个整数；三维的可以是一个整数和含有三个元素的元组（代表 D、W、H 的大小），当取整数时，认为卷积核的

D、W、H 大小均为这个整数。

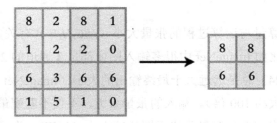

图 3.13 最大池化示意图

第 2 个参数 stride 代表卷积核移动的步长，默认为 None，意味着卷积核在某一维度移动的步长等于卷积核在该维度的大小，这时两个相邻的卷积核没有重合的地方，类似于图 3.13 描述的情况。

第 3 个参数 padding 指的是输入张量在边缘位置的填充，其意义和卷积层中 padding 参数的意义相同。

第 4 个参数 dilation 和卷积中扩张的定义相同，意味着参与最大池化的几个元素之间索引的差值，默认是 1，意味着参与卷积的是空间上相邻的元素。

第 5 个参数 return_indices 决定是否返回最大元素所在的位置，默认为 False，表示不返回。如果设置为 True，返回一个整数，这个整数代表如果把张量的空间维度展开成一维的向量时最大元素所在的位置。比如，在输入四维张量 $NCHW$ 的情况下，首先把后面两个维度展开成 $H×W$ 大小的向量，然后找出每个卷积核中最大值在这个向量对应的位置。

在图 3.13 的例子中，输出的结果是含有[0, 2, 8, 10]作为元素的张量，意味着最大的值分别为第 0、2、8、10 个元素，读者可以按照从左到右、从上到下排列的方式来验证这个结果。

最后一个参数是 ceil_mode，意味着最大池化层的最后输出是否向上取整，默认情况下是向下取整（ceil_mode=True）。以四维张量的最大池化为例，具体的输出形状的 H 和 W 公式如式（3.25）和式（3.26）所示，其中（hp, wp）是 H 和 W 方向上的填充大小，（hd, wd）是 H 和 W 方向上的扩张大小，（hk, wk）是 H 和 W 方向上的卷积核大小，（hs, ws）是 H 和 W 方向上的步长大小。可以看到，最后的输出结果需要进行向下取整运算。如果 ceil_mode=True，则输出张量的结果进行向上取整计算。

关于向上取整和向下取整，不同的深度学习框架可能会在同一个深度学习模型中使用不同的取整方法，造成深度学习框架中间计算过程中输出张量形状不一致，读者在进行不同深度学习框架模型迁移的时候需要注意这一点。

$$H' = \left\lfloor \frac{H + 2 \cdot hp - hd \cdot (hk - 1) - 1}{hs} + 1 \right\rfloor \tag{3.25}$$

$$W' = \left\lfloor \frac{W + 2 \cdot wp - wd \cdot (wk - 1) - 1}{ws} + 1 \right\rfloor \tag{3.26}$$

2. 平均池化算法

最大池化是经常使用的一种池化算法，另外一种常用的池化算法是平均池化算法（Average Pooling），其定义如代码 3.11 所示。

代码 3.11 平均池化模块的定义。

```
class torch.nn.AvgPool1d(kernel_size, stride=None, padding=0,
    ceil_mode=False, count_include_pad=True)
class torch.nn.AvgPool2d(kernel_size, stride=None, padding=0,
    ceil_mode=False, count_include_pad=True, divisor_override=None)
class torch.nn.AvgPool3d(kernel_size, stride=None, padding=0,
    ceil_mode=False, count_include_pad=True, divisor_override=None)
```

平均池化算法也使用卷积核的结构来确定具体哪些张量的元素参与运算，不过平均池化计算的并不是所有元素的最大值，而是所有元素的平均值。对平均池化算法来说，同样有一维、二维和三维三种池化算法，名字分别为 AvgPool1d、AvgPool2d 和 AvgPool3d。可以看到，平均池化模块的参数和最大池化模块的参数类似，不同点在于平均池化模块没有扩张参数的指定。另外，平均池化有一个参数 count_include_pad，这个参数意味着如果 padding > 0，那么填充的 0 元素将会参与平均值的计算，否则填充的 0 元素不参与平均值的计算。对于二维和三维平均池化算法来说，有另外一个参数 divisor_override，其具体意思是不使用卷积核包含的元素数目作为分母，而是使用 divisor_override 指定的整数作为整除的分母。

3. 乘幂平均池化算法

除使用最大池化和平均池化作为池化的函数外，另一种池化的函数是使用乘幂函数作为池化的函数，对应的池化模块称为乘幂平均池化，具体如式（3.27）所示，表示对卷积核的区域选定的元素做对应的函数变换。其中参数 p 是整数，当 $p = +\infty$ 时，对应的是最大池化；当 $p = 1$ 时，对应的是求和池化（正比于平均池化）。

$$f(x) = \sqrt[p]{\sum_i x_i^p} \tag{3.27}$$

可以看到，平均池化和最大池化分别是乘幂平均池化的两个极端，其具体的模块定义如代码 3.12 所示。其中，norm_type 是式（3.27）中 p 的值，其余的参数在前面已有解释，这里不再赘述。

代码 3.12 乘幂平均池化模块的定义。

```
class torch.nn.LPPool1d(norm_type, kernel_size, stride=None,
    ceil_mode=False)
class torch.nn.LPPool2d(norm_type, kernel_size, stride=None,
    ceil_mode=False)
```

4. 分数池化算法

除以上常用的两个池化模块外，还有几个不常用的池化模块。根据池化的定义，默认情况下，池化的输出是固定的，因为 kernel_size 和 stride 只能取一定的值，所以池化的输出也只能取离散的整数值。为了能够让池化的输出得到任意大小的值，可以使用不同的池化方法，其中一种方法是分数池化（Fractional Pooling），在 PyTorch 中的模块是 FractionalMaxPool2d 和 FractionalMaxPool3d，分别用于二维和三维的最大池化（对应输入张量是四维和五维），这个模块的定义如代码 3.13 所示。

代码 3.13 分数最大池化模块的定义。

```
class torch.nn.FractionalMaxPool2d(kernel_size, output_size=None,
    output_ratio=None, return_indices=False, _random_samples=None)
class torch.nn.FractionalMaxPool3d(kernel_size, output_size=None,
    output_ratio=None, return_indices=False, _random_samples=None)
```

该算法的主要原理是给定卷积核的大小 kernel_size，在一定范围内随机选择步长的大小，使得最后的输出大小符合给定的输出大小 output_size，或者使得输出大小和输入大小的比例符合输入的比例 output_ratio（output_size 和 output_ratio 只需要指定一个，在指定 output_ratio 的情况下，最终的输出等于 output_ratio 乘以输入大小，然后取整），output_ratio 的值在 0 和 1 之间。参数 return_indices 决定是否返回最大值所在的索引，和前文介绍过的同名参数作用一致。最后一个参数一般不需要指定，因为 PyTorch 默认自动产生随机步长大小，如果使用_random_samples 参数，则使用这个参数来决定最大池化的步长大小。

5. 自适应池化算法

另一个可以定义输出的池化模块是自适应池化（Adaptive Pooling）。不同于前面的通过随机选择步长来让最后的输出符合传入参数的要求，自适应池化通过输入张量的大小和输出形状的大小的值，根据式（3.25）和式（3.26）来计算需要的卷积核的大小。其具体模块的定义如代码 3.14 所示，根据是一维、二维和三维的自适应池化，output_size 可以指定整数（所有的维度大小是这个整数），或者是元组（一维、二维和三维的自适应池化分别对应长度为 1、2、3 的元组）。

代码 3.14 自适应池化的定义。

```
class torch.nn.AdaptiveMaxPool1d(output_size, return_indices=False)
class torch.nn.AdaptiveMaxPool2d(output_size, return_indices=False)
class torch.nn.AdaptiveMaxPool3d(output_size, return_indices=False)
class torch.nn.AdaptiveAvgPool1d(output_size)
class torch.nn.AdaptiveAvgPool2d(output_size)
class torch.nn.AdaptiveAvgPool3d(output_size)
```

6. 反池化算法

最后简单介绍一下反池化（Unpooling）。作为池化的相反操作，反池化可以作为一个上采样的手段来替代转置卷积。由于池化会损失信息，反池化需要补充信息，而反池化中并没有可训练的参数来提供补充的信息，所以完整的等价于转置卷积的操作应该是反池化和卷积操作的组合，在这个组合中，反池化提供了上采样操作，将输入张量扩张为给定的大小；卷积操作来补完反池化中没有的信息。PyTorch 中提供的最大反池化的模块如代码 3.15 所示。

代码 3.15 最大反池化模块的定义。

```
class torch.nn.MaxUnpool1d(kernel_size, stride=None, padding=0)
class torch.nn.MaxUnpool2d(kernel_size, stride=None, padding=0)
class torch.nn.MaxUnpool3d(kernel_size, stride=None, padding=0)
```

其中，kernel_size 是卷积核的大小，stride 是步长的大小，padding 是输入填充的大小。反池化只负责填充最大的元素，反池化结果剩下的元素用 0 来代替。最后，对于反池化的输出形状，以二维的反池化为示例，如式（3.28）和式（3.29）所示，其中（hp, wp）是 H 和 W 方向上的填充大小，（hk, wk）是 H 和 W 方向上的卷积核大小，（hs, ws）是 H 和 W 方向上的步长大小。

$$H' = (H-1) * hs - 2 \cdot hp + hk \tag{3.28}$$

$$W' = (W-1) * ws - 2 \cdot wp + wk \tag{3.29}$$

3.6 丢弃层

在第 1 章曾经介绍过模型正则化的概念。在深度学习的过程中，由于模型的参数较多，同时模型的中间模块数目众多，在数据量不足的情况下，很容易过拟合。为了缓解过拟合，在深度学习中较常使用的另一个手段是丢弃层（Droupout Layer），其原理很简单，如图 3.14 所示。

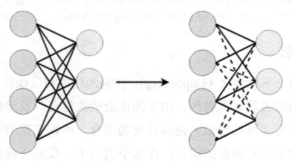

图 3.14 丢弃层示意图

可以看到，在图 3.14 中，通过随机减少神经元的连接，能够把稠密的神经网络神经元的连接（左）变成稀疏的连接（右）。我们知道，神经网络的复杂性和神经元的连接方式有关，神经元的连接越多，模型越复杂，也越容易过拟合。如果能够减少神经元的连接关系，那么就能减少神经网络过拟合的倾向。

减少神经网络的连接实现起来相对比较复杂，一个等价的最简单的方式是把激活函数张量和权重张量的元素随机置为零（使用一个和原始张量一样大小的掩码张量来实现）。在训练过程中，这样做的结果可以使模型不容易过拟合。为了校正张量的元素被置零造成的影响，需要对张量所有的元素做缩放。假设元素被随机置零的概率为 p，那么这个缩放的因子应该是 $1/(1-p)$。也就是说，丢弃层首先会根据输入张量的形状，以及元素置零的概率产生一个随机的掩码张量，然后把输入张量和这个掩码张量按元素相乘，最后对结果张量乘以缩放因子，输出最终结果，即为丢弃层的过程。在预测过程中，由于丢弃层会降低神经网络预测的准确率，所以应该跳过丢弃层（或者把随机置零的概率设置为零）。在 PyTorch 中，可以通过调用 train 方法和 eval 方法来切换丢弃层的训练和预测状态。

PyTorch 中丢弃层的主要模块定义如代码 3.16 所示。

代码 3.16 丢弃层模块的定义。

```
class torch.nn.Dropout(p=0.5, inplace=False)
class torch.nn.Dropout2d(p=0.5, inplace=False)
class torch.nn.Dropout3d(p=0.5, inplace=False)
class torch.nn.AlphaDropout(p=0.5, inplace=False)
```

对于任意形状的张量，可以使用 Dropout 模块对张量的每一个元素按照一定概率进行丢弃，其中随机置零的概率为输入参数 p。如果设置 inplace=True，则在计算过程中会复用原来的张量（有助于减少内存的消耗），否则会返回一个新的张量。Dropout2d 适用于四维 *NCHW* 内存排布的张量，相对于前面的模块不是按照每个元素进行丢弃，而是按照通道来进行丢弃的。同理，Dropout3d 适用于五维 *NCDHW* 张量，同样是按照通道来进行丢弃的。最后的 AlphaDropout 是按照元素进行丢弃的，在进行丢弃后会对所有元素进行线性变换，让张量的元素服从自归一性（self-normalizing），即其所有的元素服从平均值为 0、标准差为 1 的分布。

3.7 模块的组合

在深度学习模型的搭建过程中，经常有一种情况是需要把不同的模块按顺序组合起来，形成一个大的模块。在这种情况下，可以使用一个继承了 nn.Module 的模块来包含这些顺序组合的模块，但是由于从继承构建一个模块非常复杂，一般来说不会采用这种方法构建新的模块，而是直接采用 nn.Sequential 来组合这些顺序调用的模块。

下面简单介绍如何使用 nn.Sequential 来构造顺序模块，如代码 3.17 所示。

代码 3.17 顺序模块的构造方法。

```
# 情况1. 使用参数来构建顺序模型
model = nn.Sequential(
          nn.Conv2d(1,20,5),
          nn.ReLU(),
          nn.Conv2d(20,64,5),
          nn.ReLU()
        )
# 情况2. 使用顺序字典来构建顺序模型
model = nn.Sequential(OrderedDict([
          ('conv1', nn.Conv2d(1,20,5)),
          ('relu1', nn.ReLU()),
          ('conv2', nn.Conv2d(20,64,5)),
          ('relu2', nn.ReLU())
        ]))
```

这里演示了两种顺序模块的构造方法，第一种情况是按照调用的顺序来传入所有的模块。从代码 3.17 中可以看到，构造函数中按照顺序使用了 nn.Conv2d、nn.ReLU、nn.Conv2d 和 nn.ReLU 四个模块，意味着按照顺序分别调用四个模块，最后输出张量经过这四个模块计算以后的结果。在这种情况下，四个模块分别被按照顺序命名为"0"、"1"、"2"、"3"，可以通过调用 model 模块的 named_children 方法得到相关的名字。第二种情况使用的是 OrderedDict 来对每个模块指定一个名字，然后按照字典构建的顺序来顺序调用这些模块。在这种情况下，model 模块的子模块的名字是字典的键值。另外，在代码 3.17 中可以看到，激活函数也能作为一个模块被传入，这里使用的是 nn.ReLU 来构造激活函数的模块。对于顺序模块的参数，可以使用子模块名称加子模块的参数名称来获取顺序模块的某个参数。比如，在情况 1 中，model 实例的第一个卷积模块的参数名字是"0.weight"和"0.bias"。如果需要所有的参数，可以使用 parameters 和 named_parameters 来获取含有这些参数的生成器。另外，也可以直接用索引的方法来获取具体的子模块，比如情况 1 和情况 2 的第一个卷积模块都可以用 model[0]的方法来获取卷积的具体实例。

在深度学习模型的构建中，另一个涉及大量模块的情况是需要把一系列的模块存储在一个列表或一个字典中。在这种情况下，不能直接使用 Python 原生的列表和字典，否则调用包含这一系列模块中父模块的 parameters 和 named_parameters 方法就不会含有这些模块的参数（本质上参数的获取是递归调用当前模块的子模块的参数获取，而列表和字典并不是当前模块的子模块，所以递归过程会在这种情况下中断）。为了能够正常使用 parameters 和 named_parameters 方法，可以使用 nn.ModuleList 和 nn.ModuleDict 来替代 Python 原生的列表和字典。对于这两个类，可以直接传入列表和字典来构造这两个模块，也可以传入空列表和空字典，然后使用 append 方法和字典的索引方法给模块列表和模块字典添加子元素，具体如代码 3.18 所示。对于模块列表和模块字典，普通 Python 的数值和字符索引对这两个类分别适用。

代码 3.18 模块列表和模块字典的构造方法。

```
# 模块列表的使用方法
class MyModule(nn.Module):
    def __init__(self):
        super(MyModule, self).__init__()
        self.linears = nn.ModuleList([nn.Linear(10, 10) for i in range(10)])

    def forward(self, x):
        # 模块列表的迭代和使用方法与 Python 的普通列表一致
        for i, l in enumerate(self.linears):
            x = self.linears[i // 2](x) + l(x)
        return x

# 模块字典的使用方法
class MyModule(nn.Module):
    def __init__(self):
```

```
        super(MyModule, self).__init__()
        self.choices = nn.ModuleDict({
            'conv': nn.Conv2d(10, 10, 3),
            'pool': nn.MaxPool2d(3)
        })
        self.activations = nn.ModuleDict([
            ['lrelu', nn.LeakyReLU()],
            ['prelu', nn.PReLU()]
        ])

    def forward(self, x, choice, act):
        x = self.choices[choice](x)
        x = self.activations[act](x)
        return x
```

3.8 特征提取

前面介绍了卷积神经网络中常用的模块，包括卷积层、归一化层和池化层等。基本上所有的基于深度学习的计算机视觉模型都会涉及大量的这些模块。前面已经简单介绍过，深度学习模型的特点是在中间计算过程中产生一系列的从简单到复杂的特征，并且用最后提取得到的复杂特征来进行预测。为了能够方便读者理解，这里从 AlexNet 模型出发，介绍如何根据输入图片和预训练的模型获取图片的中间特征，并且输出这些中间特征。

这里首先介绍一下 AlexNet 模型。在第 1 章我们已经看到，AlexNet 作为最早的一批深度学习模型之一，在 ImageNet 图片分类的比赛中取得了巨大的成功。整个 AlexNet 的结构如图 3.15 所示。模型的输入是 224×224 的图片（在卷积神经网络中，所有的图像和特征大小的单位不经特殊指出，默认均为像素，下同），即 $N×3×224×224$ 的张量，其中 N 是迷你批次的大小。模型一共有三组卷积层：conv1、conv2 和 conv3。第一组卷积层使用的是 11×11 的卷积核，卷积的步长为 4×4，填充为 2×2，卷积的输出通道为 64，卷积结果输出 55×55 的图片。接着使用 ReLU 激活函数，然后做 3×3 的最大池化，步长为 2×2，这一步池化输出的结果是 27×27 大小的中间特征。第二组卷积层使用的是 5×5 的卷积核，卷积的步长是 1×1，填充为 2×2，卷积的输出通道为 192，这一步卷积不改变输出张量的大小。使用 ReLU 激活函数，然后做 3×3 的最大池化，步长为 2×2，这一步池化输出的结果是 13×13 的中间特征。第三组卷积层使用的是三个连续的卷积层和 ReLU 激活函数，每个卷积核大小为 3×3，输出通道分别为 384、256 和 256，接着做 3×3 的最大池化，步长为 2×2，输出结果为 6×6 的中间特征，其通道数目为 256。对这个输出做 6×6 的平均池化，输出 256 大小的向量，然后做两次线性变换 fc4 和 fc5，变换的大小为 256×4096 和 4096×4096，最后做 fc6 的变换，变换的大小为 4096×1000，输出 1000 个分类的向量。这里主要关心的特征是 conv1、conv2、conv3_1、conv3_2 和 conv3_3 这几个卷积输出的结果。

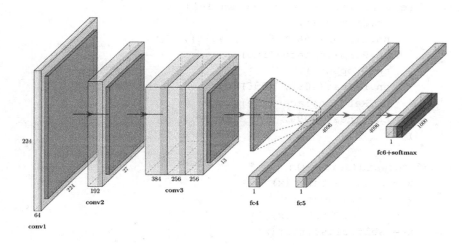

图 3.15　AlexNet 结构示意图

下面会使用 torchvision 自带的有关 AlexNet 的代码来查看具体的特征，其相关的模型代码如代码 3.19 所示。

代码 3.19　AlexNet 实例。

```
class AlexNet(nn.Module):

    def __init__(self, num_classes=1000):
        super(AlexNet, self).__init__()
        self.features = nn.Sequential(
            nn.Conv2d(3, 64, kernel_size=11, stride=4, padding=2),
            nn.ReLU(inplace=True),
            nn.MaxPool2d(kernel_size=3, stride=2),
            nn.Conv2d(64, 192, kernel_size=5, padding=2),
            nn.ReLU(inplace=True),
```

```python
            nn.MaxPool2d(kernel_size=3, stride=2),
            nn.Conv2d(192, 384, kernel_size=3, padding=1),
            nn.ReLU(inplace=True),
            nn.Conv2d(384, 256, kernel_size=3, padding=1),
            nn.ReLU(inplace=True),
            nn.Conv2d(256, 256, kernel_size=3, padding=1),
            nn.ReLU(inplace=True),
            nn.MaxPool2d(kernel_size=3, stride=2),
        )
        self.avgpool = nn.AdaptiveAvgPool2d((6, 6))
        self.classifier = nn.Sequential(
            nn.Dropout(),
            nn.Linear(256 * 6 * 6, 4096),
            nn.ReLU(inplace=True),
            nn.Dropout(),
            nn.Linear(4096, 4096),
            nn.ReLU(inplace=True),
            nn.Linear(4096, num_classes),
        )

    def forward(self, x):
        x = self.features(x)
        x = self.avgpool(x)
        x = torch.flatten(x, 1)
        x = self.classifier(x)
        return x
```

可以看到，AlexNet 使用了前面介绍的 nn.Sequential 模块来对卷积神经网络的特征层进行组合，在 nn.Sequential 中使用了 5 个卷积层，这里按照顺序把它们标记为 conv1、conv2、conv3_1、conv3_2 和 conv3_3。在 self.features 这个 nn.Sequential 的实例中，这些特征的序号分别为 0、3、6、8、10，可以通过打印 self.features 属性得到（见代码 3.20），在打印输出结果中，具体的模块序号用括号中的数字标出，可以利用这些序号获取具体的模块。

代码 3.20 AlexNet 特征模块的显示结果。

```
>>> from torchvision.models import alexnet
>>> model = alexnet(pretrained=True)
>>> model.features
Sequential(
```

```
    (0): Conv2d(3, 64, kernel_size=(11, 11), stride=(4, 4), padding=(2,
2))
    (1): ReLU(inplace=True)
    (2): MaxPool2d(kernel_size=3, stride=2, padding=0, dilation=1,
ceil_mode=False)
    (3): Conv2d(64, 192, kernel_size=(5, 5), stride=(1, 1), padding=(2,
2))
    (4): ReLU(inplace=True)
    (5): MaxPool2d(kernel_size=3, stride=2, padding=0, dilation=1,
ceil_mode=False)
    (6): Conv2d(192, 384, kernel_size=(3, 3), stride=(1, 1), padding=(1,
1))
    (7): ReLU(inplace=True)
    (8): Conv2d(384, 256, kernel_size=(3, 3), stride=(1, 1), padding=(1,
1))
    (9): ReLU(inplace=True)
    (10): Conv2d(256, 256, kernel_size=(3, 3), stride=(1, 1), padding=(1,
1))
    (11): ReLU(inplace=True)
    (12): MaxPool2d(kernel_size=3, stride=2, padding=0, dilation=1,
ceil_mode=False)
  )
```

在代码 3.20 中设置了 model = alexnet(pretrained=True)，这意味着 torchvision 会自动下载预训练的模型参数，并且载入模型参数。最后返回的 model 是加载了预训练的模型参数的 AlexNet 模型。在 PyTorch 中，由于 nn.Sequential 的子模块会被顺序作用，当我们需要某个特殊层的特征时，要做的是将输入的图像按照模块的作用依次进行作用，直到最后到达目标的特征层为止。这里使用数组切片来提取出所有的模块，并且用 nn.Sequential 对提取出的模块重新组合，如代码 3.21 所示。

代码 3.21 AlexNet 特征提取模块的构建。

```
>>> conv1 = nn.Sequential(*model.features[:1])
>>> conv2 = nn.Sequential(*model.features[:4])
>>> conv3_1 = nn.Sequential(*model.features[:7])
>>> conv3_2 = nn.Sequential(*model.features[:9])
>>> conv3_3 = nn.Sequential(*model.features[:11])
```

在代码 3.22 中，通过数组切片和模块的重新组合，分别得到 5 个特征提取模块，通过输入目标图片，可以获取 5 个层级的具体特征。可以看到，中间输出的特征张量的形状和之前在描述 AlexNet 模型的时候提到的中间张量的形状相同。

代码 3.22 根据输入图片张量（1×3×224×224）输出特征张量。

```
>>> feat1 = conv1(img)
>>> feat2 = conv2(img)
>>> feat3_1 = conv3_1(img)
>>> feat3_2 = conv3_2(img)
>>> feat3_3 = conv3_3(img)
>>> feat1.shape
torch.Size([1, 64, 55, 55])
>>> feat2.shape
torch.Size([1, 192, 27, 27])
>>> feat3_1.shape
torch.Size([1, 384, 13, 13])
>>> feat3_2.shape
torch.Size([1, 256, 13, 13])
>>> feat3_3.shape
torch.Size([1, 256, 13, 13])
```

3.9 模型初始化

在深度学习模型的训练过程中，权重的初始值很重要。如果权重初始值设置不是很好，容易造成模型收敛速度降低、训练完成之后准确率降低等问题。为了利于训练，有必要根据具体的模型结构来选择具体的模型初始化的过程。

前面已经介绍过，深度学习过程中两个需要避免的问题是梯度消失和梯度爆炸。为了能够解决这两个问题，需要在前向计算和反向计算保证激活函数的计算结果的绝对值在 1 附近，这样就能使输出的结果不因为每次运算后的累积结果远远大于 1（梯度爆炸）或累积结果远远小于 1（梯度消失）。为了能够完成这个目标，需要对模块的参数做仔细设定。模型参数的设置和参数的形状有关，其主要设置偏向于两个目的。第一，尽量让输入张量和模块对应的参数运算后的结果张量绝对值在 1 附近；第二，尽量让输入梯度和模块对应参数运算后输出的梯度绝对值在 1 附近。这两种情况不一定能够同时满足，因此，在大多数情况下，需要权衡前向计算和反向计算的中间张量元素的分布。

因为一般前向传播和反向传播张量的元素分布和激活函数也有关，不同的激活函数会改变张量的元素分布，所以在考虑某一模块的参数初始化的时候，还需要考虑紧接着这一模块的激活函数的形式。合理地选择参数，能够保持在模块作用和激活函数的作用后，让输出的张量的元素保持绝对值在 1 附近。PyTorch 提供了一些激活函数对应的增益系数（Gain），通过对参数做增益变换（一般来说乘以这个增益系数），可以使当前模块和激活函数连续作用后输出张量的元素分布服从一个比较合理的值。具体的增益和非线性激活函数的关系如表 3.1 所示。

表 3.1 增益系数和激活函数的关系

线性变换/激活函数	增益系数
线性函数（Linear/Identity）	1
卷积函数（Conv1d、Conv2d、Conv3d）	1
Sigmoid 函数	1
Tanh 函数	5/3
ReLU 函数	$\sqrt{2}$
Leaky ReLU 函数（小于零区域斜率 α）	$\sqrt{\dfrac{2}{1+\alpha^2}}$

PyTorch 有相关的函数来计算增益系数，具体如代码 3.23 所示。具体使用方法是传入具体的激活函数的名称和激活函数的参数（比如 Leaky ReLU 函数在小于零区域斜率的值），该函数返回给定可激活函数和参数（如果存在参数）的增益系数。这个函数支持的输入包括线性函数（linear）、卷积函数（conv2d、conv_transpose2d），以及各种激活函数（Sigmoid、Tanh 等）。

代码 3.23 增益系数的计算函数。

```
torch.nn.init.calculate_gain(nonlinearity, param=None)
>>> gain = nn.init.calculate_gain('leaky_relu', 0.2)
>>> gain
1.3867504905630728
```

接下来介绍一些常用的初始化算法，这些初始化的函数签名如代码 3.24 所示。

代码 3.24 参数初始化函数签名。

```
torch.nn.init.uniform_(tensor, a=0.0, b=1.0)
```

```
torch.nn.init.normal_(tensor, mean=0.0, std=1.0)
torch.nn.init.ones_(tensor)
torch.nn.init.zeros_(tensor)
torch.nn.init.xavier_uniform_(tensor, gain=1.0)
torch.nn.init.xavier_normal_(tensor, gain=1.0)
torch.nn.init.kaiming_uniform_(tensor, a=0, mode='fan_in',
    nonlinearity='leaky_relu')
torch.nn.init.kaiming_normal_(tensor, a=0, mode='fan_in',
    nonlinearity='leaky_relu')
```

这里所有的函数后缀都带下画线，意味着这些函数将会直接更改输入张量的值。

第 1 个函数是 torch.nn.init.uniform_，这个函数将张量的每个元素初始化为输入参数 a 和 b 之间的均匀分布。

第 2 个函数 torch.nn.init.normal_ 会将张量的每个元素初始化为平均值是输入参数 mean、标准差是输入参数 std 的正态分布。

第 3 和第 4 个函数将张量的每个元素初始化为 0 或者 1。

最后四个函数包含了两种初始化方法，即 Glorot 初始化[32]（又称为 Xavier 初始化）和 He 初始化[33]（又称为 Kaiming 初始化）。这两种初始化方法会根据输入张量的具体形状和激活函数的类型来初始化张量。这里首先要定义两个变量 fan_in 和 fan_out，如果是二维参数张量，则 fan_in 等于参数的输入维度大小，fan_out 等于参数的输出维度大小。如果是涉及卷积运算的三维、四维和五维的参数张量，fan_in 等于输入的特征大小乘以所有的空间方向的维度大小（对于三维是 L，四维是 $H \times W$，五维是 $D \times H \times W$），fan_out 等于输出的特征大小乘以所有空间方向的维度大小。对于 Glorot 均匀分布（torch.nn.init.xavier_uniform_）初始化方法，具体的参数如式（3.30）所示，其中参数张量的初始化方法使用的是均匀分布初始化方法，张量的每个元素是$-a$和a之间的均匀分布。对于 Glorot 正态分布（torch.nn.init.xavier_normal_）初始化方法，张量的每个元素是平均值为 0、标准差为 std 的正态分布，具体 std 的计算方法如式（3.31）所示。相比于 Glorot 初始化方法在前向计算和反向计算取得平衡，He 初始化方法需要指定偏重的计算模式，使用参数 mode 来指定，如果参数为 fan_in，则最终会使用 fan_in 的值；如果参数为 fan_out，最终会使用 fan_out 的值，在使用 Leaky ReLU 激活函数的情况下，对于 He 均匀分布（torch.nn.init.kaiming_uniform_）

初始化方法，公式如式（3.32）所示，参数a为 Leaky ReLU 函数在小于零区域斜率（读者可以参考 Leaky ReLU 函数的定义），而张量的每个元素是$-a$和a之间的均匀分布。对于 He 正态分布，对应的函数是 torch.nn.init.kaiming_normal_，标准差的计算如式（3.33）所示，其他参数和 He 均匀分布的类似。

$$a = \text{gain} \times \sqrt{\frac{6}{\text{fan\_in} + \text{fan\_out}}} \quad (3.30)$$

$$\text{std} = \text{gain} \times \sqrt{\frac{2}{\text{fan\_in} + \text{fan\_out}}} \quad (3.31)$$

$$a = \sqrt{\frac{6}{(1 + a^2) \times \text{mode}}} \quad (3.32)$$

$$\text{std} = \sqrt{\frac{2}{(1 + a^2) \times \text{mode}}} \quad (3.33)$$

3.10 常见模型结构

对于深度学习模型来说，有很多常见的结构，这些结构常常被包含在很多模型中，作为模型的基础组成部分。这里简单介绍一些模型中经常见到的结构。

3.10.1 InceptionNet 的结构

InceptionNet[34]是一个常用的深度学习网络架构，基础的结构如图 3.16 所示。在深度学习模型中，经常需要确定的是卷积神经网络的卷积核大小。在 InceptionNet 最初的设计中，使用了三种不同大小的卷积核 1×1、3×3 和 5×5，以及一个 3×3 的最大池化核来进行不同尺寸的特征提取，并且把这些不同尺度的特征拼接在一起。在所有的计算中，卷积核的步长均为 1，而且添加了合适大小的零填充，使最后输出的

Feature2 在空间 $H \times W$ 上的大小不发生改变。最后所有卷积和池化的结果会在通道这个维度上进行拼接，从而使特征从 Feature1 变换到 Feature2。通过使用不同尺度的卷积和池化运算，提取了不同尺度和不同性质的特征，最后让这些特征拼接在一起，能够选择出有效的特征，通过重复图 3.16 所示的模块的组合，就能构建复杂的模型，提取不同尺度的复杂特征。

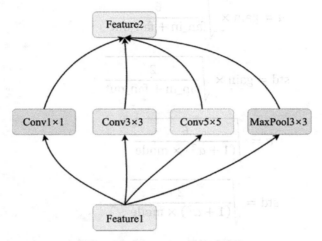

图 3.16 　InceptionNet 基础结构

图 3.16 所示的基础 InceptionNet 的缺点在于通道数目会随着层数的叠加而快速增加，这样就增加了计算的复杂性。为了减少计算量，后续的 InceptionNet 添加了 1×1 卷积核来减少中间计算的通道[35]。在 3.3 节中曾经介绍过 1×1 卷积核的作用，该类型的卷积核并不会在空间方向上进行特征提取，而主要是混合在同一个空间位置上的不同通道的特征，最后输出混合后的结果。1×1 卷积核相当于在通道方向上的一个全连接层，使用了多组不同的参数对通道特征进行混合。引入了 1×1 卷积核的 InceptionNet 结构如图 3.17 所示。

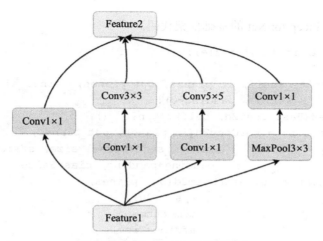

图 3.17 InceptionNet 改进结构 1

在 InceptionNet 的设计中,5×5 的卷积核并不是必要的。实际上,5×5 的卷积核可以由两个连续的 3×3 的卷积组合而成,5×5 的卷积核有 25 个参数,而两个连续的 3×3 的卷积核有 18 个参数,是原来的 3/4。于是,可以在图 3.17 中将 5×5 的卷积核替换成两个连续的 3×3 的卷积核,如图 3.18 所示。

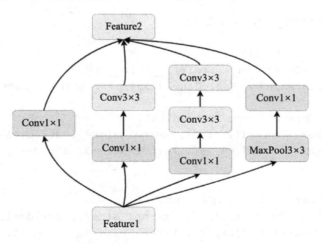

图 3.18 InceptionNet 改进结构 2

InceptionNet 的基础框架代码如代码 3.25 所示。

代码 3.25　InceptionNet 的基础框架代码。

```python
class BasicConv2d(nn.Module):

    def __init__(self, in_planes, out_planes, kernel_size,
            stride, padding=0):
        super(BasicConv2d, self).__init__()
        self.conv = nn.Conv2d(in_planes, out_planes,
                        kernel_size=kernel_size, stride=stride,
                        padding=padding, bias=False)
        self.bn = nn.BatchNorm2d(out_planes,
                        eps=0.001,
                        momentum=0.1,
                        affine=True)
        self.relu = nn.ReLU(inplace=True)

    def forward(self, x):
        x = self.conv(x)
        x = self.bn(x)
        x = self.relu(x)
        return x

class Inception_A(nn.Module):

    def __init__(self):
        super(Inception_A, self).__init__()
        self.branch0 = BasicConv2d(384, 96, kernel_size=1, stride=1)

        self.branch1 = nn.Sequential(
            BasicConv2d(384, 64, kernel_size=1, stride=1),
            BasicConv2d(64, 96, kernel_size=3, stride=1, padding=1)
        )

        self.branch2 = nn.Sequential(
            BasicConv2d(384, 64, kernel_size=1, stride=1),
            BasicConv2d(64, 96, kernel_size=3, stride=1, padding=1),
            BasicConv2d(96, 96, kernel_size=3, stride=1, padding=1)
        )

        self.branch3 = nn.Sequential(
            nn.AvgPool2d(3, stride=1, padding=1,
count_include_pad=False),
```

```
        BasicConv2d(384, 96, kernel_size=1, stride=1)
    )

def forward(self, x):
    x0 = self.branch0(x)
    x1 = self.branch1(x)
    x2 = self.branch2(x)
    x3 = self.branch3(x)
    out = torch.cat((x0, x1, x2, x3), 1)
    return out
```

从代码中可以看到，在基础结构 Inception_A 中有四个分支：branch0、branch1、branch2、branch3，分别是 1×1 卷积核、1×1 卷积核紧接着一个 3×3 的卷积核、1×1 卷积核紧接着两个 3×3 的卷积核，以及 3×3 的平均池化（这里使用最大池化和平均池化均可）紧接着一个 1×1 卷积核，最后把四个分支通过 torch.cat 函数沿着通道方向拼接在一起输出最终结果。

3.10.2　ResNet 的结构

在 InceptionNet 以外，另一个常用的结构是残差网络（Residue Network，ResNet）。在深度学习模型中，由于使用了大量的模块，在反向传播的时候容易造成梯度消失。为了缓解这个问题，可以引入残差网络的概念来改善这个问题。如图 3.19 所示，普通神经网络的构建方法是卷积模块（以及归一化模块和激活函数模块）通过顺序的作用得到；而残差神经网络除顺序作用的连接外，还有不同层之间的连接（跳过连接，Skip Connection）。通过这种方式，在残差网络的反向传播过程中，梯度的流动方向不仅仅限于反向顺序的连接方向，还有跳过连接这一个流动方向，这样从后几层往前几层反向传播的过程中跳过连接的梯度就不容易因为经过太多的神经网络模块而导致梯度消失。残差神经网络的效果很好，能够有效地对模型进行训练，让参数优化到更好的状态，从而有效提高模型的准确率。

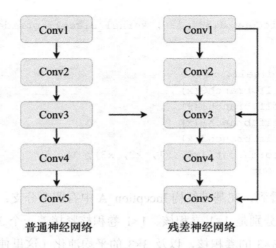

图 3.19　普通神经网络和残差神经网络对比

和 InceptionNet 类似,残差神经网络也能通过残差神经网络模块的方式进行组合,利用很多重复的模块来组成较大的模型。一个简单的残差神经网络模块如图 3.20 所示。

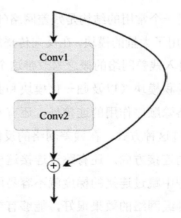

图 3.20　残差神经网络模块示例

可以看到,输入的张量复制成了相同的两份,其中一份经过两个卷积层(包含归一化层和激活函数层),与复制的一份相加,并且用激活函数作用,最后输出残差模块的结果。残差神经网络的模块实例代码如代码 3.26 所示。可以看到,在代码中使用了两个 3×3 的卷积,结合批次归一化和激活函数。最后使用了跳过连接和卷积的结果相加,通过一个激活函数的变换输出模块的作用结果。

代码 3.26 残差神经网络模块代码示例。

```python
def conv3x3(in_planes, out_planes, stride=1, groups=1, dilation=1):
    """3x3 convolution with padding"""
    return nn.Conv2d(in_planes, out_planes, kernel_size=3, stride=stride,
                     padding=dilation, groups=groups,
    bias=False, dilation=dilation)

class BasicBlock(nn.Module):
    expansion = 1
    __constants__ = ['downsample']

    def __init__(self, inplanes, planes, stride=1, downsample=None, groups=1,
                 base_width=64, dilation=1, norm_layer=None):
        super(BasicBlock, self).__init__()
        if norm_layer is None:
            norm_layer = nn.BatchNorm2d

        self.conv1 = conv3x3(inplanes, planes, stride)
        self.bn1 = norm_layer(planes)
        self.relu = nn.ReLU(inplace=True)
        self.conv2 = conv3x3(planes, planes)
        self.bn2 = norm_layer(planes)
        self.downsample = downsample
        self.stride = stride

    def forward(self, x):
        identity = x

        out = self.conv1(x)
        out = self.bn1(out)
        out = self.relu(out)

        out = self.conv2(out)
        out = self.bn2(out)

        if self.downsample is not None:
            identity = self.downsample(x)
```

```
        out += identity
        out = self.relu(out)

        return out
```

随后介绍一下深度分离卷积模块（Depthwise Separable Convolution）。在卷积神经网络中，使用 $K×C×R×S$ 大小的卷积核（其中 K 为输出通道数，C 为输入通道数，R、S 为卷积核的空间大小）意味着卷积运算的参数会随着 K 和 C 的增加而快速增大。为了减少参数的个数，可以使用深度分离卷积。深度分离卷积的计算首先需要进行 $C×C×R×S$ 分组卷积计算，其中分组的个数是 C，这样参数个数仅仅为 $1×1×R×S$。通过这个卷积计算，输出的张量的通道数目为 C，为了让输出的通道数目为 K，需要再通过一个 $K×C×1×1$ 的卷积计算，这样通道就能变成 K。这样，总体上参数的数目就得到了大大减少，在 K 和 C 数目比较大的情况下，使用 3×3 的卷积核，参数是原来的 1/9 左右。代码 3.27 是一个深度分离卷积模块的代码示例。由于深度分离卷积模块计算量小，参数小，被广泛用于替代一般的卷积神经网络模块，运行在移动端设备的深度学习模型上。

代码 3.27　深度分离卷积模块代码示例。

```
class DepthWiseSep(nn.Module):
    def __init__(self, nin, kernels_per_layer, nout):
        super(DepthWiseSep, self).__init__()
        self.depthwise = nn.Conv2d(nin, nin * kernels_per_layer, kernel_size=3, padding=1, groups=nin)
        self.pointwise = nn.Conv2d(nin * kernels_per_layer, nout, kernel_size=1)

    def forward(self, x):
        out = self.depthwise(x)
        out = self.pointwise(out)
        return out
```

3.11　本章总结

作为深度学习最主要，也是最成熟的应用领域之一，计算机视觉在深度学习发展和深度学习模块的开发中扮演着重要的角色。其中，卷积神经网络的发展更是与计算机视觉的滤波器的概念息息相关，并且从计算机视觉发展历史中借鉴了很多思想。

　　本章主要介绍了计算机视觉的一些基本概念，包括特征提取和特征变换等，然后从计算机视觉的概念出发，介绍了深度学习中的特征变换和特征提取模块，包括卷积层、归一化层和池化层等。虽然这些层单独使用都很简单，但是这些模块组合起来可以构建复杂的深度学习网络。本章还介绍了如何对一些带参数的模块（比如线性模块和卷积模块的参数）进行初始化。除这些单个模块外，还介绍了如何从单个模块出发，通过某些特定的模式（如 InceptionNet 和深度残差网络等）来构建更复杂的模块，作为深度学习模型的组成部分。前文所述的这些模块构成了深度学习在计算机视觉上的应用基础。在后续章节中，我们将会陆续应用前面所述的深度学习基础模块，并且使用这些模块来构建复杂的应用实例。

第 4 章
PyTorch 机器视觉案例

4.1 常见计算机视觉任务和数据集

深度学习模型在计算机视觉的各种任务中具有广泛的应用。为了下面详细介绍计算机视觉方面的深度学习模型,这里首先介绍深度学习模型主要被应用于计算机视觉中的哪些任务,并且介绍对这些任务有哪些公开的数据集可以被读者下载和使用。

4.1.1 图像分类任务简介

最简单的计算机视觉任务是图像的分类(Classification)。深度学习在图像分类中的应用往往是通过卷积神经网络,在神经网络中通过多个不同尺度的卷积运算,提取图像不同尺度的特征,结合激活函数和池化的计算,最后通过 Softmax 函数来归一化并且输出某一类别具体的概率。

如图 4.1 所示,图像分类神经网络的基本结构是卷积层(Conv1、Conv2、Conv3……)、线性层(Linear1)和 Softmax 层。其中,Conv1、Conv2、Conv3 等卷积层包含多个卷积模块、归一化模块和激活函数模块等。每个卷积层的后面可能会接降采样的模块(最大池化和平均池化模块),线性层则包括线性模块和归一化模块,最后则是 Softmax 函数作为输出,输出每个分类的概率。训练好的图像分类神经网络不但能够完成分类的任务,其卷积层还有提取特征的作用。一般来说,越靠前的卷积层,提取的信息越局部,越靠后的卷积层,提取的信息越接近全局的信息。卷积神经网络的这个特点使得训练好的图像分类神经网络的卷积层(如图 4.1 中的 Conv1、

Conv2 和 Conv3 层）能够被用于特征提取层，其提取的特征能够被用于其他任务，如目标检测和图像分割等。

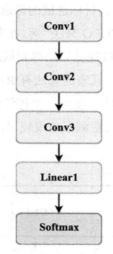

图 4.1　图像分类神经网络的一般结构

4.1.2　目标检测任务简介

除图像分类问题外，另一种常见的任务是目标检测（Object Detection）。相比于图像分类，目标检测需要同时完成两个任务：目标选框（Bounding Box）的预测和选框内物体的识别。前者是一个回归的问题，后者则是一个分类的问题。借助于训练的图像分类神经网络，可以在不同级别的卷积神经网络中提取不同尺寸的目标的信息。一般来说，图像分类神经网络前几层的神经网络代表的是局域的特征，因此可以获取尺寸比较小的物体的信息；中间几层则可以获取中等尺寸的物体的信息；最后几层则可以获取大尺寸物体的信息。图 4.2 展示的是目标检测算法的基本结构，其中 Conv1、Conv2、Conv3 层是特征提取层，分别得到的是小尺度、中等尺度和大尺度的特征信息，每个特征提取层提取得到的特征会分别送入目标选框的回归层（Reg1、Reg2、Reg3……）和目标选框的分类层（Cls1、Cls2、Cls3……），其中回归层负责根据输入的特征，预测目标选框在图像中的位置；分类层则负责根据输入的特征，预测目标选框代表的物体具体是什么种类。目标选框的回归层一般使用的是 L1 或 L2 损失函数作为损失函数，目标选框的分类层使用的是 Softmax 函数输出每种分类对应的概率，然后使用交叉熵来计算对应的损失函数。根据具体的目标检测算法的类型，可以分为单阶段检测器（Single Stage Detector）和两阶段检测器（Two Stage Detector）两种。在单步检测器中，目标选框的筛选和检测是在一个神经网络中进行的，代表的算法有 SSD 算法[36]和 YOLO 算法[37]等。在多步骤检测器中，给定一张图片，首先会用一个神经网络或者计算机视觉算法得到候选的选框，然后使用神经网络来对这些选框做进一步筛选和分类，代表的算法有 R-CNN 系列的算法[38]。一般来说，单阶段检测器的优点是计算速度快，使用一个神经网络就能解决问题，方便部署，但相对来说检测精度较低；两阶段检测器速度较慢，但是检测精度较高。

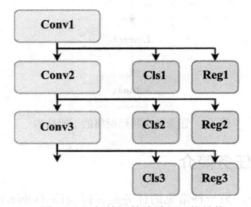

图 4.2　目标检测算法神经网络结构

4.1.3　图像分割任务简介

计算机视觉中常见的另一个问题是图像分割（Image Segmentation）。同样，图像分割任务也是基于卷积神经网络的特征提取的特性。相比于图像分类问题，图像分割问题是按照像素进行分类的，即会给输入图像的每个像素分配一个具体的类别。一般来说，卷积层输出的特征在空间上的大小会小于输入图片的大小，为了能够对图片的每个像素进行分类，需要对卷积神经网络的中间特征输出进行上采样，一般来说，可以用转置卷积或者线性插值的方法进行计算。如图 4.3 所示，经过 Conv1、Conv2 和 Conv3 三层卷积神经网络提取得到的中间特征，经过转置卷积层 Deconv1，得到和输入图像空间大小一致的、通道数目和像素的分类数目相同的输出张量。最后对输出张量沿着通道的方向计算 Softmax 函数，可以得到每个像素对应某个具体分类的概率。

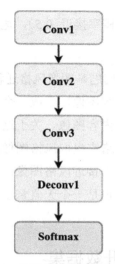

图 4.3　图像分割神经网络结构

4.1.4　图像生成任务简介

最后一类问题则是图像的生成。相较于前三类问题，最后一类问题属于无监督学习问题：对前三类问题来说，训练集的图片都有标记，在图片分类的问题中，训练集是图像和对应图像所属的物体种类；在目标检测算法中是图像和图像中，所有物体的选框和选框中物体的种类；在图像分割问题中训练数据集是图像和图像中左右物体像素级别的遮罩（Mask，即覆盖所有目标物体的像素级别的图像分类）。在图像的生成问题中，任务是给定一定的图像数据集，通过深度学习模型的训练，能够产生服从这些图像数据集分布的图像。一般来说，通过神经网络来生成图像需要给定先验分布（Prior Distribution），使用该分布来生成张量，其中张量的每个元素都服从先验分布（比如张量的每个元素都服从标准正态分布），然后通过转置卷积的运算来生成目标图像。从训练方式来说，有多种方法让卷积神经网络的输出服从训练数据的图像分布，比如在变分自编码（Variational Autoencoder，VAE）算法中，一般使用自编码器，通过最小化输入图像和输出图像之间的均方误差函数（MSE）来训练神经网络；对于生成对抗网络（Generative Adversarial Network，GAN）来说，通过使用一个判别器（Discriminator）神经网络，交替输入训练集的图像和生成器（Generator）神经网络生成的图像，并且让判别神经网络无法区分训练集的图像和生成器生成的图像（即最后输出的概率接近 0.5），达到让生成器生成的图像尽可能接近训练集图像的目的。

关于图像的生成，还有一类问题是图像风格迁移（Style Transfer），问题的描述是：通过输入一个风格图像和内容图像，生成一个图像符合风格图像给定的风格，并且在图像的内容上尽可能靠近内容图像。关于这类问题，有很多算法，其中一类算法是通过训练好的卷积神经网络来提取风格图像的风格特征，以及内容图像的内容特征，并且让生成图像在风格上接近风格图像，在内容上接近内容图像，这是一个另类的图像生成问题，本质上也是一个无监督学习的问题，即给定图像，生成服从图像内容和风格分布的新图像。

4.1.5 常用深度学习公开数据集

深度学习算法是一种数据驱动的算法，本质上需要大量的数据来训练深度学习模型。为了能够测试深度学习算法的性能，对不同的任务，需要使用不同的数据集来对深度学习模型进行测试。数据集分为公开数据集（Open/Public Dataset）和私有数据集（Private Dataset），其中，前者在网络上公开并可以下载，后者则是研究机构或公司私有的数据集。

对以上所述的机器学习任务，为了方便深度学习模型的研究，网络上有很多公开的数据集可供下载。对于一些特殊的深度学习任务，如果需要，则可以自行收集和标注数据集。为了方便读者实验，这里根据数据集的大小，介绍计算机视觉方面一些常用的数据集，希望读者能够从中找到适用于自身任务的公开数据集，加快深度学习模型构建和更新迭代的速度。

计算机视觉的数据集根据其大小可以分为小型数据集、中型数据集和大型数据集，一般来说，小型数据集在 100 MB 以内，一般数据量在 10^4 张图片以内；中型数据集在 100 MB 到几个吉字节，数据量在 10^4 到 10^5 张左右；大型数据集则是在几个吉字节以上，数据量则在 10^5 张图片以上。对于小型数据集,代表的有 MNIST 和 CIFAR 数据集，这两个数据集都是分类任务的数据集，其中前者是手写数字数据集，所有的图像是 28×28 大小的黑白图像，分为训练集和测试集两个数据集，训练集有 60 000 张图像，测试集有 10 000 张图像，图像的内容为 0~9 的手写数字。CIFAR 数据集则是物体的分类数据集，包含两个不同的子数据集，分别是 CIFAR-10 和 CIFAR-100，这两个数据集均有 60 000 张 32×32 大小的图像，其中每个数据集被分成训练集和测试集两类，训练集有 50 000 张图像，测试集有 10 000 张图像。对于 CIFAR-10 数据集来说，这些图像被分成不同的 10 类；而对于 CIFAR-100 数据集来说，这些图像被分成不同的 100 类。中型数据集的代表是 Pascal VOC 数据集，这个数据集是目标检测的数据集，一般常用的为 VOC07 和 VOC12 两个数据集，分别代表的是 Pascal VOC 目标检测竞赛在 2007 年和 2012 年使用的目标检测数据集，其中 VOC07 数据集比较小，训练集、验证集和测试集加起来一共有 9 963 张图片，这些图片总共包含 24 640 个物体，所有物体被分成 20 类；VOC12 数据集相对比较大，一共有 11 530 张图片，这些图片总共包含 27 450 个物体，同样，这些物体也被分成 20 类。大型数据集的代表则是 ImageNet 和 COCO，对于前者，比较常用的是其分类的数据集，对于 ILSVRC 在 2012 年的比赛数据集来说，一共有 1 000 类图片，120 万张图片作为训练集，15 万张图片作为验证集和测试集。对于后者，比较常用的是其用于目标检测和图像分割的数据集，在 COCO2019 比赛中，包含训练集、验证集和测试集一共 20 万张图像，这些图像一共涵盖了 50 万个物体，这些物体被分成 80 类。

对于常见的数据集，PyTorch 的 torchvision 包提供了一系列数据包装类对这些数据集进行载入，读者可以在 torchvision 的文档中找到这些数据集相关的类。这里介绍几个常用的类，其实例的代码如代码 4.1 所示。

代码 4.1 PyTorch 常用的数据集包装类。

```
class torchvision.datasets.MNIST(root, train=True, transform=None,
    target_transform=None, download=False)
class torchvision.datasets.CIFAR10(root, train=True, transform=None,
    target_transform=None, download=False)
class torchvision.datasets.VOCSegmentation(root, year='2012',
    image_set='train', download=False, transform=None,
    target_transform=None, transforms=None)
class torchvision.datasets.ImageNet(root, split='train',
download=False,
    **kwargs)
class torchvision.datasets.CocoDetection(root, annFile,
transform=None,
    target_transform=None, transforms=None)
```

在代码 4.1 中，演示了 5 个不同的数据集载入类，其中 MNIST 类可以载入 MNIST 数据集，root 参数是数据集的根目录地址；train 参数决定输出的是训练数据集还是测试数据集，如果是 True，则是训练数据集；transform 参数决定了对输入图像的变换；target_transform 参数则是对预测目标的变换；download 参数决定是否下载数据集，如果 download 参数为 True，则自动从网络上下载数据集。CIFAR10 类用于载入 CIFAR10 数据集，它的参数和 MNIST 数据集的参数类似，这里不再介绍。VOCSegmentation 则是 Pascal VOC 数据集的类，通过设置 year 参数来设置数据的具体内容，其中，"2012" 代表使用的是 VOC12 数据集，"2007" 则代表使用的是 VOC07 数据集；image_set 参数可以使用 train、trainval 和 val 三个值，分别代表使用训练数据集、验证数据集和测试数据集。这里有一个参数 transforms，该参数意味着要传入一个变换，该变换会输入图像和预测目标，并且对这两部分同时做变换，输出变换后的图像和变换后的预测目标。ImageNet 类则用于载入 ILSVRC2012 数据集，这个数据集分为 train 和 val 两类，分别代表训练数据集和测试数据集；用 split 传入的参数来指定具体要使用的是训练数据集还是测试数据集。CocoDetection 类则用于载入 COCO 目标检测数据集，其中 annFile 参数输入的是包含了目标选框标注的 JSON 文件的路径，剩下的参数在前面已有介绍，这里不再赘述。有了以上的数据集载入类，结合在第 3 章介绍的 DataLoader 类，可以很容易地载入公开数据集，并针对这些数据集进行训练。

在下面的内容中，我们将着重介绍一些具体的模型，并且介绍如何结合具体的数据集使用具体的模型，在这些数据集上进行训练，获得用于各种不同任务的深度学习模型。

4.2 手写数字识别：LeNet

4.2.1 深度学习工程的结构

第 3 章已经介绍了计算机视觉的一些基础模块，下面开始介绍如何用这些基础模块的组合来构建复杂的深度学习模型。这里首先介绍如何建立一个合理的 PyTorch 深度学习工程。由于 Python 的模块化特性，我们可以很方便地把一个深度学习模型拆分成几个文件，每个文件负责深度学习工程的一小部分，包括深度学习模型包含的类和模块、深度学习模型的训练和测试部分、数据的预处理等。同时因为拆分成多个独立的文件，也方便对这些文件包含的部分进行独立测试。在 Python 中可以使用 import 语句来导入包的特性，可以在不同的任务（训练/测试）中使用同一个模型，以减少不同代码之间的耦合，使代码更清晰。

以下是笔者在工作中常用的一种深度学习模型的工程实践，读者可以参考这个工程实践，在学习和工作中对模型的实践进行自我总结，并建立一个自己觉得方便的工程实践。相关的文件排列可以参考代码 4.2。

代码 4.2 常见的深度学习工程文件排列。

```
project/
    csrc/
    data.py
    utils.py
    model.py
    train.py
    inference.py
```

代码中，project 代表的是工程目录。在这个目录下的文件中，首先是 data.py，这个文件负责数据载入的模块，包含和数据载入相关的 Dataset 类和 DataLoader 类；其次是 utils.py，包含深度学习工程中常用的一些工具，比如，对于模型的模块和参数的一些预处理等；然后是 model.py，这也是模型的核心部分，所有的模型中包含的模块和子模块一般都在这个文件中定义；接着是 train.py，代表模型训练部分的代码；inference.py 代表模型预测（推断）部分的代码。另外还有一个 csrc 目录，由于 PyTorch 代码中可以引入 C/C++语言编写的模块，加速模块的计算速度，或者实现一些 PyTorch 没有的模块，因此，在一些情况下可以引入 C/C++语言编写的代码，并且使用 pybind11 库导出供 PyTorch 使用，在这种情况下，csrc 目录就可以用来放置对应的代码，编译后的动态链接库可以导出为接口，以包的形式提供给 Python 导入和调用。

再次说明，这只是笔者习惯的一种文件排列方式，读者可以根据自己的个人喜好来重命名和重新组织所有的工程文件，但是最好能够对整个工程进行模块化，并且按照模块的功能来组织文件,避免把所有的子模块都堆砌在一起的现象发生,否则将不利于工程代码的修改和调试。

4.2.2 MNIST 数据集的准备

下面将从构造一个 LeNet 网络开始,来演示如何构建一个神经网络模型进行手写数字的识别。首先是前面所述的 MNIST 数据集的载入。LeNet 神经网络的输入是 32×32,因此,这里首先需要把 MNIST 的输入 28×28 进行缩放,使其大小为 32×32。具体数据如代码 4.3 所示。

代码 4.3 MNIST 数据集的数据载入。

```
from torchvision.datasets import MNIST
import torchvision.transforms as transforms
from torch.utils.data import DataLoader

data_train = MNIST('./data',
                download=True,
                transform=transforms.Compose([
                    transforms.Resize((32, 32)),
                    transforms.ToTensor()]))
data_test = MNIST('./data',
                train=False,
                download=True,
                transform=transforms.Compose([
                    transforms.Resize((32, 32)),
                    transforms.ToTensor()]))
data_train_loader = DataLoader(data_train, batch_size=256,
    shuffle=True, num_workers=8)
data_test_loader = DataLoader(data_test, batch_size=1024,
    num_workers=8)
```

可以看到,在代码中构建了两个数据集 data_train 和 data_test,分别代表 MNIST 的训练数据集和测试数据集。由于设置了 download=True,数据集会被下载到当前目录下的 data 文件夹下,同时,如果需要取出数据集中的某一幅图像,则会对图像做大小变换 transforms.Resize,让输出图像的大小符合 32×32 的大小,最后将图像转变为浮点张量并输出。通过使用 DataLoader 载入对应的训练数据集和测试数据集的实例,在代码 4.3 的最后获得了两个数据集的载入器:data_train_loader 数据集的载入器载入的数据迷你批次大小为 256，会对数据集中的图像做随机排列（shuffle=True），同时使用 8 个并行的进程对数据进行处理，最后输出的结果是 256×1×32×32 大小的张量，其中通道数为 1，代表输出的图像张量是只有灰度色阶的黑白图像；data_test_loader 数据集为测试数据集，因为在测试数据集中运行模型并不需要记录计算图以及计算反向传播梯度，节约了内存。因此，在代码中相应的迷你批次的大小也有了增加，这里设置的迷你批次的大小为 1024，同时工作的进程数目为 8。对于测试数据集，因为只是为了测试，并不会出现每次输入数据顺序一致而导致模型过拟合的情况发生，所以这里的输入图像不会做随机排列（默认 shuffle=False）。代码 4.3 对应的数据载入代码可以放在代码 4.2 的 data.py 中，也可以分成训练数据和测试数据两部分，分别放入 train.py 和 inference.py 中。

有了数据集之后，读者可以使用 Python 的 for…in…语法来测试数据集的输出，并且使用一些画图工具（如 Matplotlib）对 MNIST 数据集的输出绘图，检查输出的图像是否正确。具体的代码和输出结果分别如代码 4.4 和图 4.4 所示（这里仅仅演示 data_train_loader 的部分输出结果）。可以见到，使用代码 4.4 得到的输出图 4.4 展示了正确的手写数字的图像。

代码 4.4　MNIST 数据展示代码。

```
import matplotlib.pyplot as plt
figure = plt.figure()
num_of_images = 60

for imgs, targets in data_train_loader:
    break

for index in range(num_of_images):
    plt.subplot(6, 10, index+1)
    plt.axis('off')
    img = imgs[index, ...]
    plt.imshow(img.numpy().squeeze(), cmap='gray_r')
plt.show()
```

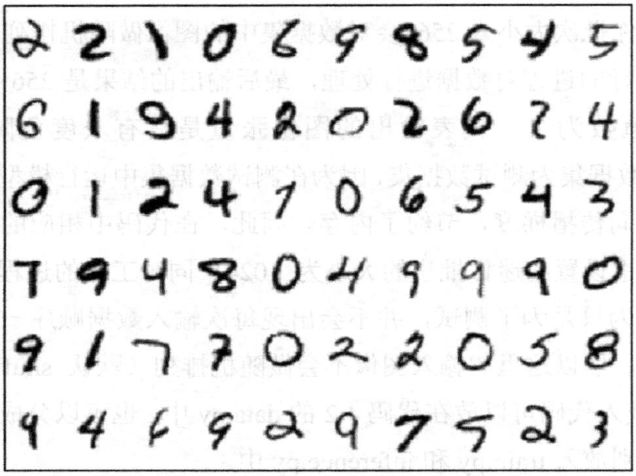

图 4.4 MNIST 数据集示例

4.2.3 LeNet 网络的搭建

有数据集的预处理代码之后，接下来需要着手构建 LeNet 模型。LeNet 模型的结构如图 4.5 所示。可以看到，整个神经网络一共有 6 个组成部分，其中第一个组成部分是 conv1，其构成 3×3 的卷积，输出的特征有 6 个通道，空间大小为 30×30。接着是 2×2 的步长为 2 的池化 pool1，输出空间大小为 15×15 的特征。第二个组成部分是 conv2，同样是一个 3×3 的卷积，输出的特征有 16 个通道，空间大小为 13×13，紧接着同样是 2×2 的步长为 2 的池化 pool2，输出特征的空间大小为 6×6。最后把四维张量转换为二维张量，其中 CHW 三个维度被合并到一个维度，使用 fc3 进行线性变换，输出新的特征数目为 120 的二维张量，接着使用 fc4 进行线性变换，输出特征数目为 84 的二维张量，最后做线性映射，映射到 10 个分类，如果需要取得具体分类的概率，则使用 Softmax 激活函数作用于第 1 个维度（维度从 0 开始编号），得到每个分类的概率。

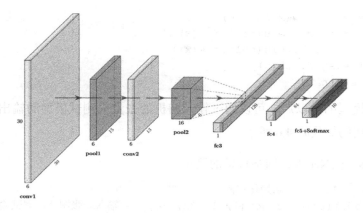

图 4.5　LeNet 神经网络结构

LeNet 神经网络模型如代码 4.5 所示。可以看到，这里定义了对应的卷积层 conv1 和 conv2，池化层 pool1、pool2，以及全连接层 fc3、fc4、fc5。通过一系列的卷积和线性变换，最后输出 Softmax 之前的神经网络的值（这个值也称为 Logits），这个张量（Logits）可以作为输入张量直接输入到交叉熵的损失函数类 torch.nn.CrossEntropyLoss 来计算模型最后输出的损失函数。

代码 4.5　LeNet 神经网络模型代码。

```
import torch
import torch.nn as nn

class LeNet(nn.Module):

    def __init__(self):
        super(LeNet, self).__init__()
        self.conv1 = nn.Conv2d(1, 6, 3)
        self.pool1 = nn.MaxPool2d(2, 2)
        self.conv2 = nn.Conv2d(6, 16, 3)
        self.pool2 = nn.MaxPool2d(2, 2)
        self.fc3 = nn.Linear(16*6*6, 120)
        self.fc4 = nn.Linear(120, 84)
        self.fc5 = nn.Linear(84, 10)

    def forward(self, x):
        x = self.pool1(torch.relu(self.conv1(x)))
        x = self.pool2(torch.relu(self.conv2(x)))
```

```
        x = x.view(x.size(0), -1)
        x = torch.relu(self.fc3(x))
        x = torch.relu(self.fc4(x))
        x = self.fc5(x)
        return x
```

在构建模型的类以后,可以通过输入随机的张量来测试模型的输出结果。这里具体使用的代码如代码 4.6 所示。

代码 4.6 LeNet 神经网络代码的测试。

```
model = LeNet() # 初始化实例
ret = model(torch.randn(1, 1, 32, 32)) # 输入一张图片,测试输出结果
ret.shape # torch.Size([1, 10])
```

可以看到,在测试代码中,首先初始化了一个 LeNet 的神经网络实例,然后输入随机张量,这个张量的大小为 1×1×32×32,代表输入的是一张 32×32 大小的黑白图像,最后可以见到输出的结果是 1×10,如果使用 Softmax 函数对张量在第一个维度上进行作用,可以得到每个模型预测的该图像对应的每个数字的概率。神经网络的简单测试代码可以集成到 model.py 文件中,利用 Python 库函数的特性,可以做到只有在执行 model.py 脚本的时候才会测试这个代码,如代码 4.7 所示。

代码 4.7 整合后的神经网络模型和对应的测试代码(model.py)。

```
import torch
import torch.nn as nn

class LeNet(nn.Module):

    def __init__(self):
        super(LeNet, self).__init__()
        self.conv1 = nn.Conv2d(1, 6, 3)
        self.pool1 = nn.MaxPool2d(2, 2)
        self.conv2 = nn.Conv2d(6, 16, 3)
        self.pool2 = nn.MaxPool2d(2, 2)
        self.fc3 = nn.Linear(16*6*6, 120)
        self.fc4 = nn.Linear(120, 84)
        self.fc5 = nn.Linear(84, 10)

    def forward(self, x):
        x = self.pool1(torch.relu(self.conv1(x)))
```

```
        print(x.shape)
        x = self.pool2(torch.relu(self.conv2(x)))
        print(x.shape)
        x = x.view(x.size(0), -1)
        x = torch.relu(self.fc3(x))
        x = torch.relu(self.fc4(x))
        x = self.fc5(x)
        return x

if __name__ == "__main__":
    model = LeNet() # 初始化实例
    ret = model(torch.randn(1, 1, 32, 32)) # 输入一张图片，测试输出结果
    ret.shape # torch.Size([1, 10])
```

4.2.4　LeNet 网络的训练和测试

在完成模型的构建代码之后，下一步需要做的是构建训练和测试代码，这部分代码可以放在 train.py 文件中，具体如代码 4.8 所示。

代码 4.8　LeNet 深度学习工程的训练代码（train.py）。

```
import torch
import torch.nn as nn
from model import LeNet

# ... 此处略去定义训练数据载入器的代码，具体可参考代码 4.3

model = LeNet() # 定义 LeNet 模型
model.train() # 切换模型到训练状态
lr = 0.01 # 定义学习率
criterion = nn.CrossEntropyLoss() # 定义损失函数
optimizer = optim.SGD(model.parameters(), lr=lr, momentum=0.9,
    weight_decay=5e-4) # 定义随机梯度下降优化器

train_loss = 0
correct = 0
total = 0

for batch_idx, (inputs, targets) in enumerate(data_train_loader):

    optimizer.zero_grad()
```

```python
        outputs = model(inputs)
        loss = criterion(outputs, targets)
        loss.backward()
        optimizer.step()

        train_loss += loss.item()
        _, predicted = outputs.max(1)
        total += targets.size(0)
        correct += predicted.eq(targets).sum().item()

        print(batch_idx, len(trainloader), 'Loss: %.3f | Acc: %.3f%% (%d/%d)'
            % (train_loss/(batch_idx+1), 100.*correct/total, correct, total))
```

在代码中,首先使用 LeNet 类初始化模型的实例,构造 LeNet 模型的一个实例,这里用 model 来表示。同时设置学习率为 0.01(用 lr 来表示),以及对应的交叉熵损失函数(用 criterion 来表示)。接下来定义模型的优化器,这里定义的是随机梯度下降优化器。然后是迭代训练数据载入器,得到每一个迷你批次的输入图像数据 inputs 和预测目标 targets,计算每一迷你批次的损失函数,对损失函数做反向传播计算,得到参数的梯度,接着使用随机梯度下降优化器对模型参数进行优化。最后则是模型数据的输出过程,包括计算平均损失函数和平均准确率。需要注意的是,这里的训练代码仅仅是一个迭代期的(Epoch)训练过程,对于多个迭代期的训练过程,需要在 for 循环迭代迷你批次的数据的外侧再添加一个 for 循环,用于进行多个迭代期的训练。

最后则是模型的测试模块。首先需要载入保存的模型。关于保存和载入模型,已经在 2.11 节中有过详细阐述,这里不再赘述(如果需要保存模型,可在代码 4.8 中添加保存模型的代码,具体可以参考 2.11 节中的代码 2.35 和代码 2.36)。这里着重展示如何载入代码并对模型的代码进行训练。关于这部分内容,可以参考代码 4.9。

代码 4.9 LeNet 深度学习工程的推断代码(inference.py)。

```python
import torch
import torch.nn as nn
from model import LeNet

# ... 此处略去定义测试数据载入器的代码,具体参考代码 4.3
```

```python
# save_info = { # 保存的信息
#     "iter_num": iter_num, # 迭代步数
#     "optimizer": optimizer.state_dict(), # 优化器的状态字典
#     "model": model.state_dict(), # 模型的状态字典
# }

model_path = "./model.pth" # 假设模型保存在 model.pth 文件中
save_info = torch.load(model_path) # 载入模型
model = LeNet() # 定义 LeNet 模型
criterion = nn.CrossEntropyLoss() # 定义损失函数
model.load_state_dict(save_info["model"]) # 载入模型参数
model.eval() # 切换模型到测试状态

test_loss = 0
correct = 0
total = 0
with torch.no_grad(): # 关闭计算图
    for batch_idx, (inputs, targets) in enumerate(data_test_loader):

        outputs = model(inputs)
        loss = criterion(outputs, targets)

        test_loss += loss.item()
        _, predicted = outputs.max(1)
        total += targets.size(0)
        correct += predicted.eq(targets).sum().item()

        print(batch_idx, len(testloader), 'Loss: %.3f | Acc: %.3f%% (%d/%d)'
            % (test_loss/(batch_idx+1), 100.*correct/total, correct, total))
```

在代码 4.9 中，假设了保存的模型状态字典，如注释内容中 save_info 所示，然后使用 torch.load 载入模型，并且构建模型和损失函数载入模型的参数，切换模型到测试状态。由于在测试状态下不需要使用计算图的功能，因此，这里使用 torch.no_grad() 上下文管理器，只进行简单的模型推断计算。接下来的流程和 train.py 的内容类似，只不过使用的数据载入器是 data_test_loader。最后输出的结果是保存的模型在测试集的损失函数和准确率。由于测试数据和训练数据不同，只需要进行一次迭代期的计算。因此，在代码 4.9 中没有必要添加循环多个迭代期的神经网络计算相关代码。

4.2.5 超参数的修改和 argparse 库的使用

在神经网络的构建过程中,常常需要修改神经网络的超参数(Hyper Parameters),比如,迷你批次的大小、学习率等。为了方便参数的修改,可以通过命令行的方式来传递这些超参数。在这一节的最后,我们将介绍如何使用 argparse 库来处理 Python 脚本的参数,方便对深度学习超参数的调优。让我们从 Python 官网的一个例子开始介绍 argparse 库的使用方法,如代码 4.10 所示。

代码 4.10 argparse 库使用示例(保存该文件为 prog.py)。

```
import argparse

parser = argparse.ArgumentParser(description='Process some integers.')
parser.add_argument('integers', metavar='N', type=int, nargs='+',
                    help='an integer for the accumulator')
parser.add_argument('--sum', dest='accumulate', action='store_const',
                    const=sum, default=max,
                    help='sum the integers (default: find the max)')

args = parser.parse_args()
print(args.accumulate(args.integers))
```

在代码中,首先使用 argparse.ArgumentParser 类来构造一个命令行参数处理器的实例,description 参数用来描述具体命令行处理器的作用。在后续的代码中,添加了两个参数,第一个参数没有指定选项(命名为 integers,前面没有代表选项的符号--),是一个整数类型的参数,而且可以添加多个参数(使用 nargs='+'参数指定);第二个参数存储的是一个函数,如果命令行中存在--sum 选项,则该参数被指定为 sum 函数,否则被指定为 max 函数。当定义所有的参数之后,可以使用 parse_args 方法来解析出所有的参数,并且根据参数来计算和打印出想要的结果(代码的最后一行)。

定义好脚本代码之后,把这个脚本命名为 prog.py,可以在命令行里测试脚本代码。根据参数的定义,ArgumentParser 会自动生成帮助的输出,可以通过调用-h 选项得到输出的结果,如代码 4.11 所示,可以使用 python prog.py -h 打印出帮助内容,其内容与代码中具体每个选项的 help 参数传入的字符串有关。接着是两个使用脚本的示例，其中第一个示例输入一系列整数，并且输出这些整数中的最大值（默认行为），第二个示例通过指定使用 sum 函数（通过--sum 选项），得到输入整数的和。

代码 4.11 prog.py 脚本的使用。

```
$ python prog.py -h
usage: prog.py [-h] [--sum] N [N ...]

Process some integers.

positional arguments:
 N           an integer for the accumulator

optional arguments:
 -h, --help  show this help message and exit
 --sum       sum the integers (default: find the max)

$ python prog.py 1 2 3 4
4

$ python prog.py 1 2 3 4 --sum
10
```

有了 argparse 库之后，就可以使用这个库来传入想要的参数。这里以 LeNet 神经网络的模型为例，介绍如何通过命令行指定超参数，如代码 4.12 所示。

代码 4.12 使用 argparse 库指定 LeNet 神经网络超参数。

```
import argparse

parser = argparse.ArgumentParser(description='PyTorch LeNet Training')
parser.add_argument('--lr', default=0.01, type=float, help='Learning rate')
parser.add_argument('--batch-size', '-b', default=256, type=int,
    help='Batchsize')
args = parser.parse_args()
```

这里指定了两个参数，--lr 是一个浮点类型，代表学习率；--batch-size 是一个整数类型，代表迷你批次的大小，可以分别通过 args.lr 和 args.batch_size 来访问这两个变量（注意，在命令行里，参数中间包含的连字符-变成了 Python 中变量的下画线_，而参数前面的两个连字符--在转换成变量的时候会被自动过滤掉）。读者可以尝试在 train.py 和 inference.py 中加入各种超参数的选项来满足深度学习工程中调参的需求。

本节以 LeNet 手写数字识别为例详细介绍了深度学习工程的构建，包括数据的预处理、模型的训练和推断的细节。之所以讲得比较详细，是为了方便读者能够根据本书讲解的内容构建自己的深度学习工程。

下面将更加着重于深度学习模型本身，主要是如何通过 PyTorch 自带的模块，经过一系列的组合来构造我们想要的模型。因此，从下面开始的内容将不再着重于工程的细节方面。

4.3 图像分类：ResNet 和 InceptionNet

作为图像分类的重要模型之一，ResNet 在深度学习模型的发展过程中起到了重要的作用。因为 ResNet 结构的有效性，很多其他的深度学习模型中也引入了残差连接（Residue Connection）的方式来构造神经网络。在第 3 章中已经介绍过 ResNet（即残差神经网络）的主要组成模块，下面介绍残差网络模块是如何组合成完整的残差神经网络的。

4.3.1 ImageNet 数据集的使用

首先介绍基本的训练框架代码，这个代码取自 PyTorch 的 ImageNet 训练脚本，具体的简化版如代码 4.13 所示。

代码 4.13 imagenet.py 训练代码数据载入部分。

```
def main_worker(gpu, ngpus_per_node, args):
    # ...
    # 设置数据集目录
    traindir = os.path.join(args.data, 'train')
    valdir = os.path.join(args.data, 'val')
    # 设置预处理方法
    normalize = transforms.Normalize(mean=[0.485, 0.456, 0.406],
                                     std=[0.229, 0.224, 0.225])
```

```python
# 训练数据集
train_dataset = datasets.ImageFolder(
    traindir,
    transforms.Compose([
        transforms.RandomResizedCrop(224),
        transforms.RandomHorizontalFlip(),
        transforms.ToTensor(),
        normalize,
    ]))

train_loader = torch.utils.data.DataLoader(
    train_dataset, batch_size=args.batch_size,
    shuffle=(train_sampler is None),
    num_workers=args.workers, pin_memory=True,
    sampler=train_sampler)

# 测试数据集
val_loader = torch.utils.data.DataLoader(
    datasets.ImageFolder(valdir, transforms.Compose([
        transforms.Resize(256),
        transforms.CenterCrop(224),
        transforms.ToTensor(),
        normalize,
    ])),
    batch_size=args.batch_size, shuffle=False,
    num_workers=args.workers, pin_memory=True)
# ...
```

这个脚本适用于大多数 torchvision.models 支持的图像分类模型，包含 AlexNet、ResNet 和 InceptionNet 等，读者可以以这个代码为参考来构建包含训练和测试代码，以及多 GPU 训练的深度学习工程。代码 4.13 列出了其中的数据载入部分，这部分可以在所有的模型之间通用。这里主要需要注意的是预处理的部分，对训练集来说，首先会对图像进行缩放，使图像最小边的大小为 224 像素，并且从中随机切割出 224×224 的正方形区域，由于所有的图像都是彩色图像，所以输出的图像通道为 3 通道。其次，需要对图像进行随机水平翻转，把图像转换为 0~1 之间的浮点张量，并且对图像进行归一化，也就是对图像的每个像素按照通道减去平均值 mean，并且除以标准差 std。对测试集来说，首先会对图像进行缩放，使图像最小边的大小为 256 像素，并且以图像中心为基准从这个图像中切割出 224×224 的正方形区域，最后转换为 0~1 之间的服点张量，并且对图像进行归一化的计算。这里可以看到，对于 torchvision.models 支持的大多数图像分类模型，输入的图像空间大小均为 224×224，但是有一些例外，比如 Xception 和 InceptionV3（代表 InceptionNet 第三代神经网络）等神经网络，输入的图像空间大小为 299×299。因此，读者在使用训练模型的时候，最好能够查阅相关的源代码，获取具体的输入图像的空间大小的信息。相关信息可以在 torchvision.models 的源代码中看到。最后，在代码 4.13 的数据载入代码中，假设迷你批次的大小为 N，最终输出的张量大小应该是 $N×3×224×224$。

有了数据集的载入代码之后，接下来研究一下具体的 ResNet 深度学习模型的构造方法。ResNet 结构的网络主要有 ResNet-18、ResNet-34、ResNet-50、ResNet-101 和 ResNet-152 这 5 种，分别代表不同卷积层数目的神经网络。下面从最简单的 ResNet-18 出发，介绍这个深度学习模型的构造，以及在 torchvision 中是如何实现 ResNet 系列的神经网络的。

4.3.2　ResNet 网络的搭建

如图 4.6 所示，ResNet-18 共由 8 个模块组成，从输入图像 img（大小为 $N×3×224×224$，N 为迷你批次的大小）出发，第一个输入是 7×7 的步长为 2 的卷积层 conv1，卷积的填充为 3，输出通道为 p64，使用 ReLU 函数作为激活函数，输出结果是 $N×64×112×112$ 的特征张量。第二层是 3×3 的步长为 2 的最大池化层 pool1，填充为 1，输出结果是 $N×64×56×56$ 的特征张量。第三层开始是残差模块，具体的结构在 3.10.2 节中已经介绍过。这里附加说明一下模块的构造规则，对于 layer1，本身由两个残差模块构成，同时没有使用卷积进行降采样。因此，每个残差模块都由 3×3 的步长为 1、填充为 1 的卷积构成（图 4.7 右图的情况）。对于 layer2、layer3 和 layer4，它们也均由两个残差模块构成，但是和 layer1 的区别在于，第一个残差模块进行了降采样，其中残差模块的第一个卷积层 Conv1 进行了步长为 2、填充为 1 的 3×3 大小的卷积降采样（图 4.7 左图的情况），在降采样的同时把通道的数目增加为原来的两倍；第二层 Conv2 步长为 1，填充为 1，卷积大小为 3×3，通道的数目保持不变，即和 Conv1 的输出通道数目相同。为了使残差旁路部分（图 4.7 左图的 DownSample 层输出结果）能和 Conv1、Conv2 卷积层的输出结果相匹配，Downsample 层使用的是 1×1 的卷积，同时使通道成为原来的两倍，卷积的步长为 2，这样就能使卷积输出的结果和降采样以后的结果相匹配，DownSample 层和 Conv1、Conv2 层的区别是后面只有批次归一化层，没有 ReLU 激活函数层，结果直接和 Conv2 批次归一化后的结果相加，最后再作用 ReLU 激活函数层；第二个残差模块没有进行降采样，和 layer1 的残差模块的情况类似，所以没有 DownSample 层，Conv2 层输出的结果进行批次归一化后直接和 Conv1 的输入张量相加，输出求和以后再作用 ReLU 激活函数的结果（图 4.7 右图的情况）。在 layer1 到 layer4 结束之后，输出的张量大小为 $N×512×7×7$，结果进行 pool5 的 7×7 的全局平均池化，输出特征为 512 维的张量，最后进行全连接层 fc6 的转换，输出 1000 个类别的分类，使用 Softmax 函数输出每个分类的概率。

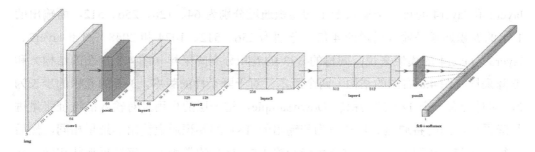

图 4.6　ResNet-18 神经网络结构

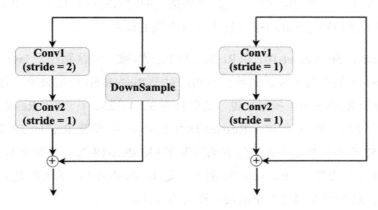

图 4.7　带降采样的残差网络（左）和不带降采样的残差网络（右）

对于 ResNet-18 和 ResNet-34 来说，基本构造相同，使用的都是基本残差模块，对 ResNet-18 来说，layer1、layer2、layer3、layer4 的残差模块均为 2 个，其中 layer2、 layer3、layer4 的第一个残差模块进行了降采样。对 ResNet-34 来说，layer1、layer2、layer3、layer4 分别有 3、4、6、3 个残差模块，同样，layer2、layer3、layer4 的第一个残差模块进行了降采样。

相比于 ResNet-18 和 ResNet-34，ResNet-50、ResNet-101 和 ResNet-152 使用了一种不同的残差模块（模型的基本构造还是和图 4.6 的类似，不过残差模块从基本残差模块切换成了瓶颈残差模块，即 Bottleneck 结构）。瓶颈残差模块的基本构造如图 4.8 所示，可以看到，每一个模块中只有一个 3×3 的卷积，剩下的均为 1×1 的卷积。1×1 的卷积在这里的作用是减少输入的通道，从而减少整体模型的参数数量，同时也加快了模型的计算速度。对于 ResNet-50、ResNet-101 和 ResNet-152 来说，layer1、layer2、layer3 和 layer4 的每一个输入 1×1 的卷积通道分别为 64、128、256、512，而输出的 1×1 的卷积通道是输入通道的 4 倍，分别为 256、512、1024 和 2048。对于 layer2、layer3、layer4 的模块来说，同样的 3×3 的卷积分为降采样（图 4.8 左图的结构）和非降采样（图 4.8 右图的结构）两个版本。对于降采样的版本，3×3 的卷积的步长为 2，同时会有一个 1×1 的卷积层 DownSample，这一层的作用是对输入的特征张量进行降采样，同时将通道数目转换为和输出的 1×1 的卷积通道输出的结果相同，然后进行批次归一化层的计算，这样才能和输出的 1×1 的卷积的运算结果形状相同，从而进行求和计算。在平均池化层以后，全连接层的输入特征数目为 2048，输出特征数目为 1000，最后通过 Softmax 层输出对应类别的概率。

对于 ResNet-50、Resnet-101 和 ResNet-152 来说，唯一的区别在于 layer1、layer2、layer3、layer4 的瓶颈残差模块的数目不同，对于 ResNet-50 模型来说，其数目为 3、4、6、3；对于 ResNet-101 模型来说，其数目为 3、4、23、3；对于 ResNet-152 模型来说，其数目为 3、8、36、3。相比于 ResNet-18 和 ResNet-34 来说，ResNet-50、ResNet-101 和 ResNet-152 在不增加很多浮点运算的情况下（ResNet-18 的运算量为 1，ResNet-34 和 Resnet-50 的大约是 2，ResNet-101 的大约是 3，ResNet-152 的大约是 6），提升了模型的精度，这个可以归功于瓶颈残差模块的设计。

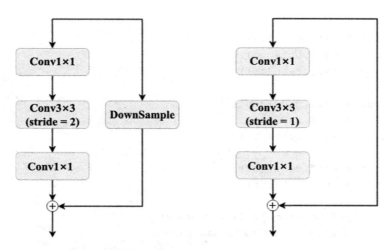

图 4.8 带降采样的瓶颈残差网络（左）和不带降采样的瓶颈残差网络（右）

瓶颈残差模块的实现如代码 4.14 所示。

代码 4.14 瓶颈残差模块的代码实现。

```python
class Bottleneck(nn.Module):
    expansion = 4

    def __init__(self, inplanes, planes, stride=1, downsample=None,
groups=1,base_width=64, dilation=1, norm_layer=None):
        super(Bottleneck, self).__init__()
        if norm_layer is None:
            norm_layer = nn.BatchNorm2d
        width = int(planes * (base_width / 64.)) * groups

        self.conv1 = conv1x1(inplanes, width)
        self.bn1 = norm_layer(width)
        self.conv2 = conv3x3(width, width, stride, groups, dilation)
        self.bn2 = norm_layer(width)
        self.conv3 = conv1x1(width, planes * self.expansion)
        self.bn3 = norm_layer(planes * self.expansion)
        self.relu = nn.ReLU(inplace=True)
        self.downsample = downsample
        self.stride = stride

    def forward(self, x):
        identity = x
```

```
out = self.conv1(x)
out = self.bn1(out)
out = self.relu(out)

out = self.conv2(out)
out = self.bn2(out)
out = self.relu(out)

out = self.conv3(out)
out = self.bn3(out)

if self.downsample is not None:
    identity = self.downsample(x)

out += identity
out = self.relu(out)

return out
```

从代码中可以看到，有三个卷积层，conv1 对应的是 1×1 的卷积运算；conv2 对应的是 3×3 的卷积运算；conv3 对应的是 1×1 的卷积运算。其中有一个系数 expansion，表示 conv3 和 conv1 输出通道数目的比值。假如 expansion 的数目为 4，conv1 的输出通道为 64，则 conv3 的输出通道为 256。对于 conv2 层来说，输入和输出通道数目相同，均为 64。另外一层是 downsample 层，如果 conv2 需要降采样，downsample 层会被设计为 1×1 的卷积降采样层和批次归一化层的组合。

4.3.3　InceptionNet 网络的搭建

另一种常见的图像分类深度学习模型的设计结构是 InceptionNet，这个网络的设计有很多版本（分别称为 v1[39]、v2[40]、v3[41]、v4[42]）。这里介绍一下 torchvision 库中的实现，也就是 InceptionNet v3 的结构。如图 4.9 所示，InceptionNet v3 的结构主要由五种 Inception 模块组成，即 InceptionA、InceptionB、InceptionC、InceptionD 和 InceptionE。其中有三个 InceptionA 模块，分别标记为 InceptionA1~InceptionA3；一个 InceptionB 模块，标记为 InceptionB1，这个模块用于降采样；三个 InceptionC 模块，这里标记为 InceptionC1~InceptionC3；一个 InceptionD 模块，标记为 InceptionD1，

用于降采样；两个 InceptionE 模块，标记为 InceptionE1~InceptionE2。除 Inception 模块外，剩下的模块 conv1、conv2、conv3、comv4 和 conv5 均由卷积层、批次归一化层和 ReLU 激活函数构成，这里不再详细叙述。读者可以参考 InceptionNet 在 torchvision.models 中的源代码。和 ResNet 的设计类似，位于中间的池化层 pool1、pool2 是 3×3 步长为 2 的最大池化层，最后的池化层 pool3 是平均池化层。和 ResNet 的输入张量的大小不同，InceptionNet v3 的输入图像大小为 $N×3×299×299$，其中 N 为迷你批次的大小，在全连接层之间的输入是 $N×2048×1×1$（经过了 8×8 的全局平均池化）。

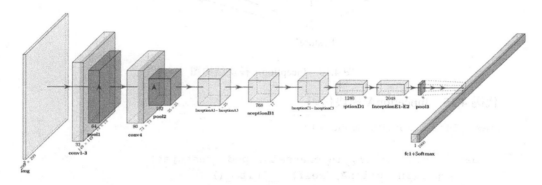

图 4.9　InceptionNet v3 的模型结构图

由于 InceptionNet 的特点在于 Inception 模块，下面详细介绍 InceptionA、InceptionB、InceptionC、InceptionD 和 InceptionE 这五个 Inception 模块的设计思路。

1. InceptionA 模块

对于 InceptionA 模块来说，其设计思路如图 4.10 所示。类似于前面介绍的 Inception 模块，整个 InceptionA 模块从 Feature1 出发，分成了四个分支，分别是 1×1 的卷积模块（以下的卷积模块均包含卷积、批次归一化和 ReLU 激活函数）、1×1 的卷积模块和 5×5 的卷积模块、1×1 的卷积模块和连续的两个 3×3 的卷积模块、平均池化模块和 1×1 的卷积模块。最后把四个分支的输出合并在一起，输出为 Feature2。InceptionA 的代码如代码 4.15 所示。

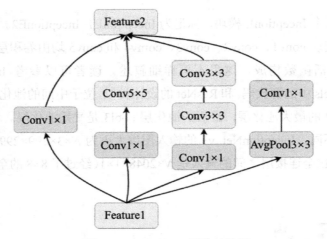

图 4.10 InceptionA 模块结构图

代码 4.15 InpcetionA 模块代码。

```python
class InceptionA(nn.Module):

    def __init__(self, in_channels, pool_features):
        super(InceptionA, self).__init__()
        self.branch1x1 = BasicConv2d(in_channels, 64, kernel_size=1)

        self.branch5x5_1 = BasicConv2d(in_channels, 48, kernel_size=1)
        self.branch5x5_2 = BasicConv2d(48, 64, kernel_size=5, padding=2)

        self.branch3x3dbl_1 = BasicConv2d(in_channels, 64, kernel_size=1)
        self.branch3x3dbl_2 = BasicConv2d(64, 96, kernel_size=3, padding=1)
        self.branch3x3dbl_3 = BasicConv2d(96, 96, kernel_size=3, padding=1)

        self.branch_pool = BasicConv2d(in_channels, pool_features,
            kernel_size=1)

    def forward(self, x):
        branch1x1 = self.branch1x1(x)

        branch5x5 = self.branch5x5_1(x)
```

```
        branch5x5 = self.branch5x5_2(branch5x5)

        branch3x3dbl = self.branch3x3dbl_1(x)
        branch3x3dbl = self.branch3x3dbl_2(branch3x3dbl)
        branch3x3dbl = self.branch3x3dbl_3(branch3x3dbl)

        branch_pool = F.avg_pool2d(x, kernel_size=3, stride=1, padding=1)
        branch_pool = self.branch_pool(branch_pool)

        outputs = [branch1x1, branch5x5, branch3x3dbl, branch_pool]
        return torch.cat(outputs, 1)
```

2. InceptionB 模块

InceptionB 模块是降采样的模块，相比于 InceptionA 模块，InceptionB 模块只有三个分支，每个分支均包含降采样的卷积或者池化模块。如图 4.11 所示，在 InceptionB 模块的三个分支中，输入均为 Feature1，第一个分支是步长为 2 的 3×3 的步长为 1 的卷积模块；第二个分支首先是 1×1 步长为 1 的卷积模块，然后是 3×3 的步长为 1 的卷积模块，最后是 3×3 的步长为 2 的卷积模块；第三个分支是 3×3 的步长为 2 的最大池化模块。三个分支的特征会沿着通道方向拼接在一起，输出为 Feature2，相比于 Feature1，Feature2 在特征的高度和宽度的维度上都是原来的一半，实现了降采样的目的，具体如代码 4.16 所示。

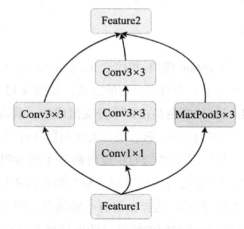

图 4.11 InceptionB 模块结构图

代码 4.16　InceptionB 模块代码。

```python
class InceptionB(nn.Module):

    def __init__(self, in_channels):
        super(InceptionB, self).__init__()
        self.branch3x3 = BasicConv2d(in_channels, 384, kernel_size=3,
            stride=2)

        self.branch3x3dbl_1 = BasicConv2d(in_channels, 64, kernel_size=1)
        self.branch3x3dbl_2 = BasicConv2d(64, 96, kernel_size=3, padding=1)
        self.branch3x3dbl_3 = BasicConv2d(96, 96, kernel_size=3, stride=2)

    def forward(self, x):
        branch3x3 = self.branch3x3(x)

        branch3x3dbl = self.branch3x3dbl_1(x)
        branch3x3dbl = self.branch3x3dbl_2(branch3x3dbl)
        branch3x3dbl = self.branch3x3dbl_3(branch3x3dbl)

        branch_pool = F.max_pool2d(x, kernel_size=3, stride=2)

        outputs = [branch3x3, branch3x3dbl, branch_pool]
        return torch.cat(outputs, 1)
```

3. InceptionC 模块

InceptionC 是另一个 Inception 模块，相比于 InceptionA，为了增加卷积的感受域，同时减少卷积的参数，使用了多个卷积叠加的方式，如图 4.12 所示。可以见到，与 InceptionA 模块相似，InceptionC 也是由四个分支组成的，其输入均为 Feature1。同样，第一个分支为 1×1 的卷积模块；第二个分支也是以 1×1 的卷积模块开始，但是和 InceptionA 不同的是，使用了 1×7 的卷积模块和 7×1 的卷积模块组合来模拟单个 7×7 的卷积模块。这样做的好处是极大地节省了参数的数目和相应的计算量，因为前者的参数量只有后者的 2/7。但是，这样做也有一些缺点，即不能在深度学习网络前几层空间特征大小太大的时候（对应的特征是图像局部的特征）使用这种类型的卷积，否则会造成模型准确率下降。因此，不能用类似 InceptionC 的模块来替代 InceptionA 的位置。同样，第三个分支也是以 1×1 的卷积模块开始的，使用了 1×7 的卷积模块和 7×1 的卷积模块组合，来模拟单个 7×7 的卷积模块。这里模拟了两个 7×7 的卷积模块，因此，使用了两组 1×7 的卷积模块和 7×1 的卷积模块组合。和 InceptionA 一样，第四个分支使用的是 3×3 平均池化和 1×1 的卷积模块组合来输出对应的特征。最后输出的结果沿着通道的方向拼接在一起得到最终的特征，具体如代码 4.17 所示。

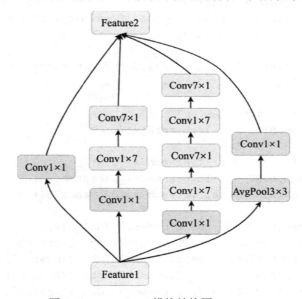

图 4.12　InceptionC 模块结构图

代码 4.17　InceptionC 模块代码。

```
class InceptionC(nn.Module):

    def __init__(self, in_channels, channels_7x7):
        super(InceptionC, self).__init__()
        self.branch1x1 = BasicConv2d(in_channels, 192, kernel_size=1)

        c7 = channels_7x7
        self.branch7x7_1 = BasicConv2d(in_channels, c7, kernel_size=1)
        self.branch7x7_2 = BasicConv2d(c7, c7, kernel_size=(1, 7),
            padding=(0, 3))
        self.branch7x7_3 = BasicConv2d(c7, 192, kernel_size=(7, 1),
            padding=(3, 0))
```

```python
        self.branch7x7dbl_1 = BasicConv2d(in_channels, c7,
kernel_size=1)
        self.branch7x7dbl_2 = BasicConv2d(c7, c7, kernel_size=(7, 1),
            padding=(3, 0))
        self.branch7x7dbl_3 = BasicConv2d(c7, c7, kernel_size=(1, 7),
            padding=(0, 3))
        self.branch7x7dbl_4 = BasicConv2d(c7, c7, kernel_size=(7, 1),
            padding=(3, 0))
        self.branch7x7dbl_5 = BasicConv2d(c7, 192, kernel_size=(1, 7),
            padding=(0, 3))

        self.branch_pool = BasicConv2d(in_channels, 192,
kernel_size=1)

    def forward(self, x):
        branch1x1 = self.branch1x1(x)

        branch7x7 = self.branch7x7_1(x)
        branch7x7 = self.branch7x7_2(branch7x7)
        branch7x7 = self.branch7x7_3(branch7x7)

        branch7x7dbl = self.branch7x7dbl_1(x)
        branch7x7dbl = self.branch7x7dbl_2(branch7x7dbl)
        branch7x7dbl = self.branch7x7dbl_3(branch7x7dbl)
        branch7x7dbl = self.branch7x7dbl_4(branch7x7dbl)
        branch7x7dbl = self.branch7x7dbl_5(branch7x7dbl)

        branch_pool = F.avg_pool2d(x, kernel_size=3, stride=1,
padding=1)
        branch_pool = self.branch_pool(branch_pool)

        outputs = [branch1x1, branch7x7, branch7x7dbl, branch_pool]
        return torch.cat(outputs, 1)
```

4. InceptionD 模块

InceptionD 是一个降采样模块。和 InceptionB 模块相比，InceptionD 添加了和 InceptionC 模块类似的 1×7 的卷积模块和 7×1 的卷积模块的组合，模拟单个 7×7 的卷积模块。这两个模块并不用于降采样，降采样由随后的 3×3 的步长为 2 的卷积模块完成，具体结构如图 4.13 所示。可以看到，InceptionD 和 InceptionB 类似，仅仅是把中间分支的第一个 3×3 卷积模块替换成两个卷积模块，即一个 1×7 和一个 7×1 的卷积模块的组合。

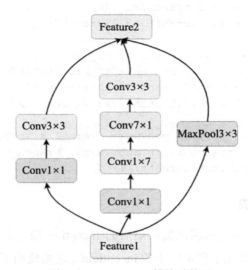

图 4.13　InceptionD 模块结构图

具体的 InceptionD 模块代码如代码 4.18 所示。

代码 4.18　InceptionD 模块代码。

```
class InceptionD(nn.Module):

    def __init__(self, in_channels):
        super(InceptionD, self).__init__()
        self.branch3x3_1 = BasicConv2d(in_channels, 192, kernel_size=1)
        self.branch3x3_2 = BasicConv2d(192, 320, kernel_size=3, stride=2)

        self.branch7x7x3_1 = BasicConv2d(in_channels, 192, kernel_size=1)
        self.branch7x7x3_2 = BasicConv2d(192, 192, kernel_size=(1, 7), padding=(0, 3))
        self.branch7x7x3_3 = BasicConv2d(192, 192, kernel_size=(7, 1), padding=(3, 0))
```

```
        self.branch7x7x3_4 = BasicConv2d(192, 192, kernel_size=3,
stride=2)

    def forward(self, x):
        branch3x3 = self.branch3x3_1(x)
        branch3x3 = self.branch3x3_2(branch3x3)

        branch7x7x3 = self.branch7x7x3_1(x)
        branch7x7x3 = self.branch7x7x3_2(branch7x7x3)
        branch7x7x3 = self.branch7x7x3_3(branch7x7x3)
        branch7x7x3 = self.branch7x7x3_4(branch7x7x3)

        branch_pool = F.max_pool2d(x, kernel_size=3, stride=2)
        outputs = [branch3x3, branch7x7x3, branch_pool]
        return torch.cat(outputs, 1)
```

5. InceptionE 模块

在全局平均池化和全连接层之前的最后的 Inception 模块是 InceptionE 模块，具体结构如图 4.14 所示。相比于图 4.11 中的 InceptionC，这里使用了两个平行的 Conv1×3 和 Conv3×1 卷积模块拼接在一起来模拟 Conv3×3，这样的设计是为了更容易分离特征，同时加快训练速度，相应的代码如代码 4.19 所示。

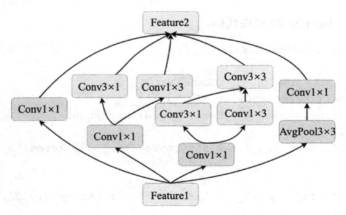

图 4.14　InceptionE 模块结构图

代码 4.19　InceptionE 模块代码。

```
class InceptionE(nn.Module):
```

```python
    def __init__(self, in_channels):
        super(InceptionE, self).__init__()
        self.branch1x1 = BasicConv2d(in_channels, 320, kernel_size=1)

        self.branch3x3_1 = BasicConv2d(in_channels, 384, kernel_size=1)
        self.branch3x3_2a = BasicConv2d(384, 384, kernel_size=(1, 3),
            padding=(0, 1))
        self.branch3x3_2b = BasicConv2d(384, 384, kernel_size=(3, 1),
            padding=(1, 0))

        self.branch3x3dbl_1 = BasicConv2d(in_channels, 448,
kernel_size=1)
        self.branch3x3dbl_2 = BasicConv2d(448, 384, kernel_size=3,
padding=1)
        self.branch3x3dbl_3a = BasicConv2d(384, 384, kernel_size=(1,
3),
            padding=(0, 1))
        self.branch3x3dbl_3b = BasicConv2d(384, 384, kernel_size=(3,
1),
            padding=(1, 0))

        self.branch_pool = BasicConv2d(in_channels, 192,
kernel_size=1)

    def forward(self, x):
        branch1x1 = self.branch1x1(x)

        branch3x3 = self.branch3x3_1(x)
        branch3x3 = [
            self.branch3x3_2a(branch3x3),
            self.branch3x3_2b(branch3x3),
        ]
        branch3x3 = torch.cat(branch3x3, 1)

        branch3x3dbl = self.branch3x3dbl_1(x)
        branch3x3dbl = self.branch3x3dbl_2(branch3x3dbl)
        branch3x3dbl = [
            self.branch3x3dbl_3a(branch3x3dbl),
            self.branch3x3dbl_3b(branch3x3dbl),
        ]
        branch3x3dbl = torch.cat(branch3x3dbl, 1)
```

```
            branch_pool = F.avg_pool2d(x, kernel_size=3, stride=1,
padding=1)
            branch_pool = self.branch_pool(branch_pool)

            outputs = [branch1x1, branch3x3, branch3x3dbl, branch_pool]
            return torch.cat(outputs, 1)
```

由于 Inception 网络的深度比较广，而且 InceptionNet v3 的设计中没有引入残差模块的结构（InceptionNet v4 有添加相应的结构），为了能够增加模型训练的效率和准确率，在训练的时候引入了一个辅助的网络，接在 InceptionC3 模块之后，用这个辅助的网络对目标进行预测，计算相应的损失函数，最后把损失函数和图 4.9 中 fc1 输出结果计算得到的损失函数相加，得到总的损失函数，来对深度学习模型进行优化（对应的网络为 InceptionAux，只参与训练，不参与预测），具体的结构比较简单，这里仅展示一下代码，如代码 4.20 所示。

代码 4.20 InceptionAux 模块代码。

```python
class InceptionAux(nn.Module):

    def __init__(self, in_channels, num_classes):
        super(InceptionAux, self).__init__()
        self.conv0 = BasicConv2d(in_channels, 128, kernel_size=1)
        self.conv1 = BasicConv2d(128, 768, kernel_size=5)
        self.conv1.stddev = 0.01
        self.fc = nn.Linear(768, num_classes)
        self.fc.stddev = 0.001

    def forward(self, x):
        x = F.avg_pool2d(x, kernel_size=5, stride=3)
        x = self.conv0(x)
        x = self.conv1(x)
        x = F.adaptive_avg_pool2d(x, (1, 1))
        x = torch.flatten(x, 1)
        x = self.fc(x)
        return x
```

根据代码可知，这个模块没有使用 Inception 的结构，仅仅是平均池化、卷积和全连接的堆叠，最后输出类别数目的值。如果使用 Softmax 函数，可以得到对应类别的概率。

4.4　目标检测：SSD

作为图像分类任务的一个后续，这里介绍一下目标检测深度学习模型。前面已经介绍过，图像分类神经网络能够提取出图像在不同尺度上的特征，其中前几层卷积网络输出的是小尺度的局域特征，中间几层是中等尺度的特征，后面几层对应的是全局尺度的特征。因此，通过这些卷积层，我们能够获得一幅图片在不同尺度上包含的物体信息。这个也是目标检测的原理。本节将会介绍如何使用预训练的深度学习模型来获得对应层的特征，并且用这些特征来预测不同尺度对应的目标。

4.4.1　SSD 的骨架网络结构

SSD（Single Shot MultiBox Detector）是一种单阶段的目标检测算法，通过输入一张图片，神经网络可以预测对应物体的选框和选框对应物体的种类信息。在原始的资料[43]中，使用了 VGG16 这个图像分类网络作为特征提取的骨架（Backbone）网络（也可以使用其他的骨架网络，比如 ResNet-34 和 MobileNet 等，为了方便和资料对比，这里和原始资料保持一致），所以这里首先介绍 VGG16 网络的结构。如图 4.15 所示，VGG16 模型输入的图像和 ImageNet 一致，其大小为 $N\times3\times224\times224$。VGG16 模型主要由 5 个卷积模块构成，分别标记为 conv1、conv2、conv3、conv4、conv5。其中 conv1 由两个 3×3 的步长为 1 的卷积层（包含后续的 ReLU 激活函数）和一个 2×2 的步长为 2 的最大池化组成，卷积的输出特征通道数目为 64；conv2 由两个 3×3 的步长为 1 的卷积层（包含后续的 ReLU 激活函数）和一个 2×2 的步长为 2 的最大池化组成，卷积的输出特征通道数目为 128；conv3 由三个 3×3 的步长为 1 的卷积层（包含后续的 ReLU 激活函数）和一个 2×2 的步长为 2 的最大池化组成，卷积的输出特征通道数目为 256；conv4 和 conv5 由三个 3×3 的步长为 1 的卷积层（包含后续的 ReLU 激活函数）和一个 2×2 的步长为 2 的最大池化组成，卷积的输出特征通道数目为 512。后续的全连接层在 SSD 模型中不会用到，这里略去不再叙述。

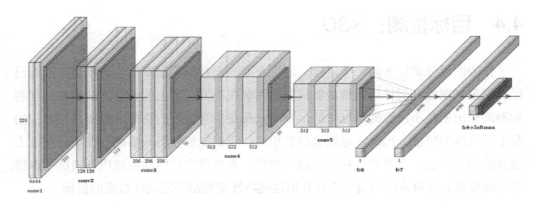

图 4.15　VGG16 模型结构图

4.4.2　SSD 的特征提取网络结构

和 VGG16 模型的输入大小不一样，SSD 模型采用了不同的输入图像尺寸，因此，经过卷积和池化以后的模型特征输出和 VGG16 不同。常用的模型有 SSD300 和 SSD512，分别代表 300×300 和 512×512 的输入图像大小。输入图像需要依次经过 conv1～conv5 的计算，其中 conv4 和 conv5 的中间特征输出将会被保留下来，用于模型后续的预测。如图 4.16 所示（这里略过了 conv1～conv3 的部分，因为这三个层参与特征计算的中间过程，但不参与特征输出），在输入图像大小为 300×300 的情况下，conv4 输出的张量空间大小为 38×38，这是第一个特征。中间使用最大池化做降采样，经过 conv5、conv6 和 conv7 的计算，输出张量的空间大小为 19×19，这个张量是第二个特征。其中，为了扩大特征的感受野，conv6 使用了 3×3 的扩张卷积，其扩张参数（dilation）为 6，为了保证输出张量的空间大小和输入张量的空间大小一致，在卷积中设置了填充为 6。接下来的 conv7 使用的是 1×1 的卷积，输出通道数目为 1024。为了能够检测到更大的物体，在 conv7 之后引入了 conv8_1 和 conv8_2，对特征进行降采样（特征降采样意味着该特征对应的图像区域增大，这是一个需要注意的点）。其中，conv8_1 使用的是 1×1 的卷积，步长为 1，输出的通道是 256；conv8_2 使用的是 3×3 的卷积，步长为 2，填充为 1，输出的通道是 512，对应特征的空间大小为 10×10。同样，comv9_1 和 conv9_2 也是一个降采样的过程，分别是 1×1 的卷积，步长为 1，输出的通道是 128，以及 3×3 的卷积，步长为 2，填充为 1，输出的通道是 256，对应的输出特征的空间大小为 5×5。到了 conv10_1 和 conv10_2 层的时候，第一层仍然使用 1×1 的卷积，输出通道为 128，由于对应的空间大小已经很小，不需要使用步长为 2 的 3×3 的卷积进行降采样，直接使用步长为 1、填充为 0 的 3×3 的卷积进行降采样，输出的特征空间大小为 3×3，输出通道为 256。和 conv10 类似，conv11_1 和 conv11_2 同样使用了 1×1 的卷积，输出通道为 128、步长为 1、填充为 0 的 3×3 的卷积，最后输出特征空间的大小为 1×1。

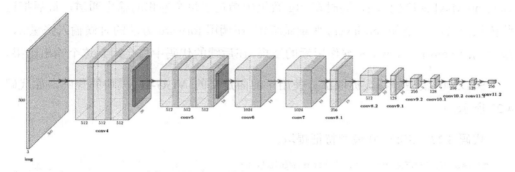

图 4.16　SSD300 模型的特征提取部分

VGG-16 的 conv1～conv4 如代码 4.21 所示。

代码 4.21　VGG-16 代码（conv1～conv4）。

```
class VGG16(nn.Module):
    def __init__(self):
        super(VGG16, self).__init__()
        self.layers = self._make_layers()

    def forward(self, x):
        y = self.layers(x)
        return y

    def _make_layers(self):
        cfg = [64, 64, 'M', 128, 128, 'M', 256, 256, 256, 'M', 512, 512, 512]
        layers = []
        in_channels = 3
        for x in cfg:
            if x == 'M':
                layers += [nn.MaxPool2d(kernel_size=2, stride=2,
                    ceil_mode=True)]
```

```
            else:
                layers += [nn.Conv2d(in_channels, x, kernel_size=3,
padding=1),nn.ReLU(True)]
                in_channels = x
        return nn.Sequential(*layers)
```

整个代码的结构更简单，通过使用 nn.Sequential 组合了 nn.Conv2d 和 nn.ReLU，以及 nn.MaxPool2d 模块，同时在 cfg 数组中指定了每个卷积的输出通道，最后把这些模块组合的模型和 self.layers 变量做绑定。在调用 forward 方法的时候输入张量 x，最后输出 conv1～conv4 相继作用后的结果，在后续的代码中将会用到这个输出结果。

SSD300 模型的特征提取部分使用了前面定义的 VGG-16 模块的代码，如代码 4.22 所示。

代码 4.22　SSD300 模型特征提取。

```python
class VGG16Extractor300(nn.Module):
    def __init__(self):
        super(VGG16Extractor300, self).__init__()
        
        self.features = VGG16()
        self.norm4 = L2Norm(512, 20)
        
        self.conv5_1 = nn.Conv2d(512, 512, kernel_size=3, padding=1,
            dilation=1)
        self.conv5_2 = nn.Conv2d(512, 512, kernel_size=3, padding=1,
            dilation=1)
        self.conv5_3 = nn.Conv2d(512, 512, kernel_size=3, padding=1,
            dilation=1)
        
        self.conv6 = nn.Conv2d(512, 1024, kernel_size=3, padding=6,
            dilation=6)
        self.conv7 = nn.Conv2d(1024, 1024, kernel_size=1)
        
        self.conv8_1 = nn.Conv2d(1024, 256, kernel_size=1)
        self.conv8_2 = nn.Conv2d(256, 512, kernel_size=3, stride=2,
            padding=1)
        
        self.conv9_1 = nn.Conv2d(512, 128, kernel_size=1)
        self.conv9_2 = nn.Conv2d(128, 256, kernel_size=3, stride=2,
            padding=1)
```

```python
        self.conv10_1 = nn.Conv2d(256, 128, kernel_size=1)
        self.conv10_2 = nn.Conv2d(128, 256, kernel_size=3)

        self.conv11_1 = nn.Conv2d(256, 128, kernel_size=1)
        self.conv11_2 = nn.Conv2d(128, 256, kernel_size=3)

    def forward(self, x):
        hs = []
        h = self.features(x)
        hs.append(self.norm4(h))  # conv4_3

        h = F.max_pool2d(h, kernel_size=2, stride=2,
            ceil_mode=True)

        h = F.relu(self.conv5_1(h))
        h = F.relu(self.conv5_2(h))
        h = F.relu(self.conv5_3(h))
        h = F.max_pool2d(h, kernel_size=3, stride=1, padding=1,
            ceil_mode=True)

        h = F.relu(self.conv6(h))
        h = F.relu(self.conv7(h))
        hs.append(h)  # conv7

        h = F.relu(self.conv8_1(h))
        h = F.relu(self.conv8_2(h))
        hs.append(h)  # conv8_2

        h = F.relu(self.conv9_1(h))
        h = F.relu(self.conv9_2(h))
        hs.append(h)  # conv9_2

        h = F.relu(self.conv10_1(h))
        h = F.relu(self.conv10_2(h))
        hs.append(h)  # conv10_2

        h = F.relu(self.conv11_1(h))
        h = F.relu(self.conv11_2(h))
        hs.append(h)  # conv11_2
        return hs
```

在 VGG16Extractor300 类的 forward 方法中，初始化了一个特征列表 hs，并且往这个特征列表 hs 中分别添加了 conv4_3、conv7、conv8_2、conv9_2、conv10_2 和 conv11_2 共 6 个特征提取的输出结果。如前所述，这几个特征提取模块输出的特征空间大小分别为 38×18、19×19、10×10、5×5、3×3 和 1×1。需要注意的是，从 conv4_3 特征的输出可以看到，在输出该特征之前，经过了 L2Norm 模块，具体的 L2Norm 模块的代码如代码 4.23 所示。

代码 4.23 L2Norm 模块代码。

```
class L2Norm(nn.Module):

    def __init__(self, in_features, scale):
        super(L2Norm, self).__init__()
        self.weight = nn.Parameter(torch.Tensor(in_features))
        self.reset_parameters(scale)

    def reset_parameters(self, scale):
        nn.init.constant(self.weight, scale)

    def forward(self, x):
        x = F.normalize(x, dim=1)
        scale = self.weight[None,:,None,None]
        return scale * x
```

从代码中可以看到，对输入张量，L2Norm 模块沿着通道的方向做了 L2 归一化处理，也就是对每个张量取平方，沿着通道方向求和，然后开平方根，求得张量沿着通道的 L2 模长张量，然后使用张量的广播，让输入的张量除以 L2 模长张量，最后按照通道乘以一个可训练的权重。具体的 L2Norm 如式（4.1）所示，其中，w 是可训练的权重，其大小和张量的通道大小相同。对于 conv4_3 输出特征，需要 L2Norm 进行归一化处理，其原因主要是 conv4_3 的特征和后面几层的张量的数值大小不匹配，做归一化处理有利于所有的特征层提取到的张量数值大小统一，从而有利于模型的数值优化和收敛。

$$\text{L2Norm}(x) = w \frac{x_{NCHW}}{\sum_C x_{NCHW}^2} \tag{4.1}$$

4.4.3 锚点框和选框预测

有了通过卷积神经网络提取的特征值后，需要根据这些特征值来预测物体的选框和分类信息。这里首先要介绍锚点框（Anchor Box）的概念。根据特征张量，可以使用卷积神经网络的方法来预测选框的信息。一般来说，某个具体的选框与选框附近的特征值有关。为了方便叙述，这里从图 4.17 出发，展示了两个不同的锚点框。图 4.17 的输出是一个空间大小为 10×10 的特征张量，这里取其中一个值，设置了两个锚点框，一个锚点框用于预测高宽比 h/w（这里竖直方向为高度 h，水平方向为宽度 w）小于 1 的物体，另一个锚点框用于预测高宽比 h/w 大于 1 的物体。同一个特征张量的位置可以设置不同的锚点框。锚点框需要映射到具体的输入张量，需要根据特征张量的大小和输入张量的大小更改锚点框的缩放比（就是锚点框映射到输入图像的大小）和特征张量的步长（每次特征张量移动到相邻的位置，锚点框映射到输入图像移动的像素数目）。理论上说，一个特征对应的锚点框可以有很多个，对应不同大小和高宽比的选框，在 SSD300 中，根据特征层的不同，会选择 4~6 个不同的锚点框。对于 SSD300，对应 conv4_3、conv7、conv8_2、conv9_2、conv10_2 和 conv11_2 这 6 个特征张量，每个特征张量的元素对应的锚点框的数目分别为 4、6、6、6、4 和 4 个，锚点框的基础大小（对应检测到物体的基本尺寸）分别为 30、60、111、162、213、264 和 315（注意这里多了一个尺寸），特征张量的步长（相对输入图像而言）分别为 8、16、32、64、100 和 300。这里简单介绍一下如何根据这些参数计算某一个锚点框的中心位置。假如使用了 conv7 的输出特征作为锚点框，根据前面的知识可以知道，这个输出特征是 19×19，意味着如果在里面选一个特征点 (i, j)，则 $0 \leq i < 19$，$0 \leq j < 19$，特征点的坐标会偏移 0.5，目的是为了使锚点框的中心和特征点的中心重合。所以，相对于当前的特征张量，锚点框的坐标为 $(i+0.5, j+0.5)$。根据步长的数据可以知道，对应 conv7 的步长为 16，因此，最后该锚点框相对于输入图像的坐标为 $(16*(i+0.5), 16*(j+0.5))$。

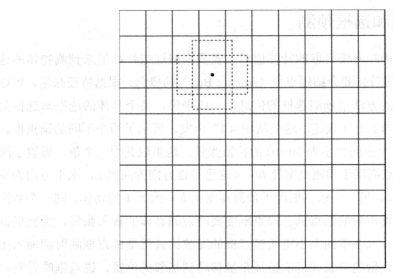

图 4.17 10×10 的特征张量和对应的锚点框

下一步是计算锚点框相对于输入图像的高度和宽度。第一个锚点框的大小为锚点框的基础大小，对于 conv7，根据上面的数据可以知道是 60×60；第二个锚点框的大小为当前锚点框的大小和下一个锚点框的大小的乘积的平方根。可以知道，对于 conv7，这个锚点框的边的长度为 $\sqrt{60 \times 111}$，根据简单的计算可以得到，大约是 82×82。第二个锚点框的存在是锚点框基础大小个数为 7 个，而不是 6 个的原因，因为最后一个特征输出 conv11_2 计算第二个锚点框的时候需要参考第 7 个基础大小。可以知道，前两个锚点框为正方形的锚点框，第三个和第四个锚点框是矩形的锚点框，高宽比 h/w 分别为 2∶1 和 1∶2。假设基础锚点框大小为 s_k，则对应的两个锚点框的高宽分别为 ($s_k \times \sqrt{2}, s_k/\sqrt{2}$) 和 ($s_k/\sqrt{2}, s_k \times \sqrt{2}$)。这样能够保持锚点框的面积不变。

以上是 4 个锚点框的情况，对于 6 个锚点框，需要增加高宽比分别为 3∶1 和 1∶3 的两个锚点框，对应的高宽比分别为 ($s_k \times \sqrt{3}, s_k/\sqrt{3}$) 和 ($s_k/\sqrt{3}, s_k \times \sqrt{3}$)。对于 conv7 来说，由于有 6 个锚点框，前面已经计算出了两个锚点框，对于高宽比 h/w 分别为 2∶1 和 1∶2 的两个锚点框，其大小分别为(85, 42)和(42, 85)；对于高宽比 h/w 分别为 3∶1 和 1∶3 的两个锚点框，其大小分别为(104,35)和(35,104)。对于 SSD300，可以计算出共有 38×38×4+19×19×6+10×10×6+5×5×6+3×3×4+1×1×4=8732 个锚点框，每个锚点框都有自己的坐标和大小。

有了锚点框的基本概念后，下面介绍锚点框如何使用。假如一个锚点框的坐标为 (x, y, w, h)，其中 (x, y) 是锚点框在输入图像中的中心坐标，(w, h) 是锚点框在输入图像中的高度和宽度，而神经网络预测的选框为 (x', y', w', h')，其中，(x', y') 是预测选框在输入图像中的坐标，(w', h') 是预测选框在输入图像中的高度和宽度，这里定义回归的目标为新的坐标 (g^x, g^y, g^w, g^h)，计算公式如式（4.2）~式（4.5）所示。

$$g^x = \frac{x' - x}{w} \tag{4.2}$$

$$g^y = \frac{y' - y}{h} \tag{4.3}$$

$$g^w = \log\left(\frac{w'}{w}\right) \tag{4.4}$$

$$g^h = \log\left(\frac{h'}{h}\right) \tag{4.5}$$

SSD 模型并不直接预测 (x', y', w', h')，输出的是 (g^x, g^y, g^w, g^h)，通过式（4.2）~式（4.5）可知，在已知 SSD300 的锚点框的情况下，通过逆变换来反推计算 (x', y', w', h')。除了选框位置的预测，还需要预测选框对应的物体的种类。因此，假如有 c 个预测分类（包含实际的物体和一个背景类，即预测选框中没有任何物体）和 k 个锚点框，那么最后神经网络的输出应该是 $k(c+4)$ 个。

根据以上关于锚点框的叙述，可以得到 SSD300 根据特征进行目标检测的神经网络的具体代码，如代码 4.24 所示。

代码 4.24 SSD300 根据特征进行目标检测的代码。

```
class SSD300(nn.Module):
    steps = (8, 16, 32, 64, 100, 300)
    box_sizes = (30, 60, 111, 162, 213, 264, 315)
    aspect_ratios = ((2,), (2,3), (2,3), (2,3), (2,), (2,))
    fm_sizes = (38, 19, 10, 5, 3, 1)

    def __init__(self, num_classes):
        super(SSD300, self).__init__()
```

```python
        self.num_classes = num_classes
        self.num_anchors = (4, 6, 6, 6, 4, 4)
        self.in_channels = (512, 1024, 512, 256, 256, 256)

        self.extractor = VGG16Extractor300()
        self.loc_layers = nn.ModuleList()
        self.cls_layers = nn.ModuleList()
        for i in range(len(self.in_channels)):
            self.loc_layers += [nn.Conv2d(self.in_channels[i],
                self.num_anchors[i]*4, kernel_size=3, padding=1)]
            self.cls_layers += [nn.Conv2d(self.in_channels[i],
                self.num_anchors[i]*self.num_classes, kernel_size=3,
                    padding=1)]

def forward(self, x):
    loc_preds = []
    cls_preds = []
    xs = self.extractor(x)
    for i, x in enumerate(xs):
        loc_pred = self.loc_layers[i](x)
        loc_pred = loc_pred.permute(0,2,3,1).contiguous()
        loc_preds.append(loc_pred.view(loc_pred.size(0),-1,4))

        cls_pred = self.cls_layers[i](x)
        cls_pred = cls_pred.permute(0,2,3,1).contiguous()
        cls_preds.append(cls_pred.view(cls_pred.size(0),-1,
            self.num_classes))

    loc_preds = torch.cat(loc_preds, 1)
    cls_preds = torch.cat(cls_preds, 1)
    return loc_preds, cls_preds
```

在 SSD300 模块的类定义中包含了 steps,即锚点框的步长;box_sizes 即锚点框的基础大小;aspect_ratios 即锚点框的高宽比,以及特征张量的空间大小。这个类需要输入分类的个数 num_classes,并且使用 VGG16Extractor300 类来计算 VGG-16 模型提取的特征。可以看到,不同的特征输出都对应了两个卷积层,self.loc_layers 是选框位置的预测层,预测的是选框经过锚点框作为参数的变换以后输出的预测值(g^x, g^y, g^w, g^h);self.cls_layers 是选框所包含物体种类的预测层,预测的是选框中包含的物体的具体类型。为了方便后续损失函数的计算,这里进行了张量的维度交换

(使用 permute 方法),把通道的维度交换到最后。

4.4.4 输入数据的预处理

有了 SSD300 模型的构造后,为了能够训练这个模型,需要对输入进行预处理。这里结合 COCO 数据集介绍如何对数据进行预处理。COCO 数据集输出的是图像,以及图像对应的物体选框的坐标(x, y, w, h)和选框对应物体的类型 id(COCO 数据集有 80 类,但是编号是 1~91,中间略过一些编号,需要对这些编号做一定的映射,输出 1~80 的值,并且给背景预留编号 0)。由于图像对应的选框坐标是(x_1, y_1, w, h),对应的是选框左上角点的坐标(x_1, y_1),以及选框的宽度和高度(w, h),在利用这些选框的时候,需要转换为两种坐标,第一种是左上角点和右下角点的坐标(x_1, y_1, x_2, y_2),其中左上角点的坐标是(x_1, y_1),右下角点的坐标是(x_2, y_2);另外一种坐标是(x, y, w, h),即选框中心的坐标(x, y),以及选框的宽度和高度(w, h)。对于图像也需要做一定的预处理,在介绍预处理方法之前,首先介绍判断两个选框之间重叠的概念,即 IoU(Intersection over Union)又称 Jaccard 指数。

如图 4.18 所示,有两个矩形区域 1 和 2,它们之间的重叠区域(阴影部分)被标记为 3,IoU 的值定义为两个矩形区域交集的面积(即 3 的面积)比上两个区域的并集的面积(即 1 的面积加上 2 的面积,再减去 3 的面积),具体如式(4.6)所示。IoU 的值可以很容易地通过两个选框之间的(x_1, y_1, x_2, y_2)坐标给出,具体计算方法是根据两个选框的(x_1, y_1, x_2, y_2)坐标计算重叠区域的左上角点和右下角点(同时判断两个选框是否不重叠,如果不重叠,直接返回 0),根据重叠区域的角点计算重叠区域的面积,然后根据重叠区域的面积和两个选框的面积计算 IoU 的值。

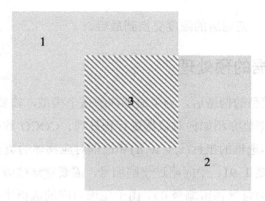

图 4.18　两个重叠的矩形区域示意图

$$\text{IoU}(A, B) = \frac{A \cap B}{A \cup B} = \frac{S(A \cap B)}{S(A) + S(B) - S(A \cap B)} \tag{4.6}$$

在对图像进行预处理的时候，需要在以下三种情况中随机选择：

- 使用整幅图像。
- 随机在原始图像的[0.1, 1]倍面积中取样，满足图像的高宽比在[0.5, 2]范围内，同时有该取样的位置和图像选框位置的最小 IoU 大于 0.1、0.3、0.5、0.7 和 0.9（从这 5 个数中随机选择一个数）。
- 随机在原始图像的[0.1, 1]倍面积中取样，满足图像的高宽比在[0.5, 2]范围内。

在处理图像后，如果选框的中心位置在新的图像内，则保留这个选框，否则丢弃这个选框。在选择图像的一部分（或全部）输出之后，需要对图像做随机的水平翻转处理（注意选框也要一并翻转），同时做一定的颜色变换（在 HSV 空间内，即色调、饱和度、明度空间内，一般可以选择上下浮动 10%左右）。

由于 SSD300 输出的是 8732 个选框的信息，而输入的选框数目有限，因此，需要把输入选框分配给这 8732 个选框。分配的方法是根据训练集的选框和锚点框的匹配，其匹配原则是：如果有多个目标选框匹配到锚点框（IoU > 0），则选择 IoU 最大的选框和锚点框匹配；如果仅有一个目标选框和锚点框匹配，则直接把它们关联在一起，一个目标选框可以匹配到多个锚点框。最后根据锚点框和目标选框的 (x, y, w, h) 坐标，由式（4.2）~式（4.5）计算新的坐标参数（g^x, g^y, g^w, g^h）。在计算完新的坐标参数后，也需要给每个坐标分配对应的标签，如果没有选框，则对应的标签为 0（背景）。

4.4.5 损失函数的计算

有了标签和坐标参数之后，就能根据它们计算得到损失函数。在计算损失函数时，首先计算选框的回归损失函数（Bounding Box Regression Loss）。这里使用的函数是光滑 L1 损失函数（SmoothL1Loss），即 F.smooth_l1_loss 函数，具体如式（4.7）所示，其中，x 是神经网络的预测结果和坐标参数 (g^x, g^y, g^w, g^h) 的差值。

$$\text{SmoothL1Loss}(x) = \begin{cases} |x| - 0.5, x > 1 \\ 0.5x^2, x \leqslant 1 \end{cases} \quad (4.7)$$

之所以要使用这个损失函数，是为了避免异常值（Outlier）影响模型训练过程中的稳定性，从而加快模型的收敛。直观地看，当输入变量 $x > 1$ 的时候，对应的梯度绝对值恒定为 1，而当 $x \leqslant 1$ 的时候，对应的梯度为 x，因此相应的梯度随着 x 的减小而变小。对于异常值 $x > 1$ 时，由于其对应的梯度恒定为 1，从而避免了 x 很大的时候模型的梯度太大导致模型不熟练。回归损失函数仅对标签大于 0 的部分有意义，因为背景选框不在预测范围内。具体对应到代码 4.25 中，在 forward 方法中，mask 的计算对应着选框不是背景选框的部分。其次是选框的分类损失函数（Bounding Box Classification Loss）。一般来说，分类的部分包含背景类，即不含任何物体的分类（对应的选框为任意，不参与选框回归损失函数的计算，前面已经有介绍）。

代码 4.25 SSD300 模型的损失函数。

```
class SSDLoss(nn.Module):
    def __init__(self, num_classes):
        super(SSDLoss, self).__init__()
        self.num_classes = num_classes

    def _hard_negative_mining(self, cls_loss, pos):

        cls_loss = cls_loss * (pos.float() - 1)

        _, idx = cls_loss.sort(1)   # 损失函数排序
        _, rank = idx.sort(1)
```

```python
        num_neg = 3*pos.sum(1)
        neg = rank < num_neg[:,None]
        return neg

    def forward(self, loc_preds, loc_targets, cls_preds, cls_targets):

        pos = cls_targets > 0
        batch_size = pos.size(0)
        num_pos = pos.sum().item()

        mask = pos.unsqueeze(2).expand_as(loc_preds)
        loc_loss = F.smooth_l1_loss(loc_preds[mask], loc_targets[mask],size_average=False)

        cls_loss = F.cross_entropy(cls_preds.view(-1,self.num_classes), \ cls_targets.view(-1), reduce=False)
        cls_loss = cls_loss.view(batch_size, -1)
        cls_loss[cls_targets<0] = 0  # 设置忽略的损失函数为 0
        neg = self._hard_negative_mining(cls_loss, pos)
        cls_loss = cls_loss[pos|neg].sum()

        loss = (loc_loss+cls_loss)/num_pos
        return loss
```

由于在目标检测的实际情况中，负样本（背景选框）的数目远远多于正样本（物体选框）的数目，如果让负样本和正样本的损失函数一起参与训练，模型会偏向于预测负样本，显然不是我们希望的结果。为了模型能够正确地预测正样本和负样本，这里采用一个技巧，称为困难负样本挖掘（Hard Negative Mining），其基本原理是首先求得所有正样本的数目，并得到正样本的损失函数，然后对负样本的损失函数进行排序，取损失函数比较大的，而且是正样本数目一定倍数（比如 3 倍）的负样本的损失函数和正样本的损失函数求和。由于负样本的损失函数比较大，属于预测比较困难的部分，因此叫作困难负样本挖掘。最后把回归损失函数和分类损失函数加在一起，除以正样本的数目，作为损失函数范围，即 SSD 模型的损失函数。具体损失函数的代码可以参考代码 4.25，其中包含_hard_negative_mining 方法作为困难负样本挖掘。在代码 4.25 中，loc_preds 是选框位置的预测，loc_targets 是训练集给出的选框位置，cls_preds 是选框类型的预测，cls_targets 是训练集给出的选框类型。

4.4.6　模型的预测和非极大抑制算法

模型的优化很简单，使用随机梯度下降算法，学习率在 10^{-3} 左右，经过 1～2 次学习率衰减，即可完成模型的训练。在使用训练完成的模型进行预测的时候，由于预测的选框数目很多，需要经过过滤。对于每个分类，首先要选择预测的概率大于 0.05 的选框，其次要使用非极大抑制算法（Non-Maximum Supression，NMS）对重叠的选框进行去重。非极大抑制算法的流程如下：

首先在某一类中选择概率最大的选框，记录这个选框，并且删除所有这一类中和这个选框 IoU 大于一定值的选框（一般选择 IoU > 0.5）。

然后继续选择概率最大的选框，添加到记录中，基于删除和当前选框 IoU 大于一定值的选框，重复以上过程，直到没有选框为止。

通过遍历所有的类型（不包括背景类型），得到所有类型（其中每个类型 IoU 重叠都不大于 0.5）的选框。非极大抑制算法的具体代码可以参考代码 4.26，其中输入 bboxes 是所有的选框，scores 是选框对应的概率，threshhold 是选框的 IoU 的阈值（默认为 0.5），在算法中会计算所有选框相对于某个最大概率选框的 IoU，IoU 大于这个阈值的所有选框将从选框列表中移除。

代码 4.26　非极大抑制算法代码示例。

```
def box_nms(bboxes, scores, threshold=0.5):
    x1 = bboxes[:,0]
    y1 = bboxes[:,1]
    x2 = bboxes[:,2]
    y2 = bboxes[:,3]

    areas = (x2-x1) * (y2-y1)
    _, order = scores.sort(0, descending=True)

    keep = []
    while order.numel() > 0:
        i = order[0]
        keep.append(i)
```

```
        if order.numel() == 1:
            break

        xx1 = x1[order[1:]].clamp(min=x1[i].item())
        yy1 = y1[order[1:]].clamp(min=y1[i].item())
        xx2 = x2[order[1:]].clamp(max=x2[i].item())
        yy2 = y2[order[1:]].clamp(max=y2[i].item())

        w = (xx2-xx1).clamp(min=0)
        h = (yy2-yy1).clamp(min=0)
        inter = w * h

        overlap = inter / (areas[i] + areas[order[1:]] - inter)
        ids = (overlap<=threshold).nonzero().squeeze()
        if ids.numel() == 0:
            break
        order = order[ids+1]
    return torch.tensor(keep, dtype=torch.long)
```

4.5 图像分割：FCN 和 U-Net

除目标检测任务外，另一个常见的和图像中物体分类有关的任务是图像分割。相比于目标检测任务，图像分割任务是像素级别的，即需要对每个像素进行分类，决定这个像素代表着具体的物体的类型。由于物体的检测也是基于深度学习模型提取的特征，因此，图像分割任务也使用了图像分类的模型作为骨架模型。图 4.19 演示了 COCO 中的图像分割示意图，可以看到，在图像中，不同物体的像素被标记了不同的颜色（图中是按照物体对图像进行像素级别的分割，也可以按照分类对图像进行像素级别的分割）。这里介绍按照分类对图像进行像素级别分割的深度学习模型。

图 4.19　COCO 图像分割任务示意图

4.5.1　FCN 网络结构

FCN（Fully Convolutional Networks）即全卷积网络[44]，这里使用 ResNet 的结构来阐述 FCN 的工作原理。根据图 4.6 中显示的 ResNet 的结构可以看到，layer1、layer2、layer3、layer4 输出的结果分别为输入图像降采样到原来的 1/4、1/8、1/16、1/32 的结果，在 PyTorch 的官方实现中，主要使用的是 layer4 输出的特征进行卷积，然后上采样到和原来的图像一样的形状，通过和原始图像的像素分割的遮罩（mask）比较来实现像素级别物体的预测。

FCN 的结构如图 4.20 所示，可以看到，在 ResNet 的基础上，最后一层的 fc 层被转换成了两个卷积神经网络层，最后输出原图像 1/32 大小的特征，这个特征的通道数为 K，其中 K 是像素点分类的个数（包含背景类），然后使用转置卷积（Deconv）或者其他上采样的方法（比如使用线性插值的方法）来对特征进行上采样，最后输出和原始输入图像大小一致的但通道数目为像素点分类个数的张量，并使用这个张量来按照通道计算 Softmax 函数，计算每个像素点对应某个分类的概率。

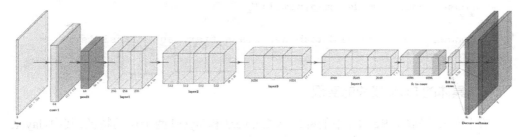

图 4.20　FCN 模型结构

1. 特征提取部分

FCN 模型的结构主要分为两部分，第一部分是特征提取部分，其代码如代码 4.27 所示。

代码 4.27　FCN 特征提取代码。

```
def _segm_resnet(name, backbone_name, num_classes, aux,
    pretrained_backbone=True):

    backbone = resnet.__dict__[backbone_name](
```

```
        pretrained=pretrained_backbone,
        replace_stride_with_dilation=[False, True, True])

    return_layers = {'layer4': 'out'}
    if aux:
        return_layers['layer3'] = 'aux'
    backbone = IntermediateLayerGetter(backbone, return_layers=return_layers)

    aux_classifier = None
    if aux:
        inplanes = 1024
        aux_classifier = FCNHead(inplanes, num_classes)

    model_map = {
        'deeplabv3': (DeepLabHead, DeepLabV3),
        'fcn': (FCNHead, FCN),
    }
    inplanes = 2048
    classifier = model_map[name][0](inplanes, num_classes)
    base_model = model_map[name][1]

    model = base_model(backbone, classifier, aux_classifier)
    return model
```

2. 具体的 FCN 模块的实现

在代码中提取了 ResNet 中的神经网络 layer3 和 layer4 两个层的特征。其中，layer3 输出的特征用来辅助训练，不会用于预测，因此被命名为 aux 层，这部分特征是输入图像降采样到原来 1/16 以后的结果。因此，如果需要还原，就会上采样 16 倍。layer4 是最终的输出，被标记为 out，这部分会被同时用于训练和预测。可以看到，在代码中使用了 FCNHead 作为 layer3 和 layer4 特征输出的预测神经网络，并使用了 FCN 模块作为 FCN 模型的具体实现。

FCN 模型的另一个组成部分则是具体的 FCN 模块的实现，如代码 4.28 所示。

代码 4.28　FCN 模块代码。

```
class FCN(_SimpleSegmentationModel):
    pass
```

```python
class _SimpleSegmentationModel(nn.Module):
    def __init__(self, backbone, classifier, aux_classifier=None):
        super(_SimpleSegmentationModel, self).__init__()
        self.backbone = backbone
        self.classifier = classifier
        self.aux_classifier = aux_classifier

    def forward(self, x):
        input_shape = x.shape[-2:]
        features = self.backbone(x)

        result = OrderedDict()
        x = features["out"]
        x = self.classifier(x)
        x = F.interpolate(x, size=input_shape, mode='bilinear',
            align_corners=False)
        result["out"] = x

        if self.aux_classifier is not None:
            x = features["aux"]
            x = self.aux_classifier(x)
            x = F.interpolate(x, size=input_shape, mode='bilinear',
                align_corners=False)
            result["aux"] = x

        return result
```

在代码中可以看到，FCN 模块直接继承了_SimpleSegmentationModel 模块，并且传入了 backbone 模型和 classifier 分类模型，以及 aux_classifier 辅助分类模型。还可以看到，在输入图像张量 x 的情况下，首先调用 self.backbone 模块获取了特征 features。根据代码 4.27 可知，features 是一个字典，这个字典包含两个特征，第一个是 out，代表的是 ResNet 的 layer4 输出的特征；第二个是 aux，代表的是 ResNet 的 layer3 输出的特征，分别使用 self.classifier 和 self.aux_classifier 这两个分类器对输出的特征做进一步的卷积运算处理。分类器使用的是 FCNHead 类的实例，如代码 4.29 所示。

代码 4.29 FCNHead 模块代码。

```python
class FCNHead(nn.Sequential):
    def __init__(self, in_channels, channels):
```

```
        inter_channels = in_channels // 4
        layers = [
            nn.Conv2d(in_channels, inter_channels, 3, padding=1,
                bias=False),
            nn.BatchNorm2d(inter_channels),
            nn.ReLU(),
            nn.Dropout(0.1),
            nn.Conv2d(inter_channels, channels, 1)
        ]

        super(FCNHead, self).__init__(*layers)
```

从代码中可以看到，FCNHead 类包含一个 3×3 的卷积层，以及批次归一化层和 ReLU 激活函数。为了避免过拟合，添加了丢弃层，丢弃的概率是 0.1，最后则是一个 1×1 的卷积层，用于把通道数目转换为分类的数目。根据 layer3 和 layer4 输出最后的特征以后，接下来则是使用线性插值的方法对输出的张量进行上采样，这里直接使用了 F.interpolate 函数，同时使用的是 bilinear（即双线性插值）的算法来输出和图像大小一致、通道数目为分类数目的特征值。如果需要像素对应每个分类的概率，需要使用 Softmax 函数，沿着通道方向进行作用（dim=1），输出最后的概率。由于 FCNHead 继承了 nn.Sequential，因此，只需要使用 super 关键字调用 FCNHead 的基类（也就是 nn.Sequential）的构造函数，不需要定义 forward 方法。

在训练过程中，需要使用实际的数据集进行训练，具体的训练代码可以参考相关的链接。对于 COCO 数据集，需要注意几点，首先，COCO 的图像分割的格式有可能是多边形格式，即使用多边形来确定物体分割的边界。在这种情况下，需要把多边形转变为掩码，也就是对图像的每个像素，如果是 0，则代表这个像素点不包含在对应的物体中，如果是 1，则代表过像素点包含在对应的物体中。通过把不同物体种类的掩码叠加在一起，即获得模型的预测目标。在使用模型的时候，需要对图像进行预处理，具体如代码 4.30 所示。

代码 4.30 FCN 输入图像预处理。

```
def get_transform(train):
    base_size = 520
    crop_size = 480

    min_size = int((0.5 if train else 1.0) * base_size)
```

```
max_size = int((2.0 if train else 1.0) * base_size)
transforms = []
transforms.append(T.RandomResize(min_size, max_size))
if train:
    transforms.append(T.RandomHorizontalFlip(0.5))
    transforms.append(T.RandomCrop(crop_size))
transforms.append(T.ToTensor())
transforms.append(T.Normalize(mean=[0.485, 0.456, 0.406],
                  std=[0.229, 0.224, 0.225]))

return T.Compose(transforms)
```

首先是调整图像的大小，让图像最小的边长落在 base_size 处，即 520 像素的 1/2 到 2 倍之间，具体的最小边长是一个随机数。然后对图像进行随机翻转，并随机从中切割出 480×480 大小的图像块。在做图像调整大小、翻转和切割的同时，对应的掩码也要做一致的变换，其中，在调整大小的时候使用最邻近算法（Nearest Neighbor）。最后把输入的 480×480 大小的图像块转换为张量，并对张量进行归一化处理。

使用 FCN 模型作为一个简单的对图像进行像素级别的分割的算法，在修改一些细节的情况下（比如 DeepLab 模型[45]中使用了扩张卷积，增加卷积的感受野），FCN 能够表现出很好的效果。但是，在另一些情况下，比如医学影像分类，由于训练数据较少，模型的效果不是很好，这时就需要使用新的模型，比如 U-Net[46]来完成图像分割的任务。另外，U-Net 模型比 FCN 模型轻量，能够更快地给出图像分割的结果。在原始的 U-Net 资料中，使用的是二分类的任务。因此，这里主要介绍二分类的模型，如果要进行多分类的任务，可以通过调整最后的输出通道数来实现。

4.5.2 U-Net 网络结构

U-Net 模型的设计思想参考了 FCN，同时也引入了残差连接的思想。如图 4.21 所示，模型的模块可以根据卷积的类型分为卷积部分和转置卷积部分。

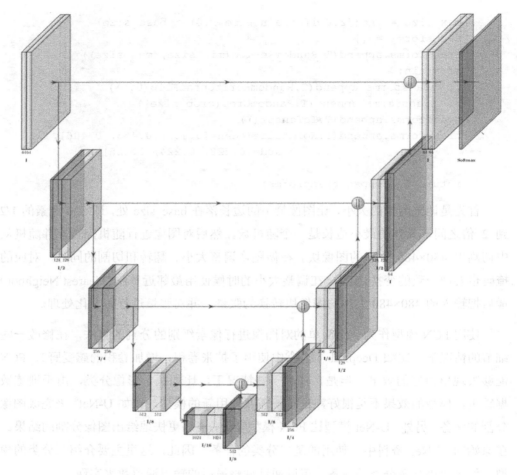

图 4.21 U-Net 模型结构

在图 4.21 中，U-Net 卷积的部分可以分成 5 层，每层有两个模块，每个模块由 3×3 的卷积层、批次归一化层和 ReLU 函数按照顺序叠加而成。在下一个模块之前，会使用 2×2 的步长为 2 的最大池化进行降采样，总共进行 4 次降采样，得到卷积和降采样卷积后的结果，enc1、enc2、enc3、enc4 和 bottleneck 特征空间大小分别为原来图像的 1、1/2、1/4、1/8、1/16。然后从 bootleneck 出发，使用 2×2 的步长为 2 的转置卷积做上采样，恢复到 1/8 空间大小，和 enc4 沿着通道方向进行拼接，然后用在卷积阶段提到的两个卷积模块进行卷积，其目的是为了混合上采样的结果和 enc4 输出结果，从而结合了降采样和上采样输出的特征，记这个结果为 dec4，对 dec4 使用 2×2

的步长为 2 的转置卷积做上采样，和 enc3 的特征张量进行拼接，使用两个卷积模块进行卷积，不断重复这个过程，直到最后的输出结果恢复到和输入图像大小一致为止。在这个阶段，输出的特征综合了原来图像的 1、1/2、1/4、1/8、1/16 大小的信息，而且使用残差网络的思想综合了降采样和上采样的信息，对图像的像素分割更加准确。最后对这个特征做 1×1 的卷积，输出通道为像素的分类数目。在二分类的情况下，可以只输出一个通道，使用 Sigmoid 函数来预测像素的分类，使用的损失函数则为二分类的交叉熵函数。

U-Net 模型的代码如代码 4.30 所示。

代码 4.31 U-Net 模型代码。

```python
class UNet(nn.Module):

    def __init__(self, in_channels=3, out_channels=1,
init_features=64):
        super(UNet, self).__init__()

        features = init_features
        self.encoder1 = UNet._block(in_channels, features,
name="enc1")
        self.pool1 = nn.MaxPool2d(kernel_size=2, stride=2)
        self.encoder2 = UNet._block(features, features * 2,
name="enc2")
        self.pool2 = nn.MaxPool2d(kernel_size=2, stride=2)
        self.encoder3 = UNet._block(features * 2, features * 4,
name="enc3")
        self.pool3 = nn.MaxPool2d(kernel_size=2, stride=2)
        self.encoder4 = UNet._block(features * 4, features * 8,
name="enc4")
        self.pool4 = nn.MaxPool2d(kernel_size=2, stride=2)

        self.bottleneck = UNet._block(features * 8, features * 16,
            name="bottleneck")

        self.upconv4 = nn.ConvTranspose2d(
            features * 16, features * 8, kernel_size=2, stride=2)
        self.decoder4 = UNet._block((features * 8) * 2, features * 8,
            name="dec4")
```

```python
        self.upconv3 = nn.ConvTranspose2d(
            features * 8, features * 4, kernel_size=2, stride=2)
        self.decoder3 = UNet._block((features * 4) * 2, features * 4,
            name="dec3")
        self.upconv2 = nn.ConvTranspose2d(
            features * 4, features * 2, kernel_size=2, stride=2)
        self.decoder2 = UNet._block((features * 2) * 2, features * 2,
            name="dec2")
        self.upconv1 = nn.ConvTranspose2d(
            features * 2, features, kernel_size=2, stride=2)
        self.decoder1 = UNet._block(features * 2, features,
name="dec1")

        self.conv = nn.Conv2d(
            in_channels=features, out_channels=out_channels,
kernel_size=1)

    def forward(self, x):
        enc1 = self.encoder1(x)
        enc2 = self.encoder2(self.pool1(enc1))
        enc3 = self.encoder3(self.pool2(enc2))
        enc4 = self.encoder4(self.pool3(enc3))

        bottleneck = self.bottleneck(self.pool4(enc4))

        dec4 = self.upconv4(bottleneck)
        dec4 = torch.cat((dec4, enc4), dim=1)
        dec4 = self.decoder4(dec4)
        dec3 = self.upconv3(dec4)
        dec3 = torch.cat((dec3, enc3), dim=1)
        dec3 = self.decoder3(dec3)
        dec2 = self.upconv2(dec3)
        dec2 = torch.cat((dec2, enc2), dim=1)
        dec2 = self.decoder2(dec2)
        dec1 = self.upconv1(dec2)
        dec1 = torch.cat((dec1, enc1), dim=1)
        dec1 = self.decoder1(dec1)
        return torch.sigmoid(self.conv(dec1))

    @staticmethod
    def _block(in_channels, features, name):
        return nn.Sequential(
```

```python
            nn.Conv2d(in_channels=in_channels,
out_channels=features,
                kernel_size=3, padding=1, bias=False,),
            nn.BatchNorm2d(num_features=features),
            nn.ReLU(inplace=True),
            nn.Conv2d(in_channels=features,
out_channels=features,
                kernel_size=3, padding=1, bias=False,),
            nn.BatchNorm2d(num_features=features),
            nn.ReLU(inplace=True),)
```

在模型中，使用了内置的静态_block 方法来构造连续的两个卷积模块，输入的通道数目 in_channels 为 3，代表输入的图像有 RGB 三个通道，输出的通道数目 out_channels 为 1，代表像素的二分类问题。还有一个参数 init_features 代表模型初始卷积的通道数目，这里设置为图 4.21 所示的 64，每次降采样之后加倍，升采样之后减半。最后使用 Sigmoid 函数输出二分类的概率。如果要进行多分类，可以改变 out_channnles 数目，并且可以修改 Sigmoid 函数为 Softmax 函数，输出每个分类的概率。整个 U-Net 模型的设计思想比较简单，即类似于特征金字塔的方式，这种类型的设计也被广泛借鉴到其他的目标检测和图像分割模型中。读者在设计模型的时候也可以参考 U-Net 的设计思想。

4.6 图像风格迁移

从本节开始，本书将会陆续介绍无监督学习的一些内容。作为无监督学习的一个重要应用，图像风格迁移神经网络被广泛应用于创建不同风格的神经网络。如图 4.22 所示，在图中共有三个图像：左边是风格图像，中间是内容图像，最后输出的图像参考了风格图像的风格，并且和内容图像的内容一致。基于神经网络的图像风格迁移（Neurla Style Transfer）被广泛应用于艺术创作中。

图 4.22　风格图像（左），内容图像（中），输出图像（右）

4.6.1　图像风格迁移算法介绍

基于深度学习的图像风格迁移有很多算法，这里介绍最简单的一种[47]，代码来源于 PyTorch 的官网。本质上，图像风格迁移也是基于深度学习模型能够提取图像的特征，目的是优化输出图像，使得输出图像在风格特征上接近风格图像，以及输出的图像在内容特征上接近内容图像。接下来的问题就归结于如何通过深度学习模型来计算风格上的特征和内容上的特征。同样，这里使用了预训练的深度学习模型来提取对应的特征。首先介绍这里使用的 VGG-19 模型。VGG-19 模型和 VGG-16 模型类似，不同之处在于，前者 conv3、conv4、conv5 这三层中每一层都增加了一个 3×3 的卷积和紧接着的 ReLU 函数。在整个训练代码中，VGG-19 模型的参数固定不变，改变的是输入图像的张量。在图像风格迁移任务中，需要使用 VGG-19 模型提取到的中间特征。

为了能够衡量输入图像和内容图像在内容中的相似性，首先需要定义关于相似性的损失函数，具体如代码 4.32 所示。

代码 4.32　内容损失函数（Content Loss）的定义。

```
class ContentLoss(nn.Module):

    def __init__(self, target):
        super(ContentLoss, self).__init__()
        self.target = target.detach()

    def forward(self, input):
```

```
        self.loss = F.mse_loss(input, self.target)
        return input
```

在代码中使用了 ContentLoss 构造内容函数的损失类。在 ContentLoss 的构造函数中，需要传入 target，也就是内容图像的特征，因为内容图像的特征在计算完毕后将不再改变，仅仅使用张量特征的数值，而计算内容图像的神经网络不参与图像风格迁移模型的计算图构造和梯度反向传播。因此，这里调用了 target 的 detach 方法，把内容网络的特征张量从计算张量的计算图中分离并保存下来。在调用这个模块时，输入的是输出图像（这个图像被初始化为随机张量，而且设置 requires_grad=True）经过 VGG-19 网络对应的特征提取后输出的中间特征（注意，input 对应的特征层要和 target 对应的特征层严格对应）。内容损失函数根据输入的这两个特征张量来计算特征张量之间的均方误差损失函数 MSELoss，即对于两个特征张量求差值的平方，并对张量的所有元素求平均。

定义了内容损失函数以后，接下来定义风格损失函数（Style Loss）。为了定义风格的损失函数，首先需要明确一下风格的定义。我们知道，在卷积神经网络输出的特征中有很多通道，这些通道意味着不同的卷积滤波器提取的不同类型的特征。对于不同通道的两个特征，我们定义这两个特征的相似性为，这两个通道在空间上的所有元素组成的向量按照位置做乘积并且求和（也就是两个向量的点积），对于 C 个通道的特征张量，可以构造出 $C×C$ 的描述通道张量之间相似性的矩阵，称之为 Gram 矩阵。Gram 矩阵的计算代码示例可以参考代码 4.33 中的 gram_matrix 函数。在这个函数中，Gram 矩阵会除以张量所有的元素数目做归一化处理。另外，虽然输入张量为四维张量，对应的 NCHW 的四个维度的大小在代码中为 a、b、c、d，由于计算 Gram 矩阵的输入图像只有一个，所以在这里 $a = 1$，在代码中 Gram 矩阵的大小是 $b×b$。由于 Gram 矩阵衡量通道的相似性，而通道的相似性可以认为是图像的一种风格，因为卷积的某个通道输出结果是滤波器提取的某个特征，而一定的特征之间的相似性就是图像某种风格的代表。如果两幅图像具有相似的 Gram 矩阵，则可以认为两幅图像在风格上是类似的。在代码 4.33 中，使用了 StyleLoss 模块来计算风格损失函数。在类的构造函数中，通过风格图像的输入特征，使用 gram_matrix 计算 Gram 矩阵，同时保存了 Gram 矩阵，接着把这个 Gram 矩阵从计算图中分离，并保存在类中。在 forward 函数中，当传入输入图像对应层的特征时，会计算这个特征的 Gram 矩阵，并且计算输入图像的特征的 Gram 矩阵和保存在类的实例中的 Gram 矩阵的均方误差损失函数。

代码 4.33 风格损失函数（Style Loss）的定义。

```
def gram_matrix(input):

    a, b, c, d = input.size()
    features = input.view(a * b, c * d)
    G = torch.mm(features, features.t())

    return G.div(a * b * c * d)

class StyleLoss(nn.Module):

    def __init__(self, target_feature):
        super(StyleLoss, self).__init__()
        self.target = gram_matrix(target_feature).detach()

    def forward(self, input):
        G = gram_matrix(input)
        self.loss = F.mse_loss(G, self.target)
        return input
```

4.6.2 输入图像的特征提取

有了内容损失函数和风格损失函数之后，下一步要做的是提取某些层的特征，并计算这些层的内容损失函数和风格损失函数。对于输入的图像，因为 VGG-19 提取特征之前需要做图像的归一化处理。因此，这里设置了归一化的变换模块 Normalization 来进行图像的归一化处理，如代码 4.34 所示。输入图像（内容图像和风格图像）的张量是 0 到 1 之间的浮点数，在归一化处理过程中减去平均值，除以标准差并输入到 VGG-19 模型中。对于输出图像的初始化，可以使用[0, 1)之间的均匀分布，也可以使用内容图像做初始化。有了输入的图像，可以构造风格迁移的模型和对应的损失函数。

代码 4.34 图像归一化的变换模块。

```
class Normalization(nn.Module):
```

```
    def __init__(self, mean, std):
        super(Normalization, self).__init__()
        self.mean = torch.tensor(mean).view(-1, 1, 1)
        self.std = torch.tensor(std).view(-1, 1, 1)

    def forward(self, img):
        return (img - self.mean) / self.std
```

在代码 4.35 中，定义了内容的特征层为 conv_4，风格的特征层为 conv_1、conv_2、conv_3、conv_4、conv_5，这些层的标记方式是按照卷积层的作用顺序标记的，第一个卷积层输出的特征称为 conv_1，第二层为 conv_2……。在构造模型的函数 get_style_model_and_losses 中，输入的是预训练的模型实例 cnn，归一化的平均值 normalization_mean 和归一化的标准差 normalization_mean，以及风格图像 style_img 和内容图像 content_img，同时传入内容的特征层 content_layers_default 和风格的特征层 style_layers_default。在函数中构造了一个顺序模型 model，并使用 children 方法对预训练的模型的特征层进行迭代，对每一层根据层的类型进行命名。当到达内容的特征层和风格的特征层时，把这些层和对应的损失函数加入 model 中。在函数的最后，会删掉没有用到的卷积神经网络模块。这样，在给定风格图像和内容图像的情况下，就可以输出风格迁移的神经网络 model 和对应的风格损失函数列表 style_losses，以及内容损失函数的列表 content_losses。

代码 4.35 特征的提取和损失函数的计算。

```
    content_layers_default = ['conv_4']
    style_layers_default = ['conv_1', 'conv_2', 'conv_3', 'conv_4', 'conv_5']

    def get_style_model_and_losses(cnn, normalization_mean,
normalization_std,style_img, content_img,
                                    content_layers=content_layers_default,
                                    style_layers=style_layers_default):
        cnn = copy.deepcopy(cnn)

    normalization = Normalization(normalization_mean,
        normalization_std).to(device)

        content_losses = []
        style_losses = []
```

```python
    model = nn.Sequential(normalization)

    i = 0  # increment every time we see a conv
    for layer in cnn.children():
        if isinstance(layer, nn.Conv2d):
            i += 1
            name = 'conv_{}'.format(i)
        elif isinstance(layer, nn.ReLU):
            name = 'relu_{}'.format(i)
            layer = nn.ReLU(inplace=False)
        elif isinstance(layer, nn.MaxPool2d):
            name = 'pool_{}'.format(i)
        elif isinstance(layer, nn.BatchNorm2d):
            name = 'bn_{}'.format(i)
        else:
            raise RuntimeError('Unrecognized layer: {}'\
                .format(layer.__class__.__name__))

        model.add_module(name, layer)

        if name in content_layers:
            target = model(content_img).detach()
            content_loss = ContentLoss(target)
            model.add_module("content_loss_{}".format(i), content_loss)
            content_losses.append(content_loss)

        if name in style_layers:
            target_feature = model(style_img).detach()
            style_loss = StyleLoss(target_feature)
            model.add_module("style_loss_{}".format(i), style_loss)
            style_losses.append(style_loss)

    for i in range(len(model) - 1, -1, -1):
        if isinstance(model[i], ContentLoss) or \
           isinstance(model[i], StyleLoss):
            break

    model = model[:(i + 1)]

    return model, style_losses, content_losses
```

4.6.3 输入图像的优化

在开始训练之前,首先要定义并初始化风格迁移输出图像,以及定义优化器。风格迁移模型主要是优化输出的图像,让输出的图像相对于内容图像的内容损失函数,以及输出图像相对于风格图像的风格损失函数最小。因此,定义的优化器传入的参数是风格迁移输出图像,对这个图像进行优化,然后输出优化后的结果,如代码 4.36 所示。

代码 4.36 风格迁移输出图像的初始化和优化器的定义。

```
# 风格迁移输出图像的定义
input_img = content_img.clone()
# 如果需要对风格迁移输出张量进行随机初始化,使用以下代码
# input_img = torch.randn(content_img.data.size(), device=device)
def get_input_optimizer(input_img):
    optimizer = optim.LBFGS([input_img.requires_grad_()])
    return optimizer
```

为了加快模型的收敛速度,这里使用了 BFGS 算法(一种基于二阶导数估计的拟牛顿优化算法)作为优化器。最后输出图像的优化过程如代码 4.37 示。在优化器中传入了闭包函数 closure,在这个函数中,每次都会将输出图像的像素值限制在 0 到 1 之间,然后使用代码 4.35 构造的模型来计算内容损失函数和风格损失函数。由于这两个损失函数的数量集相差较大,为了能平衡这两个损失函数,最后需要各自乘以对应的权重,比如风格损失函数需要乘以风格损失函数的权重 style_weight,内容损失函数需要乘以内容损失函数的权重 content_weight,然后把所有的损失函数相加得到最终的损失函数,并且调用 backward 方法计算输出图像的梯度,调用 step 方法来优化输出图像。最后输出 input_img 张量像素值截断在 0 到 1 之间的结果。

代码 4.37 输出图像的优化算法。

```
def run_style_transfer(cnn, normalization_mean, normalization_std,
                       content_img, style_img, input_img, num_steps=300,
                       style_weight=1000000, content_weight=1):

    model, style_losses, content_losses = 
get_style_model_and_losses(cnn,normalization_mean, normalization_std,
style_img, content_img)
```

```python
    optimizer = get_input_optimizer(input_img)

    run = [0]
    while run[0] <= num_steps:

        def closure():

            input_img.data.clamp_(0, 1)

            optimizer.zero_grad()
            model(input_img)
            style_score = 0
            content_score = 0

            for sl in style_losses:
                style_score += sl.loss
            for cl in content_losses:
                content_score += cl.loss

            style_score *= style_weight
            content_score *= content_weight

            loss = style_score + content_score
            loss.backward()

            run[0] += 1
            if run[0] % 50 == 0:
                print("run {}:".format(run))
                print('Style Loss : {:4f} Content Loss: {:4f}'.format(
                    style_score.item(), content_score.item()))
                print()

            return style_score + content_score

        optimizer.step(closure)

    input_img.data.clamp_(0, 1)

    return input_img
```

图像风格迁移充分利用了卷积神经网络特征提取的特性。上面的这个算法有一个重大的缺点，即计算风格迁移的速度太慢，需要一定的优化才能输出最后的风格迁移的图像。为了改进这个缺点，另一些计算速度比较快的模型被提出，但是主要原理还是内容特征和风格特征的计算，有兴趣的读者可以参考相关的资料[48-49]。实际上，还有另外一些图像风格的迁移算法，比如CycleGAN[50]等，我们将会在下一节介绍生成对抗网络（GAN）的一些基本原理。

4.7 生成模型：VAE 和 GAN

深度学习的另外一个主要应用是生成模型（Generative Model）。所谓生成模型，就是给定一组随机数，根据随机数来生成服从训练数据分布的数据。在计算机视觉中的一个重要应用就是给定一组图像，构造出一个模型，在这组图像上进行训练，这个模型能够生成类似于给定训练图像中实例的图像。生成模型的类型有很多，这里主要介绍变分自编码器（Variational AutoEncoder，VAE）和生成对抗网络（Generative Adversarial Network，GAN）两种。其中，变分自编码器使用了两个神经网络：编码器（Encoder），用于将输入图像转变为隐含变量（Latent Variable），这个隐含变量的值需要加上一定的限制，使之服从目标分布；解码器（Decoder），其作用是输入隐含变量，将隐含变量转变为目标的语句。训练完成的模型只需要使用解码器的部分，通过输入随机产生的隐含变量的值，产生隐含变量对应的图像。而对于生成对抗网络，对应的网络是生成网络（Generator）和判别网络（Discriminator），生成网络的作用是输入服从一定分布的隐含变量，输出对应的图像；判别网络的作用是给定未知来源的图像，判断这个图像是属于神经网络生成的，还是来源于训练数据集的。对应的损失函数也分为两个，第一个是生成网络生成的图像通过判别网络的损失函数，对于生成网络来说，对应的损失函数要使得判别网络难以判别出生成网络生成的图像是生成的图像（或称为"假图像"）；对于判别网络来说，对应的损失函数要尽可能判断出训练数据的图像（或称为"真图像"），而且需要尽可能判断出生成的图像。生成网络和判别网络的训练是一个对抗过程，通过生成网络和判别网络的交替训练，最后到达模型的平衡状态，即判别网络无法判别出图像的真假，这样得到的生成网络就能通过输入隐含变量,输出对应的生成图像。VAE[51]和 GAN 这两种生成模型各有优缺点,对 VAE 来说,优点是可以知道输入图像具体对应的隐含变量,缺点是生成的图像比较模糊;对 GAN 来说,优点是生成的图像比较清晰,缺点是无法得到某一个输入图像对应的隐含变量,而且模型训练容易遇到不收敛和模式塌陷(Mode Collapse)等问题。这两种模型在不同的应用场景中有不同的应用,读者可以根据具体场景选择合适的模型。

4.7.1 变分自编码器介绍

在介绍变分自编码器(VAE)模型之前,首先需要介绍一下自编码器(AutoEncoder)的概念。在实际应用中,有时候需要根据输入的图像把图像映射成向量,从而对图像进行向量化表示,这时就需要使用自编码器对图像进行编码。自编码器的原理类似于前面介绍的 FCN 和 U-Net,主要设计思想是对输入图像进行逐步降采样,输出降采样的中间编码表示(隐含变量),然后对中间编码表示进行升采样,输出最后的预测图像。最后的损失函数表示为输入图像和预测图像的相似度(可以采用均方误差函数 MSELoss,如果是二分类的问题,即只有黑色和白色两个像素,可以使用二分类交叉熵函数 BCELoss)。

具体的深度学习模型的结构如图 4.23 所示,可以看到,自编码器由两部分组成,第一部分是编码器,用于将输入图像做降采样,输出隐含变量;第二部分是解码器,用于将隐含变量做上采样,输出最后的预测图像。最后的损失函数由输入图像和输出图像共同决定。通过最小化损失函数,可以做到预测的输出图像和输入图像结果最接近,这样就能确保编码器能正确地对图像进行编码,而解码器能够正确地对隐含变量进行解码,输出最接近输入图像的输出图像。这样就能确保隐含变量是输入图像的一个正确的表示。在实际实现时,编码器可以使用卷积模块结合池化模块来实现,解码器可以使用卷积模块结合转置卷积来实现。

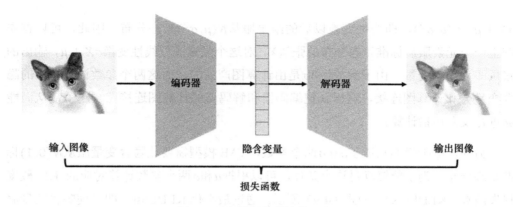

图 4.23 自编码器的结构示意图

自编码器很好地解决了图像的编码问题,但如果使用随机数产生隐含变量并不能输出正确的图像。因为输入图像编码的隐含变量可能没有一个正确的分布。为了能够让隐含变量服从一定的分布,就需要对隐含变量进行限制。具体的方式是限制隐含变量的 KL 散度(Kullback–Leibler Divergence)。假设两个分布P、Q的概率密度函数为$p(x)$和$q(x)$,定义两个分布之间的 KL 散度如式(4.8)所示。为了让隐含变量能够服从预设的分布,可以令Q为预设的分布,P为隐含变量的分布,令这两个分布的 KL 散度最小,这样就能让P分布逐渐逼近Q分布。

$$D_{KL}(P \parallel Q) = \int_{-\infty}^{+\infty} p(x) \log \frac{p(x)}{q(x)} dx \tag{4.8}$$

在 VAE 模型中,由于隐含变量需要服从一定的分布,如果直接产生这个分布,编码器和解码器的计算图将会断开,无法使用反向传播方法对编码器和解码器进行优化。为了解决这个问题,在 VAE 模型中使用了重参数化(Reparameterization)的技巧。所谓重参数化,就是在实际的模型中,编码器并不会生成隐含变量,而是输出隐含变量服从的参数,然后使用这些参数产生服从一定分布的隐含变量。这里以常用的正态分布为例,说明 VAE 模型是如何进行重参数化的。在正态分布中,重要的参数有两个,μ代表分布的平均值,σ代表分布的标准差,这里用$N(\mu, \sigma^2)$来表示相应的正态分布。编码器的目的就是用来生成μ和σ两个参数。由正态分布的性质可知,可以使用$N(0,1)$,也就是标准正态分布来产生服从正态分布的数。假设一个随机变量$X \sim N(0,1)$,即随机变量X服从标准正态分布,则这个随机变量的线性变换

$\sigma X+\mu \sim N(\mu,\sigma^2)$，即线性变换以后的结果服从$N(\mu,\sigma^2)$正态分布。因此，可以首先产生一个元素服从标准正态分布的张量X，对这个张量进行线性变换$\sigma X+\mu$，输出的张量即为隐含变量。由于参数μ和σ是由计算图产生的，由这两个参数计算得到的隐含变量会和计算图连接，这样就把编码器和解码器的计算图连接在一起了，从而能够进行反向传播计算。

另外，由于我们知道了μ和σ两个参数，VAE模型需要让隐含变量服从$N(0,1)$标准正态分布，为了能够满足这个条件，可以根据μ和σ两个参数计算对应的KL散度损失函数（KLDLoss），如式（4.9）所示。通过最小化KLDLoss，即可使隐含变量服从目标的分布（在式（4.9）中是标准正态分布，可以由式（4.8）结合正态分布的概率密度函数推导得到）。

$$\text{KLDLoss}(\mu,\sigma) = -\frac{1}{2}(1+2\log\sigma-\mu^2-\sigma^2) \tag{4.9}$$

4.7.2 变分自编码器的实现

有了前面的理论知识后，下面介绍如何使用PyTorch来实现VAE，具体的代码来源于PyTorch官网。

首先是VAE模型的主体部分，具体如代码4.38所示。

代码4.38 VAE模型代码。

```
class VAE(nn.Module):
    def __init__(self):
        super(VAE, self).__init__()

        self.fc1 = nn.Linear(784, 400)
        self.fc21 = nn.Linear(400, 20)
        self.fc22 = nn.Linear(400, 20)
        self.fc3 = nn.Linear(20, 400)
        self.fc4 = nn.Linear(400, 784)

    def encode(self, x):
        h1 = F.relu(self.fc1(x))
        return self.fc21(h1), self.fc22(h1)
```

```python
    def reparameterize(self, mu, logvar):
        std = torch.exp(0.5*logvar)
        eps = torch.randn_like(std)
        return mu + eps*std

    def decode(self, z):
        h3 = F.relu(self.fc3(z))
        return torch.sigmoid(self.fc4(h3))

    def forward(self, x):
        mu, logvar = self.encode(x.view(-1, 784))
        z = self.reparameterize(mu, logvar)
        return self.decode(z), mu, logvar
```

对应的编码器和解码器都比较简单，主要使用了全连接模块和 ReLU 激活函数（也可以使用卷积模块和转置卷积模块）。对应的输入数据集为 MNIST 数据集，也就是手写数字的数据集，由于 MNIST 数据集的图像大小为 28×28，为了能够使用线性层，图像首先会改变大小为 784 像素。在这个模型中，可以看到有编码器代码，这个编码器通过一层线性层和 ReLU 函数，然后通过函数变换，输出 20 维的隐含变量的统计参数 μ 和 σ，分别通过 self.fc21 和 self.fc22 线性变换得到。由于 σ 的取值范围是 $(0, +\infty)$，而 self.fc22 线性层的输出结果的取值范围是 $(-\infty, +\infty)$，所以在代码中最后的 self.fc22 输出的结果是 $\log \sigma^2$，因此，需要做指数计算来得到 σ 的值。可以看到，在 reparameterize 方法中，根据输入的 $\log \sigma^2$，计算隐含变量标准差的值 σ，然后通过 self.fc21 层计算得到隐含变量的平均值 μ，根据这两个值，以及服从标准正态分布的随机张量，计算出最终的隐含变量。在得到隐含变量之后，直接使用两个全连接层，第一个全连接层的激活函数为 ReLU 函数，第二个全连接层的激活函数为 Sigmoid 函数，输出的是对应像素的灰度。在调用 VAE 模型的 forward 时，返回解码器输出的结果，以及参数 μ 和 σ 的值，可以根据这些结果来计算对应的损失函数。

损失函数的具体计算代码如代码 4.39 所示。

代码 4.39 VAE 模型的损失函数。

```python
def loss_function(recon_x, x, mu, logvar):
```

```
    BCE = F.binary_cross_entropy(recon_x, x.view(-1, 784),
reduction='sum')
    KLD = -0.5 * torch.sum(1 + logvar - mu.pow(2) - logvar.exp())

    return BCE + KLD
```

可以看到，损失函数由两部分组成，第一部分是自编码器的二分类交叉熵损失函数 BCE，第二部分是 KL 散度 KLD，最后损失函数由这两部分求和得到。实际训练过程中，可以对 BCE 和 KLD 各自乘以一个权重，求和得到不同的模型效果。一般来说，BCE 占的权重越大，解码器输出的结果越接近真实的图像，但是隐含变量的分布就越远离标准正态分布；KLD 占的权重越大，隐含变量的分布越接近标准正态分布，但是解码器输出的图像可能越失真。

VAE 模型的生成效果如图 4.24 所示。在图中使用了隐含变量之间的插值，可以看到随着隐含变量的连续变化，图像中的数字也逐渐从一个数字连续过渡到了另一个数字。可以利用这个特点来使用 VAE 模型生成两个图像之间的中间渐变图像。从图中也可以看到一些问题，在图 4.24 中间的一些数字比较模糊，而 MNIST 原始的训练数据显然比较清晰。为了能够生成高质量的图像，需要使用 GAN 模型。

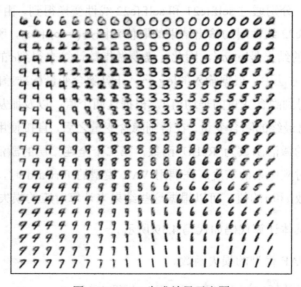

图 4.24　VAE 生成效果示意图

4.7.3 生成对抗网络介绍

GAN（即生成对抗网络）模型是近年来研究的热点。通过改变 GAN 的结构，不仅可以用来做图像的生成，还可以用来做图像的风格转换（如前面介绍过的 CycleGAN）、图像的超分辨率（如 ProGAN[52]）、图像的修复[53]等任务。这里介绍一种最基础的 GAN 模型的结构，即 DCGAN（Deep Convolutional Generative Adversarial Networks）。

在介绍 DCGAN 之前，首先介绍 GAN 的基础结构，如图 4.25 所示，GAN 主要由两部分构成：生成器和判别器。其中生成器的输入是隐含变量，通过深度学习模型对隐含变量进行变换，输出生成的图像。判别器输入的是图像，输出的是该图像是否属于训练集（使用 Sigmoid 函数输出概率值）。生成图像输入到判别器里，得到生成器的损失函数。同时，在判别器中输入训练集图像，得到判别器的损失函数。接下来是损失函数的优化，对于生成器的参数来说，优化效果应该是使判别器识别生成图像为训练集的概率变大；对于判别器来说，优化效果应该是使判别器识别生成图像为训练集的概率变小，而且使判别器识别训练集图像的概率变大。

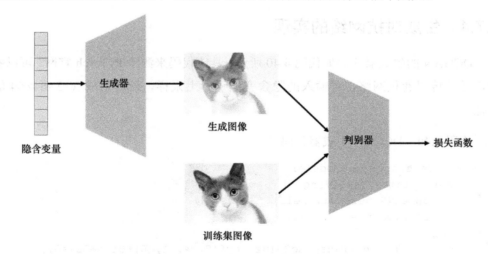

图 4.25　GAN 的基本架构图

DCGAN 的生成器如图 4.26 所示。从一维的隐含变量出发，首先经过全连接和形状的变换，形成 $N×1024×4×4$ 的图像张量，然后经过四次 $4×4$ 的步长为 2 的转置卷积,以及批次归一化模块和 ReLU 激活函数,最后输出 $N×3×64×64$ 的图像。为了能够在最后一层输出图像的像素,这里使用了 Tanh 函数来输出具体像素的值。DCGAN 的判别器可以看作是生成器的相反过程,经过四次 $4×4$ 的步长为 2 的卷积函数,以及批次归一化模块,使用 LeakyReLU 函数作为激活函数,最后一层输出 Sigmoid 函数作为激活函数,输出图像属于训练集的概率。

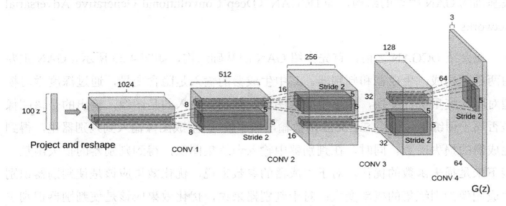

图 4.26　DCGAN 生成器模型示意图

4.7.4　生成对抗网络的实现

DCGAN 的生成器代码如代码 4.40 所示,具体代码来源于 PyTorch 官网。可以看到,通过转置卷积网络,对输入的隐含变量进行上采样,最后生成 $N×3×64×64$ 的图像。

代码 4.40　DCGAN 生成器代码。

```python
class Generator(nn.Module):
    def __init__(self, ngpu):
        super(Generator, self).__init__()
        self.main = nn.Sequential(

            nn.ConvTranspose2d(nz, ngf*8, 4, 1, 0, bias=False),
            nn.BatchNorm2d(ngf * 8),
            nn.ReLU(True),

            nn.ConvTranspose2d(ngf*8, ngf*4, 4, 2, 1, bias=False),
            nn.BatchNorm2d(ngf * 4),
```

```
            nn.ReLU(True),

            nn.ConvTranspose2d(ngf*4, ngf*2, 4, 2, 1, bias=False),
            nn.BatchNorm2d(ngf*2),
            nn.ReLU(True),

            nn.ConvTranspose2d(ngf*2, ngf, 4, 2, 1, bias=False),
            nn.BatchNorm2d(ngf),
            nn.ReLU(True),

            nn.ConvTranspose2d(ngf, nc, 4, 2, 1, bias=False),
            nn.Tanh()
        )

    def forward(self, input):
        output = self.main(input)
        return output
```

同样，可以通过相反的过程构造判别器的网络，如代码 4.41 所示。与生成器的网络不同，这里使用的是 LeakyReLU 作为激活函数，最后使用 Sigmoid 函数模块作为最后的输出。这里注意到，在生成器和判别器的网络中均使用了批次归一化层，这一层的目的是为了避免 GAN 模型中出现的模式塌陷（Mode Collapse），即不同的输入随机数，输出的图像类似。通过引入批次归一化层，能够让同一批次的某个输入感知到另外批次的信息，这样就能避免同一批次中有大量的图像一致，也就避免了前面提到的模式塌陷现象。

代码 4.41 DCGAN 判别器代码。

```
class Discriminator(nn.Module):
    def __init__(self, ngpu):
        super(Discriminator, self).__init__()
        self.main = nn.Sequential(

            nn.Conv2d(nc, ndf, 4, 2, 1, bias=False),
            nn.LeakyReLU(0.2, inplace=True),

            nn.Conv2d(ndf, ndf * 2, 4, 2, 1, bias=False),
            nn.BatchNorm2d(ndf * 2),
            nn.LeakyReLU(0.2, inplace=True),
```

```
            nn.Conv2d(ndf * 2, ndf * 4, 4, 2, 1, bias=False),
            nn.BatchNorm2d(ndf * 4),
            nn.LeakyReLU(0.2, inplace=True),

            nn.Conv2d(ndf * 4, ndf * 8, 4, 2, 1, bias=False),
            nn.BatchNorm2d(ndf * 8),
            nn.LeakyReLU(0.2, inplace=True),

            nn.Conv2d(ndf * 8, 1, 4, 1, 0, bias=False),
            nn.Sigmoid()
        )

    def forward(self, input):
        output = self.main(input)
        return output.view(-1, 1).squeeze(1)
```

除生成模型部分和判别模型的部分外，DCGAN 模型的另一个重要部分是模型的训练部分。假设输入的训练数据是 x，初始输入的随机向量为 z，生成器模型为 G，判别器模型为 D，则生成器的损失函数和判别器的损失函数分别如式(4.10)和式(4.11)所示。

可以看到，生成器的损失函数的目的是让生成器生成的输出在判别器上输出的概率尽可能大，判别器的损失函数目的是让真实数据在判别器上输出的概率尽可能大（见式(4.11)第一项），而让生成器生成的输出在判别器上的概率尽可能小（见式(4.11)第二项）。

$$\text{Loss}G = -\log D(G(z)) \tag{4.10}$$

$$\text{Loss}D = -\Big(\log D(x) + \log\big(1 - D(G(z))\big)\Big) \tag{4.11}$$

DCGAN 模型的训练代码如代码 4.42 所示。

代码 4.42 DCGAN 训练代码。

```
netG = Generator(ngpu).to(device)
netD = Discriminator(ngpu).to(device)
criterion = nn.BCELoss()
optimizerD = optim.Adam(netD.parameters(), lr=opt.lr,
```

```python
        betas=(opt.beta1, 0.999))
optimizerG = optim.Adam(netG.parameters(), lr=opt.lr,
        betas=(opt.beta1, 0.999))
real_label = 1 # 真实图像标签
fake_label = 0 # 生成图像标签
for epoch in range(opt.niter):
    for i, data in enumerate(dataloader, 0):
        # 判别器梯度置为0
        netD.zero_grad()
        real_cpu = data[0].to(device)
        batch_size = real_cpu.size(0)
        # 定义输入数据
        label = torch.full((batch_size,), real_label, device=device)
        output = netD(real_cpu)
        # 定义判别器相对于真实图像损失函数
        errD_real = criterion(output, label)
        # 梯度反向传播,相对于真实图像
        errD_real.backward()
        noise = torch.randn(batch_size, nz, 1, 1, device=device)
        fake = netG(noise)
        label.fill_(fake_label)
        output = netD(fake.detach())
        # 定义判别器相对于生成图像损失函数
        errD_fake = criterion(output, label)
        # 梯度反向传播,相对于生成图像
        errD_fake.backward()
        # 计算判别器总的损失函数:真实图像损失函数+生成图像损失函数
        errD = errD_real + errD_fake
        # 优化判别器
        optimizerD.step()

        # 生成器梯度置为0
        netG.zero_grad()
        # 注意这里是real_label,相对于前面fake_label
        label.fill_(real_label)
        output = netD(fake)
        # 定义判别器相对于真实图像损失函数
        errG = criterion(output, label)
        # 梯度反向传播,相对于生成器
        errG.backward()
        # 优化生成器
        optimizerG.step()
```

在代码 4.42 中，判别器的损失函数被拆分成两部分，分别做反向传播。由于梯度在参数中可以累积，因此，两次反向传播得到的参数梯度在判别器中得到了求和，相当于式（4.11）中的两项损失函数分别反向求导，然后计算最后梯度的和。生成器的损失函数相对简单，优化方向是让判别器输出的概率尽可能大。可以看到，在代码中，生成器和判别器的优化是交替进行的，先进行判别器的优化，再进行生成器的优化。

图 4.27 是 DCGAN 在 Oxford102 数据集上的训练结果，其中，左边的图像是使用随机的隐含变量生成的结果，右边的图像是两个隐含变量进行插值输出生成图像的结果。根据图像可以看到，相比于 VAE 算法，DCGAN 能够生成高清晰度的图像，而且在两个隐含变量之间进行插值，能够生成图像之间渐变的结果。

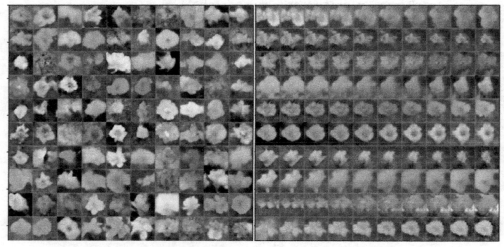

图 4.27　DCGAN 生成的图像（左）和 DCGAN 隐含变量插值的结果（右）

虽然 GAN 模型能够取得比较好的结果，但是模型训练过程中也比较容易发生模式塌陷和模型不收敛等结果。下面是训练 GAN 模型的一些建议。

第一，对图像进行归一化处理，输出到[-1, 1]之间，同时生成器使用 Tanh 函数作为激活函数的输出，这个函数能够保证输出的图像也在[-1, 1]之间。

第二，可以使用修改版本的损失函数，比如，可以把式（4.11）定义的损失函数定义为式（4.12）。

$$\text{Loss}D = -(\log D(\boldsymbol{x}) - \log D(G(\boldsymbol{z}))) \tag{4.12}$$

第三，使用高斯分布作为隐含变量的分布，而不是使用均匀分布。同时，在两个图像进行插值的时候，可以使用球面上的大圆进行插值[54]（使用 Slerp 算法），具体如式（4.13）所示，其中 z_1，z_2 是两个进行插值的隐含变量，μ 是插值的参数，取值在[0, 1]之间，通过 μ 的均匀取值能够造成渐变的效果。

$$\text{Slerp}(\boldsymbol{z}_1, \boldsymbol{z}_2, \mu) = \frac{\sin(1-\mu)\theta}{\sin\theta}\boldsymbol{z}_1 + \frac{\sin\mu\theta}{\sin\theta}\boldsymbol{z}_2 \tag{4.13}$$

第四，使用迷你批次归一化或实例归一化处理，这样能够有效地增加模型训练的稳定性，减少模式塌陷的现象发生。

第五，避免使用稀疏梯度的激活函数，比如 ReLU 函数、MaxPool 等稀疏的降采样模块，尽量使用 Sigmoid 函数和 AvgPool 等不容易造成梯度完全为 0 的模块。

第六，使用标签平滑函数，假设真实的标签为 1，那么设置标签为 0.7 到 1.2 之间的均匀分布数值；如果生成的图像标签为 0，那么设置标签为 0.0 到 0.3 之间的均匀分布数值。

第七，尽量使用 Adam 优化算法，可以提高模型训练的稳定性。

第八，在训练图像中加入噪声，并逐步减少训练图像中的噪声。这一点有利于模型生成的数据和训练数据分布之间的重叠。

第九，可以使用丢弃模块（可以设置丢弃概率为 0.5 左右）在数据中引入噪声。

4.8 本章总结

随着深度学习和计算机视觉研究的逐步深入，深度学习模型在计算机视觉方面的潜力正在不断被发掘出来。本章主要介绍了深度学习模型在计算机视觉方面的几个基础应用，包括图像分类、目标检测、图像分割、图像风格迁移生成模型等方面的应用。在这些应用中，主要使用了深度学习模型在特征提取方面的特性。在计算机视觉的应用中，使用的一个重要模块是卷积神经网络模块，这个模块能够从图像中提取出一定的特征，这些特征代表图像在不同尺度上的特点。通过使用大规模的数据训练图像分类模型，能够得到预训练的模型，预训练模型的卷积模块能够提取不同尺度的特征。一般来说，靠前的卷积模块的特征提取结果得到的特征是局部的特征，靠后的卷积模块的特征提取结果得到的特征是全局的特征。通过训练得到的模型的骨架部分（去掉全连接分类层）提取出来的特征能够进一步用于目标检测、图像分割等方面。

由于预训练模型能够提取特征的这个性质，在机器视觉的实践中，很多其他领域也能用到预训练模型，比如姿态估计[55]、图像描述[56]等。相比于经典的计算机视觉算法，基于深度学习的计算机识别算法并不需要构造具体的特征（比如 SIFT 等），而是通过大量的数据让深度学习模型能够自动学习到图像特征的提取方法，不但节省了构造有效特征描述的时间和精力，而且模型的效果往往比经典的计算机视觉算法要好，特别是在拥有大量数据的情况下。通过构造特定的深度学习模型的结构，很多在机器学习领域方面看起来比较复杂的问题能够通过深度学习的训练来解决。当然，在深度学习模型的构造方面也需要掌握一些注意事项，比如模块如何堆叠、激活函数的选用以及归一化模块的使用等。通过精巧构造的深度学习模型往往能够获得很好的效果。同时，在构造新的模型时也可以参考以往深度学习模型的构造，比如 ResNet 和 InceptionNet 的结构等。

另外，在深度学习模型的测试过程中，数据集的选择也很重要。在构造数据集的时候，要注意做好数据的清洗和标注，一个高质量的数据集往往能够提高模型训练的质量和预测的准确率。在缺乏数据的情况下，可以尝试寻找一些公开数据集，特别是得到公认的被普遍使用的数据集。对于常见的任务，包括图像识别、目标检测和图像分割的任务方面，均有对应的公开数据集可以使用。虽然本书不涉及用于深度学习模型训练的输入数据的收集和清洗，但这里需要提醒读者注意，训练数据对模型也是非常重要的，在改变模型架构来尝试提高模型预测准确率的同时，也需要注意提高输入数据的质量，同时也考虑增加输入数据的数量，看是否能够提高模型的预测效果。

第 5 章 PyTorch 自然语言处理模块

5.1 自然语言处理基本概念

自然语言处理（Natural Language Processing，NLP）研究的主要是如何通过计算机算法来理解自然语言。相比于计算机视觉的问题，自然语言处理的问题具有自身的一些特点。机器视觉问题的输入主要是各种图像，这些图像可以视作真实世界物理规则的一种映射，比如图像可以看作是由像素构成的，像素可以看作由三个原色叠加而成，每个原色具有自身的对比度（也就是像素值），这一点就构成了计算机视觉的基础，也构成了把图像数字化和后续的通过深度学习模型来处理图像的基础。

对于自然语言处理来说，处理的主要是人类的语言，因为人类语言有一定的主观性和任意性，不像图像一样是客观的，可以很容易数字化，相比之下，如何使用数字来描述人类的语言是一个相对困难的问题。同时，语言的歧义性也造成了深度学习模型对人类自然语言的描述具有一定的困难。

因此，相较于计算机视觉是一个相对成熟的领域，自然语言处理领域还有很多问题等待解决，包括结合上下文的语言理解、逻辑推理（这也是深度学习等基于数据和统计的模型难以解决的一个问题），以及代词的指代等。迄今为止，深度学习在自然语言方面有很多研究领域，其准确性还是难以达到人类的水平，这些领域也有待于人类发现新的算法来解决相关的问题。

5.1.1 机器翻译相关的自然语言处理研究

对于自然语言处理，人们的研究由来已久，最早的一些尝试包括机器翻译

(Machine Translation)，即使用计算机把一种语言翻译成另一种语言。机器翻译是一个经典的自然语言处理问题，因为机器翻译的过程中包含了很多自然语言处理的基本问题，比如，如何理解一个句子，以及如何生成一个句子，同时保证这个句子有一定的含义等。前者称为自然语言理解（Natural Language Understanding，NLU），后者称为自然语言生成（Natural Language Generation，NLG），这两个领域都非常重要。

1. 基于规则的机器翻译算法的局限性

最早的机器翻译模型的设计是基于规则的（Rule-based）方法，即通过指定源语言和目标语言的单词的对应关系，通过查找这些具体的规则把源语言的句子翻译成目标语言的句子。但这种系统具有自身的固有缺陷。

首先，由于人类语言的词库非常庞大，为了在两种语言之间进行翻译，需要构建庞大的词库和规则表，而一个完善的翻译系统将需要在这两方面投入巨大的精力，同时如何设计这些词库和规则表的存储结构，使翻译能够做到尽可能准确，也是一个非常困难的问题。

其次，由于自然语言表达的任意性，人们通过一系列的工作构建的词库和规则表，往往会碰到某些句子翻译出来的结果完全不能一一对应，甚至出现了文不对题的现象。对于这个问题，基于规则的方法的解决方案往往是在规则表中添加新的条目，而这个就会进一步增加词库和规则表的复杂性，不利于它们的维护。

为了解决基于规则的机器翻译的问题，人们从机器学习的角度出发，设计了概率模型，根据输入句子的单词的分布来产生可能的输出句子，相应的训练数据是源语言和目标语言一一对应的句子，由于是基于统计学的方法，这种机器翻译的算法称为统计机器翻译（Statistical Machine Translation，SMT）。通过给定源语言和目标语言的句子对，统计机器翻译能够学习到句子对之间单词的关系，给定源语言的句子，对句子进行分割，并且在给定源语言上下文单词的时候，选择目标语言中最适合的单词，通过选择目标语言中最适合的单词的组合，最后生成目标语言的句子。

2. 统计机器学习算法的局限性

统计机器学习算法的出现，给机器翻译系统的构建提供了一个重要手段，在这个基础上，人们从繁重的词库和规则构造的方法转向了平行语料（Parallel Corpus，即成对的源语言句子和目标语言句子的集合）的收集和清洗。虽然相对于基于规则的机器翻译算法取得了重大进步，但统计机器翻译仍然有其局限性。

首先，需要对句子进行切割，由于统计机器翻译算法需将句子分割成单词的集合，如果使用算法（比如隐马尔可夫模型（Hidden Markov Model，HMM））对源语句和目标语句进行分割，在数据集比较大的时候需要花费大量的时间，同时隐马尔可夫模型对于目标语句的分割效果也不是很好。

其次，在统计机器翻译算法中模型的参数数目比较少，在数据量比较大的情况下，模型训练的结果可能不是很好。另外，统计机器翻译算法考虑的主要是单词在分布上的对应，在语法和语义上的考虑相对较少，在源语言和目标语言的结构相差很大的时候，可能会出现翻译的结果词不达意的情况。

3. 基于神经网络的机器翻译算法

为了解决统计机器翻译算法的这些问题，人们开发了基于深度学习的神经网络机器翻译模型（Neural Machine Translation，NMT）。Google 在神经网络机器翻译上开发了两个模型，一个是 Google Neural Machine Translation（GNMT）模型，它主要是基于循环神经网络的 Seq2Seq 算法的模型，这个模型能够根据训练数据，自动学习到源语句和目标语句单词之间的对应关系，而且能够很容易地扩展模型的大小，从而适配大的训练数据集；另一个是 Transformer 模型，这个模型基于的是自注意力机制（Self-Attention），相比于 GNMT 模型，提高了翻译的准确率，而且计算速度相比于 GNMT 更快。

神经网络机器翻译模型相对于统计机器学习模型来说，增加了模型的容量，而且更多地考虑了上下文和语义的结构，翻译的结果更准确，模型的训练也更简单。

5.1.2 其他领域的自然语言处理研究

自然语言处理能够解决的问题并不局限于机器翻译领域。自然语言理解算法能够分析句子的含义，比如，对句子进行情感分类，分成积极情感和消极情感等；也可以从句子中提取特殊名词，比如，时间和地点的信息（命名实体识别，Named Entity

Recognition，NER）。基自然语言生成算法能够用于产生符合正常语法的句子，比如，生成一段符合语法的文本，这个模型被称为语言模型（Language Model）。结合自然语言理解和自然语言生成也可以应用于除神经网络机器翻译外的方面，比如聊天机器人（Chatbot）等。基于自然语言处理的问答模型（Question Answering）能够根据问题从给定的文本中找到问题的答案。自然语言处理还能用于生成文本的摘要（Text Summarization），即从大段文本中获取文本内容的总结。

除了纯文本的处理领域，自然语言处理也被广泛应用于其他一些模型，比如语音识别模型等。一般来说，语音识别首先识别出的是音素（Phoneme），然后根据音素合成对应的文本，这时就需要用到语言模型，把音素转换为符合正常语法的文本。在自然语言处理的很多领域，深度学习模型正在起着越来越重要的作用。

5.1.3 自然语言处理中特征提取的预处理

自然语言处理需要从文本中提取对应的特征，即用数字向量来描述文本。这里首先介绍一些传统的从文本中提取特征的方法。对于一段文本，首先需要做的一些事情是对文本的预处理。文本预处理的方法根据文本使用的语言种类不同而有所不同。对于英文，可以把句子按照单词进行划分，把文本分割成单词的列表，这部分称为分词（Tokenization）。对于中文，因为中文是由汉字构成的，所以需要对句子进行划分，将文本分割成词组，在这一步，可以使用词库，也可以使用 HMM 模型，相关的可以用来分词的工具包括 Jieba 和 THULAC 等软件。在分词以后，下一步需要做的是去掉停用词（Stopwords），在自然语言处理的任务中，很多单词对于语义没有贡献，在某些任务中就可以忽略掉这些单词，这些单词被称为停用词，去掉这些停用词能够消除文本的冗余，提高模型的准确率。常见的停用词在英语中有"the""of"等，在中文中包含一些语气词等。很多自然语言处理工具（包括 NLTK 等）都会自带一个停用词表，读者也可以根据具体的任务自定义停用词表。

接下来可以对文本做正则化（Normalization）处理，因为在文本中很多词的表示方式不统一，比如，同样的数字"1"也可以使用汉字"一"来表示，通过正则化处理，就能把这些表示统一起来，让它们代表一个意思，这样也能提高模型的准确率。经过这些处理之后，就能对产生的单词的序列做特征提取。在进行特征提取的时候，首先需要考虑的是使用 n 元语法（n-gram）。所谓 n 元语法，就是通过组合相邻的一组单词，形成一定的语法单元。最简单的 n 元语法是一元语法（unigram），其他常用的 n 元语法包括二元语法（bigram）和三元语法（trigram）等。通过多个单词的组合，可以容易得到统计概率最高的 n 元语法的单元，从而获得单词之间最有用的组合。由于一元语法最简单，这里从一元语法出发，介绍如何进行特征提取（多元语法可以通过组合连续的 n 个单词，用这些语法单元来进行特征提取）。对于特征提取，最简单的方式是统计单词出现的次数（即单词的词频），即统计一个文档中 n 元语法出现的次数（如果使用的是一元语法，则统计的是某个单词的出现次数）。对于统计单词的频率，有很多现成的 Python 库可以使用，这里简单演示一下如何使用 sklearn 来提取相应的特征，如代码 5.1 所示。

代码 5.1 使用 sklearn 的 CountVectorizer 来提取词频特征。

```
>>> from sklearn.feature_extraction.text import CountVectorizer
>>> vectorizer = CountVectorizer()
>>> corpus = [
... 'This is the first document.',
... 'This is the second second document.',
... 'And the third one.',
... 'Is this the first document?',]
>>> X = vectorizer.fit_transform(corpus)
>>> X.toarray()
array([[0, 1, 1, 1, 0, 0, 1, 0, 1],
       [0, 1, 0, 1, 0, 2, 1, 0, 1],
       [1, 0, 0, 0, 1, 0, 1, 1, 0],
       [0, 1, 1, 1, 0, 0, 1, 0, 1]], dtype=int64)
>>> vectorizer.vocabulary_
{'this': 8, 'is': 3, 'the': 6, 'first': 2, 'document': 1,
  'second': 5, 'and': 0, 'third': 7, 'one': 4}
```

在代码 5.1 中，一共输入了由四个字符串组成的语料（Corpus），使用 fit_transform 方法能够自动对文档进行分词和去停用词的计算，最后输出每个单词的词频，输出结果是一个稀疏矩阵。如果需要查看矩阵的具体内容，可以使用 toarray 方法。输出矩阵有 4 行，代表 4 个句子（或文档），有 9 列，代表有 9 个单词，而每一列具体对应的单词可以通过 vocabulary_ 方法访问得到，每个单词对应的数字是矩阵中对应的某一列的索引。

5.1.4 自然语言处理中词频特征的计算方法

为了方便读者使用 sklearn 包中的词频统计功能,这里简单介绍一下 CountVectorizer 类。CountVectorizer 类的构造函数包含许多参数,具体的声明如代码 5.2 所示。

代码 5.2 CountVectorizer 类声明。

```
class sklearn.feature_extraction.text.CountVectorizer(input='content',
    encoding='utf-8', decode_error='strict', strip_accents=None,
    lowercase=True, preprocessor=None, tokenizer=None,
    stop_words=None, token_pattern='(?u)\b\w\w+\b',
    ngram_range=(1, 1), analyzer='word', max_df=1.0,
    min_df=1, max_features=None, vocabulary=None,
    binary=False, dtype=<class 'numpy.int64'>)
```

在代码中,input 参数有以下三个选项:filename,代表类的 fit 或 fit_transform 方法传入的是一系列文件路径的列表;file,代表传入的是单个文件的路径;content,代表输入的是字符串的列表。

对于 encoding 参数,代表的是文件(或字符串)采用的编码类型,默认是"utf-8",也可以使用其他的编码类型如"ascii"。

对于 decode_error 参数,默认的选项为"strict",表示如果解码过程中出现了错误,则会输出 UnicodeDecodeError 错误。

strip_accents 的作用是对文本做一定的正则化处理,具体的正则化处理规则可以参考 scikit-learn 文档中相关的链接,主要是去除重音,统一字母表示形式。

对于 lowercase 参数,则代表在分词之前是否把所有的大写字母转换为小写字母。

对于 preprocessor 参数,代表是否使用自定义的预处理函数来取代 sklearn 的预处理函数,同时也可以在这个过程中自定义 n 元语法生成器,默认是 None,代表使用 sklearn 默认的预处理函数。

tokenizer 参数则代表使用用户自定义的分词器替代 sklearn 默认的分词器。

stop_words 参数选择输入的参数是"English",则会自动载入内置的英文停用词表，如果输入的是一个字符串列表，则使用的是字符串列表中的停用词，默认参数是 None，代表不适用停用词。

对于 token_pattern 参数，输入的是一个正则表达式，代表什么模式的字符串会被认为一个单词。

ngram_range 参数代表的是 n 元语法的范围，如果传入的参数是(1, 1)，也就是默认的参数，代表仅使用一元语法，如果传入参数是(1, 2)，代表使用的是一元语法和二元语法。

对于 analyzer 参数，传入的参数代表使用的分析器的种类，默认使用的是单词级别的，即 "word"，可以使用其他级别的，如 "char" 代表使用的是字符级别的，"char_wb" 代表使用的是 n 元语法字符级别的，即在一个单词内，认为 n 个字符是一个语法单元，当然也可以传入一个函数，通过这个函数来自定义分析器。

对于 max_df 参数，代表在什么频率以上的单词会被当作停用词忽略掉。这个选项在实际的应用中有特定的意义，因为英文和中文中很多词是高频出现，但没有具体意义，比如英文的 "a"、"the"，以及中文 "的" 等词，去掉这些单词能够减少文本的冗余，提高预测的准确性，也能加快文本处理的速度。对于这个参数，如果输入的是浮点数，代表的是相对的频率，如果输入的是整数，代表的是绝对的单词出现次数。

对于 min_df 参数，代表的是什么频率以下的单词会被忽略，默认是整数 1，即只要出现一次，即被记录在单词表中，也可以传入浮点数的频率，代表最小出现的相对频率。

对于 max_features 参数，设置的是单词表的大小，代表取的是按照频率从高到低排列的前几位的单词。

对于 vocabulary 参数，可以传入一个字典或者迭代器，代表预先给定的单词表。如果预先给定单词表，则 CountVectorizer 类不会产生新的单词表，所有统计的单词由传入的单词表决定。

对于输入的 binary 参数，如果设置这个参数为 True，则只考虑单词在文档中存在或者不存在（分别用 1 和 0 表示）。

最后的参数是 dtype，代表输出矩阵的数据类型，默认是 numpy.int64，代表输出的是 64 位的整数矩阵。

5.1.5 自然语言处理中 TF-IDF 特征的计算方法

CountVectorizer 类使用的 fit 和 fit_transform 方法能够把文档转换为矩阵，每个矩阵的行向量代表一个文档单词出现的频率，可以作为文档的特征来表示文档。由于这个特征没有考虑 n 元语法中每个语法单元出现的顺序，这种描述方法像袋子一样把所有的语法单元聚集在了一起，因此称为词袋模型（Bag of Words，BOW）。词袋模型仅仅考虑了单词出现的频率，但是很多情况下单词出现的频率并不能代表文档的特性，这时就需要引入单词在不同文档之间的分布，引入的特征提取方法称为 TF-IDF（Term Frequency-Inverse Document Frequency），即单词频率-逆文档频率特征。这个特征提取方法的基本思想是，单词的出现频率有时候并不是一个很好的代表文档特征的值。在很多情况下，有一些单词在所有文档的出现频率都很高或者很低，对应的单词频率的特征就不能用来区分不同的文档。为了找到一个能够很好地描述文档的单词，不但需要考虑单词在某个文档中出现的频率，而且要考虑单词在所有文档中出现的概率。一个直观的特征是利用单词在某个文档中出现的频率和这个单词在其他文档中出现的频率来衡量单词是否能够代表一个文档的特征。其含义是，某个单词在某个文档中出现频率很高，但是在其他文档中出现频率比较低，则说明该单词在该文档中比较重要，因此能够作为代表该文档的特征。TF-IDF 的公式如式（5.1）所示，其中 TF(t, d) 代表的是单词 t 在文档 d 中出现的频率。IDF(t) 则是和单词在所有文档中分布 DF(t) 的一个函数，如式（5.2）所示，其中 N 是所有文档的数目，DF(t) 是含有单词 t 的文档的数目。最后每个文档都会计算出一个 TF-IDF 的向量，需要对每个向量做 L2 归一化处理，也就是返回向量除以向量的 L2 模长。

$$\text{TF\_IDF}(t, d) = \text{TF}(t, d) \times \text{IDF}(t) \tag{5.1}$$

$$\text{IDF}(t) = \log \frac{1+N}{1+DF(t)} + 1 \tag{5.2}$$

同样，可以使用 sklearn 的 TfidfTransformer 类来计算文档的 TF-IDF 特征，具体如代码 5.3 所示。通过组合代码 5.2 所用的 CountVectorizer（计算频率，输出稀疏矩阵），以及 TfidfTransformer（根据 CountVectorizer 计算得到的结果来计算 TF-IDF 特征），最后输出 TF-IDF 特征。也可以使用 TfidfVectorizer 类，相当于 CountVectorizer 和 TfidfTransformer 的组合。

代码 5.3 TF-IDF 代码实例。

```
>>> X = vectorizer.fit_transform(corpus)
>>> from sklearn.feature_extraction.text import TfidfTransformer, TfidfVectorizer
>>> transformer = TfidfTransformer()
>>> transformer
TfidfTransformer(norm='l2', smooth_idf=True, sublinear_tf=False, use_idf=True)
>>> X1 = transformer.fit_transform(X)
>>> X1.to_array()
array([[0.        , 0.43877674, 0.54197657, 0.43877674, 0.        ,
        0.        , 0.35872874, 0.        , 0.43877674],
       [0.        , 0.27230147, 0.        , 0.27230147, 0.        ,
        0.85322574, 0.22262429, 0.        , 0.27230147],
       [0.55280532, 0.        , 0.        , 0.        , 0.55280532,
        0.        , 0.28847675, 0.55280532, 0.        ],
       [0.        , 0.43877674, 0.54197657, 0.43877674, 0.        ,
        0.        , 0.35872874, 0.        , 0.43877674]])
>>> vectorizer = TfidfVectorizer()
>>> vectorizer
TfidfVectorizer(analyzer='word', binary=False,
    decode_error='strict',
    dtype=<class 'numpy.float64'>, encoding='utf-8',
    input='content', lowercase=True, max_df=1.0, max_features=None,
    min_df=1, ngram_range=(1, 1), norm='l2', preprocessor=None,
    smooth_idf=True, stop_words=None, strip_accents=None,
    sublinear_tf=False, token_pattern='(?u)\\b\\w\\w+\\b',
    tokenizer=None, use_idf=True, vocabulary=None)
>>> X2 = vectorizer.fit_transform(corpus)
>>> X2
<4x9 sparse matrix of type '<class 'numpy.float64'>'
    with 19 stored elements in Compressed Sparse Row format>
>>> X2.toarray()
```

```
array([[0.        , 0.43877674, 0.54197657, 0.43877674, 0.        ,
        0.        , 0.35872874, 0.        , 0.43877674],
       [0.        , 0.27230147, 0.        , 0.27230147, 0.        ,
        0.85322574, 0.22262429, 0.        , 0.27230147],
       [0.55280532, 0.        , 0.        , 0.        , 0.55280532,
        0.        , 0.28847675, 0.55280532, 0.        ],
       [0.        , 0.43877674, 0.54197657, 0.43877674, 0.        ,
        0.        , 0.35872874, 0.        , 0.43877674]])
```

最后介绍一下 TfidfTransformer 和 TfidfVectorizer 这两个类的声明，如代码 5.4 所示。

代码 5.4 TfidfTransformer 和 TfidfVectorizer 类的声明。

```
class sklearn.feature_extraction.text.TfidfTransformer(norm='l2',
    use_idf=True, smooth_idf=True, sublinear_tf=False)

class sklearn.feature_extraction.text.TfidfVectorizer(input='content',
    encoding='utf-8', decode_error='strict', strip_accents=None,
    lowercase=True, preprocessor=None, tokenizer=None,
    analyzer='word',
    stop_words=None, token_pattern='(?u)\b\w\w+\b',
    ngram_range=(1, 1),
    max_df=1.0, min_df=1, max_features=None, vocabulary=None,
    binary=False,
    dtype=<class 'numpy.float64'>, norm='l2', use_idf=True,
    smooth_idf=True,
    sublinear_tf=False)
```

对于 TfidfTransformer 来说，第一个参数 norm 代表的是使用归一化的类型，这里使用的是 L2 归一化，如前文所示，也可以设置为 "l1"，即 L1 归一化。如果设置为 None，则不进行归一化处理。

对于 use_idf 参数，如果设置为 True，则会计算 IDF，否则直接输出 TF。

对于 smooth_idf 参数，如果设置为 True，则使用式（5.2）来计算 IDF，否则使用式（5.3）来计算 IDF，设置该参数为 True 可以避免 DF(t)为 0 的情况下导致计算出现除以 0 错误。

$$\text{IDF}(t) = \log \frac{N}{\text{DF}(t)} + 1 \tag{5.3}$$

对于 sublinear_tf 参数，如果设置为 True，则使用式（5.4）来计算新的 TF，并且用新的 TF 来计算 TF-IDF。

$$TF'(t) = 1 + \log TF(t) \tag{5.4}$$

对于 TfidfVectorizer 参数，由于其类似于 CountVectorizer 和 TfidfTransformer 的组合，输入参数和这两个类的参数类似，这里不再介绍。

5.2 词嵌入层

在 5.1 节中介绍的文本特征都是文档级别的，即根据词袋模型来计算文档基于单词的特征。而在深度学习中用得更多的是单词级别的特征，甚至是字符级别的特征，这时就不能借助统计单词或者字符出现的概率来表述单词的特征，需要引入新的概念，即词嵌入（Word Embedding）的概念。要介绍词嵌入，首先需要从单词的独热编码（One-Hot Encoding）入手。假如在文本预处理后获得了一个单词表，其中有 N 个单词，则可以对每个单词进行编码，如图 5.1 所示。

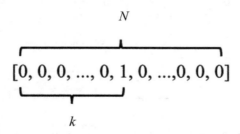

图 5.1 独热编码示意图

可以看到，当这个单词在单词表中的序号为 k 时（$k = 0, 1, 2, \ldots, N-1$），可以构造一个长度为 N 的数字列表，其中第 k 号元素为 1，其他元素都为 0，用这个向量来代表单词。作为单词的一种表示，独热编码能够作为神经网络的输入，用于自然语言处理深度学习模型的训练，但是独热编码有自身的缺点。

第一个缺点是独热编码太稀疏。这个问题在单词表中单词数目比较小的情况下并不会引起问题，当单词的数目比较大的时候（比如常用的单词表的数目在 $10^4 \sim 10^5$ 数量集上），由于编码大多数的值为 0，就会造成存储空间的浪费，也会花费大量的时间进行矩阵乘法（可以通过使用稀疏矩阵编码来解决）。

第二个缺点是在独热编码的条件下，两个单词之间的关系是正交的，也就是任意两个不同的单词，其内积为 0，这一点不利于寻找单词之间的相似性。

为了解决这两个问题，在深度学习中，人们常常会使用词嵌入的概念来对单词进行处理。在独热编码中，一个单词相当于 $1 \times N$ 的向量，而词嵌入相当于对这个向量做线性变换，乘以 $N \times M$ 的矩阵，最后输出 $1 \times M$ 的向量。由于独热编码的特性，即除第 k 个元素为 1 外，其他的元素均为 0，线性变换的结果相当于取出 $N \times M$ 的矩阵的第 k 行（$k = 0, 1, 2, …, N – 1$）。在词嵌入的实际代码实现中，不会做矩阵乘法，而是直接使用 $N \times M$ 的矩阵，称为词嵌入矩阵（Embedding Matrix），通过取出对应元素索引序号的行，来获取某个元素对应的词向量。如图 5.2 所示，描述的是一个 $N \times 8$ 的词嵌入矩阵，当需要获取第 k 个单词的词向量时，只需要取出词嵌入矩阵的第 k 行。

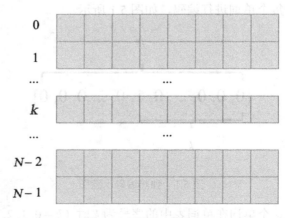

图 5.2　词嵌入示意图

在 PyTorch 中，可以使用 nn.Embedding 来获取词向量矩阵。具体的类的定义如代码 5.5 所示。

代码 5.5　nn.Embedding 类的定义。

```
class torch.nn.Embedding(num_embeddings, embedding_dim,
    padding_idx=None, max_norm=None, norm_type=2.0,
    scale_grad_by_freq=False, sparse=False, _weight=None)
```

关于这个类的参数阐述如下：

num_embeddings 参数代表单词表的单词数目。

embedding_dim 参数代表词嵌入层输出词向量的维度大小。

padding_idx 参数代表填充单词在单词表中的序号，默认为 None，意思是不设置填充单词，如果传入一个整数值，则这个整数值代表的是填充单词的索引（一般把填充单词设置为单词表中的 0 号单词），并且把填充单词对应的词向量（词嵌入矩阵的对应行）设置为全 0。填充单词是一种特殊的单词，这个单词的作用是迷你批次的输入对齐。在深度学习模型中，一般情况下输入是规整的，也就是要求输入的文本句子之间的相互对齐。实际输入中，同一迷你批次的文本往往长短不齐，为了能够对文本进行对齐，需要对迷你批次中较短的句子进行填充。如图 5.3 所示，这个迷你批次共有 3 个句子，其中第一个句子的长度为 5，第二个句子的长度为 4，第三个句子的长度为 5，为了能够让这三个句子对齐，这里选择在第二个句子的末尾添加一个特殊的填充单词<PAD>（这个单词的名字可以是任意名字，只要能够和单词表中的其他单词做区分即可），对应的单词表中的索引为 0，这样就能让整个输入的文本最后的结果对齐，输出 3×5 的单词矩阵。

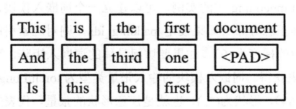

图 5.3　迷你批次填充示意图

下一个参数是 max_norm，如果输入的参数不是 None，而是一个浮点数，将会设定词向量最大的模长（模长的计算方法由 norm_type 指定，默认 norm_type 为 2.0，即使用 L2 模长），如果这个单词的词向量超过了这个模长，则首先对这个词向量做归一化处理（词向量除以 norm_type 定义的模长），然后乘以 max_norm 指定的最大模长。

接下来的参数是 scale_grad_by_freq，这个选项的使用是为了加快非常用单词的优化，在深度学习模型中，当反向传播获取词向量的梯度以后，如果设置这个参数为 True，则词向量的梯度会除以这个单词在迷你批次中出现的频率，通过这个缩放操作，可以让出现频率比较少的单词的梯度比较大，这样可以加快低频词的词向量参数的收敛速度。

下一个参数是 sparse，如果这个参数设置为 True，则词嵌入矩阵在反向传播中计算得到的梯度为稀疏矩阵。这个参数在单词表中单词数目巨大的时候非常有用。在深度学习的迷你批次中，一次计算用到的单词数目相比总的单词表中的单词数目往往是非常少的，这就造成了最后反向传播的梯度中，只有少数几行词向量拥有梯度，而大多数的词向量的梯度往往为 0。通过设置 sparse = True，可以节约梯度的存储空间，只存储非零的词嵌入矩阵梯度。需要注意的是，如果使用稀疏的梯度矩阵，则需要使用稀疏的优化器，如 optim.SGD（可以应用在 CPU 和 GPU 上的模型）、optim.SparseAdam（可以应用在 CPU 和 GPU 上的模型），以及 optim.AdaGrad（可以应用在 CPU 上的模型）。

通过指定_weight 参数，可以传入一个预先设定的词嵌入矩阵，这个张量的大小为 num_embeddings×embedding_dim。

通过构建 nn.Embedding 类的实例，可以建立一个词嵌入模块，这个模块的参数会被初始化为标准正态分布（如果设定 padding_idx，则对应索引的词向量为 0，而且反向传播时对应的梯度为 0）。如果要访问具体的词嵌入矩阵，可以通过词嵌入模块的 weight 属性来获得。词嵌入模块的输入张量类型为 torch.LongTensor（也就是数据类型为 torch.int64），形状为(*,)，也就是任意形状的张量，代表的是单词在词汇表中的索引（整数值），词嵌入模块的输出张量的数据类型为 torch.float32，形状为（*, C），其中 C 为词向量的长度，*代表形状和输入张量的形状相同，具体的词嵌入模块的使用如代码 5.6 所示。

代码 5.6 词嵌入模块的使用示例。

```
# 定义10×4的词嵌入张量
>>> embedding = nn.Embedding(10, 4)
>>> embedding.weight
Parameter containing:
tensor([[-0.9369, -0.8489, -0.7556,  1.4157],
        [ 0.2940,  1.1382, -0.7041, -0.4217],
        [ 0.8416, -0.0432, -0.5638, -0.0822],
        [-0.8011, -0.8669, -1.6480,  1.1093],
        [-1.2048,  0.0472, -0.9597,  1.0360],
        [ 0.3594,  0.0428, -0.9442,  0.9025],
        [ 0.7870,  0.1317, -0.7570,  0.3423],
        [ 0.2829,  0.7700,  1.5407, -0.9097],
        [ 0.0520, -0.7620, -1.7091,  0.1807],
        [-2.8078,  0.5417,  1.2320, -0.0112]], requires_grad=True)
>>> input = torch.LongTensor([[1,2,4,5],[4,3,2,9]])
>>> embedding(input)
tensor([[[ 0.2940,  1.1382, -0.7041, -0.4217],
         [ 0.8416, -0.0432, -0.5638, -0.0822],
         [-1.2048,  0.0472, -0.9597,  1.0360],
         [ 0.3594,  0.0428, -0.9442,  0.9025]],

        [[-1.2048,  0.0472, -0.9597,  1.0360],
         [-0.8011, -0.8669, -1.6480,  1.1093],
         [ 0.8416, -0.0432, -0.5638, -0.0822],
         [-2.8078,  0.5417,  1.2320, -0.0112]]],
grad_fn=<EmbeddingBackward>)
# 定义10×4的词嵌入张量，其中索引为0的词向量为0
>>> embedding = nn.Embedding(10, 4, padding_idx=0)
>>> embedding.weight
Parameter containing:
tensor([[ 0.0000,  0.0000,  0.0000,  0.0000],
        [ 0.8835, -0.7178,  0.4703,  0.9357],
        [ 1.6473,  0.8415,  1.2775,  0.2077],
        [ 1.3618, -0.6997, -0.6739,  0.8601],
        [ 1.6215,  0.5081,  0.0714, -0.4256],
        [-0.5196,  0.4980,  1.0553,  1.7438],
        [-1.3691, -0.0877, -1.3394,  0.4283],
        [-0.0739,  0.5946,  0.1109,  0.2882],
        [ 1.1951,  0.1688,  0.3979,  0.6340],
        [-0.3220,  1.1164,  0.0445, -1.1458]], requires_grad=True)
```

```
>>> input = torch.LongTensor([[0,2,0,5]])
>>> embedding(input)
tensor([[[ 0.0000,  0.0000,  0.0000,  0.0000],
         [ 1.6473,  0.8415,  1.2775,  0.2077],
         [ 0.0000,  0.0000,  0.0000,  0.0000],
         [-0.5196,  0.4980,  1.0553,  1.7438]]],
grad_fn=<EmbeddingBackward>)
```

最后，词嵌入向量也能通过类方法 from_pretrained 来获得，具体类方法的参数如代码 5.7 所示。

代码 5.7 从预训练的词嵌入矩阵得到词嵌入模块。

```
# classmothod: 类方法，返回 nn.Embedding 类的实例
torch.nn.Embedding.from_pretrained(embeddings, freeze=True,
    padding_idx=None, max_norm=None, norm_type=2.0,
    scale_grad_by_freq=False, sparse=False)
```

在代码 5.7 中，第一个参数是预先给定的词嵌入矩阵，第二个参数 freeze 设定词嵌入矩阵是否会在模型优化时被优化（默认 freeze = True，也就是词嵌入矩阵不会被优化）。假如最后返回的词嵌入模块为 embedding，则设定这个参数为 True 相当于设置 embedding.weight.requires_grad = False，后面几个参数在介绍 nn.Embedding 的时候已经有介绍，这里不再赘述。

关于词向量的长度 C，可以任意选择，但一般遵循两个规则，第一个规则是长度最好是 2 的整数次幂，即 16，32，64……这样可以方便词嵌入矩阵在内存中对齐，加快内存的读写速度；第二个规则是词向量的大小和词表数目的四次方根成正比，比例系数在 1~10 之间。

除 nn.Embedding 词嵌入向量模块外，PyTorch 的另一个和词嵌入向量有关的模块是 nn.EmbeddingBag，这个词嵌入模块相当于先得到一系列的词向量，然后对词向量进行规约运算，但是在计算速度和内存上相比于连续的这两个操作更节约内存和计算时间。这个模块的声明代码如代码 5.8 所示。对于这个类的大多数参数，和 nn.Embedding 类似，这里不再重新介绍，其中多出来的参数是 mode，默认是"mean"，代表对一系列的词向量沿着单词的维度做平均。另外，还有"max"，代表取最大值，"sum" 代表求和的操作。对于这个类，其初始化的权重和 nn.Embedding 一致，但是

和 nn.Embedding 的用法区别在于输入矩阵进行词向量的转换时。如果输入的是二维的张量（B, N），则返回的是大小为（B, C）的张量，其中 C 是词嵌入的维度大小。张量的计算方式是首先根据词嵌入矩阵计算（B, N, C）的词向量，然后沿着 N 的方向进行归约，归约方式如前面介绍的"mean"、"sum"和"max"三种。如果是一维的张量（B, ），则需要输入另一个参数 offsets，这个参数设置了归约计算张量的起始索引和最终索引。假设 offsets 为[c0, c1, c2, …, cn]，则规约计算的张量的索引范围为[c0, c1), [c1, c2), …。最后一个参数为 per_index_weights，通过设置这个参数可以设置参与规约的词向量的权重，这个参数仅当 mode 为"sum"时有效。

代码 5.8 nn.EmbeddingBag 类的定义。

```
class torch.nn.EmbeddingBag(num_embeddings, embedding_dim,
    max_norm=None, norm_type=2.0, scale_grad_by_freq=False,
    mode='mean', sparse=False, _weight=None)
```

5.3 循环神经网络层：GRU 和 LSTM

相比于图像处理需要处理像素之间的空间关系，自然语言处理中使用较多的关系是顺序关系，也就是按照单词在句子中的出现顺序输入深度学习模型。前面已经根据单词获取了单词对应的词向量，为了能够对词向量进行训练，同时对输入的词向量建立和输入顺序有关的模型，需要引入循环神经网络（Recurrent Neural Network，RNN）的概念。除了自然语言处理的任务，循环神经网络可以用于很多具有数据顺序依赖的问题，比如时间序列预测等。

5.3.1 简单循环神经网络

下面从最基本的循环神经网络结构（Vanilla Recurrent Neural Network）开始介绍。如图 5.4 所示，简单神经网络的构造可以分成四部分，分别是输入 x_i、输出 y_i、隐含状态（Hidden State）h_i，以及循环神经网络的单元（RNN Cell）。注意，循环神经网络的单元在图中被标记为 RNN。

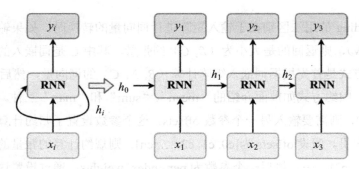

图 5.4 简单循环神经网络结构

在循环网络的前向计算过程中,RNN 是一个神经网络单元,这个神经网络单元的权重和结构不发生改变,该神经网络单元每次接受两个输入,即上一步的隐含状态 h_{i-1},以及当前步的输入 x_i,给出两个输出,即当前步的隐含状态 h_i 和当前步的输出 y_i。对于具体的深度学习任务,输入的 x_i 往往是单词通过词嵌入层获取词嵌入得到的词向量。

在预处理后,一个句子或段落中的每个单词都能通过词嵌入层获取每个单词的词向量,然后按照单词出现的顺序依次在循环神经网络中输入词向量 x_i,得到每一步的输出 y_i 和隐含状态 h_i。对于第 0 步的隐含状态 h_0,一般设置为全零张量。

简单循环神经网络具体的计算公式如式(5.5)所示。

$$y_t = h_t = \tanh(W_{ih}x_t + b_{ih} + W_{hh}h_{t-1} + b_{hh}) \tag{5.5}$$

其中,W_{ih} 和 b_{ih} 是对于 x_t 的线性变换的参数,W_{hh} 和 b_{hh} 是对于 h_{t-1} 做线性变换的参数,这两个线性变换的结果相加,最后使用 Tanh 作为激活函数,以激活函数计算以后的结果作为新的隐含状态 h_t 的值。

在实际计算过程中,简单循环神经网络可以从图 5.4 箭头左边的形式展开为箭头右边的形式,即从循环计算展开成按照时间前向计算的过程,其中图 5.4 右边的每个循环神经网络单元都共享权重参数 W_{ih}、b_{ih}、W_{hh}、b_{hh}。对应前向传播的计算,反向传播也可以通过展开的神经网络沿着时间方向进行反向计算,权重的梯度在反向传播的时候会逐渐积累,这种计算方法称为沿时间反向传播算法(Backpropagation Trough Time,BPTT)。

从简单循环神经网络的结构可以看到，在神经网络的计算过程中，每个输入都对应一个输出，同时还有相应的隐含状态的更新。对于每个时间的输入，输出都刻画了输入经过变换后，同时结合前面内容的信息（由隐含状态来刻画）得到的结果。因此，可以利用输出结果预测输入值对应的标签，比如，可以利用每一步输出的状态来预测当前单词的词性（名词、动词、形容词等）。另外，隐含状态也是非常重要的一部分，由于理论上隐含状态包含了从初始时间到当前时间的所有信息，隐含状态可以被利用来描述句子、段落和时间序列等。因此，使用循环神经网络最终的隐含状态可以进行句子或者段落的分类，比如常见的任务是使用循环神经网络对句子进行情感分类等。简单循环网络虽然在实践中应用不多，但是提供了一个很好的思想，即按照时间顺序对模型输入进行处理，输入到神经网络的模块中，同时不同时间的模块共享权重，最后输出隐含状态的值来描述当前位置为止的所有输入数据的信息。后续其他结构的神经网络（如 LSTM 和 GRU）均以这个 RNN 结构为基础来构建更有效的模型。

5.3.2 长短时记忆网络（LSTM）

简单神经网络的思想虽然为文本和时间序列的建模提供了一个很好的思路，但是也有一定的局限性。最直观的局限性就是使用了 Tanh 函数造成的梯度消失的问题。在 1.6 节中曾经介绍过梯度消失的概念。根据 Tanh 函数的性质，很容易出现的一个现象就是激活函数结果太大，激活函数的绝对值在很接近于 1 的位置，而对应的激活函数的梯度就会很接近于 0。这样，在沿着时间反向传播的过程中，梯度会逐渐减小，直到非常接近于 0。这样会导致一个直接的结果就是 RNN 会很容易遗忘，即隐含状态很难描述长距离输入的依赖关系。为了防止这个现象的发生，LSTM 和 GRU 这两种循环神经网络被开发出来，解决信息丢失的问题。下面首先从 LSTM 的结构出发来说明解决 RNN 梯度消失的一般思路。

长短时记忆网络（Long Short-term Memory Network，LSTM）[57]的结构如图 5.5 所示。不同于简单的 RNN，LSTM 的隐含状态是两个状态组成的元组(c_{i-1}, h_{i-1})，这两个隐含状态被初始化为全零张量，每次神经网络输入张量 x_i，输出张量 y_i。隐含状态的更新过程叙述如下。

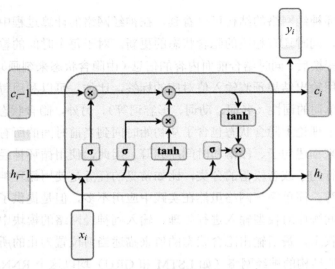

图 5.5　LSTM 的结构

首先根据上一步的隐含状态 h_{i-1} 和输入张量 x_i 进行四个不同的线性变换，分别应用不同的激活函数（这里是 σ，代表 Sigmoid 激活函数，以及 tanh，代表 Tanh 激活函数），输出四个不同的值，分别标记为 f_t、i_t、g_t 和 o_t，如式（5.6）~式（5.9）所示。

$$f_t = \sigma(W_{if}x_t + b_{if} + W_{hf}h_{t-1} + b_{hf}) \tag{5.6}$$

$$i_t = \sigma(W_{ii}x_t + b_{ii} + W_{hi}h_{t-1} + b_{hi}) \tag{5.7}$$

$$g_t = \tanh(W_{ig}x_t + b_{ig} + W_{hg}h_{t-1} + b_{hg}) \tag{5.8}$$

$$o_t = \sigma(W_{io}x_t + b_{io} + W_{ho}h_{t-1} + b_{ho}) \tag{5.9}$$

在这里，Sigmoid 函数控制的是输入张量流入神经网络的信息的多少。可以看到，在计算下一步的隐含状态 c_i 的时候，需要使用 f_t，即通过 Sigmoid 函数计算出的值来控制上一步的隐含状态 c_{i-1} 流入到下一步的多少（这里的乘法符号代表按照元素逐个做乘积）。在引入上一步信息的同时，需要计算当前步引入的信息，而这个信息由 g_t，即使用 Tanh 激活函数结合当前输入张量 x_t 和上一步隐含状态 h_{t-1} 的线性变换的式(5.9)给出。在计算得到 g_t 的同时，需要控制流到神经网络信息的多少，这部分由 i_t（同样是一个 Sigmoid 函数）结合输入张量 x_t 和上一步隐含状态 h_{t-1} 的线性变换给出，通过

i_t 和 g_t 的乘积,结合上一步隐含状态的信息,得到新的隐含状态的信息 c_t,如式(5.10)所示。

$$c_t = f_t \times c_{t-1} + i_t \times g_t \tag{5.10}$$

最后,新的隐含状态 h_t 由 c_t 通过 Tanh 激活函数计算得到的结果,乘以 Sigmoid 函数结合输入张量 x_t 和上一步隐含状态 h_{t-1} 的线性变换得到的最后结果 o_t(见式(5.9))。输出结果 o_t 结合新的隐含状态 c_t,可以计算得输出结果 y_t,如公式(5.11)所示。同时输出结果 y_t 和新的隐含状态 h_t 相等,如式(5.11)所示。在整个计算过程中,式(5.6)~式(5.9)使用的线性变换的权重系数各不相同。

$$y_t = h_t = o_t \times \tanh c_t \tag{5.11}$$

这里简单介绍一下 LSTM 的设计思想。前面已经介绍过,在 RNN 的计算过程中,一个重要的问题是在 RNN 的反向传播中梯度的消失,从而导致在神经网络训练过程中无法学习到长距离的依赖。也就是说,在 RNN 的计算过程中,很容易发生"遗忘"现象,即 RNN 靠后的隐含状态和输出比较难保留靠前的输入相关的信息。而实际上,人们想要实现的目的应该是,某一步的输出和隐含状态的信息需要包含前面步骤所有的输入信息。为了能够达到这个目的,就需要有目的地遗忘上一步的一些输入信息,同时控制当前步的输入信息,然后将它们混合。具体遗忘和保留的值由当前的输入和上一步的隐含状态通过 Sigmoid 函数来控制。因为 Sigmoid 函数的取值范围在 0 到 1 之间,通过这个激活函数,就能输出 0 到 1 之间的中间状态,其中 0 为全部遗忘,而 1 为全部记忆。由于具体的数值有当前的输入和上一步的隐含状态,通过线性变换决定。因此,学习线性变换的权重的主要目的是根据这两个输入来决定如何保留上一步的信息和当前的输入信息(见式(5.6)~式(5.9))。最后,通过另一个 Sigmoid 函数的输出,决定流向下一步的隐含状态的值(见式(5.11))。

5.3.3 门控循环单元(GRU)

相比 LSTM 的网络结构,门控循环单元(Gated Recurrent Unit,GRU)[58]对 LSTM 的网络结构做了适度的简化,但是基本的思想是相同的。如图 5.6 所示,可以看到,在 GRU 中只有一个隐含状态 h_t。通过输入张量 x_t 和隐含状态 h_{t-1} 的线性变换，首先计算得到隐含状态流入的权重 r_t 和 z_t，如式（5.12）和式（5.13）所示。其中 r_t 用于和 h_{t-1} 的线性变换结合，同时和输入张量 x_t 的线性变化结合，使用 Tanh 激活函数，如式（5.14）所示，计算得到隐含状态的更新值 n_t。z_t 用于计算 n_t 和上一步的隐含状态 h_{t-1} 的混合权重，如式（5.15）所示。最后输出的结果 y_t 同样和 h_t 相同。相比于 LSTM，GRU 少了一个隐含状态 c_t，但是相对来说少了一次激活函数的计算和输出的计算，以及最后的隐含状态的更新，所以计算量相对较小。和 LSTM 相比，GRU 同样实现了通过 Sigmoid 函数控制信息流的目的，而且结构更加简单，计算量更少。

最后是关于 LSTM 和 GRU 的选择问题，对于不同的自然语言处理问题，LSTM 和 GRU 其实表现差异不大，相关的研究表现，对于不同的任务，LSTM 和 GRU 构造的模型的表现准确率各有胜负，总的来说，可以认为相差不大[59]。

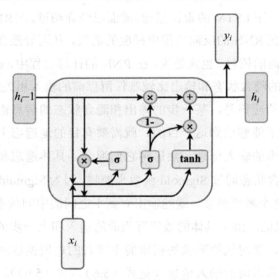

图 5.6　GRU 的结构

$$r_t = \sigma(W_{ir}x_t + b_{ir} + W_{hr}h_{t-1} + b_{hr}) \quad (5.12)$$

$$z_t = \sigma(W_{iz}x_t + b_{iz} + W_{hz}h_{t-1} + b_{hz}) \quad (5.13)$$

$$n_t = \tanh(W_{in}x_t + b_{in} + r_t \times (W_{hn}h_{t-1} + b_{hn})) \quad (5.14)$$

$$y_t = h_t = (1 - z_t) \times n_t + z_t \times h_{t-1} \qquad (5.15)$$

为了能够在 PyTorch 中使用循环神经网络构造深度学习模型，PyTorch 提供了对应的 RNN、LSTM 和 GRU 模块来提供相应的功能。在默认情况下，PyTorch 的 RNN 输入的形状应该是 $T \times N \times C$，其中 T 是序列的长度，N 是批次归一化的长度，C 是词向量的维度大小（当然也可以通过设置 batch_first 参数设置 RNN 输入的形状）。另外，也可通过构建 PackedSequence 类型的实例作为 RNN 的输入。具体的 PackedSequence 类型实例的构造方法是调用 torch.nn.utils.rnn.pack_padded_sequence 函数来构造 PackedSequence 类型的实例，其具体的输入参数如代码 5.9 所示。

代码 5.9 torch.nn.utils.rnn.pack_padded_sequence 函数声明。

```
torch.nn.utils.rnn.pack_padded_sequence(input, lengths,
    batch_first=False, enforce_sorted=True)
```

在代码 5.9 中，第一参数是输入张量，大小为 $T \times N \times C$，在前面已经介绍过每个维度的意义。第二个参数为一个整数张量，代表输入张量 input 的有效长度（也可以是一个 Python 列表，其中每个元素代表输入张量的有效长度），其长度为 N，代表输入张量扣除填充单词（即<PAD>）以后的长度。第三个参数是 batch_first，如果这个选项为 True，则输入张量的大小应该是 $N \times T \times C$，而不是 $T \times N \times C$。最后一个参数是输入张量是否经过预先排序。如果这个值为 True，则 lengths 应该是严格降序的一个张量，否则这个函数会对输入张量按照有效长度张量进行排序，input 张量和 length 张量将会沿着批次维度进行排序，排序的结果是使 length 张量严格降序。

如果需要对 PackedSequence 进行解码，即根据 PackedSequence 类的实例反向解码计算出对应的输出张量和有效长度的张量，可以使用 torch.nn.utils.rnn.pad_packed_sequence 函数，该函数对应的声明如代码 5.10 所示。

代码 5.10 torch.nn.utils.rnn.pad_packed_sequence 函数声明。

```
torch.nn.utils.rnn.pad_packed_sequence(sequence, batch_first=False,
    padding_value=0.0, total_length=None)
```

在代码 5.10 中，第一个参数 sequence 是 PackedSequence 类的实例。第二个参数 batch_first 控制输出张量的第一个维度是否是迷你批次维度，默认输出的序列张量形状是 $T \times N \times C$，如果这个参数设置为 True，则默认输出的序列张量的形状是 $N \times T \times C$。第三个参数 padding_value 则指定了超出序列有效长度的填充是什么数，默认填充为 0。最后一个参数 total_length，如果指定输出张量的序列总长度 T 为这个值，否则取最长序列的值为序列总长度 T。torch.nn.utils.rnn.pad_packed_sequence 函数最后输出一个元组，该元组的第一个张量是输出张量，第二个张量为输出张量的有效长度。

在 PyTorch 中引入 PackedSequence 类的作用是为了适应变长的序列输入。在 5.2 节中已经介绍过，一般情况下，用于自然语言处理的模型输入的文本长度并不是对齐的。为了能够对齐序列文本，需要引入填充单词。而填充单词作为输入张量的一部分，同样要通过词嵌入层转换为词向量，最后输入到循环神经网络中。也就是说，填充单词也会参与到循环神经网络的计算中。这部分数据的引入会增加计算资源和内存的开销，同时对某些任务（比如获得神经网络最后的隐含状态，从而对句子进行分析，以及后面会介绍的双向循环神经网络的计算）不是很友好，因为输入的填充单词会干扰神经网络的输出，而填充单词本身是没有意义的，不应该参与计算。

为了解决这个问题，PyTorch 引入了 PackedSequence，其主要原理是沿着时间的方向逐步做计算，当碰到序列最大长度时，减少迷你批次的大小，继续计算，直到计算到达迷你批次的最大长度为止。如图 5.7 所示，序列中（这里填充单词被省略，加上填充单词应该是一个迷你批次为 6、长度为 9 的张量，同时词向量的维度也在这里省略了）所有的序列是按照长度从大到小排列的，通过这样的排列方式，在第 0 步计算中，循环神经网络计算的是所有批次的输入，第 1～3 计算步中计算的是批次大小为 5 的输入……通过这种方式，逐渐减小输入的批次大小，这样就能避免冗余的关于填充单词对应的计算，而且最后输出的隐含状态和输入的填充单词无关。

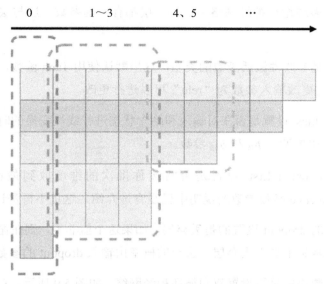

图 5.7 PackedSequence 计算过程

有了循环神经网络的输入格式之后，下面介绍循环神经网络模块类的输入参数，如代码 5.11 所示。

代码 5.11 简单 RNN 的参数代码。

```
class torch.nn.RNN(input_size, hidden_size, num_layers,
    nonlinearity='tanh', bias=True, batch_first=False,
    dropout=0, bidirectional=False)
```

为了构建简单的循环神经网络模块，输入的第一个参数 input_size 是输入参数的词向量维度（也就是输入的特征通道）的大小。

第二个参数 hidden_size 是隐含变量的维度大小。

第三个参数 num_layers 是循环神经网络层的多少。由于循环神经网络主要是沿着序列方向的计算，在垂直序列方向，其神经网络只有一层全连接层，为了能够增加输出特征的复杂性，从而能够表现更复杂的序列结构，可以通过多层循环神经网络叠加在一起，增加循环神经网络的参数量，最后从序列中提取出更加复杂的信息。图 5.8 中演示了如何把多层循环神经网络叠加在一起，图中有两个循环神经网络层，其中第 2 层的输入是第 1 层的输出，从第 1 层出发，通过第 2 层的计算，构造了更复杂的特征。在多层循环神经网络中，每一层都有一套参数，层与层之间的参数互相独立。

第四个参数是非线性激活函数的类型，这里默认使用 Tanh 函数，也可以设置为 ReLU 函数，通过更改输入参数为"relu"可以进行更改。

第五个参数 bias 设置是否在对输入和隐含状态进行线性变换的时候添加偏置，也就是式（5.5）中的两个 b_{ih} 和 b_{hh} 参数。

第六个参数 batch_first 设置是否将迷你批次的维度放到最前面，在前面 pack_padded_sequence 函数参数的说明中已经有过介绍，这里不再赘述。

第七个参数的 dropout 设置的是丢弃层，如果这个值非零，则在循环神经网络最后输出的结果的基础上加上丢弃层，丢弃的概率由输入 dropout 的参数设置。

最后一个参数决定是否设置双向循环神经网络，如图 5.9 所示。双向循环神经网络是由两个循环神经网络构成的模型，这两个循环神经网络共享同一个输入张量，其中一个输入张量从序列的第 0 个元素开始，逐步进行神经网络计算，直到序列的最后一个元素；另外一个输入张量从序列的最后一个元素开始，倒序进行神经网络的计算，直到序列的第 0 个元素。使用双向神经网络的目的是为了更好地处理长距离的依赖关系。根据前面的知识可知，循环神经网络因为梯度消失的原因，很容易遗忘长距离的信息，为了引入长距离的信息，可以按照序列正方向计算一个输出，然后按照序列反方向计算另一个输出，最后把两个输出拼接在一起。可以看到，在这样的拼接情况下，序列的开始，以及序列的结尾最后对应的输出同时包含序列开始和序列结尾的信息。通过这种操作，就处理了长距离的依赖关系，把序列开始的信息和序列结尾的信息很好地混合在了一起。在图 5.9 中，可以看到沿着序列正方向和反方向的计算结果，最后把这两个计算结果拼接在一起得到最后的结果。最后，和多层循环神经网络一样，正向和反向两个方向的循环神经网络有各自的互相独立的参数。当设置 bidirectional 为 True 时，循环神经网络的输入必须是 PackedSequence 的实例。

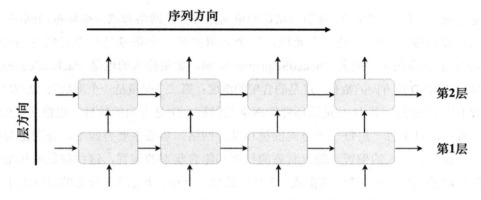

图 5.8　多层循环神经网络结构图

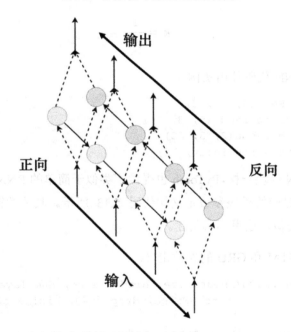

图 5.9　双向循环神经网络结构图

对于简单 RNN 的实例，进行前向计算时具体的输入张量主要有两个，第一个是序列对应的张量（或者前面介绍的 PackedSequence 实例），这个张量的默认形状是 $T \times N \times C$，其中 T 为序列的长度，N 为迷你批次的大小，C 为输入的特征数目；第二个参数是初始的隐含状态，默认情况下，这个值为 None，代表初始的隐含状态是全零张量，也可以输入一个 $(L \times D) \times N \times H$ 的三维张量，其中，L 是循环神经网络的层数，

D 是方向的数目（1 或者 2，分别为默认的单向循环神经网络和双向循环神经网络）。前向计算后输出的结果是一个元组，这个元组的第一个张量是一个形状为 $T \times N \times (D \times H)$ 的三维张量（或者 PackedSequence 实例，如果输入的也是 PackedSequence 实例），其中 D 是方向的数目，H 是隐含层的维度；第二个张量是一个形状为 $(L \times D) \times N \times H$ 的三维张量，其中 L 是循环神经网络的层数，D 是方向的数目。根据式（5.5）可以看到，对于每一层每一个方向的循环神经网络，参数主要有四个，分别是对应输入的权重、输入的偏置、隐含状态的权重和隐含状态的偏置，这些参数被初始化为 $(-k, k)$ 的均匀分布，k 的值由式（5.16）给出，其中，h 是隐含状态的维度大小。RNN 相关的使用方法可以参考代码 5.12。

$$k = \frac{1}{\sqrt{h}} \tag{5.16}$$

代码 5.12 RNN 代码使用实例。

```
>>> rnn = nn.RNN(10, 20, 2)
>>> input = torch.randn(5, 3, 10)
>>> h0 = torch.randn(2, 3, 20)
>>> output, hn = rnn(input, h0)
```

和简单的 RNN 模块一样，PyTorch 也提供了类似于简单的 RNN 模块的 LSTM 和 GRU 模块的类。对应的模块参数定义如代码 5.13 所示。具体的输入参数和简单的 RNN 的输入参数类似，这里不再赘述。

代码 5.13 LSTM 和 GRU 的参数定义。

```
class torch.nn.LSTM(input_size, hidden_size, num_layers,
    bias=True, batch_first=False, dropout=0, bidirectional=False)
class torch.nn.GRU(input_size, hidden_size, num_layers,
    bias=True, batch_first=False, dropout=0, bidirectional=False)
```

对于 LSTM，前向计算的时候需要传入序列的张量（或者 PackedSequence 的实例），以及两个隐含状态(h0, c0)组成的张量元组（同样的默认为 None，如果输入为 None，意味着使用的全零张量作为初始隐含状态）。跟前面的 RNN 一样，输出的是一个元组，元组的第一个元素代表 LSTM 的输出值，和简单的 RNN 的输出一样都是形状为 $T \times N \times (D \times H)$ 的三维张量（或者 PackedSequence 的实例），元组的第二个元素是两个隐含状态（ht, ct）组成的张量元组，这两个张量的大小均为 $(L \times D) \times N \times H$，其中 T、N、D、H、L 参数的含义在简单 RNN 的输出中已经介绍过，这里不再赘述。由于 GRU 的输入和隐含状态与简单 RNN 的类似，GRU 实例的前向计算和简单 RNN 的前向计算输入的参数相同，这里不再赘述。LSTM 和 GRU 模块的具体使用方法可以参考代码 5.14。

代码 5.14 LSTM 和 GRU 模块的使用方法。

```
>>> rnn = nn.LSTM(10, 20, 2)
>>> input = torch.randn(5, 3, 10)
>>> h0 = torch.randn(2, 3, 20)
>>> c0 = torch.randn(2, 3, 20)
>>> output, (hn, cn) = rnn(input, (h0, c0))

>>> rnn = nn.GRU(10, 20, 2)
>>> input = torch.randn(5, 3, 10)
>>> h0 = torch.randn(2, 3, 20)
>>> output, hn = rnn(input, h0)
```

最后提示一下，虽然 LSTM 和 GRU 避免了一般 RNN 模型计算过程中梯度消失的问题，但是其仍然有缺点，主要在于计算过程中仍然会出现梯度爆炸的结果。为了解决这个问题，可以使用 torch.nn.utils.clip_grad_norm 对梯度进行裁剪，限制梯度的模长在一定范围内，同时结合使用 nn.LayerNorm 层来对激活函数进行归一化处理，提高模型在训练过程中的稳定性。

在某些情况下，可能需要使用单步的循环神经网络的计算（即序列的长度为 1），这时可以使用 RNNCell、LSTMCell 和 GRUCell 来实现这个操作。这几个模块的定义如代码 5.15 所示，其中的参数意义和前面的循环神经网络的模块参数类似，这里不再赘述。和前面循环神经网络的模块不同，这三个模块的输入是 $N \times C$ 的张量（因为单步计算，所以 $T=1$，模块的输入不包含 T 的维度），以及 $N \times H$ 的隐含状态，输出的是 $N \times H$ 的输出张量，其中 N 是迷你批次大小，H 为隐含状态的大小。

代码 5.15 RNNCell、LSTMCell 和 GRUCell 参数定义。

```
class torch.nn.RNNCell(input_size, hidden_size, bias=True,
    nonlinearity='tanh')
class torch.nn.LSTMCell(input_size, hidden_size, bias=True)
```

```
class torch.nn.GRUCell(input_size, hidden_size, bias=True)
```

对于 LSTM，输入的同样是 $N×C$ 的张量，以及由两个隐含状态(h0, c0)组成的张量元组，输出的是隐含状态的元组(ht, ct)。GRUCell 的输入/输出和 RNNCell 类似，这里不再详细叙述。RNNCell、LSTMCell 和 GRUCell 的使用方法如代码 5.16 所示。

代码 5.16 RNNCell、LSTMCell 和 GRUCell 的使用方法。

```
>>> rnn = nn.RNNCell(10, 20)
>>> input = torch.randn(6, 3, 10)
>>> hx = torch.randn(3, 20)
>>> output = []
>>> for i in range(6):
        hx = rnn(input[i], hx)
        output.append(hx)

>>> rnn = nn.LSTMCell(10, 20)
>>> input = torch.randn(6, 3, 10)
>>> hx = torch.randn(3, 20)
>>> cx = torch.randn(3, 20)
>>> output = []
>>> for i in range(6):
        hx, cx = rnn(input[i], (hx, cx))
        output.append(hx)

>>> rnn = nn.GRUCell(10, 20)
>>> input = torch.randn(6, 3, 10)
>>> hx = torch.randn(3, 20)
>>> output = []
>>> for i in range(6):
        hx = rnn(input[i], hx)
        output.append(hx)
```

5.4 注意力机制

在自然语言处理过程中，一个重要的任务是把一个文本序列转换为另一个文本序列，这个任务称为 Seq2Seq，被广泛应用于神经网络翻译、文本归纳，以及机器阅读理解等任务中。Seq2Seq 任务包含两部分：编码器（Encoder）和解码器（Decoder），编码器负责把文本序列转换成隐含表示,解码器负责把隐含表示还原成另一个文本序列。在这里,编码器和解码器的任务都能使用循环神经网络来实现。具体的深度学习模型的结构如图 5.10 所示。其主要原理是:将源文本的单词对应的词向量输入到编码器中,产生源文本对应的隐含向量表示,然后通过解码器对源文本对应的隐含向量表示进行逐个字符的解码,生成目标文本,具体过程如下。

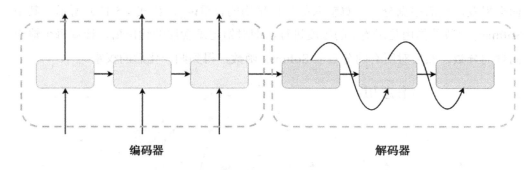

图 5.10 Seq2Seq 模型示意图

首先,解码器输入一个特殊的单词,即句子开头的单词对应的词向量(这个特殊的单词一般标记为<SOS>,即 Start Of Sentence),输出第一个预测的单词。然后根据第一个预测的单词获取对应的词向量,进行第二个单词的预测,不断重复这个过程,直到到达最大预测长度或者预测得到另一个特殊单词(这个特殊的单词一般标记为<EOS>,即 End Of Sentence),整个解码过程停止。

这个过程对应的解码模型称为自回归模型(Autoregressive model)。

前面已经介绍过 Seq2Seq 模型能够用于很多任务,比如机器翻译,编码器对应的是源语言的文本序列,解码器对应的是目标语言的文本序列和文本归纳;编码器对应的是段落的文本序列,解码器对应的是文本摘要。但是由于 RNN 的特性,对于很长的序列,RNN(包括 LSTM 和 GRU,它们只是在设计上尽量减少遗忘的发生)都不可避免地出现遗忘的状况。这个缺点可以使用引入注意力机制(Attention Mechanism)来解决。

所谓注意力机制,就是通过引入一个神经网络,计算编码器的输出对解码器贡献的权重,最后计算加权平均后编码器的输出,即上下文(Context),通过在编码器的输出和下一步的输入中引入上下文的信息,最后达到让解码器的某一个特定的解码和编码器的一些输出关联起来,即对齐(Alignment)的效果。如图 5.11 所示,假设编码器的输出向量为 s_i($i=0, 1, 2, …, S\text{-}1$,其中 S 是编码器输入序列的长度),解码器当前步的隐含层输出是 h_j($j=0, 1, 2, …, T\text{-}1$,其中 T 是解码器输出序列的长度),则可以根据这两个向量计算对应输出的分数 $\text{score}(s_i, h_j)$,具体如何计算分数,在后面会提及,然后根据分数计算输入的加权平均的权重 w_{ij},如式(5.17)所示,其中 Softmax 函数的作用是沿着 i 的维度进行,即对给定隐含层的输出 h_j,计算每一个输出向量的分数,然后对所有的分数取 Softmax 函数,得到归一化后的权重。

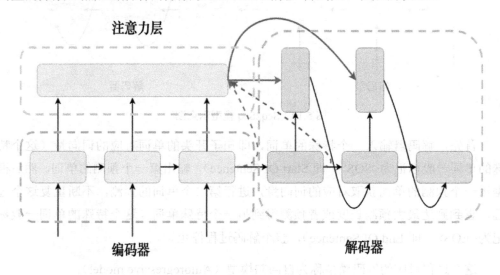

图 5.11 注意力机制示意图

$$w_{ij} = \text{Softmax}\big(\text{score}(s_i, h_j)\big) \tag{5.17}$$

在计算权重的时候有个技巧,就是对填充单词<PAD>对应的权重,需要将对应的分数设为负无穷大-inf,这样对应的 Softmax 的权重为 0。因此,就达到了不考虑填充单词的目的。

接着根据计算得到的权重,对编码器的输出做加权平均,输出结果 x_j,如式(5.18)所示。

$$x_j = \sum_i w_{ij} s_i \qquad (5.18)$$

最后将隐含层的结果和归一化后的结果在特征方向（最后一个维度）做拼接，线性变换，并且使用 Tanh 函数作为激活函数输出最终的上下文的值，如式（5.19）所示。当前步的计算可以通过拼接 RNN 的输出结果，以及上下文的值，然后线性变换到和字典单词数目相同的特征输出，最后使用 Softmax 计算下一个单词的概率。根据单词的概率挑选出概率最大的单词，然后找到这个单词的词向量，与上下文向量 c_j 拼接，作为下一步的 RNN 的输入。

$$c_j = \tanh(W[x_j; h_j] + b) \qquad (5.19)$$

根据前面的介绍可以看出，注意力层涉及解码器每一步输出的隐含状态，以及编码器的所有输出，假设编码器输入序列的长度是 S，解码器输出序列的长度是 T，则总的计算量是 $S \times T$，因为解码过程中每个步骤都需要 S 次分数计算。关于神经网络的分数计算有很多种方法，这里介绍两种典型的分数计算方法，即 Bahdanau 注意力[60]和 Luong 注意力[61]机制。对于第一种注意力机制，主要是通过使用包含 s_i 和 h_j 的以 Tanh 作为激活函数的神经网络来计算分数，如式（5.20）所示。整个计算过程是将 s_i 和 h_j 拼接在一起，然后对拼接以后的向量做线性变换，取 Tanh 激活函数，并使用 v^T 做点积，最后输出一个数量值。由于拼接后做线性变换的操作相当于分别做线性变换后求和，所以 Bahdanau 注意力机制又称为加性注意力（Additive Attention）。对于 Luong 注意力机制，这里介绍最普遍的形式，如式（5.21）所示。

$$\text{score}(s_i, h_j) = v^T \tanh(W[s_i; h_j] + b) \qquad (5.20)$$

$$\text{score}(s_i, h_j) = s_i^T W h_j \qquad (5.21)$$

在式（5.21）中可以看到，直接使用 s_i 和 h_j，以及权重矩阵 W 的乘积计算分数，由于使用了矩阵乘法，Luong 注意力机制又称为乘性注意力（Multiplicative Attention）。

由于注意力是根据解码器的隐含状态生成的，根据注意力机制计算得到的权重，对编码器的输出加权平均可以得到对于当前的隐含状态，加权平均对应的权重代表的是编码器输出的哪些部分比较重要，一般来说，重要的输出权重会比较大。通过检查权重相关的信息，可以把输入和输出对应起来，相当于将输入序列和输出序列做对齐。相关的对齐信息可以通过对输入和输出画热力图（Heat Map）来实现。如图 5.12 所示，编码器的序列排列方向是从上到下，解码器的序列排列方向是从左到右。在热力图中可以看到，编码器的序列词向量和解码器的序列词向量基本上是一一对应的，因为热力学图在对角线的位置的值比较大（颜色偏浅色）。当然，图 5.12 所示的情况只是一种特殊的情况，在大多数情况下，编码器的单词和解码器的单词并不是按照位置严格一一对应的，通过构建基于注意力机制的深度模型，可以让模型自动学习到编码器和解码器的序列单词之间的对应关系，从而提高 Seq2Seq 模型的准确率。

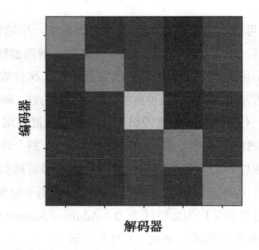

图 5.12　注意力机制热力图可视化效果

5.5　自注意力机制

5.5.1　循环神经网络的问题

循环神经网络在自然语言和其他序列处理的任务中得到了广泛的应用，而且取得了巨大的成果。在序列的建模方面，由于循环神经网络天然的时序依赖的特性，因此，特别适合用来描述自然语言和时间序列等有内含顺序的输入数据。同时，循环神经网络结合上一节介绍的注意力机制，在长距离时间序列依赖关系的建模上也取得了巨大的成功，很多优秀的神经网络翻译模型都是基于注意力机制和 Seq2Seq 模型来构造的，比如，前面介绍过的 GNMT 模型等。

虽然循环神经网络在文本建模方面具有巨大的优势，但它也有一些难以避免的缺点，其中第一个是模型的运行效率和代码优化的问题。对于循环神经网络来说，由于下一步的计算依赖上一步输出的隐含状态，因此，前后的计算有相互依赖关系，这就造成了模型不能进行并行化计算，即同时计算同一层的多个循环神经网络的单元（Cell）是难以实现的，因此，模型难以并行化。

第二个就是多层神经网络的计算问题，因为在计算顺序上，下一层的计算依赖于上一层的输入，下一层只有等到上一层有一定输出之后才能进行计算，同时下一层的计算完成也依赖于上一层的计算完成，这也造成了模型优化上的困难（可以通过一定的方式使上一层和下一层的计算达到部分重合，从而获得一定的并行效果，但是使用这个方法无法获得完全并行的加速效果）。计算速度上的劣势限制了循环神经网络的应用，特别是在计算比较长的序列的时候，时间的延迟可能对模型的实际应用造成比较大的影响。为了能够增加模型的并行性，同时也方便程序的优化，Google 的深度学习研究团队开发了一个新的机制，即自注意力机制（Self-Attention Mechanism），在最新版的 PyTorch 中也引入了相关的模块，这个模块被称为 nn.MultiheadAttn 模块。

下面介绍自注意力机制和 nn.MultiheadAttn 模块的工作原理和使用方式。

5.5.2 自注意力机制的基础结构

自注意力机制首先来源于 Google 的研究团队发表的一篇论文[62]，这篇文章的核心思想是不需要使用循环神经网络，取而代之可以完全使用注意力机制来描述时间序列的上下文相关性，对应的注意力机制称为自注意力机制。和循环神经网络（如 LSTM 和 GRU）的设计不同，自注意力机制的计算涉及序列中某一个输入相对于其他所有输入之间的联系，在计算中并没有先后顺序之分，所以能够很容易地进行并行计算，而且在计算过程中主要涉及的是矩阵的乘法，可以调用之前介绍过的 GEMM 函数进行计算，相对于 LSTM 和 GRU，模型的结构更加简单。因此，也更方便地对模型的结构进行优化,能够获得更大的加速比。让我们从自注意力机制模块的设计原理出发,阐述自注意力机制是如何工作的,以及如何使用自注意力机制进行模块的建模。

图5.13展示了自注意力机制的基本模块的构造。自注意力机制需要输入三个值,即查询张量(图5.13中的Q)、键张量(K)和值张量(V)。这里假设Q、K、V三个张量的形状为$N \times T \times C$,即第一个维度是批次维度,第二个维度是序列的时间长度,第三个维度是序列的特征长度。前两个张量的作用是根据查询张量获取每个键张量对应的分数,然后根据分数计算出对应的权重,用得到的权重乘以值张量,并对值张量加权平均,最后输出结果。

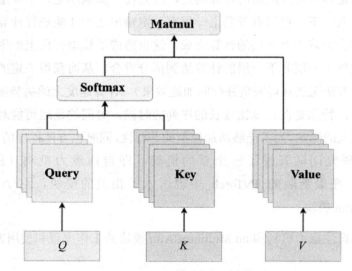

图5.13 自注意力机制的基本构造

具体的计算过程如下。

首先使用Q、K、V对应的权重矩阵对这三个张量进行线性变换,获得对应的变换后的张量Query、Key、Value,如式(5.22)~式(5.24)所示。公式中的下标i代表注意力权重的序号,一般可以使用多个并行的注意力权重(如4个或者8个)。

$$\text{Query} = QW_i^Q \tag{5.22}$$

$$\text{Key} = KW_i^K \quad (5.23)$$

$$\text{Value} = VW_i^V \quad (5.24)$$

接下来计算相应的分数和权重，具体如式（5.25）所示。这里的乘法是批次矩阵乘法，即使用 torch.bmm 函数来计算 Query 和 Key 的转置的乘法。可以看到，在 Query 和 Key 最后的特征维度相等的状况下，这里相当于使用 Query 的每个特征，对 Key 的每个特征，求得两个特征的相似度，用这个相似度作为分数，沿着 Key 的 T 方向做 Softmax 函数来计算具体的权重。如果 Query 和 Key 相似度越大，那么该 Key 对应的分数也较大，同时对应的权重也比较大。

$$W = \text{Softmax}\left(\frac{\text{Query} \cdot \text{Key}^{\text{T}}}{\sqrt{d_i}}\right) \quad (5.25)$$

这里需要注意，式（5.25）中，根据第 i 个注意力权重的平方根做了归一化处理，除以 $\sqrt{d_i}$ 值，即第 i 个注意力权重的特征维度大小的平方根，这样操作的目的是为了保证数值的稳定性。因为随着特征维度的增加，可以看出最后 Query 和 Key 的转置矩阵乘的结果也会增加，为了抵消这个增加的作用，需要除以一个和特征维度大小有关的系数，资料中选择 $\sqrt{d_i}$ 值，实践中也证明了这个值的选择对于优化算法的稳定性有帮助。同样，对于填充单词<PAD>的处理方法也是设置对应的分数为-inf，这样<PAD>单词计算对应的权重就可以设置为 0。最后使用权重矩阵和 Value 矩阵做矩阵乘法，计算得到最终的自注意力机制的输出，如式（5.26）所示。

$$Z = W \cdot \text{Value} \quad (5.26)$$

如前所述，在实践中经常使用多个并行的自注意力机制，成为多头注意力（Multihead Attention），即使用多个注意力矩阵和多个权重对输入值进行加权平均，最后对加权平均的结果进行拼接。使用这种方法的原因是单个注意力机制只能捕捉一种序列之间的关联（比如相邻单词之间的相关性），如果使用多个注意力机制，就能捕捉多种序列之间的关联（比如，距离比较远的单词之间的相关性），最后的拼接通过结合多种注意力机制，就能比较好地描述不同距离的单词之间的相互关系。在实际实现时，多头注意力机制并不是使用多个类似于式（5.22）~式（5.24）中的权重来描述不同的注意力机制，然后进行式（5.25）的计算。相反，在实际实现中，为了增加内存的利用率和缓存的命中率，式（5.22）~式（5.24）的计算对 Query、Key 和 Value 仅仅各使用一个整体的权重矩阵，然后把线性变换的结果分割成多个不同的注意力机制送入式（5.25）进行计算。最后经过式（5.26）的计算把结果进行拼接。

读者可以证明这样的计算方法和通过初始化多个不同的注意力机制对应的矩阵，然后进行式（5.25）和式（5.26）的计算结果等价。相比于使用多个不连续的矩阵进行变换，使用单个连续的矩阵进行变换，然后把变换的结果进行分割，这样的具体算法实现，因为对应的权重在内存中连续，能够更有效地进行张量运算，是实践中经常使用的一种技巧。

5.5.3 使用自注意力机制构建 Seq2Seq 模型

有了自注意力机制之后，就可以引出如何使用自注意力机制执行 Seq2Seq 任务，我们称这个模型为 Transformer 模型。相比于 RNN 模型，基于自注意力机制的 Seq2Seq 总体的思路是类似的，只不过是把 RNN 的模块切换成了自注意力（Multihead Attention）模块。下面介绍如何使用自注意力机制构建 Seq2Seq 模型。

首先是词嵌入向量的生成，由于自注意力机制中不包含单词的顺序，如果要构建单词的词向量序列，需要引入单词的顺序相关的信息。在这里可以使用两种方法来编码单词的信息，第一个是使用周期性的函数来编码单词的顺序，比如使用不同周期的正弦函数和余弦函数来描述单词的顺序（这也是 *Attention Is All You Need* 这篇论文对于单词顺序的编码方法），这种位置编码方式的优点是能够编码任意长度的序列，但缺点是序列的词嵌入需要进行预先计算，需要消耗一定的计算时间。第二个是使用位置的嵌入，也就是对于定长序列中的每一个单词，根据具体的位置来分配一个位置的嵌入（和词嵌入类似，不过和单词的内容没有关系，仅仅和具体位置有关系），这种方式的缺点是不能处理超过长度的单词（因为位置嵌入的大小有限，如果超出位置嵌入能够表示的位置，则没有对应的位置向量来描述这个位置）。但是其优点也很明显，首先是能够直接得到位置的向量，不需要经过计算，因此，速度比较快。其次是能够对位置嵌入矩阵进行训练，所有的参数都是可以调节的，可以增加模型的准确率（表现稍优于第一种方法）。

在计算嵌入层之后，需要进入自注意力模块和全连接模块的计算，以及归一化模块的计算。对于 Transformer 模型来说，根据张量输入的是编码器还是解码器，具体的自注意力模块输入有所不同。如图 5.14 所示，图中左边虚线框住的部分是编码器，右边虚线框住的部分是解码器。虚线框所在的单元可以重复多次（在 Transformer 的原始资料中，这个值对于编码器和解码器都为 6）。

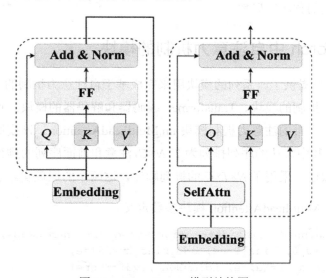

图 5.14　Transformer 模型结构图

首先介绍一下编码器。在编码器中，对于第一个单元，其输入为词向量和位置向量沿着特征方向拼接的结果，对于其他单元，其输入均为前一个单元的输出。对于编码器的自注意力机制，K、Q、V 的输入均为同一个，即词嵌入或上一个模块的输出，首先通过自注意力机制得到对应变换以后的输出，然后使用两个全连接层（Feed Forward，激活函数为 ReLU）对输出的张量进行神经网络计算，最后对输出结果和模块的输入求和（残差连接），并对求和结果进行层归一化处理，输出模块的计算结果，这个结果将会保留下来便于进一步计算。对于解码器来说，基本结构和编码器类似，但是在细节上有所区别，对于解码器来说，输入的值（单词嵌入和位置嵌入，或者上一层解码器的输出）首先要经过一个自注意力机制，其中 Q、K、V 均为输入的值，如图 5.14 中解码器部分所示的 SelfAttn 模块，这个模块的作用是自注意力机制和残差连接,以及最后的层归一化输出。在接下来的模块中,SelfAttn 的输出仅仅作为自注意力机制中的 Q 来使用,K、V 的输入则来源于编码器的输出。这个做法本身的意义也十分明确,类比于使用 RNN 的 Seq2Seq 模型,在这里 Q 起到的作用就是隐含状态,Q 和 K 的点积决定了最后 V 的权重,这就相当于使用注意力机制来获取编码器对应的权重,最后对编码器的输出 V 做加权平均获取后结合注意力的输出结果。为了防止模型的过拟合,在编码器和解码器的构建过程中,可以加入丢弃层,从而提高测试集的预测准确率。

5.5.4 PyTorch 中自注意力机制的模块

PyTorch 本身提供了一系列的模块用来完成基于自注意力机制的模型的构建,其中包含自注意力机制的模块、Transformer 编码器和解码器的模块。首先看一下如何使用 PyTorch 中自带的注意力机制模块 nn.MultiheadAttention。该模块的参数定义如代码 5.17 所示,其中默认的序列排列为 $T\times N\times C$,注意和前面序列的排列顺序不一样,前面为了方便叙述,采用了 $N\times T\times C$ 的排列顺序,这两个的原理实际上是一致的。

代码 5.17 MultiheadAttention 模块参数定义。

```
class torch.nn.MultiheadAttention(embed_dim, num_heads,
    dropout=0.0, bias=True, add_bias_kv=False,
    add_zero_attn=False, kdim=None, vdim=None)

# 对应的 forward 方法定义
forward(query, key, value, key_padding_mask=None,
    need_weights=True, attn_mask=None)
```

代码 5.17 中,第一个参数 embed_dim 代表输入模块的张量的特征维度;num_heads 参数代表注意力的数目;dropout 参数代表模型最后输出的丢弃率;bias 参数代表模型在初始生成 Query、Key、Value 张量的时候是否使用偏置张量;add_bias_kv 参数代表是否在维度 0 给输入的 Key 和 Value 增加偏置(也就是序列长度维度上给 Key 和 Value 张量各增加偏置),这个值默认为 False;add_zero_attn 参数代表是否在迷你批次中增加一个新的批次,其中这个批次的数据为全零张量。当输入的 K、Q、V 的特征维度大小不一致的时候,需要通过 kdim 和 vdim 指定对应的 K 和 V 的维度,使得它们在线性变换的时候变换得到的特征和 Q 输出的 Query 的特征相同。MultiheadAttention 类对应的 forward 方法由于输入参数较多，这里一并列举如下。其中，query、key 和 value 三个输入参数代表的是 K、Q 和 V 三个输入张量，key_padding_mask 指的是对于填充字符对应的序列位置（这个张量和注意力机制的序列长度相同，是布尔型张量，大小为 $N×T$，其中 T 为 K、V 张量的序列长度），将其注意力分数置为-inf，这样对应输出的概率为 0；need_weights 设置为 True，则会输出最后的注意力权重张量（否则输出为 None），对于 attn_mask 参数，给定的是和注意力分数张量相同形状的张量，在给定之后，新的注意力分数为原来的注意力分数张量加上 attn_mask 参数的输入张量得到的最终张量。MultiheadAttention 类最后输出是一个元组，其中元组的第一个元素是自注意力机制的计算结果，第二个元素是自注意力机制的权重（如果 need_weights=True，否则为 None）。

有了自注意力机制的模块后，就能使用它构造对应的编码器和解码器的层。模块对应的类的名字为 TransformerEncoderLayer 和 TransformerDecoderLayer，其对应的模块参数定义如代码 5.18 所示。

代码 5.18　Transformer 单层编码器和解码器模块定义。

```
class torch.nn.TransformerEncoderLayer(d_model,
    nhead, dim_feedforward=2048, dropout=0.1)
# TransformerEncoderLayer 对应的 forward 方法定义
forward(src, src_mask=None, src_key_padding_mask=None)

class torch.nn.TransformerDecoderLayer(d_model,
    nhead, dim_feedforward=2048, dropout=0.1)
# TransformerDecoderLayer 对应的 forward 方法定义
forward(tgt, memory, tgt_mask=None, memory_mask=None,
    tgt_key_padding_mask=None, memory_key_padding_mask=None)
```

编码器和解码器的输入参数类似，第一个参数 d_model 代表单层编码器模型输入的特征维度大小，第二个参数 nhead 代表注意力的数目，dim_feedforward 代表 FF 层的两层神经网络中间层的特征数目，dropout 代表丢弃层的丢弃概率，这两个模块在内部自带层归一化，所以不需要指定层归一化的模块。代码 5.18 中同时定义了这两个类的 forward 方法，可以看到，对于编码器，src_key_padding_mask 代表源序列中有效单词（即不包括填充单词）的掩码表示，src_mask 代表注意力机制的掩码表示，从源代码可以看到，这部分相当于 MultiheadAttention 模块的 attn_mask。对于解码器，forward 方法相对比较复杂，tgt 输入的是目标序列对应的张量，memory 则是源序列经过编码器输出的张量。同时因为解码器涉及编码器的输出，同一层有两个自注意力机制模块。因此，对应的掩码张量有两组，对于 tgt_mask 是解码器输入的自注意力机制的注意力的掩码，memory_mask 则是和编码器输出关联的自注意力机制的掩码。同样，tgt_key_padding_mask 代表目标序列的有效单词的掩码表示，memory_key_padding_mask 代表编码器输出结果的有效单词掩码表示。对于 tgt_key_padding_mask，还有一个作用是对解码器中需要预测的单词做掩码，因为在预测过程中，解码器是不知道下一个单词的内容的（相反，训练过程中源语句和目标语句均已知）。因此，需要排除当前单词以后的单词相关的信息。

为了解决这个问题，需要对当前单词以后的所有单词做掩码，然后在预测下一个单词以后改变掩码，改变为对下一个单词以后的单词做掩码，直到遇到语句结束单词或者达到最大预测长度位置。

5.5.5 Pytorch 中的 Transformer 模块

有了单层的编码器和解码器模块的定义之后，我们可以进一步定义更大的模块——Transformer 模型的整个编码器和解码器，以及 Transformer 模型本身，具体的代码可以参考代码 5.19。对于 TransformerEncoder 和 TransformerDecoder 来说，需要分别传入对应的单层 TransformerEncoderLayer 和 TransformerDecoderLayer 的实例，以及对应的模块数目 num_layers，最后的输入 norm 则是对张量经过所有子模块的计算之后，对最终输出做归一化的类型，默认是 None，即不做任何归一化处理。关于编码器和解码器对应的 forward 方法的参数，和前面介绍的 TransformerEncoderLayer 和 TransformerDecoderLayer 的输入参数相同，这里不再赘述。通过组合 TransformerEncoder 和 TransformerDecoder，最终可以得到基于自注意力机制的用于 Seq2Seq 任务的 Transformer 模块，具体的代码在代码 5.19 中。

代码 5.19 Transformer 编码器、解码器和 Transformer 模型。

```
class torch.nn.TransformerEncoder(encoder_layer, num_layers,
norm=None)
    # TransformerEncoder 对应的 forward 方法定义
    forward(src, mask=None, src_key_padding_mask=None)
```

```
class torch.nn.TransformerDecoder(decoder_layer, num_layers,
norm=None)
# TransformerDecoder 对应的 forward 方法定义
forward(tgt, memory, tgt_mask=None, memory_mask=None,
    tgt_key_padding_mask=None, memory_key_padding_mask=None)

class torch.nn.Transformer(d_model=512, nhead=8,
num_encoder_layers=6,
    num_decoder_layers=6, dim_feedforward=2048, dropout=0.1,
    custom_encoder=None, custom_decoder=None)
# Transformer 对应的 forward 方法定义
forward(src, tgt, src_mask=None, tgt_mask=None, memory_mask=None,
    src_key_padding_mask=None, tgt_key_padding_mask=None,
    memory_key_padding_mask=None)
```

其中，d_model 是模型的输入序列的特征大小，nhead 是注意力的数目，num_encoder_layers 是编码器的子模块个数，num_decoder_layers 是解码器的子模块的个数，dim_feedforward 是 FF 模块的中间输出特征大小，dropout 是丢弃概率，当然也可以对编码器和解码器进行修改，可以通过在 custom_encoder 和 custom_decoder 参数重传入修改后的编码器和解码器的实例来实现修改。对于 Transformer 模块的 forward 方法，可以在 src 和 tgt 中传入具体的源序列和目标序列进行预测，其他的参数与 TransformerEncoder 和 TransformerDecoder 的 forward 方法的参数类似，这里不再过多叙述。由于 Transformer 模型中不包含词嵌入模块，因此，使用 Transformer 模块之前需要经过词嵌入模块和位置嵌入模块的编码。

Transformer 是近年来自然语言处理方面的一个重要的模型，很多其他的模型（如 XLNet[63]和 GPT[64]）都借鉴了 Transformer 模型中的自注意力机制，我们会在下一章介绍如何使用自注意力机制的模块来构建自然语言处理模型。

5.6 本章总结

作为深度学习比较活跃的另一个领域，自然语言处理在深度学习模型的推广和普及中起到了重要的作用。相比于深度学习模型在计算机视觉中的成熟应用，深度学习模型在自然语言处理领域的应用显然还处于不断发展的阶段。从 RNN 到 LSTM

和 GRU，以及后续的 Transformer 模型的应用，在自然语言处理领域深度学习的模型层出不穷，在模型的准确率不断提高的同时，模型的设计思想也有了质的飞跃。

本章的主要目的是给读者普及一下深度学习中自然语言处理的一些基础知识，介绍自然语言处理的一些基本概念，以及从深度学习角度如何看待自然语言处理的各种任务。从自然语言处理的角度来说，由于自然语言中单词之间的顺序性，循环神经网络的结构天然适合于自然语言处理的任务，同时由于单词之间的相互关联性，可以通过使用注意力机制来描述单词之间的相互关系。这就构成了现阶段自然语言处理的基础。

同时，通过对单词引入词嵌入，就能很好地使用浮点数构成的词向量来描述一个单词。词嵌入有很多很好的性质，我们在下一章会提到；而词嵌入的概念本身也能用来表述其他的实体，比如社交网络之间某个节点（某一个人），或者商品列表中的某一件商品等。对于嵌入（Embedding）这个概念，我们会在后续的章节陆续进行讨论。

最后还描述了一类任务，这里统称为 Seq2Seq，这类任务的特点是把一个序列转换成另外一个序列，两个对应的序列可以是不同语言的文本、文本和文本的摘要等。可以使用 RNN 结合注意力机制来处理这类问题，也可以使用 Transformer 模型结合自注意力机制来解决这类问题。这类问题的适用范围很广，除文本之间相互转换的应用以外，还能被应用于其他的任务，比如文本转换为语音（Tacotron）和语音转换为文本（Listen Attend and Spell）等。对于 Seq2Seq 模型，已经有很多现成的软件包，比如 OpenNMT 和 Fairseq 等，这些软件包提供了基于不同底层模型的 Seq2Seq 模型（包括但不限于循环神经网络卷积神经网络和 Transformer 模型），有兴趣的读者可以参考对应的 PyTorch 深度学习模型代码。

第6章 PyTorch 自然语言处理案例

6.1　word2vec 算法训练词向量

在自然语言处理的任务中，一般来说，首先的任务是获得单词的词向量，后续的任务则是把单词的词向量送入到后续的神经网络中进行计算。前面已经介绍过单词词向量的模块为 nn.Embedding，对于这个模块权重，也就是词嵌入矩阵，初始化通常有两种方法，第一种方法是使用均匀分布或者正态分布对权重进行初始化，然后在具体任务中逐渐训练对应的词向量；第二种方法是载入预先训练的词向量。

第一种方法在实践中比较方便，而且能根据具体的任务来训练任务对应的词向量，但是在任务训练数据集比较小的情况下可能模型效果不太理想；第二种方法需要有预训练的词向量。因此，受到了具体任务的限制（比如有些任务没有预训练的可用词向量），但是在任务训练数据比较小的情况下，由于词向量可以通过一个较大的数据集进行预训练（和任务训练数据集独立），因此能够有效提高模型的准确率。在实践中有很多算法来训练词向量，比如 word2vec 算法[65]和 Glove 算法[66]等，这里主要介绍如何使用 word2vec 算法来进行词向量的训练。

6.1.1　单词表的创建

在自然语言处理中，我们首先会碰到一个问题，就是构建一个单词表。单词表的作用是给定一段文本，将文本中的单词转换为单词的整数序号（id），这个序号将被用于查询词嵌入矩阵的对应行，获取具体单词的词向量。我们通过简单的实例介绍如何使用 Python 构造单词表。我们知道，经过分词、去停词和正则化的操作步骤之后，文本将会被转换为单词的列表。为了能够将单词转换为具体的整数序号，需要构造对应的单词和具体整数序号的映射（可以是 Python 的 dict 类型），这个映射就称为单词表。单词表和序号的映射是一一对应的，即一个单词有唯一的序号与该单词对应。在阐述建立单词表的方法之前，我们首先介绍一些特殊的单词。在这里第一个单词是"<PAD>"，即填充单词，其具体的作用在前面已经有介绍，一般可以把这个单词编号为 0，方便 nn.Embedding 模块的处理；第二个单词是"<UNK>"，其具体的作用是标记不存在的单词，因为在构建词表的时候，某些单词出现频率太小（比如在语料库中只出现 1~2 次），对这些单词的词向量进行训练没有意义。因此，可以用"<UNK>"代表这些单词，其意思是未知单词，同时在预测的时候，对于不出现在词汇表中的单词也可以用"<UNK>"这个单词进行定义；第三和第四个单词用来标记句子的开始和结束，分别用"<SOS>"和"<EOS>"来表示（意思是 Start Of Sentence 和 End Of Sentence），这两个单词在机器翻译的任务和自然语言生成的任务中非常有用，可以用来标记生成文本的开始和生成文本的结束，这样就能确定生成任务的边界，从而给文本生成任务（解码器）提供初始的单词，让文本生成任务开始，以及根据最后生成了结束单词，从而终止文本生成任务。对于第二、第三和第四个单词，可以任意编号，不过为了方便，可以编为 1、2、3 号单词。根据具体的任务还可能有其他类型的特殊单词，如果后续中有出现，我们将会提到对应的特殊的单词。

对 Python 来说，由于其本省内置了 collections.Counter 类，可以通过这个类来实现单词表的功能。Counter 类本身继承了 Python 的字典类型，所以 Python 字典类型可以用的方法 Counter 类都能使用。对于 Counter 类来说，对应的字典的键是单词，而键的单词对应的值则是这个单词出现的频率（在这里是整数次数）。Counter 类的具体定义可以参考 Python 的官方文档，这里主要介绍这个类对于构建单词表有用的一些方法。单词表具体的代码如代码 6.1 所示（代码改编自 torchtext 相关源码），通过在 build_vocab_from_iterator 函数中传入一个迭代器（比如包含了分词以后的句子的列表，即单词构成的列表的列表），这个函数将会对这个迭代器进行迭代，每次获取 tokens，也就是单个句子包含的所有单词的列表时，就会使用 Counter 实例的 update 方法，对列表所有的单词进行计数，最后得到一个包含了语料中所有单词和对应频率的字典。我们可以通过生成的 Counter 实例构造对应的单词表的类 Vocab，在源代码中可以看到，在单词表对应的类中定义了特殊字符 specials，以及最小的单词频率 min_freq 和最大的单词表的容量 max_size，最后在初始化中分别得到单词的属性 self.itos 和 self.stoi，self.itos 的属性是一个列表，按顺序排列了单词表中的所有单词，通过给定一个索引的整数值，可以查询对应索引的具体单词是什么；self.stoi 的属性是一个字典，通过给定具体的单词，得到单词具体对应的整数索引（即单词的序号）是什么（注意，未知字符需要在查询代码中做特殊处理，使之永远返回 UNK 对应的索引）。

代码 6.1 使用 collections.Counter 类构建单词表。

```
from collections import Counter

class Vocab(object):

    UNK = '<unk>'

    def __init__(self, counter, max_size=None, min_freq=1,
                 specials=['<unk>', '<pad>'], specials_first=True):

        self.freqs = counter
        counter = counter.copy()
        min_freq = max(min_freq, 1)

        # 定义整数序号到单词映射
        self.itos = list()
        self.unk_index = None
        if specials_first:
            self.itos = list(specials)
            max_size = None if max_size is None else max_size + len(specials)

        # 如果输入有特殊字符，删掉这些特殊字符
        for tok in specials:
            del counter[tok]

        # 先按照字母顺序排序，再按照频率排序
        words_and_frequencies = sorted(counter.items(), \
                                       key=lambda tup: tup[0])
```

```
            words_and_frequencies.sort(key=lambda tup: tup[1],
reverse=True)

        # 排除小频率单词
        for word, freq in words_and_frequencies:
            if freq < min_freq or len(self.itos) == max_size:
                break
            self.itos.append(word)

        if Vocab.UNK in specials:
            unk_index = specials.index(Vocab.UNK)
            self.unk_index = unk_index if specials_first \
                else len(self.itos) + unk_index
            self.stoi = defaultdict(self._default_unk_index)
        else:
            self.stoi = defaultdict()

        if not specials_first:
            self.itos.extend(list(specials))

        # 定义单词到整数序号映射
        self.stoi.update({tok: i for i, tok in enumerate(self.itos)})

def build_vocab_from_iterator(iterator):

    counter = Counter()
    for tokens in iterator:
        counter.update(tokens)
    word_vocab = Vocab(counter)
    return word_vocab
```

有了具体的单词表，我们就能把文本转换为整数的列表，进而转换为 PyTorch 中的整数张量（torch.int64）。在这个基础上，就能进行 word2vec 模型的构建。

下面介绍一下 word2vec 模型相关的基础知识。该模型是一个无监督学习的模型，只需要给定训练文本即可进行训练。其主要原理是基于单词的上下文相关性，对应的算法有两种类型，即跳字模型（Skig-Gram）和连续词袋模型（Continuous Bag Of Words，CBOW），其中第一个是使用单词的词向量来预测周围单词的词向量，第二个是使用周围单词的词向量来预测中心单词的词向量。如图 6.1 所示，图中 word2vec 假设了五个单词组成的词袋（即五个连续的单词，实际上 word2vec 可以使用大于二的任意个数连续的单词),在跳字模型算法中,使用的是中心单词的词向量 w_n 通过神经网络 NN 来预测周围的四个单词 w_{n-2}、w_{n-1}、w_{n+1} 和 w_{n+2}(这里使用粗体来表示单词对应的词向量,用普通字体来表示具体的单词);在连续词袋模型算法中,使用的是周围的四个单词 w_{n-2}、w_{n-1}、w_{n+1} 和 w_{n+2} 的词向量来预测中心的单词 w_n。一般情况下,由于连续词袋模型比较常用,这里主要介绍如何使用 PyTorch 来训练基于连续词袋模型的 word2vec 词向量。

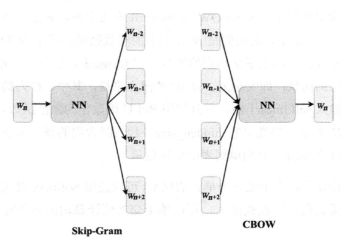

图 6.1　word2vec 算法的两种模型:跳字模型和连续词袋模型

6.1.2　word2vec 算法的实现

基于连续词袋模型的代码如代码 6.2 所示。

代码 6.2　连续词袋模型(CBOW)代码示例。

```
class CBOW(nn.Module):
    def __init__(self, vocab_size, embd_size, context_size, hidden_size):
        super(CBOW, self).__init__()
        self.embeddings = nn.Embedding(vocab_size, embd_size)
        self.linear1 = nn.Linear(context_size*embd_size, hidden_size)
        self.linear2 = nn.Linear(hidden_size, vocab_size)

    def forward(self, inputs):
        embedded = self.embeddings(inputs)
```

```
embedded = embedded.view(embedded.size(0), -1)
hid = torch.relu(self.linear1(embedded))
out = self.linear2(hid)
return out
```

其中，第一个参数 vocab_size 定义了单词表的单词数目，embd_size 定义了词嵌入矩阵中词向量的长度，context_size 定义了上下文单词的数目。比如，在图 6.1 中，因为中心单词周围有 4 个单词，因此，这个值为 4，hidden_size 定义了图 6.1 中神经网络 NN 的隐含层的大小。从 CBOW 的 forward 方法中可以看出，具体的模型实现非常简单，即输入 inputs，对应的是 $N×L$ 大小的整数张量，其中 N 为迷你批次的大小，L 为 context_size，即上下文单词的数目。在 forward 方法中，首先会根据 inputs 得到所有单词的词向量，即大小为 $N×L×C$ 的浮点张量，其中，C 为词向量的特征维度大小，接着输入 self.linear1 中，并且使用 ReLU 函数作为激活函数，输出 $N×H$ 的张量，其中，H 为输入参数中的 hidden_size，代表隐含层的特征大小，最后做线性变换，输出 $N×V$ 的张量，V 为单词表的单词数量。

如果需要计算单词表中某一个单词的概率，可以使用 Softmax 对线性变换的张量进行计算，如果需要计算损失函数，可以使用交叉熵计算输出某个特定单词的损失函数。

具体的训练代码如代码 6.3 所示。

代码 6.3 连续词袋模型（CBOW）的训练代码。

```
def train_cbow():
    hidden_size = 128
    losses = []
    loss_fn = nn.CrossEntropyLoss()
    model = CBOW(vocab_size, embd_size, context_size, hidden_size)
    optimizer = optim.SGD(model.parameters(), lr=learning_rate)
    
    for epoch in range(n_epoch):
        for context, target in cbow_train:
            model.zero_grad()
            logits = model(context)
            loss = loss_fn(logits, target)
            loss.backward()
            optimizer.step()
```

```
return model
```

在代码中使用了 CrossEntropyLoss，根据具体的上下文输出结果 logits 和预测目标 target 计算对应的损失函数，最后进行反向传播，优化对应模型的参数，其中包括模型中的 embedding 属性，对应的是基于连续词袋的 word2vec 模型的训练结果。

6.1.3 word2vec 算法的特性

对于 word2vec 模型，除能够用作词向量之外，word2vec 算法的两个特性也得到了广泛应用，第一个特性是单词之间的相似度。事实上，可以根据 word2vec 模型训练得到的词向量来计算单词的余弦相似度（Cosine Similarity），具体如式（6.1）所示，其具体的定义为两个词向量之间的点积除以两个词向量的 L2 模长的乘积。之所以称为余弦相似度，其含义是两个词向量之间夹角的余弦值，这个值的范围为-1～1，对于 word2vec 训练得到的词向量来说，如果这个值越接近 1，意味着这两个单词的意义越接近。之所以可以通过这个量来计算单词之间的相似性，是因为 word2vec 算法是上下文相关的。假如两个单词之间的含义接近，则对于这两个单词，其相对上下文来说是可以替换的。即对于一个连续词袋，把中心单词从一个单词替换成另外一个单词，得到的两个相互对应的连续词袋的含义接近。PyTorch 自带计算余弦相似度的模块，具体如代码 6.4 所示。对应的初始化函数中第一个参数定义求点积的维度，第二个参数对应余弦相似度计算过程中分母加的浮点数（这个数很小，目的是为了防止分母为零时导致除以零的错误出现）。

$$\text{Sim}(\boldsymbol{v}_1, \boldsymbol{v}_2) = \frac{\boldsymbol{v}_1 \cdot \boldsymbol{v}_2}{\|\boldsymbol{v}_1\| \cdot \|\boldsymbol{v}_2\|} \tag{6.1}$$

代码 6.4 PyTorch 余弦相似度的模块的参数定义和使用。

```
class torch.nn.CosineSimilarity(dim=1, eps=1e-08)
# 使用方法
>>> input1 = torch.randn(100, 128)
>>> input2 = torch.randn(100, 128)
>>> cos = nn.CosineSimilarity(dim=1, eps=1e-6)
>>> output = cos(input1, input2)
```

对于 word2vec 算法，其第二个特性是单词之间的类比性。对于两组可类比的单词，词向量之间两两的插值按照余弦相似度非常接近。对于这个特性，可以用一个很著名的等式来说明，即king − queen = man − woman。对于这两组单词，对应的word2vec 算法得到的词向量做减法以后的差值在余弦相似度的衡量结果下相等。我们可以利用这一点来寻找单词之间在语义上的关联关系。

6.2 基于循环神经网络的情感分析

在前一章中，我们介绍了循环神经网络的基本概念。对于循环神经网络来说，由于其隐含状态代表着句子包含的信息，通过提取句子的隐含状态，可以用来对句子进行分类。整个模型的结果如图 6.2 所示，可以看到，通过预处理的文本被转换成单词，然后通过单词表转换成对应的单词序号，使用 Embedding 层将整数张量序列转换为对应的词向量序列，然后输入到 LSTM 中。在神经网络的计算过程中，隐含状态在不断发生变化，从最初的隐含状态 h_0（一个全零张量）不断变化，一直到最后的单词为止输出最终的隐含状态 h_4。单词的隐含状态随之进行线性变换，输出为分类的个数（一类或者多类），最后根据分类的个数，使用不同的激活函数，一类使用 Sigmoid 函数作为激活函数，多类使用 Softmax 函数作为激活函数，最后输出对应分类的概率。整个模型非常简单，但是这个模型整合了前面介绍的词嵌入层和 LSTM 层，以及最后的线性变换输出层，用到了循环神经网络的隐含状态的信息，整合了许多自然语言处理的概念。因此，能够被用来完成包括句子分类在内的许多自然语言处理任务。

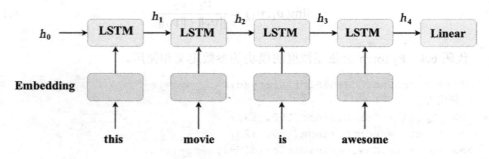

图 6.2 句子分类的深度学习模型示意图

这里主要介绍的是如何使用基于 LSTM 的循环神经网络来进行句子的情感分类，主要使用的数据集是 IMDB 评论数据集，这个数据集收集的是 IMDB 网站上的影评，并且根据影评对应的评分来确定影评对应的正面情感（赞扬）或者负面情感（批评），影评的分数一共有 10 分，在数据中认为分数小于或等于 4 为负面情感，在二分类的任务中可以标记为 0；分数大于或等于 7 为正面情感，在二分类的任务中可以标记为 1。训练集和测试集中各有 25000 条数据集，这些数据集基本上都有明确的情感偏向，对于测试集和训练集的正负样本，在数量上基本上维持着 1∶1 的比例，所以基本不需要对样本做重新采样来保持正负样本比例均衡。模型的具体代码如代码 6.5 所示。

代码 6.5 用于情感分析的深度学习模型代码。

```
class Sentiment(nn.Module):
    def __init__(self, vocab_size, embedding_dim, hidden_dim, output_dim,
                 n_layers, bidirectional, dropout, pad_idx):

        super(Sentiment, self).__init__()

        self.embedding = nn.Embedding(vocab_size, embedding_dim,
                                      padding_idx = pad_idx)
        self.rnn = nn.LSTM(embedding_dim,
                           hidden_dim,
                           num_layers=n_layers,
                           bidirectional=bidirectional,
                           dropout=dropout)
        self.fc = nn.Linear(hidden_dim * 2, output_dim)
        self.dropout = nn.Dropout(dropout)

    def forward(self, text, text_lengths):

        embedded = self.dropout(self.embedding(text))
        packed_embedded = nn.utils.rnn.pack_padded_sequence(embedded,
                                                            text_lengths)

        packed_output, (hidden, cell) = self.rnn(packed_embedded)
        hidden = self.dropout(torch.cat((hidden[-2,:,:], hidden[-1,:,:]), im = 1))
        return self.fc(hidden)
```

对于整个情感分析的类，需要输入的参数是 vocab_size，代表单词表的词汇数目，embedding_dim 代表的是词嵌入的特征维度大小，hidden_dim 代表的是 LSTM 的隐含层的维度大小，output_dim 代表的是最终输出分类的数目（对于二分类而言，这个值为 1），n_layers 代表的是 LSTM 层的数目，bidirectional 代表是否使用双向 LSTM，dropout 代表对词嵌入层的输出结果的丢弃概率，pad_idx 代表填充字符的字符序号，默认值为 0。可以看到，在 Sentiment 类的内部，定义了词嵌入层 self.embedding、LSTM 层 self.rnn、线性映射层 self.fc 和丢弃层 self.drop。在 Sentiment 类的 forward 方法中，整个计算过程十分清晰，首先根据文本 text 获取文本对应的词向量 embedded，然后对词向量进行丢弃层的操作。接着对词向量进行打包，输入的是序列词向量 embedded 和文本的长度 text_lengths，得到打包以后的词向量 packed_emnedded，将该向量输入 LSTM 循环神经网络，输出的是打包以后的输出 packed_output 和隐含状态组成的元组 (hidden, cell)，最后的输出 hidden 包含模型隐含状态的信息。因此，使用的是这个张量，该张量的大小为 $D×N×H$，其中 D 代表循环神经网络层数目 n_layers 的乘积和循环神经网络方向的数目（bidirectional = True 时为 2，否则为 1）。在 bidirectional = True 的情况下，可以使用索引为 -2 和 -1 获取最后一层循环神经网络的序列正方向和反方向的隐含状态张量；N 为隐含状态张量中的批次大小；H 为隐含状态张量的隐含特征的大小。通过在隐含特征方向拼接索引为 -2 和 -1 获取最后一层循环神经网络的正方向和反方向的隐含状态张量，可以获取大小为 $N×2H$ 的张量，最后通过线性层输出模型的最终分类张量，大小为 $N×C$，其中 C 为模型的输出分类。

有了输出分类之后，就可以通过 Sigmoid 函数（二分类）或者 Softmax 函数（多分类）输出对应的分类概率。在实际任务中，可以使用 nn.BCEWithLogitsLoss 来输出二分类的损失函数。具体的损失函数计算和模型的训练代码如代码 6.6 所示。

代码 6.6 情感分析模型训练代码示例。

```
model = RNN(input_dim, embedding_dim, hidden_dim, output_dim,
            n_layers, bidirectional, dropout, pad_idx)
optimizer = optim.Adam(model.parameters(), lr=lr)
def train(model, iterator, optimizer, criterion):
    model.train()
```

```
for batch in iterator:
    optimizer.zero_grad()
    text, text_lengths = batch.text
    predictions = model(text, text_lengths).squeeze(1)
    loss = criterion(predictions, batch.label)
    loss.backward()
    optimizer.step()

return model
```

可以看到，代码中使用了二分类的损失函数，在模型计算预测的过程中使用了 squeeze 方法，其原因是二分类最后输出的维度大小为 1，而二分类的损失函数输入中并不包括这个维度，需要把这个多余的维度去掉。

6.3 基于循环神经网络的语言模型

除能够对句子的语义进行分析外，循环神经网络也能用来建立语言模型。所谓语言模型（Language Model），其定义为一个深度学习模型，这个模型能够输出服从一定分布的文本，对应的分布由训练的语料数据集来决定。通过训练一个语言模型，可以完成很多任务，包括根据输入的信息（一般作为循环神经网络的初始隐含状态输入）生成一段包含输入信息的文本，典型的例子包括根据图像生成描述图像的文本，以及对输入的文本进行校正，让文本更加符合语法（即符合训练集的数据分布），典型的例子包括语音识别模型中使用的语言模型，用于校正语音识别生成的文本，以及生成一段带有训练数据集风格的文本，典型的例子包括使用语言模型来生成小说文本或者诗歌文本等。在实际应用中，可以通过多种深度学习模型来构造语言模型，包括使用循环神经网络和 Transformer 模型等。这里主要介绍如何使用循环神经网络来构造语言模型。

6.3.1 语言模型简介

语言模型的本质是得到顺序排列的一系列单词的联合概率密度分布。由于循环神经网络的特点是能够根据前面一系列单词的分布来预测下一个单词的分布，因此，可以根据循环神经网络来构造一系列单词的联合概率密度分布，具体如式（6.2）所示。

$$p(w_1, w_2, w_3, \ldots, w_n) = p(w_1)p(w_2|w_1)p(w_3|w_1, w_2)\ldots p(w_n|w_{n-1}\ldots w_2 w_1) \quad (6.2)$$

可以看到，在式（6.2）中，首先需要获得第一个单词的概率$p(w_1)$，接着获得第二个单词在给定第一个单词情况下的概率$p(w_2|w_1)$，然后是第三个单词在给定第一个单词和第二个单词情况下的概率……直到到达最后一个单词相对于序列前面所有其他单词的概率，对这些所有的概率做乘积运算，最后获得所有单词的联合概率。

式（6.2）可以转换为对应的循环神经网络的描述。根据前一章的内容可以知道，循环神经网络的每一个输出都包含前面所有输入的信息，这种特性可以用来描述条件概率，同时可以使用循环神经网络的输出预测的单词来作为下一步的输入，这样就可以不断地预测新的单词，直到到达句子的末尾单词或者到达预测的最大长度。如图 6.3 所示，在语言模型中，给定一个初始的单词（一般是指定的单词，如图 6.3 中的"quick"或者语句的特殊开始单词，如"<SOS>"），首先经过单词表和词嵌入层获取对应的词向量，将词向量输入到 LSTM 模型中，经过线性层和 Softmax 层，获取下一个单词的概率分布，从这个分布中随机抽样得到一个单词，接着利用抽样得到的单词输入到嵌入层和下一个循环神经网络中，预测接下来的单词分布，不断地抽样，直到遇到特殊的单词"<EOS>"或者达到最大的句子长度为止。这个过程也称为自回归（Autoregression）过程（这里需要说明一下，SOS 代表 Start Of Sentence，意思是句子的开头，EOS 代表 End Of Sentence，意思是句子的结尾）。

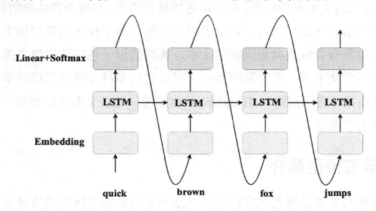

图 6.3　循环神经网络语言模型示意图

图 6.3 对应的是循环神经网络生成语句的过程，对应的语言模型的训练过程与预

测过程有所不同。如图 6.4 所示，在模型的训练过程中，使用的输入和输出是同一个句子，但是输入的句子和输出的句子之间相差一个单词，即在循环神经网络的计算中，使用上一个单词预测下一个单词，从而计算对应的损失函数，并且根据得到的损失函数对模型进行优化，让预测下一个单词的行为尽可能准确，这个训练过程称为教师强制（Teacher Forcing）策略。相比于前面的预测过程，这个策略的优点有两个，第一个是预测语句和训练语句的偏离不会太大，因为循环神经网络的输入和训练集对应的文本一致；而如果使用预测到的单词进行训练，那么最后预测出的文本和训练集可能偏差很大，导致模型数值稳定性降低，不容易收敛。第二个是计算速度相对较快，因为循环神经网络的输入预先已知，因此，在使用多层循环神经网络的情况下可以对模型的计算进行优化；如果使用预测的单词作为下一步的输入，则对应的优化不可行。但是这个训练方法本身也有缺点，最主要的是训练的过程和预测的过程不一致，这样可能会导致语言模型在训练阶段表现优秀，但是在预测阶段表现比较差。为了解决这个问题，可以引入计划采样（Scheduled Sampling）的方法[67]，让模型在训练中根据一定的概率选择是使用教师强制策略还是使用自回归策略来预测目标序列。一般来说，在训练开始的时候使用教师强制策略概率较大，然后逐渐降低这个概率，最后达到完全使用自回归策略的目的。

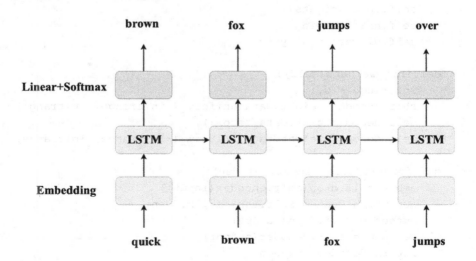

图 6.4　循环神经网络语言模型训练过程

6.3.2 语言模型的代码

基于循环神经网络的语言模型的代码如代码 6.7 所示。

代码 6.7 基于循环神经网络的语言模型代码。

```python
class LM(nn.Module):

    def __init__(self, ntoken, ninp, nhid, nlayers, dropout=0.5,
                 tie_weights=False):
        super(LM, self).__init__()

        self.drop = nn.Dropout(dropout)
        self.encoder = nn.Embedding(ntoken, ninp)
        self.rnn = nn.LSTM(ninp, nhid, nlayers, dropout=dropout)
        self.decoder = nn.Linear(nhid, ntoken)

        if tie_weights:
            if nhid != ninp:
                raise ValueError('When using the tied flag, \
                            nhid must be equal to emsize')
            self.decoder.weight = self.encoder.weight

        self.init_weights()
        self.nhid = nhid
        self.nlayers = nlayers

    def init_weights(self):
        initrange = 0.1
        self.encoder.weight.data.uniform_(-initrange, initrange)
        self.decoder.bias.data.zero_()
        self.decoder.weight.data.uniform_(-initrange, initrange)

    def forward(self, input, hidden):
        emb = self.drop(self.encoder(input))
        output, hidden = self.rnn(emb, hidden)
        output = self.drop(output)
        decoded = self.decoder(output)
        return decoded, hidden

    def init_hidden(self, bsz):
        weight = next(self.parameters())
```

```
            return (weight.new_zeros(self.nlayers, bsz, self.nhid),
                    weight.new_zeros(self.nlayers, bsz, self.nhid))
```

模型的初始化参数如下。

- ntoken：即单词表的单词数目。
- ninp：即词嵌入层的词向量维度大小。
- nhid：即 LSTM 的隐含层的维度大小。
- nlayers：即 LSTM 的层数。
- dropout：代表词嵌入层输出的丢弃概率和 LSTM 层最后输出的丢弃概率。
- tie_weights：代表是否将词嵌入层和线性输出层的权重绑定在一起。绑定这两个权重让语言模型在训练过程中强制同时优化线性层和词嵌入层，能够提高模型预测的准确率[68]，这个技巧也能用在很多其他的模型上，比如神经网络机器翻译的 Seq2Seq 模型中。在模块的初始化方法中，可以看到模块定义了对应的丢弃层、词嵌入层、LSTM 循环神经网络层和线性层。

在模型的 forward 方法中，通过给定输入的单词序号的序列的张量 input，以及初始的隐含状态 hidden，通过 LSTM 的计算，返回对应的输出和最终的隐含状态。对于语言模型的代码，有另外两个辅助的方法，第一个方法 init_weights 用于初始化模型的权重，第二个方法 init_hidden 用于获得 LSTM 的初始隐含状态（全零张量，包含 LSTM 中的初始 *h* 和 *c* 隐含状态张量的一个元组）。

对于循环神经网络的训练，具体如代码 6.8 所示。

代码 6.8　基于循环神经网络的语言模型的训练代码。

```
model = LM(ntokens, ninp, nhid, nlayers, dropout,
tie_weights).to(device)
criterion = nn.CrossEntropyLoss()
optimizer = optim.Adam(model.parameters(), lr=lr)

def train(model, iterator, optimizer, criterion):
    model.train()
    # 获取单词表大小
    ntokens = len(vocab)

    for data, targets in train_data:
        # data 和 targets 的形状大小都为 L×N，
```

```
        # 其中 L 为序列长度, N 为批次大小
        data, targets = get_batch(train_data, i)
        model.zero_grad()
        hidden = model.init_hidden(data.size(1))
        output, hidden = model(data, hidden)
        loss = criterion(output.view(-1, ntokens), targets)
        loss.backward()

        torch.nn.utils.clip_grad_norm_(model.parameters(), max_grad_norm)
        optimizer.step()

    return model
```

在代码中，初始化了对应的模型和损失函数，然后对模型进行训练。在训练过程中输入的数据 data 和 targets 分别代表输入的单词序列和预测的单词序列，其形状大小均为 $L \times N$，其中，L 为序列长度，N 为批次大小，这里使用教师强制策略对模型进行训练，targets 序列是 data 序列左移一个单词的结果。为了增加训练的稳定性，防止 LSTM 梯度爆炸，在计算得到损失函数并且进行反向传播获取对应梯度后，需要进行梯度裁剪，调用的是 torch.nn.utils.clip_grad_norm_ 方法，输入包含模型参数的迭代器和梯度的最大 $L2$ 模长的值。

经过模型的训练之后，可以使用模型进行文本的预测，具体如代码 6.9 所示。

代码 6.9 基于循环神经网络的语言模型的预测代码。

```
def evaluate(model):
    model.eval()
    hidden = model.init_hidden(1)
    input = torch.randint(ntokens, (1, 1), dtype=torch.long).to(device)
    words = []
    for i in range(max_words):
        output, hidden = model(input, hidden)
        word_weights = output.squeeze().softmax(-1).cpu()
        word_idx = torch.multinomial(word_weights, 1)[0]
        input.fill_(word_idx)
        word = vocab.itos[word_idx]
        words.append(word)
    return words
```

在函数中，通过随机初始化开始的单词序号 input，以及初始化隐含状态 hidden，将这些初始化的值逐次输入到语言模型中，经过 Softmax 函数，输出单词的概率 words_weights，然后使用这个单词表中所有单词的概率分布，通过 torch.multinomial 函数对该分布进行抽样，获取下一步的单词序号，结合当前的隐含状态，不断循环输出所有的单词，直到到达最大的单词数 max_words 为止。最后返回的是这些单词组成的列表 words（即最后输出的句子）。在实践中，也可以使用特殊的单词"<SOS>"做初始化，迭代输出完整的句子。在进行 Softmax 运算之前，也可以对输出结果除以一个标量，这个标量称为温度（Temperature），可以控制单词的分布，温度越高，Softmax 输出概率差距越小，单词抽到的概率越平均，反之，则越容易抽到概率比较大的单词。

6.4 Seq2Seq 模型及其应用

在 5.4 节中，我们简单介绍了 Seq2Seq（Sequence To Sequence）模型及其应用，以及如何使用注意力机制来增加 Seq2Seq 模型的预测准确率。本节将对 Seq2Seq 模型做进一步研究，包括如何构造编码器和解码器的模块，以及组合编码器和解码器来构造对应的 Seq2Seq 模型。在 6.2 节和 6.3 节中，已经介绍了使用循环神经网络对文本进行编码，生成对应的隐含层状态；以及使用循环神经网络从初始的隐含状态出发，生成一系列的复合训练数据分布的文本，即构造语言模型。Seq2Seq 模型可以看作这两个模型的整合。在 Seq2Seq 模型中，编码器（Encoder）负责把源文本序列编码成中间的隐含向量表示，解码器（Decoder）负责根据中间隐含向量表示来生成目标的文本序列。通过组合编码器和解码器，就能完成翻译等各种序列转换的任务。

6.4.1 Seq2Seq 模型的结构

如图 6.5 所示，Seq2Seq 模型主要分为四部分，Encoder（编码器）根据输入的源语句生成隐含张量，输出到 Decoder（解码器）中；同时还生成源语句序列的每个单词对应的输出，即 Memory；解码器根据编码器的输入，生成输出，并且和 Memory 张量进行运算，计算对应的注意力机制，即 Attention，同时结合解码器的输出和注意力机制，最后给出解码器预测的单词。注意，注意力机制也会影响解码器中下一步词向量的输入。在对句子进行编码之后，逐步对隐含张量结合注意力机制的解码，最后输出完整的预测序列，这就是 Seq2Seq 模型工作的原理。

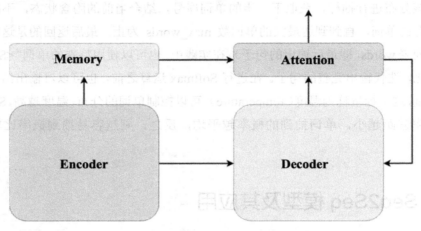

图 6.5　Seq2Seq 模型结构图

由于 Seq2Seq 模型包含四部分，即图 6.5 所示的 Encoder、Decoder、Memory 和 Attention，其中 Encoder 和 Decoder 相互独立，Memory 和 Attention 部分相互依赖。因此，在这里对 Seq2Seq 模型的介绍主要分成三部分进行，即 Encoder、Decoder 和 Memory+Attention。通过这三部分的介绍，可以大致了解 Seq2Seq 模型代码的构建方法以及如何对模型进行训练和预测。

6.4.2　Seq2Seq 模型编码器的代码

Seq2Seq 模型的编码器的代码如代码 6.10 所示（代码改编自 Fairseq 的源代码）。

代码 6.10　Seq2Seq 模型的编码器代码。

```
class LSTMEncoder(nn.Module):
    def __init__(
        self, dictionary,embed_dim=512, hidden_size=512, num_layers=1,
        dropout_in=0.1, dropout_out=0.1, bidirectional=False,
        padding_value=0.):
```

```python
        super(LSTMEncoder, self).__init__()
        self.dictionary = dictionary
        self.num_layers = num_layers
        self.dropout_in = dropout_in
        self.dropout_out = dropout_out
        self.bidirectional = bidirectional
        self.hidden_size = hidden_size

        num_embeddings = len(dictionary)
        # 获取单词表中'<PAD>'单词对应的整数索引
        self.padding_idx = dictionary.pad()
        self.embed_tokens = Embedding(num_embeddings, embed_dim,
                            self.padding_idx)

        self.lstm = LSTM(
            input_size=embed_dim,
            hidden_size=hidden_size,
            num_layers=num_layers,
            dropout=self.dropout_out if num_layers > 1 else 0.,
            bidirectional=bidirectional,
        )
        self.padding_value = padding_value

        self.output_units = hidden_size
        if bidirectional:
            self.output_units *= 2

    def forward(self, src_tokens, src_lengths):
        # 假设输入为 L×N，其中 L 为最大序列长度，N 为迷你批次大小
        seqlen, bsz = src_tokens.size()
        # 查找输入序列对应的词嵌入
        x = self.embed_tokens(src_tokens)
        x = F.dropout(x, p=self.dropout_in, training=self.training)
        # 对输入张量进行打包
        packed_x = nn.utils.rnn.pack_padded_sequence(x,
src_lengths.data.tolist())
        # 获取隐含状态大小
        if self.bidirectional:
            state_size = 2 * self.num_layers, bsz, self.hidden_size
        else:
            state_size = self.num_layers, bsz, self.hidden_size
```

```python
# 初始化隐含状态为全零张量
h0 = x.new_zeros(*state_size)
c0 = x.new_zeros(*state_size)
# 根据输入张量计算 LSTM 输出
packed_outs, (final_hiddens, final_cells) = self.lstm(packed_x, (h0, c0))
# 对 LSTM 输出进行解包
x, _ = nn.utils.rnn.pad_packed_sequence(packed_outs, padding_value=self.padding_value)
x = F.dropout(x, p=self.dropout_out, training=self.training)

# 融合双向 LSTM 的维度
if self.bidirectional:
    def combine_bidir(outs):
        out = outs.view(self.num_layers, 2, bsz, -1)\
            .transpose(1, 2).contiguous()
        return out.view(self.num_layers, bsz, -1)

    final_hiddens = combine_bidir(final_hiddens)
    final_cells = combine_bidir(final_cells)

encoder_padding_mask = src_tokens.eq(self.padding_idx).t()

return {
    'encoder_out': (x, final_hiddens, final_cells),
    'encoder_padding_mask': encoder_padding_mask \
        if encoder_padding_mask.any() else None
}
```

这个编码器使用了 LSTM 作为循环神经网络,传入的参数如下。

- dictionary:即词汇表。
- embed_dim:即编码器的词向量大小。
- hidden_size:即 LSTM 隐含状态的维度大小。
- num_layers:即 LSTM 的层数。
- dropout_in:即经过词嵌入层以后的输出的丢弃概率。
- dropout_out:即经过 LSTM 层以后的输出的丢弃概率。
- bidirectional:即是否使用双向 LSTM 作为编码器。
- padding_value:对于填充单词对应的词向量元素的值。

在模块的初始化方法中，根据输入的参数定义了词嵌入层、LSTM 层和丢弃层。模块的 forward 假设输入的张量有两个，第一个是单词的索引序列（整数张量），其大小为 $L×N$，其中 L 为序列长度，N 为迷你批次大小；第二个是序列的长度（整数张量），其大小为 N。通过获取词嵌入，丢弃层，打包计算以后输入到 LSTM 循环神经网络中，最后输出打包的结果。将打包的结果解包，计算通过丢弃层以后的张量结果。如果模型中指定使用双向循环神经网络，需要对两个方向的维度进行融合，因为解码器通常是一个单向循环神经网络（解码器可以是双向神经网络，但是对于模型预测的准确率提升不大，反而增加计算复杂度，所以一般使用单向循环神经网络）。因为编码器输出的隐含状态将会被用作解码器的隐含状态，而编码器的隐含状态在使用双向神经网络的情况下是（nlayers×2）×N×H，其中，nlayers 是 LSTM 循环神经网络的层数，N 为迷你批次大小，H 是隐含状态的特征维度大小；解码器的输入隐含状态为 nlayers×N×(2×H)，因此需要对此做转换，具体转换的函数在 combine_bidir 定义中。

模型的最后输出一个字典，这个字典包含两个键：第一个是"encoder_out"，包含了解码器的输出和 h，以及 c 这两个张量经过 combine_bidir 函数变换以后得到的隐含状态（参考 5.3.2 节中关于 LSTM 的介绍，这两个张量代表 LSTM 的隐含状态）；第二个是 encoder_padding_mask，这个张量定义输入的掩码（一个和单词的索引序列大小相同的张量，定义单词是否为填充单词）。

6.4.3 Seq2Seq 模型注意力机制的代码

Seq2Seq 模型注意力机制中的代码如代码 6.11 所示。

代码 6.11 Seq2Seq 模型的注意力机制代码。

```python
class AttentionLayer(nn.Module):
    def __init__(self, input_embed_dim, source_embed_dim,
            output_embed_dim, bias=False):
        super().__init__()
        
        self.input_proj = Linear(input_embed_dim,
                        source_embed_dim, bias=bias)
        self.output_proj = Linear(input_embed_dim + source_embed_dim,
                        output_embed_dim, bias=bias)
```

```python
def forward(self, input, source_hids, encoder_padding_mask):
    # 假设 input 为 B×H, B 为迷你批次的大小, H 为隐含状态大小
    # 假设 source_hids 为 L×B×H, L 为序列长度, B 为迷你批次的大小,
    # H 为隐含状态大小
    x = self.input_proj(input)

    # 计算注意力分数
    attn_scores = (source_hids * x.unsqueeze(0)).sum(dim=2)

    # 设置填充单词的注意力分数为-inf
    if encoder_padding_mask is not None:
        attn_scores = attn_scores.float().masked_fill_(
            encoder_padding_mask,float('-inf')
        ).type_as(attn_scores)

    attn_scores = F.softmax(attn_scores, dim=0)

    # 对编码器输出加权平均
    x = (attn_scores.unsqueeze(2) * source_hids).sum(dim=0)

    x = torch.tanh(self.output_proj(torch.cat((x, input), dim=1)))
    return x, attn_scores
```

对于这个模块，需要输入的第一个参数是 input_embed_dim，即参与计算的解码器的隐含层的维度；第二个是 source_embed_dim，该参数决定了编码器输出的隐含层的维度（也就是图 6.5 中 Memory 的隐含层的维度）；第三个参数是 output_embed_dim，即注意力层最终的输出维度。

在注意力模块的初始化方法中，定义了两个线性映射层：self.input_proj 和 self.output_proj。在 forward 方法的计算过程中，首先通过 self.input_proj 将解码器的隐含层特征维度映射成和编码器输出的特征维度一致，然后计算注意力分数 attn_scores（这里使用的是前面介绍的 Luong 注意力机制，读者可以根据需要实现不同的注意力机制）；接下来的代码会设置填充单词的注意力分数为-inf，这样随后计算得到的权重就为 0；最后则对编码器的输出沿着序列长度的方向做加权平均，然后做线性变换到最终注意力机制的输出维度，使用 Tanh 做激活函数，输出注意力机制的计算结果和注意力权重（注意力分数经过 Softmax 激活函数的计算结果）。

6.4.4 Seq2Seq 模型解码器的代码

有了注意力机制之后，就能结合注意力机制构造对应的解码器，对应的代码如代码 6.12 所示。在解码器中，多层循环神经网络是使用 nn.ModuleList 来构造的，列表的元素对应的是每一层的循环神经网络。在 forward 方法中，增加了 incremental_state 用来保存上一步的隐含状态，如果这个参数不为 None，将会从这个类中取得上一步循环神经网络的输出单词和隐含状态。这里要注意的是在当前步的循环神经网络输出中和下一步的循环神经网络的输入中都需要加入注意力机制的相关信息。

代码 6.12 Seq2Seq 模型的解码器代码。

```
class LSTMDecoder(nn.Module):

    def __init__(
        self, dictionary, embed_dim=512, hidden_size=512,
out_embed_dim=512,
        num_layers=1, dropout_in=0.1, dropout_out=0.1, attention=True,
encoder_output_units=512):

        super(LSTMDecoder, self).__init__()
        self.dictionary = dictionary
        self.dropout_in = dropout_in
        self.dropout_out = dropout_out
        self.hidden_size = hidden_size
        self.need_attn = True

        num_embeddings = len(dictionary)
        padding_idx = dictionary.pad()

        self.embed_tokens = Embedding(num_embeddings, embed_dim,
padding_idx)

        self.encoder_output_units = encoder_output_units
        if encoder_output_units != hidden_size:
            self.encoder_hidden_proj = Linear(encoder_output_units,
                            hidden_size)
            self.encoder_cell_proj = Linear(encoder_output_units,
hidden_size)
```

```
        else:
            self.encoder_hidden_proj = self.encoder_cell_proj = None
        self.layers = nn.ModuleList([
            LSTMCell(
                input_size=hidden_size + embed_dim \
                    if layer == 0 else hidden_size,
                hidden_size=hidden_size,
            )
            for layer in range(num_layers)
        ])

        self.attention = AttentionLayer(hidden_size,
encoder_output_units,hidden_size, bias=False)
        self.fc_out = Linear(out_embed_dim, num_embeddings,
                            dropout=dropout_out)

    def forward(self, prev_output_tokens, encoder_out,
            incremental_state=None):
        encoder_padding_mask = encoder_out['encoder_padding_mask']
        encoder_out = encoder_out['encoder_out']

        # 获取保存的输出单词,用于模型的预测
        if incremental_state is not None:
            prev_output_tokens = prev_output_tokens[:, -1:]
        bsz, seqlen = prev_output_tokens.size()

        encoder_outs, encoder_hiddens, encoder_cells = encoder_out[:3]
        srclen = encoder_outs.size(0)

        x = self.embed_tokens(prev_output_tokens)
        x = F.dropout(x, p=self.dropout_in, training=self.training)

        # 获取保存的状态,用于模型的预测
        cached_state = utils.get_incremental_state(self,
incremental_state,'cached_state')

        if cached_state is not None:
            prev_hiddens, prev_cells, input_feed = cached_state
        else:
            num_layers = len(self.layers)
            prev_hiddens = [encoder_hiddens[i] for i in
range(num_layers)]
```

```python
            prev_cells = [encoder_cells[i] for i in range(num_layers)]
            if self.encoder_hidden_proj is not None:
                prev_hiddens = [self.encoder_hidden_proj(x) \
                        for x in prev_hiddens]
                prev_cells = [self.encoder_cell_proj(x) for x in prev_cells]
            input_feed = x.new_zeros(bsz, self.hidden_size)

        attn_scores = x.new_zeros(srclen, seqlen, bsz)
        outs = []

        # 进行迭代的循环神经网络计算
        for j in range(seqlen):
            # 输入中引入上一步的注意力机制的信息
            input = torch.cat((x[j, :, :], input_feed), dim=1)
            # 迭代所有的循环神经网络层
            for i, rnn in enumerate(self.layers):
                hidden, cell = rnn(input, (prev_hiddens[i], prev_cells[i]))
                input = F.dropout(hidden, p=self.dropout_out,
                            training=self.training)

                prev_hiddens[i] = hidden
                prev_cells[i] = cell
            # 计算注意力的输出值和注意力权重
            if self.attention is not None:
                out, attn_scores[:, j, :] = self.attention(
                    hidden, encoder_outs, encoder_padding_mask)
            else:
                out = hidden
            out = F.dropout(out, p=self.dropout_out,
                training=self.training)
            input_feed = out
            outs.append(out)

        # 保存隐含状态
        utils.set_incremental_state(
            self, incremental_state, 'cached_state',
            (prev_hiddens, prev_cells, input_feed),
        )

        x = torch.cat(outs, dim=0).view(seqlen, bsz, self.hidden_size)
```

```
attn_scores = attn_scores.transpose(0, 2)
x = self.fc_out(x)
return x, attn_scores
```

与基于循环神经网络的语言模型不同，Seq2Seq 模型的解码器在预测时并不是按照单词的概率进行抽样，一般来说，使用的是两种策略：贪心解码（Greedy Decoding）和波束搜索（Beam Search）。由于 Seq2Seq 模型一般需要找到解码概率高的输出序列，根据式（6.2），对两边取对数，可以得到式（6.3）。

$$-\log p(w_1, w_2, w_3, \ldots, w_n)$$
$$= -\log p(w_1) - \log p(w_2|w_1) \ldots - \log p(w_n|w_{n-1} \ldots w_2 w_1) \quad (6.3)$$

通过式（6.3）定义的值称为混淆度（Perplexity），混淆度越小，则输出序列的概率越大，对应的输出序列预测得越准确。假设序列的大小为 N，单词表中的单词数目为 K，为了能够找到概率最大的一条序列路径，需要在所有的路径（也就是 K^N 条路径）中进行挑选，在结果中选择概率最大的。这样的计算方式需要消耗大量的内存和计算资源，而且在 K 和 N 特别大的情况下是不可能做到的。为了能够合理地进行解码，第一种策略（即贪心策略）非常简单，即选择每次输出概率最大的单词作为下一步的输入单词。但是这样的策略有缺点，即有时候选择最大概率的单词，下一个单词对应的最大概率可能相对较小，这样连续的两个单词的混淆度可能高于选择其他的路径（比如选择当前步概率第二大的单词，下一个单词对应的最大概率可能反而会比较大）。

为了解决这个问题，第二种策略（也就是波束搜索策略）应运而生。相比于使用所有的单词作为下一步的可选单词，波束搜索单词在每一步时均保持前 k 条概率最大的路径，这样就能保证一定的多样性。贪心解码相当于 $k=1$ 的状态。波束搜索方法的时间复杂度为 $N \times K \times k$。限于篇幅，这里不再叙述具体的代码实现，有兴趣的读者可以参考 Fairseq 的相关实现。

6.5　BERT 模型及其应用

前面已经介绍过，Transformer 模型作为一种新的不基于循环神经网络的自然语言处理模型，近年来得到了广泛的应用。作为一种新的自然语言处理方法，Transformer 不仅可以用来完成 Seq2Seq 的任务，还可以被用来完成其他的自然语言处理任务，如命名实体识别和机器阅读理解等。在这个领域，基于 Transformer 模型的 BERT 模型[69]（Bidirectional Encoder Representations from Transformers，即基于 Transformer 模型的双向编码表示）能够起到很好的编码文本序列中包含的每个单词的作用。前面已经介绍过，word2vec 能够将一个单词转换成单词对应的词向量。但是在很多情况下，单个词向量并不能代表单词的含义。单词的含义在大多数情况下是和上下文相关的，因为在自然语言中存在着大量一词多义的情况。举例来说，在中文中，"出发"这个单词既可以用来表示从一个地点出发，也可以用来表示从一个论据开始推断，而这两个单词的意思显然不同；在英文中，"bank"既可以表示河岸，也可以表示银行。为了区分这些单词，就需要引入上下文单词的词义，从一个句子出发来看单词的具体含义。

因此，为了能够克服 word2vec 算法的缺点，需要引入类似自注意力机制的方法，通过引入当前单词和上下文单词的关系，最后输出某个单词在上下文条件下的向量表示。

6.5.1　BERT 模型的结构

整个 BERT 模型相当于一个 Transformer 编码器，其具体的结构如图 6.6 所示。

在图 6.6 中，第一部分是模型的输入，也就是模型的词嵌入部分。整个词嵌入由三部分相加而成。第一个是单词的词嵌入（Token Embedding），也就是每个单词的词向量。第二部分是片段的词嵌入（Segmental Embedding），因为在 BERT 模型中，输入文本分为两段，第一段以一个特殊字符"<CLS>"开始，以另外一个特殊字符"<SEP>"结束，第二段是剩下的文本，这两段文本可能来源于连续的两句文本，也可能来源于不连续的两句文本，这两段文本对应的单词使用两个不同的嵌入向量。第三部分是单词的位置嵌入，因为 Transformer 模型中的自注意力机制不包含单词的位置信息，所以需要使用位置嵌入来区分不同单词的信息。

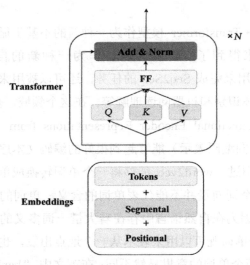

图 6.6 BERT 模型示意图

在 Transformer 的原始论文中，使用的是基于正弦函数和余弦函数的编码，具体如式（6.4）和式（6.5）所示。其中，d_{model} 是词向量的大小，i 是 0 到 $d_{model}/2 - 1$ 之间的整数，pos 是单词在句子中的索引（序号）。通过式（6.4）和式（6.5），能够给出每个具体位置的位置嵌入，这个位置嵌入的值是固定的。在 BERT 模型中使用的是另外一种位置嵌入方法，即直接使用一个位置嵌入，给每个位置赋予一个可训练的嵌入向量，这种方法相对更灵活，但是可编码的位置也相对有限。

$$PE_{(pos,2i)} = \sin\left(\frac{pos}{10000^{\frac{2i}{d_{model}}}}\right) \tag{6.4}$$

$$PE_{(pos,2i+1)} = \cos\left(\frac{pos}{10000^{\frac{2i}{d_{model}}}}\right) \tag{6.5}$$

具体词嵌入的代码如代码 6.13 所示。

代码 6.13 BERT 模型的词嵌入代码。

```
class BertEmbeddings(nn.Module):
```

```python
    def __init__(self, config):
        super(BertEmbeddings, self).__init__()
        # 单词的词嵌入
        self.word_embeddings = nn.Embedding(config.vocab_size,
                                  config.hidden_size,
padding_idx=0)
        # 位置的嵌入
        self.position_embeddings = nn.Embedding(\
                                  config.max_position_embeddings,
                                  config.hidden_size)
        # 片段的词嵌入
        self.token_type_embeddings =
nn.Embedding(config.type_vocab_size,
config.hidden_size)
        # 层归一化
        self.LayerNorm = nn.LayerNorm(config.hidden_size,
                                  eps=config.layer_norm_eps)
        # 丢弃层
        self.dropout = nn.Dropout(config.hidden_dropout_prob)

    def forward(self, input_ids, token_type_ids=None,
position_ids=None):
        # 假设模型的输入 input_ids 的大小是 L×N,其中 L 为最大序列长度,
        # N 为迷你批次大小
        seq_length = input_ids.size(0)
        if position_ids is None:
            position_ids = torch.arange(seq_length,
                                  dtype=torch.long,
device=input_ids.device)
            position_ids =
position_ids.unsqueeze(0).expand_as(input_ids)
        if token_type_ids is None:
            token_type_ids = torch.zeros_like(input_ids)

        words_embeddings = self.word_embeddings(input_ids)
        position_embeddings = self.position_embeddings(position_ids)
        token_type_embeddings =
self.token_type_embeddings(token_type_ids)

        embeddings = words_embeddings + position_embeddings + \
```

```
                    token_type_embeddings
        embeddings = self.LayerNorm(embeddings)
        embeddings = self.dropout(embeddings)
        return embeddings
```

有了词嵌入以后,就能进行 Transformer 的计算了。Transformer 模型的计算过程和 5.5 节中介绍的类似,主要是通过连续的 N 个模块来实现,其中每个模块包括自注意力机制、两层的全连接神经网络,以及残差连接和层归一化最后输出对应的结果。BERT 模型的代码如代码 6.14 所示。

代码 6.14 BERT 模型的代码。

```
class BertEncoder(nn.Module):
    def __init__(self, config):
        super(BertEncoder, self).__init__()
        self.output_attentions = config.output_attentions
        self.output_hidden_states = config.output_hidden_states
        self.layer = nn.ModuleList([nn.TransformerEncoderLayer(
                            config.hidden_size,
                            config.num_attention_heads,
                            config.intermediate_size,
                            config.hidden_dropout_prob) \
                            for _ in range(config.num_hidden_layers)])

    def forward(self, hidden_states, attention_mask=None, head_mask=None):
        all_hidden_states = ()
        all_attentions = ()
        # 迭代计算中间的输出
        for i, layer_module in enumerate(self.layer):
            if self.output_hidden_states:
                all_hidden_states = all_hidden_states + (hidden_states,)
            
            layer_outputs = layer_module(hidden_states, attention_mask, head_mask)
            hidden_states = layer_outputs[0]
            
            if self.output_attentions:
                all_attentions = all_attentions + (layer_outputs[1],)
```

```
        if self.output_hidden_states:
            all_hidden_states = all_hidden_states + (hidden_states,)

    outputs = (hidden_states,)
    if self.output_hidden_states:
        outputs = outputs + (all_hidden_states,)
    if self.output_attentions:
        outputs = outputs + (all_attentions,)
    # 包含最后的输出、中间的输出，以及自注意力的权重
    return outputs
```

可以看到，BERT 模型基本上是由 TransformerEncoderLayer 叠加而成的，通过迭代作用，返回最后的输出。因为 Transformer 的输出序列和输入的序列一一对应，所以可以认为 Transformer 最后的输出是输入单词关联了上下文的最终表示。

另外，需要说明的一点是，默认情况下，BERT 在 FF 层使用的激活函数是 GELU 激活函数[70]，而 PyTorch 的 Transformer 在 FF 层默认使用的激活函数是 ReLU 激活函数。读者如果需要复现 BERT 模型的效果，则要修改 Transformer 的代码让模块使用 GELU 激活函数。

6.5.2　BERT 模型的训练方法

有了最终表示还不够，还需要对 BERT 模型的权重进行训练，从而让最终输出能够作为输入单词的一种表示。在 BERT 模型中，主要有两种任务，分别用来训练对应的输入词的编码表示和句子的编码表示。在第一个任务中，15%的输入单词会被添加掩码，BERT 模型的目标是通过掩码后的句子来预测掩码的单词是什么单词。这个任务比较类似完形填空，即相当于在句子中去掉一个单词，让模型来预测去掉的单词是什么。这些被掩码的单词将会被替换为一个特殊的单词"<MASK>"，最后将会通过在"<MASK>"对应的位置生成的输出做线性变换，计算对应的交叉熵，让预测目标单词的概率最大。这种做法有个缺点，就是模型在实际使用过程中不会碰到"<MASK>"这个单词，因此模型的训练过程和预测过程不一致。

为了解决这个问题，BERT 模型中做了改进，一旦一个输入单词被选定为掩码，80%的情况下这个单词会变成"<MASK>"单词，比如 my dog is hairy → my dog is

<MASK>；10%的情况下会替换成任意一个单词，比如 my dog is hairy → my dog is apple；剩下的 10%不改变选中的单词，比如 my dog is hairy → my dog is hairy。最后一种情况不改变的原因是为了让表示能够倾向于预测原始的单词。第一个任务最后根据掩码的单词来计算对应的损失函数，通过最优化损失函数来得到 BERT 模型的最终参数。

BERT 模型的第二个任务是预测两个句子之间是否有上下文关系。这时就要用到之前介绍的"<CLS>"单词，这个单词最后的输出表示可以用来编码整个文本，通过对这个单词的输出做线性变换，最后通过 Sigmoid 函数预测使用"<SEP>"单词隔开的两个句子是否有上下文关系。举例来说，对于训练文本<CLS> the man went to <MASK> store <SEP> he bought a gallon <MASK> milk <SEP>，该训练文本在模型中的输出结果应该是<SEP>分割的两个句子有上下文关系；对于训练文本<CLS> the man went to <MASK> store <SEP> penguin <MASK> are flight ##less birds <SEP>（使用##表示单词后缀），该训练文本在模型中的输出结果应该是<SEP>分割的两个句子没有上下文的关系。第二个任务的作用是用来加强机器阅读理解的效果。

BERT 模型的损失函数的计算如代码 6.15 所示。

代码 6.15 BERT 模型的两个任务的损失函数。

```
class BertPretrainModel(nn.Module):
    def __init__(self, config):
        super(BertPretrainModel, self).__init__()
        self.embedding = BertEmbeddings(config)
        self.bert = BertEncoder(config)
        self.fc = nn.Linear(config.hidden_size, config.hidden_size)
        self.activ1 = nn.Tanh()
        self.linear = nn.Linear(config.hidden_size, config.hidden_size)
        self.activ2 = nn.ReLU()
        self.norm = nn.LayerNorm(config.hidden_size,
                         eps=config.layer_norm_eps)
        self.classifier = nn.Linear(config.hidden_size, 2)
        embed_weight = self.transformer.embed.tok_embed.weight
        n_vocab, n_dim = embed_weight.size()
        self.decoder = nn.Linear(n_dim, n_vocab, bias=False)
        self.decoder.weight = embed_weight
```

```python
        self.decoder_bias = nn.Parameter(torch.zeros(n_vocab))

    def forward(self, input_ids, segment_ids, input_mask, masked_pos):

        embed = self.embedding(input_ids, segment_ids)
        h = self.bert(embed, input_mask, masked_pos)
        pooled_h = self.activ1(self.fc(h[:, 0]))
        masked_pos = masked_pos[:, :, None].expand(-1, -1, h.size(-1))
        h_masked = torch.gather(h, 1, masked_pos)
        h_masked = self.norm(self.activ2(self.linear(h_masked)))
        logits_lm = self.decoder(h_masked) + self.decoder_bias
        logits_clsf = self.classifier(pooled_h)

        return logits_lm, logits_clsf
```

在这个模块中，首先使用 BERT 提取了"<MASK>"单词对应的特征，然后利用这个特征预测具体的掩码单词，具体输出的是 logits_lm，其次是使用"<CLS>"这个单词的特征预测"<SEP>"分隔的两个句子是否有上下文关系，输出的是 logits_cls，根据输出的两个值，最终可以使用 nn.CrossEntropyLoss 来计算最后的损失函数。最后的损失函数是这两个任务的损失函数的求和。

6.5.3 BERT 模型的微调

前面介绍了 BERT 模型的预训练过程。训练完 BERT 模型之后，需要根据具体的任务对模型进行微调。这里介绍一下如何使用 BERT 模型来进行机器阅读理解任务。所谓机器阅读理解，即给定一个问题和一段文本，需要神经网络来预测问题对应的答案在文本中的位置。对于 BERT 模型来说，这个问题可以归结为寻找问题对应答案的开始和结尾。前面已经介绍过，BERT 模型的训练文本一般的格式是：<CLS> 文本1 <SEP> 文本2 <SEP>。其中"<SEP>"字符的作用是分隔两个不同的文本。套用机器阅读理解的问题，我们可以用机器阅读理解的问题来替代文本1，机器阅读理解的原文来替代文本2，目的是寻找文本2对应的文本1中问题的开始和结束的位置。问题最终可以归结为训练一个张量 S 和另一个张量 E，使得对于某个单词的张量表示 T_i，在这个字符是问题答案开始的时候 $S \cdot T_i$ 最大，在问题答案结束的时候 $E \cdot T_i$ 最大，其中每个单词的张量表示对应答案的开始和结尾的概率可以使用 Softmax 函数进行计算，如式（6.6）和式（6.7）所示。

$$P_i = \frac{e^{S \cdot T_i}}{\sum_j e^{S \cdot T_j}} \tag{6.6}$$

$$P_i = \frac{e^{E \cdot T_i}}{\sum_j e^{E \cdot T_j}} \tag{6.7}$$

BERT 模型获取开始和结束的点积输出的代码如代码 6.16 所示。如果需要获取对应的概率，可以使用 Softmax，对维度 0 计算得到对应的概率。

代码 6.16 使用 BERT 进行机器阅读理解代码。

```
class BertQA(nn.Module)
    def __init__(self, config):
        super(BertQA, self).__init__()
        self.embedding = BertEmbeddings(config)
        self.bert = BertEncoder(config)

        self.start = nn.Parameter(torch.randn(1, 1, config.hidden_size))
        self.end = nn.Parameter(torch.randn(1, 1, config.hidden_size))

        self.fc = nn.Linear(config.hidden_size, config.hidden_size)
        self.activ1 = nn.Tanh()

    def forward(self, input_ids, segment_ids, input_mask, masked_pos):

        embed = self.embedding(input_ids, segment_ids)
        h = self.bert(embed, input_mask, masked_pos)
        h = self.activ1(self.fc(h))

        logits_start = (h*self.start).sum(-1)
        logits_end = (h*self.end).sum(-1)

        return logits_start, logits_end
```

6.6 本章总结

深度学习模型在自然语言处理中有很重要的应用。本章从最基本的词向量出发，依次介绍了深度学习模型在生成文本序列的隐含表示,以及生成自然语言文本中的应用,其中还包括使用 Seq2Seq 进行序列翻译的任务,以及最后的 BERT 模型,用于生成单词和上下文相关的表示,从而能够进一步进行机器阅读理解等任务。

当然,深度学习在自然语言处理中的应用不仅仅是以上介绍的那些。限于篇幅,本章没有介绍的任务包括使用 Tranformer 进行神经网络机器翻译,以及命名实体识别任务等。当然,除使用循环神经网络和 Tranformer 模型进行自然语言处理外,卷积神经网络也能用于自然语言处理。这里介绍的几种模型仅仅是一些基础的模型,希望能起到抛砖引玉的作用,帮助读者更好地理解深度学习模型任务的作用。随着自然语言处理技术的发展,相信有更多的深度学习模型被开发出来,用于更准确、更快速地对自然语言结构进行建模。

第 7 章
其他重要模型

7.1 基于宽深模型的推荐系统

7.1.1 推荐系统介绍

除在计算机视觉和自然语言处理方面的重要应用外，深度学习在其他领域中也得到了重要的应用，其中一个重要的领域就是在推荐系统（Recommender System）中。这里首先介绍一下推荐系统的定义。

推荐系统可以认为是一个机器学习模型，这个模型在给定了商品的特性、用户的特性和用户对商品评价的训练数据之后，能够自动学习到用户的喜好，并给用户推送相关的商品。推荐系统可以说是日常生活中最常见也最常用到的机器学习系统。在新闻和社交媒体应用中，推荐系统可以帮助我们推送感兴趣的新闻和他人的状态，在购物的时候，推荐系统还可以帮助我们获取感兴趣的商品，甚至在浏览网页的时候，网站会通过推荐系统推送给我们可能感兴趣的广告。

对于推荐系统，有很多经典的机器学习算法可以使用，包括协同过滤（Collaborative Filtering）[71]、因子分解机（Factorization Machines，FM）[72]、矩阵分解（Matrix Factorization）方法如奇异值分解（Singular Value Decomposition，SVD）[73]等成熟的方法，这些方法的共同点是，通过特征工程来获取用户和物品的特征，然后根据用户和物品的特征来获取用户是否喜欢该物品的概率，最后得到向用户推荐或者不推荐该物品的结论。很明显，在这些经典的机器学习方法中，特征工程扮演着一个重要的作用。可以说，选择一些好的特征，能够大大提高模型的准确率。这一特点也是大多数机器学习模型的特点,即需要花费很多工夫在特征工程上。在工程实践过程中,寻找一个能够很好地对数据进行描述的特征往往是一个比较烦琐和冗长的过程,特别是对推荐系统所代表的数据来说。因为对于推荐系统来说,很可能常常有新的数据加入进来,而使用系统原有的特征来描述这些数据可能并不容易。为了解决这个问题,相应的基于深度学习方法的模型应运而生,其特点是同时整合了特征工程和深度学习模型的自动特征提取的特性,这样就很好地平衡了手动构建某些特殊特征的需求,以及对于大部分的复杂特征希望系统能够帮助直接提取的需求。对于这种基于深度学习的模型,我们称为宽深模型(Wide & Deep Model)[74]。

7.1.2 宽深模型介绍

宽深模型这个名称是相对于"宽模型"和"深模型"这两个名词而言的。图 7.1 展示了三个模型,即宽模型、宽深模型和深模型。

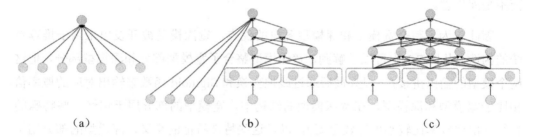

图 7.1 宽模型、宽深模型和深模型

宽模型的输入是一系列的特征向量,特征向量的某一维度代表某个特殊构造的特征(比如用户使用的语言为中文),如果满足这个特征,则这个维度的值被设置为 1,否则会被设置为 0。这些特征经过线性变换后输出满足这些特征的概率。可以认为宽模型是一个逻辑斯蒂回归模型,通过线性变换和最后的 Sigmoid 函数输出一个概率率为 0～1 之间的数值。宽模型无法对自动对特征进行交叉,如果需要构造交叉特征(即同时满足一个或多个特征),则需要手动给特征向量添加相应的维度(即如果用户使用的语言为中文,和用户喜欢看电影这两个特性相互独立,如果需要构造用户使用中文并喜欢看电影这个特性,则需要添加一个组合特征,代表用户是否同时满足这两个特征)。因此,在这种情况下模型将会高度依赖特征工程和特征的选择。

和宽模型相对的另一个模型是深模型，不像宽模型一样使用稀疏特征向量对某一个特征进行描述，深模型使用的是稠密的特征向量对某一个特征进行描述。其方法和我们在自然语言处理问题中使用的模型类似，主要使用的是特征的嵌入（Embedding）来描述具体的特征。比如，可以给用户喜欢每种类型的物品赋予一个稠密的嵌入向量，同时在训练过程中逐渐优化这些嵌入向量和对应的嵌入矩阵。通过训练数据和嵌入层来获取稠密特征之后，就能输入到全连接的神经网络层中，神经网络最后通过 Sigmoid 函数输出 0～1 之间的概率的值代表用户是否对某件商品感兴趣。和宽模型相比，因为采用了神经网络模型，深模型不但能够自动学习到特征对应的嵌入，而且能够有效地捕捉特征之间的相互关联，从而构造出多个特征交叉后的复杂特征。但是深模型也有一定的缺点。由于所有的特征都是采用嵌入的方式来表示，所以对于一些训练数据中出现概率比较小的特征，在训练的时候对应的向量可能并没有得到很好的优化。对于这些特征，更适用的情况是采用宽模型来描述，而不是深模型。

因此，为了整合宽模型和深模型各自的优点，宽深模型被开发出来用于推荐系统的构造。从图 7.1 中可以了解到，宽深模型整合了宽模型部分和深模型部分，把这两个模型的输出拼接在一起，最后通过线性变换和 Sigmoid 函数来输出对应的概率值。相比于宽模型和深模型，在宽深模型的结构中，宽模型的部分用于记忆一些特殊的特征（出现频率比较小但比较重要），以及这些特殊特征的交叉，深模型的部分用于从频繁出现的特征中学习复杂的特征组合模式。

宽深模型的代码如代码 7.1 所示。

代码 7.1 宽深模型代码。

```python
class WideDeep(nn.Module):
    def __init__(self, num_wide_feat, deep_feat_sizes,
        deep_feat_dims, nhiddens):

        super(WideDeep, self).__init__()

        self.num_wide_feat = num_wide_feat
        self.deep_feat_sizes = deep_feat_sizes
        self.deep_feat_dims = deep_feat_dims
        self.nhiddens = nhiddens
```

```python
# 深模型的嵌入部分
self.embeds = nn.ModuleList()
for deep_feat_size, deep_feat_dim in \
    zip(deep_feat_sizes, deep_feat_dims):
    self.embeds.append(nn.Embedding(deep_feat_size,
        deep_feat_dim))

self.deep_input_size = sum(deep_feat_dims)

# 深模型的线性部分
self.linears = nn.ModuleList()
in_size = self.deep_input_size
for out_size in nhiddens:
    self.linears.append(nn.Linear(in_size, out_size))
    in_size = out_size

# 宽模型和深模型共同的线性部分
self.proj = nn.Linear(in_size + num_wide_feat, 1)

def forward(self, wide_input, deep_input):

    # 假设宽模型的输入为N×W，N为迷你批次的大小，W为宽特征的大小
    # 假设深模型的输入为N×D，N为迷你批次的大小，D为深特征的数目
    embed_feats = []
    for i in range(deep_input.size(1)):
        embed_feats.append(self.embeds[i](deep_input[:, i]))
    deep_feats = torch.cat(embed_feats, 1)

    # 深模型特征变换
    for layer in self.linears:
        deep_feats = layer(deep_feats)
        deep_feats = torch.relu(deep_feats)
    print(wide_input.shape, deep_feats.shape)

    # 宽模型和深模型特征拼接
    wide_deep_feats = torch.cat([wide_input, deep_feats], -1)
    return torch.sigmoid(self.proj(wide_deep_feats)).squeeze()
```

在宽深模型中，需要知道的是，输入的宽特征的维度 num_wide_feat、深特征中每个特征拥有的状态数的列表 deep_feat_sizes、深特征中每个特征的嵌入特征维度

deep_feat_dims，以及深特征的隐含维度 niddens。在 WideDeep 模块的初始化部分，首先，初始化深模型的嵌入部分，其中每个特征都有自身对应的嵌入模块，这些嵌入模块构成了一个嵌入列表。接下来需要构造深模型的线性变换层，具体的线性变换层的隐含特征的大小由 nhiddens 定义，最后则是构造最终的线性变换层，用于将输入的宽特征和深特征做线性变换，输出对应的概率。在 WideDeep 的 forward 方法中，输入的是两个参数，wide_input 代表宽模型的输入特征，输入的是浮点张量，其中对于某一个特定的特征，0 代表不存在这个特征，1 代表存在这个特征；deep_input 代表深模型的输入特征，具体是一个整数的张量，其中对于每个稠密特征，其整数的值代表该具体特征在特征表上的序号（和自然语言处理的单词表类似）。在计算过程中，首先根据整数张量获取对应的特征嵌入，然后把所有的特征嵌入沿着特征方向拼接，经过全连接的神经网络的输出变换后的深模型的稠密特征，和宽模型的稀疏特征拼接在一起，做线性变换，用 Sigmoid 函数输出最终的概率。

一般来说，在推荐系统上的大多数特征都能表示为宽模型的稀疏特征和深模型的稀疏特征组合的形式。对于一些连续的特征，比如年龄、温度等，可以对连续的特征做分桶（Bucketing），将连续的特征转换为离散的特征。比如，对于顾客的年龄，可以分为 0～20、21～40、41～60 和大于 60 这四种离散的特征，然后将这四种不同的特征输入到深模型或者宽模型中。另外，对于宽模型，每一个维度需要赋予具体的意义。比如，可以给用户的性别和所在地区各自赋予一个维度，例如，性别为男性，地区为中国上海，同时可以通过特征的交叉来构造一个新的维度，如性别为男性且地区为中国上海，这个特征是前两个特征交叉以后的特征，可以作为一个独立的新宽模型的稀疏特征的一个维度，和前面两个特征的维度区分开来。通过这种方式，就能构造出任意的特征。当然宽模型特征的特征选择需要经过一定的特征工程的筛选，不过相比于机器学习中的特征工程方法，由于增加了深模型的部分，对应的特征工程的工作量会小很多。

最后，使用深度学习模型做推荐系统的另一个好处是可以整合其他深度学习模型输出的稠密特征。对于很多推荐模型来说，有时候需要使用自然语言文本的特征和图像的特征，在这种情况下，基于深度学习的推荐系统可以直接整合卷积神经网络和循环神经网络提取到的文本和图像特征，并且根据这些特征来对最终的推荐概率做预测，使用这个整合的系统就非常方便，并且能够同时对推荐系统，以及产生文本、图像特征的深度学习模型进行训练。这种推荐系统有很多应用，比如基于商品图像的推荐，以及基于自然语言文本描述的推荐。

7.2 DeepSpeech 模型和 CTC 损失函数

深度学习模型在语音识别方面也有重要的应用。前面有提到过基于 Seq2Seq 模型的 LAS 模型，其本质上是使用梅尔过滤器获取相关的音频特征，然后根据 Seq2Seq 模型将音频特征序列"翻译"成文本序列。这里介绍另一种适合于音频识别的模型，即 DeepSpeech 模型[75]，希望能够借此给读者提供除 Seq2Seq 模型以外的另一种模型的思路，这个模型同 Seq2Seq 模型一样同样可以用来通过一个序列预测另一个序列。

7.2.1 语音识别模型介绍

相比于自然语言处理的问题，语音识别兼具两方面的特征。

第一方面的特征是语音识别问题的时序性。这个特征和自然语言处理问题类似，即人类的语言是按照时间顺序输出的，所有输出的音节之间有时间顺序的关联。

第二方面的特征则是语音识别的局部结构。这是语音识别问题的特殊之处。对于音频特征来说，一个音素（Phoneme，其定义为人类可以识别的最小语音片段）的识别大概需要 100ms 左右，为了能够准确地识别具体的音素是什么，需要对语音进行切割，具体的切割时间片段在 20~40ms，同时时间片段的重叠在 50%左右。为了能够准确地识别出一个音素，需要对多个切割片段进行综合考虑，找到切割片段之间的特征差别。

结合这两方面，可以同时使用卷积神经网络和循环神经网络来提取语音片段的复杂特征。从最简单的梅尔过滤器特征出发，首先通过卷积神经网络来提取连续的几个片段组合的信息，然后组合成音素的局部特征，接着将前一层的卷积神经网络提取出来的信息输入到循环神经网络，结合循环神经网络隐含状态的信息，输出具体的汉字或者字母相关的特征。通过卷积神经网络和循环神经网络的结合，既整合了局域的关联信息,又获取了较长距离的音节之间的信息,可以有效地提高语音识别的准确率。

根据前面介绍的卷积神经网络和循环神经网络的特性,DeepSpeech 模型结合了这两种神经网络,首先提取音频的梅尔过滤器特征,然后按次序输入到卷积神经网络和循环神经网络,最后输出到 CTC 层来计算对应的损失函数。DeepSpeech 模型有很多版本,其中使用的方法和损失函数各有不同。这里主要介绍的是 DeepSpeech2,具体的网络结构如图 7.2 所示。可以看到,整个网络正如前面介绍的一样有卷积神经网络和循环神经网络层,其中之所以把卷积神经网络层放在循环神经网络层前面,是因为循环神经网络层会抹除音频的局域结构,导致卷积神经网络层失去效果,接下来是全连接层,循环神经网络的输出通过全连接层的变换,维度从循环神经网络的隐含层的维度变换到最终输出文本标签的数目,最后进入 CTC 层中。一般来说,在 DeepSpeech 模型中,使用的卷积神经网络可以是一维卷积(沿着时间的方向)和二维卷积(沿着时间的方向和音频特征的方向),一般有 3 层;循环神经网络一般用的是 GRU 双向循环神经网络,共有 7 层,最后一层是全连接层,使用 Softmax 函数来计算对应的概率。在卷积神经网络层,循环神经网络层和全连接层作用之后,DeepSpeech 模型都会增加批次归一化层。

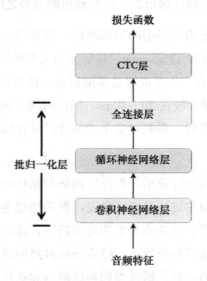

图 7.2　DeepSpeech2 模型结构

7.2.2 CTC 损失函数

CTC（Connectionist Temporal Classification，连接时序分类）损失函数[76]是很多语音识别模型使用的损失函数，其作用是对齐输入的音频特征和输出的文本。和一般自然语言预测不同，在 CTC 损失函数的预测过程中，加入了一个特殊字符"blank"，即空白字符，也可以使用"_"来表示。在 CTC 损失函数预测字符中，有以下两个规则：

第一，同一段预测的文本加入任意个空白字符和不加空白字符等价，比如 start 这个单词和 s_ta_rt 等价。

第二，相同的多个字符会被合并为同一个字符，比如 start 和 staart 这两个单词等价。

这两个规则在语音识别中有重要的意义，第一个规则可以用来识别语音片段中没有音素的部分，第二个规则可以用来合并重复的语音片段。加入输入的特征为 X，输出的标签预测为 Y，那么在给定输入特征得到对应输出的标签预测的概率和使用 CTC 损失函数的前提下，可以写作式（7.1）。根据式（7.1），假设 $A(X,Y)$ 是所有可能的包含重复单词和空白字符的路径，最后的概率等于给定输入的特征为 X，所有可能的字符组合（路径）的概率的总和，其中 $p_t(a_s|X)$ 的意义是输出的特征为 X，在时间 t 输出的字符为 a_s 的概率。最简单的计算这个概率的方法是穷举所有可能的路径，然后对这些路径的概率求和，同时优化模型的参数使对应的概率最大。但是路径的个数随着预测字符的数目增加呈指数形式增加，最后到达不可能计算的地步。为了能够有效计算式（7.1）对应的概率，需要使用动态规划（Dynamic Programming）的方法对所有的路径概率进行计算，其算法的核心是对已经计算过的路程的概率做缓存，避免重复计算。

$$P(Y|X) = \sum_{A \in A(X,Y)} \prod_{a \in A} p_t(a_s|X) \qquad (7.1)$$

为了能够递归计算最终的概率，我们可以定义每一步的概率 $\alpha_t(s)$，如式（7.2）所示，代表序列到 t 时刻对应的标签为 l 的概率。

$$\alpha_t(s) = \sum_{A_t=l} \prod_{a \in A} p_t(a_s|X) \tag{7.2}$$

定义式（7.2）的目的是为了能够进行递归计算，因为$\alpha_t(s)$和$\alpha_{t-1}(s)$之间有递归关系。为了能够计算目标序列的概率，首先在目标序列中的所有预测字符之间插入空白字符。即假设输出字符为$y_1, y_2, y_3, \dots, y_n$，把这个序列转换为 $\_, y_1, \_, y_2, \_, y_3, \dots, y_n, \_$，CTC 损失函数的计算过程可以归结为按照时间顺序来选择具体的字符（可以认为这是一个在二维平面上选择具体路径的问题，其中水平方向是音频序列的时间方向，这里记为 t 方向，垂直方向是字符序列从左到右增长的方向，这里记为 s 方向）。接下来对序列的概率计算可以分为两种情况，如图 7.3 所示。

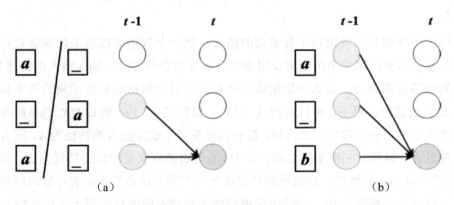

图 7.3　CTC 序列计算的两种情况

在图 7.3（a）中，$t-1$ 时刻的标签不能跳过，表现为两个相同的字符之间用空白字符分隔，或者两个空白字符之间用一个非字符分隔。在这种情况下，如果去掉 $t-1$ 时刻的字符，会变成两个相同的字符，根据 CTC 的定义就会合并为一个字符。此时 CTC 序列的路径中 $s-1$ 有两种组合，分别为空白字符和普通字符，以及普通字符和空白字符，对应的概率计算如式（7.3）所示。在图 7.3（b）中，$t-1$ 时刻的标签可以跳过，这样就有三种路径，这三种路径分别对应 $s-1$ 位置的字符是另外一个不同的字符、空白字符，或者是该字符本身，这样就可以通过式（7.4）来计算具体的概率。

$$\alpha_t(s) = (\alpha_{t-1}(s-1) + \alpha_{t-1}(s))p_t(a_s|X) \tag{7.3}$$

$$\alpha_t(s) = \big(\alpha_{t-1}(s-2) + \alpha_{t-1}(s-1) + \alpha_{t-1}(s)\big)p_t(a_s|X) \tag{7.4}$$

根据式（7.3）和式（7.4），结合第一、第二个字符分别为空白字符和字符序列的开始字符的初始条件，可以递归推导出序列的最终概率。

CTC 序列计算的一个很重要的特性是输入序列和输出序列是不等长的。通过插入重复字符和空白字符，可以实现输入和输出序列的对齐，最终可以达到类似于 Seq2Seq 模型输入和输出序列不等长的结果。在 PyTorch 中对应 CTC 损失函数的计算模块为 torch.nn.CTCLoss，具体的定义如代码 7.2 所示。

代码 7.2 CTC 损失函数模块的定义。

```
class torch.nn.CTCLoss(blank=0, reduction='mean', zero_infinity=False)

# 对应 forward 方法的定义
def forward(self, log_probs, targets, input_lengths, target_lengths)
```

在类的初始化函数中，需要传入 blank 参数，代表空白字符在字符表中对应的 id，默认为 0。reduction 参数代表损失函数的计算方法，默认是求平均，即对所有的单个字符的损失函数求和，然后除以序列的长度。zero_infinity 参数代表是否将无穷大的损失函数设置为 0，在输入序列太短的时候，损失函数可能会变成无穷大，在这种情况下，模型训练可能不收敛，为了防止这种情况出现，可以设置这个参数为 True。在代码 7.2 中还展示了对应的 forward 方法的定义，forward 方法需要传入的参数有 log_probs，即图 7.2 中的全连接层的输出经过 LogSoftmax 函数作用后的结果（即首先通过 Softmax 计算出对应的概率，然后对概率取对数）。log_probs 是一个浮点张量，其大小为 $T \times N \times C$，其中，T 为输入序列的长度，N 为迷你批次大小，C 为输出字符类型数目（包括空白字符）。targets 是一个整数张量，其大小为 $N \times S$，其中 N 为迷你批次大小，S 为预测目标的序列长度。input_lengths 参数是输入序列的长度大小，大小为 N。target_lengths 参数是预测目标序列的长度大小，大小为 N，最后输出的结果在 reduction='mean' 的情况下是一个标量的损失函数的值。由于 CTC 损失函数在序列路径固定以后，可以进行反向传播的计算，进而优化模型的参数。在预测阶段，不需要使用 CTC 损失函数，只需要根据模型的概率输出来预测对应的概率最大的字符，去除掉重复字符和空白字符，最后输出字符序列。

有了 DeepSpeech 模型的基本结构和 CTC 损失函数之后，就可以对语音识别模型进行建模。具体的 DeepSpeech 模型代码如代码 7.3 所示。

代码 7.3 DeepSpeech 模型代码。

```
class BNGRU(nn.Module):
    def __init__(self, input_size, hidden_size):
        super(BNGRU, self).__init__()

        self.hidden_size = hidden_size
        self.bn = nn.BatchNorm1d(input_size)
        self.gru = nn.GRU(input_size, hidden_size, bidirectional=True)

    def forward(self, x, xlen):
        maxlen = x.size(2)
        x = self.bn(x)
        # N×C×T -> T×N×C
        x = x.permute(2, 0, 1)
        x = nn.utils.rnn.pack_padded_sequence(x, xlen)
        x, _ = self.gru(x)
        x, _ = nn.utils.rnn.pad_packed_sequence(x, total_length=maxlen)
        x = x[..., :self.hidden_size] + x[..., self.hidden_size:]
        # T×N×C -> N×C×T
        x = x.permute(1, 2, 0)
        return x

class DeepSpeech(nn.Module):

    def __init__(self, mel_channel, channels, kernel_dims, strides,
                 num_layers, hidden_size, char_size):

        super(DeepSpeech, self).__init__()
        self.kernel_dims = kernel_dims
        self.strides = strides
        self.num_layers = num_layers
        self.hidden_size = hidden_size
        self.char_size = char_size
```

```python
        self.cnns = nn.ModuleList()
        in_channel = mel_channel
        for c, k, s in zip(channels, kernel_dims, strides):
            self.cnns.append(nn.Conv1d(in_channel, c, k,
                stride=s, padding=c//2))
            self.cnns.append(nn.BatchNorm1d(c))
            self.cnns.append(nn.ReLU(inplace=True))
            in_channel = c
        self.cnns = nn.Sequential(*self.cnns)

        self.rnns = nn.ModuleList()
        for _ in range(num_layers):
            self.rnns.append(BNGRU(in_channel, hidden_size))
            in_channel = hidden_size

        self.norm = nn.BatchNorm1d(hidden_size)
        self.proj = nn.Sequential(
            nn.Linear(hidden_size, char_size)
        )

    def forward(self, x, xlen):
        # T×N×C -> N×C×T
        x = x.permute(1, 2, 0)
        x = self.cnns(x)

        for rnn in self.rnns:
            x = rnn(x, xlen)
        x = self.norm(x)

        # N×C×T -> T×N×C
        x = x.permute(2, 0, 1)
        x = self.proj(x)

        return F.log_softmax(x, -1)
```

DeepSpeech 模块的构造函数包括的参数有：mel_channel 代表输入音频特征的通道数；channels 代表卷积层的特征通道数，其中有多少个卷积层就有多少个特征通道；kernel_dims 代表卷积层的卷积核大小；strides 代表卷积层的步长；num_layers 代表循环神经网络的层数；hidden_size 代表循环神经网络的隐含状态的大小；char_size

代表最后输出的字符种类数目。在 forward 方法中,输入序列参数 x 的形状为 $T×N×C$,其中 T 为序列的长度,N 为迷你批次的大小,C 为特征的数目,输入序列有效长度的 xlen 的大小为 N,其中 N 为迷你批次的大小。在这个 DeepSpeech 的实现中使用的是一维的卷积神经网络模块和一维的批次归一化模块,这个模块的输入参数的形状应该为 $N×C×T$,相对前两个模块,循环神经网络模块的输入形状为 $T×N×C$,所以在模块中需要考虑到张量参数维度的交换,这里使用了张量的 permute 方法来交换这些维度。

另外,考虑到后续 CTCLoss 模块的需要,这里直接使用的是 log_softmax 函数来计算 DeepSpeech 模块的输出,最后输入到代码 7.2 的 CTCLoss 模块中来计算最终模型的损失函数。模型的推断不需要 CTCLoss 模块的参与,可以直接使用 log_softmax 的输出,找到输出值最大的对应的索引,作为具体的字符,然后合并相同的字符和空白字符,作为最后的预测输出结果。

在 DeepSpeech 模块的最后,为了增加模型的预测准确率,可以加一个语言模型,从输入的字符中预测正确的字符,训练的损失函数可以设置为 CTC 损失函数和语言模型的损失函数的和。关于具体的细节,有兴趣的读者可以参考 DeepSpeech 模型的原始资料,同时关于语言模型的内容在 6.3 节中也有介绍,这里不再赘述。

另外,以上所述的卷积神经网络加上循环神经网络的结构,除在语音识别模型上有广泛的应用外,在其他领域也有重要的应用,比如可以用来做光学字符识别任务(Optical Character Recognition),也就是给定含有文字的图像,预测图像中包含的文字的任务,具体细节可以参考相关的资料[77]。

7.3 使用 Tacotron 和 WaveNet 进行语音合成

前面介绍了如何用深度学习模型来实现语音识别,下面讨论一下如何用深度学习的方法来处理语音识别的逆问题,即语音合成(Text-To-Speech,TTS)问题。语音合成的任务主要是根据文本来生成文本对应的音频,即使用机器学习模型来实现朗读的功能。相比于语音识别,语音合成的难度要高许多。因为语音合成有以下两个难点:

- 第一个难点是如何对语音合成的效果进行评判。
- 第二个难点是如何能够让语音合成的结果尽量接近人类的语音。

为了解决语音合成的问题，Google 开发了 Tacotron 这个基于深度学习的模型来进行语音合成[78]。Tacotron 模型主要分成两部分：第一部分是通过字符来产生梅尔过滤器特征；第二部分是根据梅尔过滤器特征来生成对应的音频，即声码器（Vocoder）的部分。第二部分使用 WaveNet[79] 深度学习模型来实现梅尔过滤器特征到音频的转换。整个 Tacotron 模型的结构如图 7.4 所示。下面将从模型的每个组成部分出发，来详细介绍 Tacotron 模型的结构。

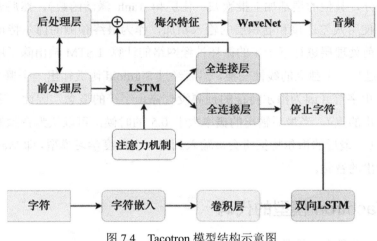

图 7.4　Tacotron 模型结构示意图

7.3.1　Tacotron 模型中基于 Seq2Seq 的梅尔过滤器特征合成

下面介绍 Tacotron 模型的第一部分，即根据字符来生成梅尔过滤器特征。在 Tacotron 模型中，主要使用的是基于 Seq2Seq 模型来根据字符生成音频的梅尔过滤器特征。同样，我们从编码器、解码器和注意力机制三部分出发来介绍 Tacotron 从字符变换到梅尔过滤器特征的过程。在图 7.4 中，Tacotron 模型的编码器主要由三部分组成，在编码器中，输入字符通过字符嵌入获取字符的嵌入特征张量，然后通过三层卷积层（使用一维卷积，卷积核的大小为 5，同时紧接着批次归一化层和 ReLU 激活函数）来对字符的嵌入特征张量进行组合。卷积层的目标是为了组合多字符的特征，因为作为语音基础单位的音素一般是由一个以上的字母组成的，而且一般来说这些字母或者字母组合的读音和上下文的其他字母的内容相关。通过卷积层后提取的特征被进一步输入到一个单层的双向 LSTM 中，并且产生注意力机制需要的输入。解码器的基本框架是一个两层的 LSTM，其初始状态和初始输入被设置为全零张量，输入的张量首先经过前处理层，该前处理层由两层全连接层和 ReLU 激活函数组成；输出的特征张量接着和注意力机制的输出结果拼接在一起（在初始状态下为 0），送入 LSTM 层中，用这个输出的结果进行线性变换来预测音频序列的梅尔特征。同时隐含层的输出结果将会被保存用于下一步的注意力机制的计算。为了增加模型的梅尔特征重建的准确率，线性变换的输出结果会输入到五层卷积层（除最后一层不使用激活函数外，其他的层都加上批次归一化层和 Tanh 激活函数），然后五层卷积层的输出结果使用残差连接和卷积层的输入相加，作为最终预测的梅尔特征，梅尔特征将会通过前处理层进行下一步的循环神经网络的计算。LSTM 输出除了用于进行线性变换，经过另一个独立的线性变换，然后经过 Sigmoid 函数输出一个概率的值，还用于预测停止字符（因为梅尔特征的预测没有停止字符的概念，因此，需要给模型添加一个停止的点）。当最后输出的概率大于 0.5 的时候，可以认为音频的梅尔特征序列已经终止。最后的梅尔特征将会被输入到另一个深度学习模型，即 WaveNet 中，计算最后输出的音频。

7.3.2 Tacotron 模型的代码

Tacotron 模型的编码器的代码如代码 7.4 所示。

代码 7.4 Tacotron 编码器的代码。

```
class Encoder(nn.Module):
    def __init__(self, encoder_n_convolutions,
        encoder_embedding_dim, encoder_kernel_size):
        super(Encoder, self).__init__()

        convolutions = []
        for _ in range(encoder_n_convolutions):
            conv_layer = nn.Sequential(
                nn.Conv1d(
                    encoder_embedding_dim,
                    encoder_embedding_dim,
                    kernel_size=encoder_kernel_size,
```

```
                        stride=1,
                        padding=encoder_kernel_size//2,
                        dilation=1),
              nn.BatchNorm1d(encoder_embedding_dim))
        convolutions.append(conv_layer)
    self.convolutions = nn.ModuleList(convolutions)

    self.lstm = nn.LSTM(encoder_embedding_dim,
                        encoder_embedding_dim // 2, 1,
                        batch_first=True, bidirectional=True)

def forward(self, x, input_lengths):
    # 假设输入为N×C×T
    for conv in self.convolutions:
        x = F.dropout(F.relu(conv(x)), 0.5, self.training)

    x = x.transpose(1, 2)

    input_lengths = input_lengths.cpu().numpy()
    x = nn.utils.rnn.pack_padded_sequence(
        x, input_lengths, batch_first=True)

    self.lstm.flatten_parameters()
    outputs, _ = self.lstm(x)

    outputs, _ = nn.utils.rnn.pad_packed_sequence(
        outputs, batch_first=True)
    return outputs
```

模型的输入主要是三个参数，第一个参数 encoder_n_convolutions 是编码器的卷积层的数目，第二个参数 encoder_embedding_dim 是编码器的隐含层的维度，第三个参数 encoder_kernel_size 是编码器的卷积核的大小。在编码器的初始化方法中，初始化了多层的卷积层，并且初始化了双向 LSTM 层。在 forward 方法中，输入的张量是通过字符嵌入层获得字符对应的特征张量，这个特征张量的大小为 $N×C×T$，其中，N 是批次大小，C 为特征大小，T 为字符序列的最大时间。另外一个输入参数为 input_lengths，代表输入字符序列张量的实际大小。同样，由于要使用双向卷积神经网络，这里需要使用 pack_padded_sequence 和 pad_packed_sequence 这两个函数来进行张量的打包，输入到双向卷积神经网络层中，然后对输出结果进行解包。返回模型的输出结果张量将会用于注意力机制的计算。

Tacotron 解码的过程由于涉及的模块众多，下面将分为不同的部分来展示。

首先是前处理层和后处理层，代码 7.5 展示了前处理层（Prenet）和后处理层（Postnet）的构造方法。

代码 7.5 Tacotron 前处理层和后处理层代码。

```python
class Prenet(nn.Module):
    def __init__(self, in_dim, sizes):
        super(Prenet, self).__init__()
        in_sizes = [in_dim] + sizes[:-1]
        self.layers = nn.ModuleList(
            [nn.Linear(in_size, out_size, bias=False)
             for (in_size, out_size) in zip(in_sizes, sizes)])

    def forward(self, x):
        for linear in self.layers:
            x = F.dropout(F.relu(linear(x)), p=0.5, training=True)
        return x

class Postnet(nn.Module):

    def __init__(self, n_mel_channels, postnet_embedding_dim,
            postnet_kernel_size, postnet_n_convolutions):

        super(Postnet, self).__init__()
        self.convolutions = nn.ModuleList()

        self.convolutions.append(
            nn.Sequential(
                nn.Conv1d(n_mel_channels, postnet_embedding_dim,
                          kernel_size=postnet_kernel_size, stride=1,
                          padding=postnet_kernel_size // 2,
                          dilation=1),
                nn.BatchNorm1d(postnet_embedding_dim))
        )

        for i in range(1, postnet_n_convolutions - 1):
            self.convolutions.append(
```

```python
            nn.Sequential(
                nn.Comv1d(postnet_embedding_dim,
                        postnet_embedding_dim,
                        postnet_kernel_size, stride=1,
                        padding=postnet_kernel_size // 2,
                        dilation=1),
                nn.BatchNorm1d(postnet_embedding_dim))
        )

        self.convolutions.append(
            nn.Sequential(
                ConvNorm(postnet_embedding_dim, n_mel_channels,
                        kernel_size=postnet_kernel_size, stride=1,
                        padding=postnet_kernel_size // 2,
                        dilation=1, w_init_gain='linear'),
                nn.BatchNorm1d(n_mel_channels))
            )

    def forward(self, x):
        for i in range(len(self.convolutions) - 1):
            x = F.dropout(torch.tanh(self.convolutions[i](x)),
                0.5, self.training)
        x = F.dropout(self.convolutions[-1](x), 0.5, self.training)

        return x
```

可以看到，前处理层主要使用了多层的全连接神经网络，并且使用 ReLU 激活函数。在 Postnet 中，由于输入和输出的特征维度都和梅尔过滤器的特征维度相同，所以第一个参数是梅尔过滤器的维度大小，第二个参数是中间层的特征维度，第三个参数是后处理层的卷积层维度，最后一个参数是后处理层的卷积层的数目。在 forward 方法中，输入张量是梅尔过滤器特征张量，除最后一个卷积层没有激活函数外，其他卷积层的激活函数均为 Tanh 函数。

接下来是 Tacotron 模型的注意力机制，如代码 7.6 所示。

代码 7.6 Tacotron 模型的注意力机制。

```python
class LocationLayer(nn.Module):
    def __init__(self, attention_n_filters, attention_kernel_size,
```

```python
                    attention_dim):
        super(LocationLayer, self).__init__()
        padding = attention_kernel_size // 2
        self.location_conv = nn.Conv2d(2, attention_n_filters,
                                     kernel_size=attention_kernel_size,padding=padding, bias=False, stride=1,dilation=1)
        self.location_dense = nn.Linear(attention_n_filters, attention_dim,bias=False)

    def forward(self, attention_weights_cat):
        processed_attention = self.location_conv(attention_weights_cat)
        processed_attention = processed_attention.transpose(1, 2)
        processed_attention = self.location_dense(processed_attention)
        return processed_attention

class Attention(nn.Module):
    def __init__(self, attention_rnn_dim, embedding_dim, attention_dim,attention_location_n_filters,attention_location_kernel_size):
        
        super(Attention, self).__init__()
        self.query_layer = nn.Linear(attention_rnn_dim,
                                    attention_dim,bias=False)
        self.memory_layer = nn.Linear(embedding_dim,
                                     attention_dim, bias=False)
        
        self.v = nn.Linear(attention_dim, 1, bias=False)
        self.location_layer = LocationLayer(attention_location_n_filters,attention_location_kernel_size,attention_dim)
        self.score_mask_value = -float("inf")

    def get_alignment_energies(self, query, processed_memory,attention_weights_cat):
        
        processed_query = self.query_layer(query.unsqueeze(1))
        processed_attention_weights = self.location_layer(
            attention_weights_cat)
        energies = self.v(torch.tanh(
            processed_query + processed_attention_weights + \
            processed_memory))
```

```
            energies = energies.squeeze(-1)
            return energies

    def forward(self, attention_hidden_state, memory, processed_me
mory,attention_weights_cat, mask):

        alignment = self.get_alignment_energies(
            attention_hidden_state, processed_memory,
            attention_weights_cat)

        if mask is not None:
            alignment.data.masked_fill_(mask, self.score_mask_valu
e)

        attention_weights = F.softmax(alignment, dim=1)
        attention_context =
torch.bmm(attention_weights.unsqueeze(1),memory)
        attention_context = attention_context.squeeze(1)

        return attention_context, attention_weights
```

在 Tacotron 模型中,主要使用的是 Bahdanau 注意力机制(即加性注意力机制),由于在前面章节中已经介绍过注意力机制的计算公式,这里不再详细介绍。和一般的 Bahdanau 注意力机制稍有区别的是,在 Tacotron 模型中使用的注意力机制是位置敏感的(Location-sensitive),主要是通过获取上一步的注意力权重(一开始初始化为全零张量),以及每一步的累积注意力权重(过去所有历史的注意力权重的求和),将这两个张量拼接在一起(沿着新建的一个维度),输出 $N×2×T$ 的张量,然后将张量输入到位置层(代码 LocationLayer),通过卷积和线性变换获取最后的位置张量。计算出位置张量的目的是为了减小解码器对于序列中某些子片段的重复或忽略。在 Tacotron 模型中使用的注意力机制模块中,输入的有三个张量,首先是解码器循环神经网络隐含状态线性变换后的张量,其次是编码器的输出张量进行线性变换后的结果,最后是前面介绍的位置张量,这三个张量求和之后进行 Tanh 激活函数的变换,与一个可训练的张量计算点积,得到最终的分数,通过对分数计算 Softmax 函数,最后输出对应注意力机制的权重。

以上介绍了编码器和注意力机制的代码。接下来是解码器的代码,它比编码器和注意力机制的代码稍微复杂一些。代码 7.7 是解码器模型的主体代码。

代码 7.7 Tacotron 模型的解码器的主体代码。

```python
class Decoder(nn.Module):
    def __init__(self, n_mel_channels, n_frames_per_step,
        encoder_embedding_dim, attention_rnn_dim,
        decoder_rnn_dim, prenet_dim, max_decoder_steps,
        gate_threshold, p_attention_dropout,
        attention_dim, attention_location_n_filters,
        attention_location_kernel_size, p_decoder_dropout):

        super(Decoder, self).__init__()

        # 将输入参数保存到类的属性中
        # ……（此处省略保存输入参数的代码）
        self.prenet = Prenet(
            n_mel_channels * n_frames_per_step,
            [prenet_dim, prenet_dim])

        self.attention_rnn = nn.LSTMCell(
            prenet_dim + encoder_embedding_dim,
            attention_rnn_dim)

        self.attention_layer = Attention(
            attention_rnn_dim, encoder_embedding_dim,
            attention_dim, attention_location_n_filters,
            attention_location_kernel_size)

        self.decoder_rnn = nn.LSTMCell(
            attention_rnn_dim + encoder_embedding_dim,
            decoder_rnn_dim, 1)

        self.linear_projection = nn.Linear(
            decoder_rnn_dim + encoder_embedding_dim,
            n_mel_channels * n_frames_per_step)

        self.gate_layer = nn.Linear(
            decoder_rnn_dim + encoder_embedding_dim, 1,
            bias=True)

    def decode(self, decoder_input):
```

```python
        # 输入解码器的梅尔过滤器特征,进行注意力机制的计算和循环神经网络计算
        # 输出解码结果,即是否终止的预测和注意力的权重
        cell_input = torch.cat((decoder_input, self.attention_context), -1)
        self.attention_hidden, self.attention_cell = self.attention_rnn(
            cell_input, (self.attention_hidden, self.attention_cell))
        self.attention_hidden = F.dropout(
            self.attention_hidden, self.p_attention_dropout, self.training)

        attention_weights_cat = torch.cat(
            (self.attention_weights.unsqueeze(1),
             self.attention_weights_cum.unsqueeze(1)), dim=1)
        self.attention_context, self.attention_weights = \
            self.attention_layer(self.attention_hidden,
            self.memory, self.processed_memory,
            attention_weights_cat, self.mask)

        self.attention_weights_cum += self.attention_weights
        decoder_input = torch.cat(
            (self.attention_hidden, self.attention_context), -1)
        self.decoder_hidden, self.decoder_cell = self.decoder_rnn(
            decoder_input, (self.decoder_hidden, self.decoder_cell))
        self.decoder_hidden = F.dropout(
            self.decoder_hidden, self.p_decoder_dropout, self.training)

        decoder_hidden_attention_context = torch.cat(
            (self.decoder_hidden, self.attention_context), dim=1)
        decoder_output = self.linear_projection(
            decoder_hidden_attention_context)

        gate_prediction = self.gate_layer(decoder_hidden_attention_context)
        return decoder_output, gate_prediction, self.attention_weights
```

为了节约篇幅,这里只列出了类初始化的代码和单步解码的 decode 方法,在模块的 forward 方法中,可以通过循环调用 decode 方法,来获取连续的解码输出。在

解码器中，称每一个输出的梅尔过滤器特征为一个帧（Frame），一般来说，可以在每个 LSTM 步预测一帧，也可以预测多帧，这个参数由类初始化方法中的 n_frames_per_step 来控制，encoder_embedding_dim 代表编码器的输出维度的大小，attention_rnn_dim 代表注意力机制的维度大小，decoder_rnn_dim 则是解码器的隐含层大小的维度，prenet_dim 则是前处理模块的中间维度和最后维度的大小。可以看到，在代码中默认使用了两层全连接的前处理网络，max_decoder_steps 是解码器的最大解码步数，gate_threshold 是停止字符的概率阈值，p_attention_dropout 是注意力机制中丢弃层的丢弃概率，attention_dim 是注意力机制的隐含层的特征大小。接下来的两个参数代表注意力机制的中间位置层中卷积层的数目和卷积核的大小，最后的 p_decoder_dropout 则是解码器的丢弃概率。Tacotron 模型的单步解码过程由 decode 方法控制。在解码过程中，首先输入的是上一步的梅尔过滤器特征 decoder_input，和上一步的注意力机制输出拼接，然后输入到前处理模块中，得到第一层循环神经网络的隐含状态，并且与上一步的权重、累积权重和编码器的输出结合，预测得到注意力机制的输出和注意力机制的权重，然后把注意力机制的输出和产生注意力的隐含状态拼接在一起，输入到下一层的循环神经网络层中，最后使用线性层来预测最终的梅尔过滤器特征，以及梅尔过滤器特征对应的音频帧是最终帧（即音频结尾）的概率。

7.3.3 WaveNet 模型介绍

以上介绍的是 Tacotron 模型由字符产生梅尔过滤器特征的过程。接下来介绍 Tacotron 模型的第二部分，即由梅尔过滤器特征来产生对应的音频。前面已经提到过，完成这个过程的模型被称为声码器。在 1.4 节中已经介绍了音频信号是如何产生梅尔过滤器特征的，声码器模型即是这个过程的逆过程。由于梅尔过滤器特征主要是在频率空间上符合人类听觉的特征，在由原始音频产生这种特征的时候，会丢弃一些对音频识别没有作用但对音频细节效果很有影响的信息，主要是不同的音频帧之间的相位（Phase）关系的信息（注意短时傅里叶变换的两帧之间相互关系的信息将会被丢弃，这个信息主要和分量的相位有关）。为了还原相位关系的信息，可以使用一些简单的算法，如 Griffin-Lim 算法[80]来从短时傅里叶变换的结果变换得到音频的结果。但是这些算法往往存在音频失真，合成得到的音频和人声完全不同。WaveNet 模型的出现就是为了解决这个问题，主要原理是通过深度学习模型来补全短时傅里叶变换的帧之间的相对相位信息，最后输出和人声类似的音频。

声码器的问题本质上也是一个序列预测的问题，即从梅尔过滤器特征的序列来生成音频序列。对于序列预测问题，理论上可以采用循环神经网络来解决从一个序列预测另一个序列的问题，但是对于声码器对应的问题，循环神经网络的场景并不适用，其主要原因是循环神经网络能够用来表示的序列元素之间的时间依赖关系太短。对于语音来说，一般一个句子的语音长度常常是上百帧甚至上千帧，循环神经网络在这个长度上的音频重建，其效果往往不是太好。为了解决长时间的依赖关系，WaveNet 模型使用了两种方法，第一种是使用因果卷积模块（Causal Convolution），第二种是在卷积神经网络中引入扩张参数。前者能够用来描述两个音频帧之间的时间关联关系，后者可以用来描述长序列中两个元素之间的依赖关系。

WaveNet 的基本结构如图 7.5 所示。

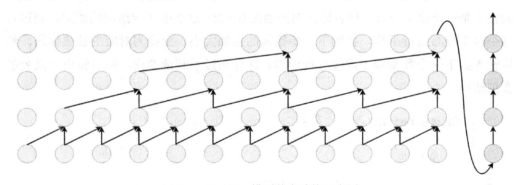

图 7.5　WaveNet 模型基本结构示意图

在图 7.5 的模型中，假设输入的音频是 16 bit 的音频文件（即输出有 2^{16}=65536 种可能，这也是常用的音频记录格式），为了减少模型的参数量，同时保持音频的质量，首先将输入音频变换为[-1，1]之间的浮点数，然后进行 μ-率变换（μ-law transformation），如式（7.5）所示，其中 μ 值为 255。

$$f(x_t) = \text{sign}(x_t)\frac{\ln(1 + \mu|x_t|)}{\ln(1 + \mu)} \qquad (7.5)$$

这个变换的原因是因为人对于声音强度（也就是音频文件的振幅的平方值）的

响应呈对数变化，比如振幅差距十倍，人类的感受并不是声音增加了 10 倍，而是声音增加了 20 dB。这里需要注意的是，前者是乘法，而后者是加法，所以整体来说增加的数量级不一致。经过 μ-率变换以后，输出值也是在[-1, 1]之间的浮点数，可以将这个浮点数的值量化为 0～255 之间的整数，并且把整数变换为 256 维的独热编码。这个独热编码将会输入到 WaveNet 模型中，进行自回归的预测。关于自回归预测方法，在 6.3 节中已经介绍过，这里简略介绍一下 WaveNet 的预测方法，输入的独热编码通过不同扩张大小（Dilation）的因果卷积层（Causal Convolution Layer）不断进行计算，最后预测最终的输出。所谓因果卷积，可以看作正常卷积只考虑当前时间和当前时间以前的输入而得到的最终输出，比如，卷积核大小为 3 的因果卷积，只考虑当前时间 t 的输入和当前时间前一步 $t-1$ 的输入。这样做的目的是因为在 WaveNet 模型预测过程中无法得到当前时间以后的输入信息。因果卷积的实现也比较简单，可以通过对输入的填充，然后在输出部分做截断得到，如图 7.6 所示，因果卷积的填充大小和卷积核的大小以及扩张大小有关，我们会在后续的代码中提到。最终预测的输出是一个概率分布，代表输出的振幅在 0～255 这 256 个等级间的概率，通过对这个概率分布进行采样，找到下一步输入的振幅大小，变换为对应的独热编码，然后输入到下一个预测步中继续进行预测。这样通过不断地迭代，最后输出一系列的音频结构。

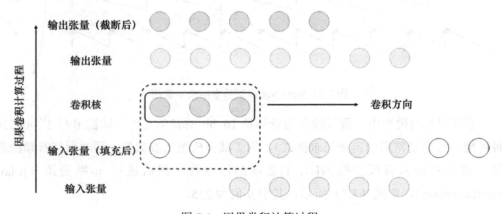

图 7.6　因果卷积计算过程

7.3.4 因果卷积模块介绍

从前面的介绍可以看到，WaveNet 对音频的计算是通过类似于循环神经网络的自回归方法进行的。整个过程只涉及音频部分，所以是一个无监督的训练方法。通过使用这个训练方法训练得到的模型，最后预测出来的语音结果是听起来像训练集语音的随机语音。为了能够让随机语音符合我们想要的发音，这时就需要引入调制（Conditioning）的方法。调制分为全局调制和局域调制，同时具体的调制方法需要涉及因果卷积模块的结构，具体介绍如下。

整个因果卷积模块的构成如图 7.7 所示，输入张量通过 1×1 卷积模块的计算（虽然被称为 1×1 卷积，但实际上是一个一维的卷积，卷积核大小为 1，这里按照原始资料的说法称为 1×1 卷积，用于改变输出通道的维度），进入因果卷积模块中，这个模块会被重复 K 次，每个模块仅有一个因果卷积层，该层每次的卷积扩张参数分别为类似 1，2，4，…，512，1，2，4，…，512 这样重复的 2 的 N 次方的序列。

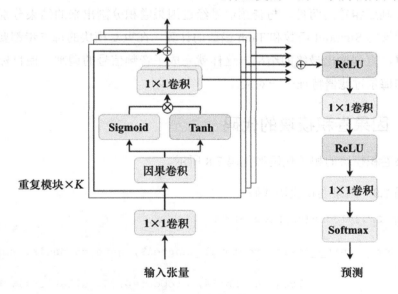

图 7.7　WaveNet 的因果卷积模块示意图

每个模块首先通过因果卷积的计算输出一个张量，这个张量沿着输出通道的方向被拆分成大小相等的两个张量，一个张量用 Sigmoid 激活函数作用，另一个张量用 Tanh 激活函数作用，计算得到的结果按照元素相乘，得到输出张量。可以看到，这个输出张量的产生过程与 LSTM 以及 GRU 的模型的中间输出类似，这样做的目的主要是为了控制信息在模型中流动的比例。输出的张量有两个方向，第一个方向通过一个 1×1 卷积，与模块的输入结果相加，这是类似于残差网络的一个结构，然后输入到下一个模块中。第二个方向是通过另一个 1×1 卷积，和其他模块的相同位置输出相加，最后做归一化处理（除以重复模块个数的平方根），进入最终的后处理网络中。

后处理网络主要由 ReLU 函数和 1×1 卷积构成，结果将会输出到 Softmax 激活函数中，最终输出每个声音振幅的预测概率。

关于采用梅尔过滤器特征对模型的输出进行调制，其结构是类似的，区别在于，梅尔过滤器特征会经过一个上采样，让特征的时间长度和最终音频的输出长度相同（因为知道了梅尔过滤器特征的长度，我们就能通过帧的大小和两帧之间的步长来计算得到最终音频的输出长度），上采样的结果将会通过 1×1 卷积层，卷积结果沿着特征通道分割成相等的两份，与音频信号经过因果卷积分割出来的结果分别相加，然后进入后续的 Sigmoid 函数和 Tanh 函数的计算。在重复模块的每一步都要做同样的调制计算，直到输出最终的结果，这样就完成了音频信号的调制，使目标的输出音频能够和梅尔过滤器特征一一对应。

7.3.5 因果卷积模块的代码

因果卷积模块的相关代码如代码 7.8 所示。

代码 7.8 因果卷积模块代码。

```python
class CausalConv(nn.Module):
    def __init__(self, residual_channels, gate_channels, kernel_size,
                 local_channels, dropout=0.05, dilation=1, bias=True):
        super(CausalConv, self).__init__()
        self.dropout = dropout
        
        padding = (kernel_size - 1) * dilation
```

```python
        self.conv = nn.Conv1d(residual_channels, gate_channels,
                              kernel_size, padding=padding,
                              dilation=dilation, bias=bias)

        self.conv1x1_local = Conv1d1x1(local_channels,
                                        gate_channels, bias=False)
        gate_out_channels = gate_channels // 2
        self.conv1x1_out = Conv1d1x1(gate_out_channels,
                                      residual_channels, bias=bias)
        self.conv1x1_skip = Conv1d1x1(gate_out_channels,
                                       residual_channels, bias=bias
)

    def forward(self, x, x_local):

        # x 为音频信号，x_local 为梅尔过滤器特征上采样到和 x 维度相同后的结果
        # 假设输入 x 的大小为 N×C×T，其中 N 为批次大小，C 为输入特征大小，
        # T 为序列长度
        # x_local 大小和 x 大小相同

        residual = x
        x = F.dropout(x, p=self.dropout, training=self.training)

        # 因果卷积
        x = self.conv(x)
        x = x[:, :, :residual.size(-1)]

        # 因果卷积结果分割
        a, b = x.split(x.size(-1) // 2, dim=-1)
        # 加入局域特征的调制
        c = self.conv1x1_local(x_local)
        ca, cb = c.split(c.size(-1) // 2, dim=-1)
        a, b = a + ca, b + cb

        x = torch.tanh(a) * torch.sigmoid(b)

        s = self.conv1x1_skip(x)
        x = self.conv1x1_out(x)

        x = (x + residual) * math.sqrt(0.5)
        return x, s
```

在代码中，我们通过卷积和填充（与卷积的扩张值和卷积核大小有关）实现了因果卷积运算，然后引入了局域调制，将调制结果分别和因果输出结果相加，用Sigmoid和Tanh激活函数作用，然后相乘，输出的结果通过两个不同的1×1卷积，分别作为下一步残差网络的输入张量和当前模块的输出张量保存起来。经过残差连接后的张量会除以$\sqrt{2}$，进行归一化处理，然后输入到下一个因果卷积模块中。

7.3.6 WaveNet 模型的代码

有了因果卷积的模块后，就能通过该模块来搭建 WaveNet 模型，具体如代码 7.9 所示。

代码 7.9 WaveNet 模型代码。

```
class WaveNet(nn.Module):

    def __init__(self, out_channels=256, layers=20,
                 layers_per_stack = 2,
                 residual_channels=512,
                 gate_channels=512,
                 mel_channels = 80,
                 mel_kernel = 1024,
                 mel_stride = 256,
                 skip_out_channels=512,
                 kernel_size=3, dropout= 0.05,
                 local_channels=512):

        super(WaveNet, self).__init__()

        self.out_channels = out_channels
        self.local_channels = local_channels
        self.first_conv = nn.Conv1d(out_channels, residual_channels, 1)

        self.conv_layers = nn.ModuleList()
        for layer in range(layers):
            dilation = 2**(layer % layers_per_stack)
            conv = CausalConv(residual_channels, gate_channels, kernel_size,local_channels, dropout, dilation, True)
            self.conv_layers.append(conv)
```

```
        self.last_conv_layers = nn.ModuleList([
        nn.ReLU(inplace=True),
        nn.Conv1d(skip_out_channels, skip_out_channels, 1),
        nn.ReLU(inplace=True),
        nn.Conv1d(skip_out_channels, out_channels, 1),
    ])

    self.upsample_net = nn.ConvTranspose1d(mel_channels, gate_channels, mel_kernel, mel_stride)

    def forward(self, x, x_local):
        # x为音频信号，x_local为梅尔过滤器特征
        B, _, T = x.size()
        # 对特征进行上采样，输出和音频信号长度相同的信号
        c = self.upsample_net(x_local)
        x = self.first_conv(x)
        skips = 0
        for f in self.conv_layers:
            x, h = f(x, c, g_bct)
            skips += h
        skips *= math.sqrt(1.0 / len(self.conv_layers))

        x = skips
        for f in self.last_conv_layers:
            x = f(x)

        # 输出每个强度的概率
        x = F.softmax(x, dim=1)
        return x
```

可以看到，在代码中使用了 20 个因果卷积模块，模块的卷积扩张大小分别为 1，2，…，1024，1，2，…，1024。同时在代码中引入了梅尔过滤器特征的上采样模块 upsample_net，通过上采样模块来对齐梅尔过滤器特征和最终的音频输出。最后输出的是每个位置音频的振幅大小。

以上就是语音合成的基本深度学习模型。和语音识别的深度学习模型相比，语音合成的模型更加复杂，主要由两部分构成，分别是生成梅尔过滤器特征的部分和声码器的部分，其原因主要是梅尔过滤器不能直接转换为音频信号。相比于传统的语音合成方法，基于深度学习的语音合成方法能够获取更高质量的输出，对应合成

音频的平均意见分（Mean Opinion Score，MOS，即按照从 0～5 这几个值对音频是否为人声进行打分，0 表示完全不像人声，5 表示完全是人声，对多人取平均）也比传统的语音合成模型高。

7.4 基于 DQN 的强化学习算法

作为人工智能和深度学习方向的一个重要领域，强化学习（Reinforcement Learning，LR）近年来得到了广泛的应用，尤其是在机器人领域和游戏领域。从 2015 年开始，Google 开发的 AlphaGo[81] 陆续击败了很多围棋的职业选手，在 2017 年甚至击败了围棋的世界冠军，取得了举世瞩目的成就，其背后的原理正是基于深度学习模型的强化学习算法。下面将介绍强化学习算法的一些基础，然后介绍深度学习模型是被如何应用于强化学习算法中的。

7.4.1 强化学习的基础概念

本节介绍强化学习中的一些基础概念。强化学习中有两个主要的实体，一个是智能体（Agent），另一个是环境（Environment），如图 7.8 所示。

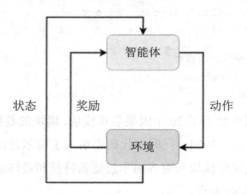

图 7.8　强化学习模型的基本概念

在强化学习过程中，智能体能够得知的是环境当前的状态（State），即环境智能体所处环境当前的情况。另一个是上一步获得的环境的奖励（Reward），即环境给予智能体动作的一个反馈。智能体根据这两个信息，决定在环境中采取的动作（Action），以及环境接收智能体的动作，返回下一步的状态和对智能体的奖励。整个过程可以归纳为：在 t 时刻，给定该时刻的状态 s_t 和获得的奖励 r_t，根据这些值来决定当前步骤的动作 a_t，将动作传递给环境，得到下一个时刻的状态 s_{t+1} 和获得的奖励 r_{t+1}。

在强化学习中需要解决的问题是如何训练一个智能体，使得智能体能够在合适的状态下产生合适的动作，使后续的奖励总和最大。我们称智能体根据环境状态产生动作的方法为策略（Policy），在这种情况下，强化学习可以归结为寻找一个最优策略，使得未来能够获得的奖励最大。

强化学习有很多分类，其中根据深度学习模型描述的是策略本身还是在当前状态下未来能够获得的奖励，可分为两种，前者称为策略优化（Policy Optimization），后者称为质量函数学习（Q-Learning，这里的 Q 代表 Quality，即质量）。假设强化学习的过程是一个马尔可夫过程（Markov Process），即未来获得的奖励和过去的历史无关，则质量函数是当前状态的一个函数，可以根据 Bellman 方程来对其进行描述。假设奖励的折扣率为 γ（$0<\gamma<1$），设置这个参数的目的是因为我们需要对未来的奖励进行求和，在时间跨度上无限大，如果没有折扣率，未来总的奖励可能是无穷大。在这种情况下，我们可以计算总的折扣后的奖励，如式（7.6）所示。由于 R_t 与当前的状态和采取的动作有关，当引入 t 时刻的状态 s_t 和采取的动作 a_t 之后，可以根据 Bellman 方程求得对应的折扣奖励关于状态和动作的函数，我们称为质量函数 Q，如式（7.7）所示（注意，这是 Bellman 方程的一个推论，完整的 Bellman 方程由于形式太复杂，这里不再过多介绍，有兴趣的读者可以参考相关的资料[82]）。

$$R_t = \sum_{i=t+1}^{\infty} \gamma^{i-t-1} r_i \tag{7.6}$$

$$Q(s_t, a_t) = r_t + \gamma \cdot \max_a Q(s_t, a_t) \tag{7.7}$$

7.4.2　强化学习的环境

式（7.7）就是我们进行强化学习的基础，用深度学习模型来学习质量函数的算法被称为 DQN（Deep Q-Network），这里以一个简单的强化学习例子来阐述如何使用 DQN 进行强化学习的任务。为了构造一个强化学习的任务，我们首先使用 OpenAI

的 Gym 工具集来构造强化学习环境。Gym 工具集有很多环境，包括常用的经典控制环境（Classic Control）、雅达利游戏（Atari），以及二维和三维机器人环境（2D、3D Robotics）等，其具体的安装方式如代码 7.10 所示。

代码 7.10 Gym 工具集安装方式。

```
# 安装方式1：从 pip 安装
pip install gym
# 安装方式2：从源代码安装
git clone https://github.com/openai/gym
cd gym
pip install -e .
```

在这个任务中，使用的是 Gym 工具包的车杆（Cartpole）环境，如图 7.9 所示，具体环境描述如下。

车杆环境由一个可以自由转动的杆子连接一个可以水平运动的小车构成。在整个控制过程中，我们可以通过向环境发送"左移"和"右移"这两个命令之一来控制小车向左或者向右移动。每次发送移动命令之后，环境会返回一个大小为四的数组来代表小车当前的运动状态，这四个分量分别为：小车当前的位置（大小在-4.8 单位~4.8 单位之间）、小车当前的速度（大小在负无穷大和正无穷大之间）、杆子当前的角度（大小在相对垂直方向-24°~24°之间）和杆子顶端的速度（大小在负无穷大和正无穷大之间）。另外，环境还会返回一个奖励值，这个奖励值在杆子相对垂直方向-15°~15°之间，而且当小车在距离中心-2.4 单位~2.4 单位之间的时候一直为 1（最多可以持续 200 步），否则为 0，而且强化学习段落（Episode）会在下一步终止。我们需要训练的模型就是根据小车的状态数组做动态调整，让小车上的杆子能够保持在一定的角度范围内，而且小车的位置也能同时保持在一定的距离范围内，从而最终达到奖励值最大的目的。

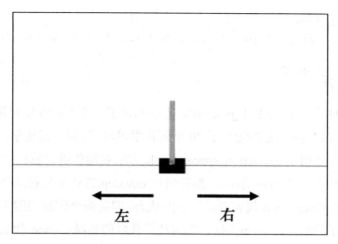

图 7.9　Gym 工具包的车杆环境

7.4.3　DQN 模型的原理

在 DQN 强化学习算法中，为了实现奖励值最大，我们需要通过使用深度学习模型来拟合质量函数（即 Q 函数）。通过前面的学习可知，质量函数决定了给定当前状态和当前动作的情况下，预期未来获得的折扣奖励值。一旦我们知道了这个函数，就能够模拟在当前状态下，给定不同动作的未来折扣奖励值。我们只需要执行未来折扣奖励值最大的那个动作即可。作为深度学习模型的一个特性，模型可以用来做函数的拟合，DQN 强化学习算法就是基于以上这种原理构造出来的。

为了介绍 DQN 的构成，首先需要介绍的是如何使用 Gym 工具集中的 CartPole 环境，下面从一个简单的例子出发说明如何使用 CartPole 环境，如代码 7.11 所示。

代码 7.11　CartPole 环境示例代码。

```
import gym
env = gym.make('CartPole-v0')
for i_episode in range(20):
    observation = env.reset()
    for t in range(100):
        env.render()
        print(observation)
        action = env.action_space.sample()
        observation, reward, done, info = env.step(action)
```

```
        if done:
            print("Episode finished after {} timesteps".format(t+1
))
            break
  env.close()
```

在代码 7.11 中，首先通过 gym.make 方法构建了一个 CartPole 环境 env，然后开始运行强化学习的过程，总共运行了 20 个强化学习段落，每个强化学习段落最大 100 步，在每一步中，使用了 env.action_space.sample 方法对动作进行随机采样（对 CartPole 环境来说，只有 0 和 1 两种动作），然后通过 env.step 方法来执行动作，获取环境的反馈，环境返回 observation 代表当前环境的状态，即前面介绍过的四个元素的列表，代表小车和杆子的状态；reward 代表当前动作获取的奖励；done 代表当前的强化学习段落是否已经结束；info 代表环境的其他信息，在这个任务中不会用到，可以忽略。这样，通过不断执行 env.step 方法，并且输入合适的动作，我们就能不断地得到环境的反馈，这也构成了强化学习算法的基础。当然，代码 7.11 的运行结果将会使杆子很快偏离平衡位置，导致强化学习段落结束，为了能让杆子稳定，我们需要 DQN 算法来对每一个 env.step 方法选择具体的动作。

7.4.4 DQN 模型及其训练过程

为了拟合质量函数，首先需要构造质量函数的深度学习模型，具体如代码 7.12 所示。

代码 7.12   质量函数模型代码。

```
class DQN(nn.Module):
    def __init__(self, naction, nstate, nhidden):
        super(DQN, self).__init__()
        self.naction = naction
        self.nstate = nstate
        self.linear1 = nn.Linear(naction + nstate, nhidden)
        self.linear2 = nn.Linear(nhidden, nhidden)
        self.linear3 = nn.Linear(nhidden, 1)

    def forward(self, state, action):
        action_enc = torch.zeros(action.size(0), self.naction)
        action_enc.scatter_(1, action.unsqueeze(-1), 1)
```

```
        output = torch.cat((state, action_enc), dim=-1)
        output = torch.relu(self.linear1(output))
        output = torch.relu(self.linear2(output))
        output = self.linear3(output)
        return output.squeeze(-1)
```

该模型的初始化构造方法主要有三个参数，首先是 naction，代表可执行的动作的数目，在 CartPole 环境中，这个值为 2；其次是 nstate，代表状态的维度数目，在 CartPole 环境中，这个值为 4；最后是隐含层状态的多少，读者可以根据具体情况进行调节，这里设置为 8。整个模型的结构很简单，输入当前的状态 state 和动作 action，经过隐含层的线性变换和 ReLU 激活函数，最后输出质量函数的值。

为了加强模型训练的收敛，在 DQN 算法的训练过程中需要使用到的另一个技巧是重放（Replay），即通过反复播放强化学习的历史记录来加强模型的训练。为了能够实现重放的过程，需要构造一个记忆的类来记录训练历史，具体如代码 7.13 所示。

代码 7.13 用于重放的记忆类代码。

```
class Memory(object):
    def __init__(self, capacity=1000):

        self.capacity = capacity
        self.size = 0
        self.data = []

    def __len__(self):
        return self.size

    def push(self, state, action, state_next, reward, is_ended):

        if len(self) > self.capacity:
            k = random.randint(self.capacity)
            self.data.pop(k)
            self.size -= 1

        self.data.append((state, action, state_next, reward, is_ended))

    def sample(self, bs):
        data = random.choices(self.data, k=bs)
```

```
        states, actions, states_next, rewards, is_ended = zip(*data)

        states = torch.tensor(states, dtype=torch.float32)
        actions = torch.tensor(actions)
        states_next = torch.tensor(states_next, dtype=torch.float32)
        rewards = torch.tensor(rewards, dtype=torch.float32)
        is_ended = torch.tensor(is_ended, dtype=torch.float32)

        return states, actions, states_next, rewards, is_ended
```

这个类的初始化方法只有一个参数 capacity，用于设置记忆的时间长短。通过 push 方法往记忆类中放入单步训练的记录，其中 state 为当前的状态，action 为采取的动作，state_next 为下一步的状态，reward 为状态的奖励，is_ended 代表下一步状态是不是最终状态。通过 sample 方法获取一定迷你批次 bs 的历史数据来进行重放，通过重放的数据来进行学习。

有了基础的模型和重放模型后，剩下的就是如何对模型进行训练。代码 7.14 定义了 DQN 的训练过程，主要训练过程通过重放进行。

代码 7.14 DQN 训练过程的代码。

```python
# 定义两个网络，用于加速模型收敛
dqn = DQN(2, 4, 8)
dqn_t = DQN(2, 4, 8)
dqn_t.load_state_dict(copy.deepcopy(dqn.state_dict()))
eps = 0.1
# 折扣系数
gamma = 0.999

optim = torch.optim.Adam(dqn.parameters(), lr=1e-3)
criterion = HuberLoss()


step_cnt = 0
mem = Memory()

for episode in range(300):
    state = env.reset()
    while True:
        action_t = torch.tensor([0, 1])
        state_t = torch.tensor([state, state], dtype=torch.float32
)
```

```python
# 计算最优策略
torch.set_grad_enabled(False)
q_t = dqn(state_t, action_t)
max_t = q_t.argmax()
torch.set_grad_enabled(True)

# 探索和利用的平衡
if random.random() < eps:
    max_t = random.choice([0, 1])
else:
    max_t = max_t.item()

state_next, reward, done, info = env.step(max_t)

mem.push(state, max_t, state_next, reward, done)
state = state_next

if done:
    break

# 重放训练
for _ in range(10):
    state_t, action_t, state_next_t, reward_t, is_ended_t = \mem.sample(32)

    q1 = dqn(state_t, action_t)

    torch.set_grad_enabled(False)
    q2_0 = dqn_t(state_next_t,
                 torch.zeros(state_t.size(0), dtype=torch.long))
    q2_1 = dqn_t(state_next_t,
                 torch.ones(state_t.size(0), dtype=torch.long))
    # 利用Bellman方程进行迭代
    q2_max = reward_t + gamma*(1-is_ended_t)*\
        (torch.stack((q2_0, q2_1), dim=1).max(1)[0])
    torch.set_grad_enabled(True)
    # 优化损失函数
    delta = q2_max - q1
    loss = criterion(delta)
```

```
                optim.zero_grad()
                loss.backward()
                for p in dqn.parameters(): p.grad.data.clamp_(-1, 1)
                optim.step()
                step_cnt += 1

                # 同步两个网络的参数
                if step_cnt % 1000 == 0:
                    dqn_t.load_state_dict(copy.deepcopy(dqn.state_dict()))
    env.close()
```

代码中定义了两个结构一样的深度学习模型 dqn 和 dqn_t,这两个模型每隔一定的时间会同步一次参数。主要优化的是 dqn 模型,dqn_t 模型起到的作用是辅助 dqn 模型优化,增强 dqn 模型的数值稳定性,并且加速模型的收敛。另外,这里设置了一个 eps 的参数,用来定义强化学习模型的探索比例。强化学习模型如果要收集环境的数据,需要有两个并行的步骤:探索(Explore)和利用(Exploit),前者是通过对动作空间的随机采样来达到遍历环境动作空间的目的;后者是使用模型并选择模型的最优动作和环境进行交互。前者保证了探索的数量,防止有重复探索出现;后者保证探索的质量,使得探索总是处在当前模型认为最优的路径上。一般来说,这两点相互矛盾,因此,需要对它们做一定的平衡,这里设置了一个概率 eps,使得 10%的时间用于探索,90%的时间用于利用,这样有助于更好地拟合质量函数。最后通过 Bellman 方程结合反向传播来优化模型的一个过程,这里不再赘述。

DQN 是用来解决离散动作空间的强化学习问题的一个有效算法。除 DQN 这种基于质量函数的强化学习算法外,还有一些基于策略网络的强化学习算法,主要方法是通过构建策略网络来输出每一步最优动作的概率,比如 A3C[83]和 SAC[84]等,这里不再进行深入介绍,有兴趣的读者可以查阅相关资料。

7.5　使用半精度浮点数训练模型

前面介绍的所有深度学习模型中浮点数的表示方式都是基于 32 位单精度浮点数的,称为 FP32。在实际应用中,深度学习模型并不总是需要 32 位单精度浮点数来存储权重和运算的中间结果。很多情况下，我们可以使用 32 位单精度浮点数的一半，即 16 位半精度浮点数来训练深度学习模型。使用 16 位半精度浮点数的好处主要有以下两点：

第一，能够节约存储空间，由于 16 位半精度浮点数的长度是 32 位单精度浮点数的一半，对应的存储空间也是原来的一半，因此有效地减少了存储空间的需求。

第二，加快计算速度，相对于 32 位单精度浮点数的运算单元来说（一般可以称为 MA，即 Fused Multiply Add，融合乘加单元），16 位半精度浮点的运算单元所需要的晶体管更少，同时能耗和计算时间也更少，使用 16 位半精度浮点数能有效地加快计算速度。因此，主流的计算硬件如 CPU、GPU 和 TPU 等纷纷推出了各自半精度浮点数的标准和计算硬件。

7.5.1 半精度浮点数的介绍

下面主要从 PyTorch 中 GPU 上的半精度浮点模型出发，介绍如何通过 GPU 训练半精度浮点数模型。首先需要介绍一下半精度的格式，如图 7.10 所示，常用的训练深度学习模型的浮点数可以表示为符号位 S（如果是 0，则代表为正数，1 代表为负数）、指数位 E（需要减去一定的位移，让表示 0 的数值处于表示范围的中心）和小数位 M 这三种位的组合，于是一个浮点数可以表示为 $S \times M \times 2^E$ 的形式。在这种形势下，我们有定义 float32，即 32 位的浮点数，其包含符号位 1 位、指数位 8 位和小数位 23 位；bfloat16，包含符号位 1 位、指数位 8 位和小数位 7 位；float16，包含符号位 1 位、指数位 5 位和小数位 10 位，一共三种浮点数格式。相对于 float32 而言，bfloat16 牺牲了小数的精度，换来了和 float32 差不多的浮点表示范围，而 float16 在小数的精度和指数位的个数之间做了平衡，相对于 bfloat16，虽然可表示的范围有了缩小，但是相应的表示精度有了提升，可以说这两种半精度的浮点数表示各有千秋。由于 PyTorch 中张量在 GPU 上的存储格式仅仅包含 float16 格式，所以本节主要考虑的是 float16 下（在 PyTorch 中可以使用 torch.half 或者 torch.float16 来表示这个浮点数格式）深度学习模型的训练问题。

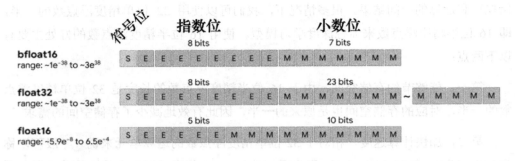

图 7.10　不同精度浮点数格式示意图

对于 PyTorch 模型来说，可以直接使用 half 方法将模型转换为半精度的模型，其中的权重将会转换为半精度的权重，同时半精度模型的输入张量也要求是半精度的。因此，在构造输入张量的时候需要注意将输入张量转换为半精度的张量，如代码 7.15 所示。

代码 7.15　半精度张量和半精度模型的转换。

```
>>> x = torch.randn(16, 3, 128, 128).cuda()
>>> x = a.half() # 转换为半精度张量
>>> model = Model()
>>> model = model.cuda().half() # 转换为半精度模型
>>> y = model(x) # 进行半精度的计算
```

从代码中可以看到，这里创建了一个 32 位浮点数张量，然后将其转换为半精度的张量，最后输入到半精度的模型中，输出模型的预测结果（也是一个半精度的张量）。我们可以根据模型的输出计算半精度的损失函数，然后调用 backward 进行反向传播计算，输出半精度的梯度张量，最后根据梯度张量进行深度学习模型权重的更新。

7.5.2　半精度模型的训练

以上介绍的所有运算均可以使用半精度模型来完成理想的状况，实际情况比以上介绍的要复杂。首先是一些特殊神经网络层的处理。对于某些特殊的模块，比如，批次归一化模块，半精度的计算可能会造成很大误差。因此，在经过这些模块的时候，需要先把输入张量转换为 32 位的单精度浮点数，然后进行计算，再把输出结果转换回半精度浮点数。所幸这些特殊的模块并不多。其次是权重的更新，由于半精度的浮点数无法表示较大的范围和较精细的数值，在进行模型权重更新（模型的优化）的时候，半精度浮点数做加减法往往没有权重更新的效果。为了保证模型优化的顺利进行，常常会保存一个 32 位单精度浮点数的模型，在这个模型的基础上进行权重更新。

如图 7.11 所示，模型的计算过程首先是给定一个 32 位单精度浮点的模型和模型权重，将其转换为 16 位的半精度模型，输入 16 位的半精度数据进行前向计算和反向传播，输出 16 位的半精度梯度，转换为 32 位的梯度值，对 32 位单精度浮点模型进行优化更新，类似这样循环往复的过程。另外，在模型的训练过程中可能会出现上溢（Overflow）和下溢（Underflow）现象，表现为权重和中间过程的张量的值过大或者过小，为了能够防止这种现象的影响，可以做损失函数的缩放（Loss Scaling），让中间的计算过程和权重的梯度处于一个合适的范围，具体的方法就是给损失函数乘以一个合适的缩放因子（Scaling Factor），在反向传播完成之后给得到的梯度除以这个缩放因子，用得到的梯度值来进行模型权重的更新。

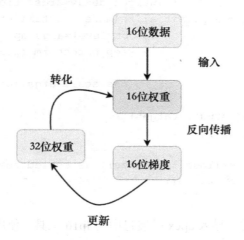

图 7.11　半精度模型的优化过程

7.5.3　apex 扩展包的使用

由于半精度模型训练的复杂性，PyTorch 在 GPU 上有现成的 apex 扩展包可以使用，该扩展包的安装方式如代码 7.16 所示。

代码 7.16 apex 扩展包的安装方式。

```
$ git clone https://github.com/NVIDIA/apex
$ cd apex
$ pip install -v --no-cache-dir \
          --global-option="--cpp_ext" \
          --global-option="--cuda_ext" ./
```

具体的使用示例如代码 7.17 所示。

代码 7.17 apex 扩展包的使用。

```
from apex.fp16_utils import *
from apex import amp, optimizers

model = Model()
model = model.cuda()
optimizer = torch.optim.SGD(model.parameters(), args.lr,
                      momentum=args.momentum,
                      weight_decay=args.weight_decay)
model, optimizer = amp.initialize(model, optimizer,
                      opt_level=args.opt_level,
                      keep_batchnorm_fp32=args.keep_batchnorm_fp32,
                      loss_scale=args.loss_scale)
# ...
loss = criterion(output, target)
optimizer.zero_grad()

with amp.scale_loss(loss, optimizer) as scaled_loss:
    scaled_loss.backward()
optimizer.step()
```

在代码 7.17 中，通过导入 apex 扩展包中的 fp16 工具，使用 apex 内部的 amp 包的 initialize 函数将模型转换为 16 位半精度模型，该函数需要传入 32 位单精度浮点模型和对应的优化器。opt 选项有 O0~O3 四种（传入对应字符串，如 "O0"），其中，O0 是完全的 32 位单精度浮点模型，O3 是完全的 16 位半精度浮点模型，O1 和 O2 介于 O0 和 O3 之间。一般情况下，可以使用 "O1" 选项来进行模型的训练。默认情况下可以通过在 loss_scale 选项中传入 "dynamic" 来进行动态的损失函数的缩放。

最后通过 apex 内部的 amp 包的 scale_loss 计算得到经过缩放的损失函数来进行反向传播的计算，得到梯度之后进行单步优化。

以上是 PyTorch 在 GPU 上进行半精度训练的主要方法。一般来说，半精度训练在保持模型准确的情况下可以获得很大的性能提升。关于半精度训练的理论和相关细节，有兴趣的读者可以参考相关资料[85]。

7.6 本章总结

在计算机视觉和自然语言处理以外的领域，深度学习模型也取得了很大成功。而 PyTorch 作为一个灵活的深度学习框架，对这些领域的相关模型的支持也非常好。在本章中，我们系统介绍了推荐系统、语音识别和语音合成领域，以及强化学习领域相关的深度学习模型和如何使用 PyTorch 来实现这些深度学习模型。PyTorch 的模块化构造和支持丰富的损失函数类型方便我们搭建这些深度学习模型，同时这些模型也证明了 PyTorch 可以应用的领域的广泛性。

本章最后还介绍了利用半精度方法对深度学习模型进行训练，这种模型训练方法在保证模型最终的准确率的同时，还能加快模型的训练速度，减少内存的消耗，对于训练一些大型的模型非常重要。目前主流的深度学习硬件一般都支持不同类型的半精度浮点数格式，这一点为广泛使用半精度浮点数进行深度学习模型的训练和推理提供了良好的基础。

第 8 章
PyTorch 高级应用

8.1 PyTorch 自定义激活函数和梯度

在使用 PyTorch 的过程中，我们经常会碰到一种情况，即需要自定义某一个针对张量的一系列组合操作，包括自定义梯度在深度学习模型中的反向传播过程。由于 PyTorch 的模块只提供了正向传播的机制，模块中参数的梯度是通过自动求导推导出来的。因此，仅仅使用模块并不能达到我们需要的效果，这时可以在 PyTorch 中自定义激活函数，在激活函数中定义前向传播和反向传播的代码来实现这个需求。

PyTorch 自定义激活函数继承的类是 torch.autograd.Function，其内部需要定义两个静态方法：forward 和 backward，具体的定义如代码 8.1 所示。

代码 8.1 torch.autograd.Function 类的定义方法。

```
class Func(torch.autograd.Function):

    @staticmethod
    def forward(ctx, input):
        # 定义前向计算过程
        return result

    @staticmethod
    def backward(ctx, grad_output):
        # 定义反向计算过程
        return grad_input
```

从代码中可以看到，激活函数内部将会定义两个静态方法，第一个是 forward 方法，定义了输入张量（可以是多个），返回对应的输出（也可以是多个张量）；第二个是 backward 方法，定义了输出的梯度张量（可以是多个，必须和输出张量一一对应），返回输入张量（可以是多个，必须和输入张量一一对应）。之所以要求一一对应，是因为计算图中的每个张量在反向传播的时候，输出张量和输入张量对应的梯度绑定，输入张量和输入张量对应的梯度绑定。对于 torch.autograd.Function，有两点需要注意，首先是里面有一个参数 ctx（即计算的上下文环境 Context），这个参数是一个特殊的参数，用于在前向计算和反向传播之间共享张量。对我们来说，经常用到的就是在 ctx 中保存输入张量的值，这个上下环境可以在反向传播中被用到，通过输入张量的值，结合后一层的输出梯度 grad_output，来计算前一层的输入梯度 grad_input。其次是定义的类的前向计算函数和反向传播函数都是静态方法，因此这个类并不需要实例化，可以直接当作函数来使用。

下面从一个具体的例子出发介绍如何使用 torch.autograd.Function 定义新的激活函数或者张量操作。GELU 激活函数[86]是近年来比较常用的一个激活函数，Google 在许多模型（比如 BERT）中都用到了这个激活函数，该激活函数的具体表达式如式（8.1）所示，其中 $\sigma(x)$ 为 Sigmoid 函数。

$$\text{GELU}(x) = x\sigma(1.702x) \tag{8.1}$$

可以看到，这个公式相对比较复杂，如果要生成计算图，中间会有很多计算节点。在下一节中，我们将会介绍如何更有效地减少计算节点。本节首先介绍如何根据这个公式生成对应的自定义激活函数。

有了公式之后，为了能够进行反向传播，首先需要知道函数对应的导数是什么，这个可以通过符号计算得到（有很多包能够自动完成相关的计算，比如 SymPy 等）。这里略去计算部分，得到 GELU 函数的导数如式（8.2）所示。

$$\text{GELU}'(x) = \sigma(1.702x) + 1.702x \cdot \sigma(1.702x)(1 - \sigma(1.702x)) \tag{8.2}$$

有了这两个函数后，我们就能自定义相关的激活函数，如代码 8.2 所示。

代码 8.2 GELU 激活函数的定义。

```
# 使用 gelu = GELU.apply 获得这个激活函数
# 可以通过 torch.autograd.gradcheck(
```

```
#           gelu, torch.randn(
#                  10,requires_grad=True,
#                  dtype=torch.double))
# 来测试反向传播的结果是否正确
# 正常应该返回 True

class GELU(torch.autograd.Function):

    @staticmethod
    def forward(ctx, input):
        ctx.input = input
        return input*torch.sigmoid(1.702*input)

    @staticmethod
    def backward(ctx, grad_output):
        input = ctx.input
        tmp = torch.sigmoid(1.702*input)
        return grad_output*(tmp+1.702*input*tmp*(1-tmp))
```

在代码中可以看到，我们记录了前向传播和反向传播的过程，并且在 backward 方法中实现了数值梯度的方法。在定义激活函数的类之后，我们需要获得具体的激活函数，可以通过将 apply 方法赋值给一个变量来实现，在代码注释中可以看到，这里直接将 GELU.apply 方法和 gelu 函数绑定，最后使用 gelu 函数进行前向计算和反向传播计算。为了验证计算结果的正确性，我们可以使用 torch.autograd.gradcheck 来验证计算得到的梯度和数值梯度是否一致，如果一致，则该函数应该返回 True。注意，为了能够保持数值梯度的精度，需要使用双精度类型的张量作为测试的输入张量。

8.2 在 PyTorch 中编写扩展

在很多情况下，自定义激活函数和梯度并不总是能满足我们的需求。在很多时候（特别是为了提高模型的某一部分性能），我们需要使用 C++/CUDA 来实现 PyTorch 的某些张量操作，这时就需要用到 PyTorch 中的扩展（Extension）功能。因为 PyTorch 构造深度学习模型需要使用 Python 语言，为了能够将 C++/CUDA 的代码整合进 Python 的调用中，我们就需要 C++和 Python 之间的接口，对应的可选方法有很多，包括 SWIG 和 pybind11 等。由于 PyTorch 默认使用的是 pybind11 库，所以本节将简单介绍如何使用 pybind11 来构造 C++到 Python 的接口，进而能够在 PyTorch 模型中调用使用 C++编写的一些模块。

让我们从上一节的 GELU 函数出发，阐述如何使用 C++编写对应的 GELU 激活函数的模块。首先定义一个 C++的源文件 gelu.cc，具体如代码 8.3 所示。

代码 8.3 C++版本的 GELU 函数定义（gelu.cc）。

```
#include <torch/torch.h>

torch::Tensor gelu_fwd(torch::Tensor input) {
    return input*torch::sigmoid(1.702*input);
}

torch::Tensor gelu_bwd(torch::Tensor grad_out, torch::Tensor input
) {
    auto tmp = torch::sigmoid(1.702*input);
    return grad_out*(tmp+1.702*input*tmp*(1.0-tmp));
}

PYBIND11_MODULE(TORCH_EXTENSION_NAME, m) {
  m.def("forward", &gelu_fwd, "GELU forward");
  m.def("backward", &gelu_bwd, "GELU backward");
}
```

代码中，第一行代码是导入 C++的头文件，这些头文件的作用是提供 torch 的 C++的一些重要 API，包括 PyTorch 中用 C++编写的 Tensor 类和对应的方法，以及一些激活函数和常见的张量操作，比如张量的拼接和索引等。接下来使用 C++定义两个函数，第一个函数是前向计算的函数 gelu_fwd，输入张量，输出 GELU 激活函数作用的结果；第二个函数是反向传播函数 gelu_bwd，输入下一层的梯度和张量，输出上一层的梯度。这两个函数是 8.2 节中编写的 Python 函数对应的 C++源代码版本，相比于 Python 版本，C++可以获取一些性能上的优势，其主要表现为不需要建立计算图，减少了 Python 函数的一些消耗，以及语言本身的特性优势（比如 C++可以通过手动管理内存减少垃圾收集器，即 GC 的时间消耗，也可以实现多核多线程。因此性能较高，而 Python 因为有全局解释器锁 GIL 的限制，只能运行单核多线程，因此性能不高）。最后，为了能够把函数导出为 Python 可以使用的包的形式，需要使用

PYBIND11_MODULE 宏来定义一个模块，这个宏有两个参数，第一个参数是模块的名字，这里由另外一个宏 TORCH_EXTENSION_NAME 定义，这个宏的值由下面介绍的 setup.py 脚本进行定义，另一个参数 m 定义了模块本身，其中变量的名字 m 可以随便定义，这里为简单起见，使用了 m 变量名。在宏的主体中，使用了 def 函数来注册类中具体的函数。这里注册了两个函数，每个函数有三个参数，第一个参数是函数在 Python 中调用的名字，第二个参数是 C++ 中的函数指针，第三个参数是函数的帮助说明。

有了这段简单的 C++ 代码后，我们需要把代码编译成 Python 模块才能使用。这里就需要使用 Python 的安装脚本 setup.py 来帮助我们自动完成 C++ 代码的编译和安装。具体的 setup.py 的代码如代码 8.4 所示。

代码 8.4 setup.py 安装脚本代码。

```
from setuptools import setup, Extension
from torch.utils import cpp_extension

setup(name='gelu',
      ext_modules=[cpp_extension.CppExtension('gelu', ['gelu.cc'])
],cmdclass={'build_ext': cpp_extension.BuildExtension})
```

在 setup.py 脚本代码中使用了 setuptools 包，以及 PyTorch 中的 cpp_extension 来实现具体的安装脚本。在 setup.py 的脚本代码中调用了 setuptools 包的 setup 函数，该函数有几个参数，第一个参数是安装包的名字，第二个参数是扩展模块的列表，这里使用 PyTorch 的 cpp_extension 中的 CppExtension 来自动生成，其中第一个参数 "gelu" 即为前面的 TORCH_EXTENSION_NAME，第二个参数是源文件的列表，这里使用的是 gelu.cc 源文件。最后是编译命令的相关参数的类，这里使用 cpp_extension 中的 BuildExtension 类自动产生编译参数。

最后介绍一下，在使用 C++ 扩展的情况下如何安排我们的工程文件。假设工程名字为 project，那么目录的结构可以参考代码 8.5。

代码 8.5 使用 C++ 扩展的工程结构。

```
project/
    gelu/
```

```
        gelu.cc
        setup.py
model.py
main.py
...
```

在工程目录下可以看到,这里创建了一个子目录 gelu,在这个子目录下包含着之前的 gelu.cc 和 setup.py 两个文件。工程目录下除了子目录,还包含 model.py 和 main.py 之类和深度学习相关的代码,在这些相关代码中可以调 gelu 包中包含的 forward 和 backward 函数。

在能够使用 gelu 包之前,我们需要进入 gelu 目录中,执行 python setup.py install 命令,该命令能够将 gelu 包安装到 Python 的包目录中,最后可以在代码中使用 import 命令导入这个包。通过上述方法,我们在代码 8.2 中描述的激活函数可以重写为新的形式,如代码 8.6 所示。

代码 8.6 GELU 激活函数,调用 C++代码的版本。

```python
import torch
import gelu

# 同样可以通过 gelu = GELU.apply 使用这个激活函数
class GELU(torch.autograd.Function):

    @staticmethod
    def forward(ctx, input):
        ctx.input = input
        return gelu.forward(input)

    @staticmethod
    def backward(ctx, grad_output):
        input = ctx.input
        return gelu.backward(grad_output, input)
```

可以看到,相比于代码 8.2 中的实现,代码 8.6 的实现只调用了一个 C++函数来完成所有的任务,其形式更加简单,一般来说,对应的运算速度也更快。

除使用上述方法调用 C++写的模块外,还有另一种方法,即使用即时编译(Just-In-Time Compile,JIT)的方法来调用 C++写的模块。在这种情况下需要使用的是刚刚提到的 cpp_extension 包中的 load 函数,其具体的实例如代码 8.7 所示。

代码 8.7 使用 JIT 动态编译模块代码。

```
import torch
from torch.utils.cpp_extension import load

# PyTorch 会进行自动编译,生成对应的模块
gelu = load(name="gelu", sources=["gelu/gelu.cc"])

class GELU(torch.autograd.Function):

    @staticmethod
    def forward(ctx, input):
        ctx.input = input
        return gelu.forward(input)

    @staticmethod
    def backward(ctx, grad_output):
        input = ctx.input
        return gelu.backward(grad_output, input)
```

对比前面的预先编译 gelu 包,然后载入 gelu 包的过程,在代码 8.7 中编译的过程是通过 load 函数进行的,所以可能会消耗一点时间,但这样的方法允许我们动态修改 C++ 的代码。因此,比前面的方法更加灵活。

最后,在很多情况下,我们可能需要编写运行在 GPU 上的代码,这时就需要使用 CUDA 在 GPU 上对张量元素进行操作。让我们继续从 GELU 激活函数出发,阐述一下如何编写基于 CUDA 的深度学习代码。首先从 CUDA 版本的前向和反向传播代码出发,从最底层开始阐述如何写一个 CUDA 版本的激活函数代码。我们把这份代码命名为 gelu_kernel.cu,这样可以防止和之前编译的 gelu.cc 输出的二进制代码重名(如果命名为 gelu.cu,输出的结果是 gelu.o,与 gelu.cc 输出的 gelu.o 重名,会被覆盖)。在 CUDA 版本的代码中,我们可以看到 CUDA 函数启动了多个线程,每个线程负责张量的一个分量的计算。在具体的 CUDA 函数中,定义了一个变量来获取当前线程的 id(即变量 idx),然后使用这个 id 来标记线程应该操作哪个元素。由于 CUDA 是按照线程块(block)来操作线程的,我们需要定义线程块的数目(nblock),以及每个线程块对应线程的数目(BLOCKSIZE),在启动 CUDA 函数的时候需要传

入这两个参数。代码 8.8 展示的只是 CUDA 的基本操作，如果读者对 CUDA 编程想要有更深入的了解，可以参考相关书籍[87]。

代码 8.8 GELU 函数的 CUDA 版本。

```
#include <cuda.h>
#include <cuda_runtime.h>

#define BLOCKSIZE 1024

__device__ float sigmoid(float x) {
    return 1.0/(1+expf(-x));
}

__global__ void gelu_fwd_cuda(float* input, float* ret,
                              int64_t size) {
    int64_t idx = threadIdx.x + blockIdx.x*blockDim.x;
    if(idx < size) {
        ret[idx] = input[idx]*sigmoid(1.702*input[idx]);
    }
}

__global__ void gelu_bwd_cuda(float* grad_out, float* input,
                              float* ret, int64_t size) {
    int64_t idx = threadIdx.x + blockIdx.x*blockDim.x;
    if(idx < size) {
        float tmp = sigmoid(1.702*input[idx]);
        ret[idx] = grad_out[idx]*(tmp + 1.702*input[idx]*tmp*(1-tmp));
    }
}

__host__ void gelu_fwd_interface(float* input, float* ret, int64_t size) {
    int64_t nblock = (size + BLOCKSIZE - 1)/BLOCKSIZE;
    gelu_fwd_cuda<<<nblock, BLOCKSIZE>>>(input, ret, size);
}

__host__ void gelu_bwd_interface(float* grad_out, float* input, float* ret,int64_t size) {
    int64_t nblock = (size + BLOCKSIZE - 1)/BLOCKSIZE;
    gelu_bwd_cuda<<<nblock, BLOCKSIZE>>>(grad_out, input,
```

```
                                                ret, size);
}
```

有了 CUDA 代码之后,需要对 gelu.cc 代码做一定的修改,让 gelu.cc 代码能够调用 CUDA 的函数,修改后的 gelu.cc 如代码 8.9 所示。

代码 8.9 修改后的 gelu.cc 源代码。

```
#include <torch/extension.h>

void gelu_fwd_interface(float*, float*, int64_t);
void gelu_bwd_interface(float*, float*, float*, int64_t);

torch::Tensor gelu_fwd(torch::Tensor input) {
    if(input.device().type() == torch::kCPU) {
        return input*torch::sigmoid(1.702*input);
    } else if (input.device().type() == torch::kCUDA){
        TORCH_CHECK(input.dtype() == torch::kFloat32,
            "Datatype not implemented");
        auto ret = torch::zeros_like(input);
        int64_t size = ret.numel();
        gelu_fwd_interface(input.data_ptr<float>(),
                           ret.data_ptr<float>(), size);
        return ret;
    }
    AT_ERROR("No such device: ", input.device());
}

torch::Tensor gelu_bwd(torch::Tensor grad_out, torch::Tensor input
) {
    if(input.device().type() == torch::kCPU) {
        auto tmp = torch::sigmoid(1.702*input);
        return grad_out*(tmp+1.702*input*tmp*(1.0-tmp));
    } else if (input.device().type() == torch::kCUDA){
        TORCH_CHECK(input.dtype() == torch::kFloat32,
            "Datatype not implemented");
        TORCH_CHECK(grad_out.dtype() == torch::kFloat32,
            "Datatype not implemented");
        auto ret = torch::zeros_like(input);
        int64_t size = ret.numel();
        gelu_bwd_interface(grad_out.data_ptr<float>(),
                           input.data_ptr<float>(),
```

```
                                    ret.data_ptr<float>(), size);
        return ret;
    }
    AT_ERROR("No such device: ", input.device());
}

PYBIND11_MODULE(TORCH_EXTENSION_NAME, m) {
  m.def("forward", &gelu_fwd, "GELU forward");
  m.def("backward", &gelu_bwd, "GELU backward");
}
```

在代码中，通过使用 device 方法返回的 Device 对象的 type 方法，获取张量所在的设备，如果设备为 CPU（即 torch::kCPU），则使用之前的 CPU 的代码；如果设备为 GPU（即 torch::kGPU），则使用前面编写的 CUDA 的代码。通过这样的方法，我们就能调用 GPU 上的代码，并且返回存储在 GPU 上的新张量。注意到这里的 data_ptr 方法，该方法在 PyTorch 1.3 中通过使用模板方法转换为 CUDA 能够使用的数组指针，在 PyTorch 1.2 中，应该使用 data 模板方法获取对应的指针。

代码 8.10　修改后的 setup.py 代码。

```
from setuptools import setup, Extension
from torch.utils import cpp_extension

setup(name='gelu',
      ext_modules=[cpp_extension.CUDAExtension('gelu',
                        ['gelu.cc', 'gelu_kernel.cu'])],
      cmdclass={'build_ext': cpp_extension.BuildExtension})
```

调用 CUDA 函数的最后一步就是将对应的文件编译成 Python 的模块，这个过程可以通过修改 setup.py 来实现，如代码 8.10 所示。和代码 8.4 的区别是，在代码 8.10 中加入了 gelu_kernel.cu 这个 CUDA 源代码文件，以及将 CppExtension 类改成 CUDAExtension 类。安装脚本将会自动根据源代码文件的后缀名来选择对应的编译器（对于 C++，一般使用 g++；对于 CUDA，一般使用 nvcc）。

8.3　正向传播和反向传播的钩子

在某些情况下，我们需要对深度学习模型的前向计算和反向传播的行为做一定的修改。比如，我们想要观察深度学习模型的某一层中出现的异常值（NaN 或者 Inf），找出这些异常值的来源，或者想要对模块输出的张量做一定的修改。在这种情形下，我们可以通过在模块中引入钩子（Hook）来动态修改模块的行为。

首先介绍一下钩子的概念。从前面的内容我们已经知道，PyTorch 中的深度学习模型是由一个个子模块组合而成的，每个子模块有一定的输入（可以是张量和其他的 Python 原生数据类型），并且会通过计算给出对应的输出。同样，在反向传播过程中，输入的是下一层梯度的输出，对应输出的是上一层的梯度和权重对应的梯度。钩子的引入就是为了能够在正向计算的前后和反向计算之后，对输入/输出的张量进行读取或者修改，以达到最终修改模块行为的目的。对于一个模块而言，可以有三种类型的钩子，分别在前向计算之前、前向计算之后和反向传播之后执行，下面分别介绍这三种类型的钩子。

第一种类型的钩子主要用在模块前向计算执行之前，其定义如代码 8.11 所示。

代码 8.11　模块执行之前的前向计算钩子的定义。

```
# 定义 nn.Module 的一个实例模块
module = ...
def hook(module, input):
    # 对模块权重或者输入进行操作的代码
    # 函数结果可以返回修改后的张量或者 None
    return input
handle = module.register_forward_pre_hook(hook)
```

首先定义一个 nn.Module 的模块实例，然后定义一个钩子函数，这个钩子函数有两个参数，第一个参数是模块本身，第二个参数是模块的输入参数元组（对应于 forward 方法的参数构成的参数元组）。定义好钩子函数之后，通过模块的 register_forward_pre_hook 来注册这个钩子函数，这样，在调用这个模块之前，首先会进行钩子函数的调用，对模块和模块的输入参数做一定的修改，然后把修改后的参数传入模块中进行计算。注册钩子函数会返回一个句柄 handle，通过调用这个句柄的 remove 方法可以对这个钩子函数进行移除。

第二种类型的钩子是在模块前向计算之后执行，其定义如代码 8.12 所示。

代码 8.12　模块执行之后的前向计算钩子的定义。

```
# 定义 nn.Module 的一个实例模块
module = ...
def hook(module, input, output):
    # 对模块权重或者输入/输出进行操作的代码
    # 函数结果可以返回修改后的张量或者 None
    return output
handle = module.register_forward_hook(hook)
```

在代码 8.12 中同样定义了一个钩子，和代码 8.11 中钩子的区别在于，代码 8.11 中的钩子函数只有两个参数 module 和 input，分别代表模块本身和模块的输入参数的元组；而代码 8.12 中的钩子函数有三个参数：module 和 input 和 output，分别代表模块本身、模块的输入参数和输出参数的列表。同样，这个钩子的注册函数会返回一个句柄，通过调用这个句柄的 remove 方法可以对这个钩子函数进行移除。

第三种类型的钩子是在模块反向传播梯度计算完成之后执行，其定义如代码 8.13 所示。

代码 8.13 模块执行之后的反向传播钩子的定义。

```
# 定义 nn.Module 的一个实例模块
module = ...
def hook(module, grad_input, grad_output):
    # 对模块权重或者输入/输出梯度进行操作的代码
    # 函数结果可以返回修改后的张量或者 None
    return output
handle = module.register_backward_hook(hook)
```

可以看到，在代码 8.13 中，钩子的输入参数为 module、grad_input 和 grad_output，分别代表模块本身、输入的梯度和输出的梯度。注意，如果输入的参数有多个张量，输入梯度和输出的梯度可能是一个元组，其中包含输入的每个张量的梯度。由于 PyTorch 的模块可以输入张量和其他的 Python 数据类型作为 forward 方法的参数，所以反向传播中的 grad_input 和前向传播中的 input 未必一一对应（因为有些输入参数不是张量，不能求导）。读者要注意这一点，对于反向传播的梯度的钩子要经过充分测试才能使用。同样，这个钩子的注册函数也会返回一个句柄，用于移除这个钩子。

最后，我们用一个实际的例子来展示一下如何使用钩子函数打印模块的输入和输出。首先定义模块前执行的钩子、模块后执行的钩子，以及梯度的钩子，然后分别在模块中注册这些钩子，接着执行前向计算。可以看到，模块在前向计算的执行过程中分别调用了钩子函数，打印了输入张量的形状。然后进行反向传播计算，可以看到，模块成功地打印了梯度的形状。当然，我们可以把钩子函数替换成更复杂的函数，比如检查模块输入/输出是否存在 NaN、Inf 这些值等，用这个方法可以大大加快我们排除错误的速度。

代码 8.14 钩子函数使用方法实例。

```
>>> import torch
>>> import torch.nn as nn
>>> def print_pre_shape(module, input):
...     print("模块前钩子")
...     print(module.weight.shape)
...     print(input[0].shape)
>>> def print_post_shape(module, input, output):
...     print("模块后钩子")
...     print(module.weight.shape)
...     print(input[0].shape)
...     print(output[0].shape)
>>> def print_grad_shape(module, grad_input, grad_output):
...     print("梯度钩子")
...     print(module.weight.grad.shape)
...     print(grad_input[0].shape)
...     print(grad_output[0].shape)
>>> conv = nn.Conv2d(16, 32, kernel_size=(3,3))
>>> handle1 = conv.register_forward_pre_hook(print_pre_shape)
>>> handle2 = conv.register_forward_hook(print_post_shape)
>>> handle3 = conv.register_backward_hook(print_grad_shape)
>>> input = torch.randn(4, 16, 128, 128, requires_grad=True)
>>> ret = conv(input)
模块前钩子
torch.Size([32, 16, 3, 3])
torch.Size([4, 16, 128, 128])
模块后钩子
torch.Size([32, 16, 3, 3])
torch.Size([4, 16, 128, 128])
torch.Size([32, 126, 126])
>>> ret = ret.sum()
>>> ret.backward()
梯度钩子
```

```
torch.Size([32, 16, 3, 3])
torch.Size([4, 16, 128, 128])
torch.Size([4, 32, 126, 126])
```

8.4 PyTorch 的静态计算图

PyTorch 使用的计算图主要是动态图，使用动态图来构建深度学习模型的优势相信大家在之前的章节中已经有了很好的体会。当然，有时候动态图并不能满足我们的需要，比如，我们需要把计算图保存下来的时候，以及希望对计算图做一定优化的时候。在这种情况下，就需要用到静态图的一些相关功能。为了满足这些功能需要，PyTorch 内置了一系列的方法把一个动态图转换为静态图。

和 PyTorch 静态计算图相关的一个类是 torch.jit.ScriptModule，该类与 torch.nn.Module 类相似，可以包含 ScriptModule 的子模块，但是子模块必须由 TorchScript 构成。因为 Python 是动态类型的语言，在很多方面不适合构建静态图（比如 Python 的变量没有具体的类型，能够任意赋值），因此，PyTorch 设计了一个 Python 语言的子集来方便地构建静态图。TorchScript 是 Python 语言的一个静态类型子集，包含了一些静态类型的张量和 Python 的内置类型的静态版本。TorchScript 通过把 Python 语言的一些特性"静态化"，同时抛弃一些动态的特性，这样就能和构建静态图的目的契合起来，实现图结构的保存目的。通过使用 TorchScript，结合 PyTorch 的内置函数，这样就很容易地把一个动态图转变为静态图。

从动态图转换为静态图有两种方法，第一种方法是最简单的方法，即使用 torch.jit.trace 函数，这个函数的定义如代码 8.15 所示。

代码 8.15 torch.jit.trace 函数的定义和使用方法。

```
torch.jit.trace(func, example_inputs, optimize=None, 
                check_trace=True, check_inputs=None, check_toleran
ce=1e-5)

def func(a):
    return a.pow(2) + 1

class Mod(nn.Module):
```

```
    def __init__(self):
        super(Mod, self).__init__()

    def forward(self, a):
        return a.pow(2) + 1
ret = torch.jit.trace(func, torch.randn(3,3))
print(ret.graph)
# 打印出的值:
# graph(%a : Float(3, 3)):
#   %1 : int = prim::Constant[value=2]()
#   %2 : Float(3, 3) = aten::pow(%a, %1)
#   %3 : Long() = prim::Constant[value={1}]()
#   %4 : int = prim::Constant[value=1]()
#   %5 : Float(3, 3) = aten::add(%2, %3, %4)
#   return (%5)
m = Mod()
ret = torch.jit.trace(m, torch.randn(3,3))
print(ret.graph)
# 打印出的值:
# graph(%self : ClassType<Mod>,
#       %a : Float(3, 3)):
#   %2 : int = prim::Constant[value=2](), scope: Mod #
#   %3 : Float(3, 3) = aten::pow(%a, %2), scope: Mod #
#   %4 : Long() = prim::Constant[value={1}](), scope: Mod
#   %5 : int = prim::Constant[value=1](), scope: Mod
#   %6 : Float(3, 3) = aten::add(%3, %4, %5), scope: Mod
#   return (%6)
```

这个函数的输入参数介绍如下。

第一个是 func 参数，这个参数可以是一个函数，定义了一系列对张量的操作（以及相应的动态计算图），也可以是一个模块的实例，在这种情况下，会自动对模块的 forward 方法中定义的计算图进行追踪。

第二个是 example_inputs 参数，这个参数是对应函数或者模型的所有输入组成的元组，因为从动态图生成静态图的过程中首先要知道动态图经过的所有节点。因此需要指定输入的参数，然后对输入的参数进行追踪，记录输入以后经过了哪些计算的节点，最后得到输出的过程。

第三个是 optimize 参数，这个参数代表是否会对记录的计算图进行优化，在目前的版本中，这个参数并没有意义，可以忽略。

第四个参数 check_trace 判断同样的输入是否会产生同样的输出，这个参数的作用是验证计算图的正确性，在默认情况下使用 example_inputs 作为输入参数，当 check_inputs 参数不为 None 的时候，则会使用该参数指定的一系列输入参数作为测试的输入参数，通过验证动态图和静态图计算结果的一致性来验证是否生成正确的计算图，注意到一致性的验证需要计算图中不包含随机性节点，比如和一个随机张量相加的计算，否则一致性验证会失败。最后是 check_tolerance，它是一致性验证的容忍度，即输出结果差距在什么范围内，就可认为两个计算结果是一致的。在代码 8.15 中演示了如何使用 torch.jit.trace 来获取对应的静态计算图，如果输入的是 Python 的函数，则会返回一个 torch._C.Function 对象；如果输入的是 nn.Module 的实例，则会返回一个 TracedModule 对象，这两个对象均有 graph 属性，通过打印出该属性，可以得到静态计算图的中间表示（Intermediate Representation，IR）。可以看到，中间表示以%1、%2 等表示计算的中间张量，最后通过一系列的函数计算，输出最终的计算结果张量。

有时候，我们可能需要保存模块除 forward 方法以外的其他方法，在这种情况下，可以通过使用 torch.jit.trace_module 方法来对模块的其他方法进行追踪，将动态图转换为静态图。由于输入参数和代码 8.15 中的介绍类似，这里从略。对于 inputs 参数，需要注意的一点是采用字典，对于需要追踪的每一个方法名字给出对应的输入参数，这样就能对每个方法分别进行追踪，并转换为静态图，torch.jit.trace_module 函数的使用方法如代码 8.16 所示。

代码 8.16 torch.jit.trace_module 函数的定义和使用方法。

```
torch.jit.trace_module(mod, inputs, optimize=None, check_trace=True, check_inputs=None, check_tolerance=1e-5)

class Mod(nn.Module):
    def __init__(self):
        super(Mod, self).__init__()

    def forward(self, a):
```

```
            return a.pow(2) + 1

    def square(self, a):
        return a.pow(2)

trace_input = {"forward": torch.randn(3,3), "square": torch.randn(3,3)}
m = Mod()
ret = torch.jit.trace_module(m, trace_input)
print(ret.forward.graph) # 和前面的 torch.jit.trace 函数输出的结果相同
print(ret.square.graph)
# 打印出的值:
# graph(%self : ClassType<Mod>,
#       %a : Float(3, 3)):
#   %2 : int = prim::Constant[value=2]()
#   %3 : Float(3, 3) = aten::pow(%a, %2)
#   return (%3)
```

虽然直接对模块或者函数进行追踪十分简单高效，但是在某些情况下这种简单的追踪方法并不是很有效。典型的例子包括包含了条件控制的神经网络结构，比如条件判断和循环等。在这种情况下，需要使用 torch.jit.script 函数对函数或者模型进行转换，具体的函数的使用方法如代码 8.17 所示。注意，这个函数不需要传入具体的参数来得到输出的静态图模型，在函数内部能够自动对模型的输入参数进行处理。

代码 8.17 torch.jit.script 函数的使用方法。

```
# 也可以使用 @torch.jit.script 对函数进行装饰
def func(a):
    if a.norm() > 1.0:
        return a.abs()
    else:
        return a.pow(2)

ret = torch.jit.script(func)
print(ret.graph)
# 打印出的值:
# graph(%a.1 : Tensor):
#   %4 : float = prim::Constant[value=1]()
#   %10 : int = prim::Constant[value=2]()
#   %3 : Tensor = aten::norm(%a.1, %10)
#   %5 : Tensor = aten::gt(%3, %4)
```

```
#    %6 : bool = aten::Bool(%5)
#    %18 : Tensor = prim::If(%6)
#      block0():
#        %8 : Tensor = aten::abs(%a.1)
#        -> (%8)
#      block1():
#        %11 : Tensor = aten::pow(%a.1, %10) # -> (%11)
#    return (%18)

class Mod(nn.Module):
    def __init__(self):
        super(Mod, self).__init__()

    # 默认行为: torch.jit.export
    def forward(self, a):
        if a.norm() > 1.0:
            return a.abs()
        else:
            return a.pow(2)

    # 导出该方法
    @torch.jit.export
    def square(self, a):
        return a.pow(2)

    # 不导出该方法
    @torch.jit.ignore
    def abs(self, a):
        return a.abs()

mod = Mod()
ret = torch.jit.script(mod)
```

在代码 8.17 中可以看到，torch.jit.script 自动对模型进行了追踪，生成对应的条件判断的计算图。对模块来说，我们可以通过使用 torch.jit.export 和 torch.jit.ignore 分别控制导出或者不导出对应方法的静态计算图。在默认情况下，一个模块的 forward 方法默认会被认为需要导出对应的静态计算图。

8.5 静态计算图模型的保存和使用

在导出模型的计算图之后，下一步可以将模型的计算图保存起来，供不同的前端（如 C++和其他框架）来调用。迄今为止，PyTorch 不但支持 Python 的前端，还支持 C++的前端，这对模型的部署非常有用，因为在很多情况下 C++的性能优于 Python 的性能。在模型的训练阶段，我们可能比较看重的是模型的灵活性，即能够快速进行修改和迭代，并且能够快速地对模型的结构进行优化。因此，Python 语言因为其灵活性是一个比较好的选择。但是在模型的部署阶段，我们可能更注重的是模型的性能，也就是尽量加快模型的运行速度，减少中间过程的损耗，这时使用 C++作为前端的语言可能就非常重要。同时，为了能够让 PyTorch 训练的模型能被用在其他框架上，能够把动态的模型转换为一个静态的通用文件格式也非常重要，PyTorch 也提供了对应的函数把动态的计算图转换为静态的开放神经网络交换格式（Open Neural Network Exchange Format，ONNX），这个格式可以被很多其他的框架如 Caffe2 和 MXNet 支持。本节将会介绍如何保存计算图，以及如何使用 C++前端来调用计算图。

基于 TorchScript 对象的计算图的保存非常简单，只要使用 torch.jit.save 函数即可进行保存。这个函数的使用方法参见代码 8.18。

代码 8.18 torch.jit.save 和 torch.jit.load 函数的使用方法。

```
from torchvision.models import resnet18
m = resnet18(pretrained=True)
# 将模型从动态图转换为静态图
static_model = torch.jit.trace(m, torch.randn(1, 3, 224, 224))
# 保存模型
torch.jit.save(static_model, "resnet18.pt")
# 读取模型
static_model = torch.load("resnet18.pt")
```

在默认情况下，torch.jit.load 首先会将模型存储在 CPU 中，然后根据 map_location 参数决定是否将模型转移到 GPU 上。

前面所述的两个函数主要用于 PyTorch 框架内部模型的保存和读取，当需要跨不同的框架来交换模型的使用时，可以用到前面介绍的 ONNX 格式，具体的保存和使用方法如代码 8.19 所示。

代码 8.19　ONNX 格式模型的保存和使用方法。

```
from torchvision.models import resnet18
# 需要使用 pip install onnx 安装 onnx 的 Python 接口
import onnx
m = resnet18(pretrained=True)
torch.onnx.export(m, torch.randn(1, 3, 224, 224),
                  "resnet18.onnx", verbose=True)
# 用 onnx 读入模型
m = onnx.load("resnet18.onnx")
# 检查模型正确性
onnx.checker.check_model(m)
# 打印计算图
onnx.helper.printable_graph(m.graph)
```

可以见到，其基本的使用方法和 torch.jit.trace 类似，同时需要传入一个文件名字的参数，最后将会把整个静态图的模型按照给定的文件名参数保存到该文件中。如果需要读入 ONNX 格式的文件，在 Python 中可以通过安装 onnx 包来实现，当然在其他的框架比如 Caffe2 中也自带了将 ONNX 格式的文件转换为自身可以使用的模型的一些函数。

除用 Python 来保存和读取模型外，PyTorch 静态图的另一个重要功能就是能够让模型在 Python 和 C++的前端之间互相迁移。下面介绍一下如何使用 C++读取保存的基于静态图的模型，然后用这个保存的模型做计算。在使用 C++的 PyTorch 前端之前，首先需要下载 C++的 PyTorch 库（即 libtorch）。具体下载的方法可以通过代码 8.20 来实现。

代码 8.20　Libtorch 的下载和安装。

```
# 使用 curl 下载文件
curl https://download.pytorch.org/libtorch/nightly/cpu/libtorch-shared-with-deps-latest.zip -o libtorch.zip
# 解压文件
unzip libtorch.zip
```

安装 libtorch 之后，我们可以看到解压得到的文件夹中有 lib 和 include 两个文件夹，分别包含链接的库和头文件。根据头文件和库，我们可以编写相关的 C++代码。

这里推荐使用 CMake 来构建依赖关系，具体的 CMakeLists.txt（即 CMake 依赖关系的描述文件）的代码如代码 8.21 所示。

代码 8.21　CMakeLists.txt 的工程文件代码。

```
cmake_minimum_required(VERSION 3.0 FATAL_ERROR)
project(example)

find_package(Torch REQUIRED)

add_executable(main.x main.cc)
target_link_libraries(main.x "${TORCH_LIBRARIES}")
set_property(TARGET main.x PROPERTY CXX_STANDARD 11)
```

代码 8.21 描述了整个工程的可执行文件如何进行构建。在工程中只包含了一个文件 main.cc，其中是关于调用 PyTorch 的 C++ API 的代码。具体的可执行文件的构建方式为：首先在代码中建立一个文件夹 build，切换到 build 文件夹中，假设 libtorch 解压在 $HOME/libtorch 文件夹中（其他文件夹可以依此类推），则执行命令：cmake -DCMAKE_PREFIX_PATH=$HOME/libtorch ...，然后执行 make 命令，即可编译得到 main.x 这个可执行文件。

下面讨论一下 main.cc 文件的构造，具体如代码 8.22 所示。

代码 8.22　main.cc 文件源代码。

```
#include <iostream>
#include <torch/torch.h>
#include <torch/script.h>

int main() {
    auto mod = torch::jit::load("resnet18.pt");
    std::vector<torch::jit::IValue> inputs;
    inputs.push_back(torch::randn({1, 3, 224, 224}));
    std::cout<<mod.forward(inputs).toTensor().argmax(1)<<std::endl;
    return 0;
}
```

可以看到，C++源代码的结构和 Python 源代码的结构类似，都是读取模型的文件（这里是 resnet18.pt），构造输入（这里使用的是 std::vector 的输入，通过传入随机的张量来构造输入，当然也可以使用具体的图像，不过会涉及 OpenCV 的头文件和库的链接，比较复杂，这里不再赘述），然后调用模型的 forward 方法，这个方法会返回一个 torch::jit::IValue 对象，将其转换为张量，调用 argmax 方法，即可获取对应概率的预测标签。

8.6　本章总结

　　本章主要介绍了 PyTorch 的一个高级使用方法，包括如何自定义激活函数和梯度，如何编写 C++/CUDA 扩展，如何在模块中加入钩子，以及如何使用静态计算图等。虽然 PyTorch 已经有相当灵活的一些功能，但在少数情况下，PyTorch 可能不能满足我们的需求，这时就需要用到上述一些功能。这些功能的开发大大扩展了 PyTorch 的应用范围，使得我们能够触及到一些使用 Python 语言开发模型时难以触碰到的底层的功能。特别是 C++/CUDA 的 API，这些 API 构成了 PyTorch 的运行基础，也构成了扩展 PyTorch 功能的基础。当然，在 PyTorch 的源码中还有一些值得关注的部分，我们将会在下一章简单介绍 PyTorch 的 C++源代码，希望对读者在实践中应用 PyTorch 有所帮助。

第9章 PyTorch 源代码解析

9.1 ATen 张量计算库简介

本章中，我们将会进入 PyTorch 源代码的深入解析阶段。PyTorch 的源代码主要是通过 C++ 编写的，同时 C++ 的接口会暴露出来给 Python 调用。到目前为止，PyTorch 的 C++ 接口主要是通过 ATen 张量计算库（A Tensor Library）来实现的，主要在 PyTorch 源代码的 aten 目录下面。该张量计算库在使用 C++ 来编写代码的同时，保留了 C 语言的 ABI 接口，因此，可以同时兼容 C++/C。ATen 张量计算库的历史可以追溯到 Torch 的时代，当时 Torch 的核心代码都是用 C 语言编写的，其前端不是 Python，而是 Lua。为了能够让 Lua 进行张量计算，人们开发了对应的 C 语言的张量计算库。到了 PyTorch 的时代，所有的代码逐渐被改写为 C++，但是一些基础的 API 被保留了下来，一直延续到现在。由于 PyTorch 的底层 C++ API 在保持接口不变的前提下可能内部实现变化很大，这里的 ATen 张量计算库的源代码都是以 PyTorch 1.13 为准的。

1. ATen 张量库的源代码目录结构

下面从 ATen 张量计算库的源代码角度来分析它们是怎么构成 PyTorch 的底层 API 的。PyTorch 的 ATen 源代码在 PyTorch 源代码根目录中 aten 目录的 src 子目录下面。进入 src 目录会发现它下面主要有 ATen（ATen 的核心源文件）、TH（Torch 张量计算库）、THC（Torch CUDA 张量计算库）、THCUNN（Torch CUDA 神经网络库）和 THNN（Torch 神经网络库）。其中，以 TH 开头的文件夹都来源于原始 Torch 的 C 语言后端，TH 和 THC 分别是 CPU 和 GPU 上的张量计算库，而 THNN 和 THCUNN 则分别负责 CPU 和 GPU 上的神经网络搭建。目前 PyTorch 代码更改的趋势主要是把

Torch 张量计算库和神经网络库相关的一些功能合并到 ATen 文件夹中，而且这个合并过程在 PyTorch 1.0 之后有了很大的进展。因此，对于 PyTorch 中大多数的后端张量计算代码，我们可以只关注 ATen 文件夹。

2. ATen 张量库的命名空间和张量定义

在 ATen 文件夹中，包含了很多张量计算相关的头文件，这些头文件中定义的函数和类的主要命名空间是 at。因此，如果看到一个函数在调试过程中以 at::开头，那么很有可能这个函数是 ATen 定义的函数。其中关于张量计算的最核心的源代码应该是 Tensor.h，这个头文件定义了张量中数据的存储格式，以及张量支持的内部方法。通过这个源文件的内容可以看到，这个源文件被拆分成两部分，一个是 core 文件夹下的 TensorBody.h，另一个是 core 文件夹下的 TensorMethods.h。但是在 core 文件夹中并没有发现这两个文件，这两个文件实际上是通过 ATen 文件夹中的 gen.py 产生的，其源文件在 templates 目录下。之所以这么做，是因为 Tensor.h 定义的张量需要支持不同的数据类型和数据存储的位置，定义一个模板，然后在模板上进行代码的生成是最有效的。在模板头文件 TensorBody.h 中，我们可以看到 Tensor 的一些常用方法，比如 sizes 方法，用于获取张量的大小（返回一个数组，分别代表不同维度的大小）；data_ptr 方法用于获取张量的数据指针等。在 TensorMethods.h 中，可以看到一些简单方法的实现，比如 is_cuda 和 to 方法（用于将张量转换为另一种类型，或者将张量移动到不同的设备上）。由于代码是通过 gen.py 生成的，感兴趣的读者可以自己尝试编译一下 PyTorch 的源代码，看看 Aten 最后到底生成了什么样的 TensorBody.h 和 Tensor.h。

3. ATen 张量库的张量运算函数

有了张量类的定义和实现还不够，另一个比较重要的是定义张量的一些计算函数。这些函数主要在 native 目录下进行定义，函数对应的头文件主要是 Functions.h 和 NaticeFunction.h 两个文件。同样，这些头文件也是通过 gen.py 生成的，因此，我们看到的这两个文件一开始是在 template 目录下面的，gen.py 脚本通过解析 native 目录下的 native_functions.yaml 文件来获知具体的张量操作的函数的定义，然后根据定义生成包含了函数声明的 C++头文件。因此，如果需要在 native 目录下添加新的张量运算函数，为了保证函数能够正确导出，同时需要在 native_functions.yaml 文件中添加函数的声明。代码 9.1 展示了 native_function.yaml 中的一行声明（在 YAML 格式的文件中，列表的每一行以-字符开头，字典的键和值之间以冒号分隔）。

代码 9.1　native_functions.yaml 文件的一行声明。

```
- func: func_name(ArgType arg0[=default], ...) -> Return
  variants: function, method
  dispatch:
    CPU: func_cpu
    CUDA: func_cuda
```

代码中，第一行以 func 为字典的键，其值是包含了函数名称、函数的传入参数类型的，以及返回值类型的一个字符串。第二行以 variants 为字典的键，代表这个函数能够被用于具体的用途，其中，function 代表的是能够定义成函数，method 代表的是能够被定义为张量的方法，如果一个函数能够被定义成张量的内部方法，其参数中必须有一个显式的声明为 self，生成的代码会使用这个参数来传入具体的张量类的实例。这一行可以略去不写，意思是只生成函数，不生成方法。第三行开始的 dispatch 代表的是函数的具体实现，其中包含 CPU 实现和 CUDA 实现内部的函数名称，这个名称才是真正的 native 目录下面文件定义的名称。当然，在默认情况下，最好能做到 ATen 中的函数和实际实现的函数名称一致（这也是大多数 ATen 中函数的行为，其中 dispatch 项可以略去不写）。

最后，让我们来看看 native 文件夹中是如何实现一个具体的张量运算操作函数的。我们从最基础的卷积操作开始，从 native_functions.yaml 函数中可以看到，卷积操作的函数有很多种，包括 conv1d、conv2d、conv3d 等。从 conv2d 函数开始，发现这个函数主要定义的位置是 Convolution.cpp 中，定位到这个函数其实是调用了 at::convolution 方法，我们根据前面的知识可以知道，at:: 是 ATen 的命名空间的名字，convolution 是具体的函数。经过进一步的代码跳转，可以发现 at::convolution 函数调用的是 at::_convolution 函数，这个函数会对输入参数进行判断，根据判断结果选择具体跳转到哪一个卷积的实现。让我们假设使用的是 CUDA 的 cuDNN（cuDNN 是一个 GPU 上的深度学习库，PyTorch 中 GPU 上的张量计算大多数情况下默认调用的是这个库中的函数）的卷积实现，这个可以通过设置开启 CUDA 和 cuDNN，同时设置张量在 GPU（即设备为"cuda"）上来实现。根据 at::_convolution 函数的源代码可以看到，它调用了 at::cudnn_convolution 的代码，这个代码放在 cudnn 文件夹下，这也是大多数调用 cuDNN 的函数的 PyTorch 运算操作函数所在的位置。可以发现，这个函数有两个版本，由 AT_CUDNN_ENABLED() 宏来控制，如果没有打开 cuDNN，则会编译一个报错的函数的实现，否则会编译一个（间接）调用了 cuDNN 的 cudnn_convolution 代码实现。之所以称为间接调用，是因为这个函数其实调用的是 cudnn_convolution_forward 函数，该函数再调用 raw_cudnn_convolution_forward_out 函数，在这个函数中才会最终完成 cuDNN 函数的调用。整个调用的函数链很长，但是只要明白了整体的调用过程，就能知道在每一步中这些函数都做了什么，这样就能有针对性地对代码进行修改，起到改变函数行为的作用。

在很多情况下，PyTorch 或者是 ATen 为我们选择的计算函数并不是最优的，为了能够保证选到最优的函数，我们可以自己实现一个函数，也可以在函数调用链中插入对函数调用的修改。在这两种情形下，都需要我们对 ATen 的函数声明和调用有了解，以上内容主要阐述了这两方面的相关情况，希望对读者理解 PyTorch 的源代码有所帮助。

9.2 C++的 Python 接口

由于在 PyTorch 中大量使用了 pybind11 库，因此需要我们对 Python 如何调用 C++接口有所了解。在 8.2 节中已简单介绍了 pybind11 的一些简单支持，现在让我们深入看一下 pybind11 是如何与 Python 进行交互的。本节内容不但适用于 PyTorch，也适用于所有需要调用 C++编写函数的 Python 代码，所以讲述的内容在应用上有一定的普适性，读者也可以将相关知识用在与 PyTorch 关联较少的场景下。

作为一个主要目的是让 C++和 Python 交互的库，pybind11 具有以下优点：

- 这个库是一个轻量级的库，因为其本身只有头文件，在使用的时候只需要包含头文件，不需要链接其他特殊的库，所以使用起来非常简单，代码量也比较少，可以很容易作为大型工程的一部分集成进来。
- 这个库支持很多 C++数据结构和 Python 数据结构之间的原生转换，比如

- C++中的std::vector、std::array等容器能够和Python的列表数据类型（list）相互转换，C++中的std::map等容器能够和Python的字典数据类型（dict）相互转换，这一点省去了手工进行转换的工作，大大方便了Python调用C++编写的代码的开发。
- 这个库支持很多C++ 11的特性，比如智能指针、lambda函数等，这不但方便了库本身的开发，也方便我们编写C++代码，很多代码在使用新特性的时候可以变得更加简洁，同时也减少了发生内存泄漏的风险。

除以上优点外，pybind11还能直接使用一些数值计算库如NumPy和Eigen的矩阵实现，这样就更加方便了pybind11用于一些数值计算相关代码的开发。由于pybind11的这些优点，PyTorch中除使用Python原生的C语言接口外，大量使用了pybind11来进行C++数值计算代码和Python前端之间的交互，包括之前讨论的使用C++来编写PyTorch扩展，都可以通过pybind11来完成。

下面从几个简单的例子来了解一下如何使用pybind11编写能够被Python调用的C++代码，包括简单函数的调用，使用C++构建Python类和方法，以及在pybind11库中使用C++的容器。为了使用pybind11，首先需要做的是安装pybind11的头文件，这个可以通过在命令行中输入pip install pybind11命令实现。一个简单的函数调用的例子如代码9.2所示。

代码9.2 pybind11的简单例子：example.cc。

```cpp
#include <pybind11/pybind11.h>

int add(int i, int j) {
    return i + j;
}

PYBIND11_MODULE(example, m) {
    m.doc() = "pybind11 example plugin";
    m.def("add", &add, "A function which adds two numbers");
}
```

在代码中定义了一个简单的add函数，做两个整数的加法，并把函数添加到example库中。我们将代码命名为example.cc，然后在命令行中输入g++ -O3 -Wall -shared -std=c++11 -fPIC `python3 -m pybind11 --includes` example.cc -o example`python3-config --extension-suffix`，这里假设 C++编译器为 g++，如果使用 clang 作为 C++编译器，可以使用 clang++命令来进行编译。编译结果会产生一个动态链接库文件，具体的文件名根据平台和 Python 解释器版本而定，比如，叫 example.cpython-37m-x86_64-linux-gnu.so，其中的 example 是包的名字，可以用作后续的导入，也和代码 9.2 中 PYBIND11_MODULE 宏的第一个参数名字相同，cpython-37m 表示 Python 的实现类型是 CPython，版本是 3.7，x86_64 代表 CPU 的架构是 64 位的架构，linux 代表使用 Linux 的操作系统，gnu 代表使用 gcc 作为编译器。编译完这个文件后，可以直接进入 Python 的命令行，输入 import example，即可导入 C++代码对应的 Python 包函数，而用 C++写的 add 函数，也就是在代码 9.2 中想要暴露给 Python 调用的 C++函数，可以通过使用 example.add 来进行调用。整个代码的基本原理和代码 8.2 的示例类似，这也是使用 pybind11 构造 Python 可以调用的 C++代码的基本原理，其流程可以归纳为定义 C++函数，使用 PYBIND_MODULE 宏来导出对应的函数，以及编译成动态链接库供 C++调用。

在某些情况下，我们可能会想要利用 C++面向对象的特性，使用 C++构造一个类，然后将 C++的类导出成 Python 的类供 Python 来调用，这时可以使用 pybind11 的 py::class_ 来构造对应的类。代码 9.3 中演示了如何使用 pybind11 将 C++中的类导出为 Python 的类。

代码 9.3 使用 pybind11 导出 C++的类。

```cpp
#include <pybind11/pybind11.h>
#include <pybind11/stl.h>
#include <pybind11/operators.h>
namespace py = pybind11;

template<typename T>
class vec3 {
public:
    vec3(T x, T y, T z): _x(x), _y(y), _z(z){};

    vec3<T> operator+(const vec3<T>& o) const {
        return vec3<T>(_x + o._x, _y + o._y, _z + o._z);
    }

    vec3<T> operator-(const vec3<T>& o) const {
```

```cpp
        return vec3<T>(_x - o._x, _y - o._y, _z - o._z);
    }

    vec3<T> operator*(T s) const {
        return vec3<T>(_x * s, _y * s, _z * s);
    }

    friend vec3<T> operator*(T s, const vec3<T>& v) {
        return v*s;
    }

    std::string toString() const {
        return "vec3: [" + std::to_string(_x) + ","
                        + std::to_string(_y) + ","
                        + std::to_string(_z) + "]";
    }

    std::tuple<T, T, T> toTuple() const {
        return std::make_tuple(_x, _y, _z);
    }
private:
    T _x, _y, _z;
};

PYBIND11_MODULE(example, m) {
    m.doc() = "Example";
    py::class_<vec3<float>>(m, "Vec3")
        .def(py::init<float, float, float>())
        .def(py::self + py::self)
        .def(py::self - py::self)
        .def(py::self * float())
        .def(float() * py::self)
        .def("to_tuple", &vec3<float>::toTuple)
        .def("__repr__", &vec3<float>::toString);
}
```

在代码中,首先定义了一个 C++的类 vec3,这是一个三维向量的类,而且定义有加法、减法和浮点数的乘法。为了能够在 Python 中显示这个对象,我们特别定义了一个 toString 方法,并且在方法中实现了将 vec3 的 x、y、z 坐标打印出来的功能。对于构造函数,我们使用 py::init 方法来寻找一个合适的实现(在这个例子中有一个显式构造函数），它将被自动映射到 Python 对应的类的 __init__ 方法上。对于其他的方法，比如加法和减法的操作，由于使用了 C++中的操作符关键字 operator，我们使用了 pybind11/operators.h 这个头文件，同时使用了操作符的导出方法导出对应的方法。最后，将 Python 中的 __repr__ 方法和 C++的 toString 方法绑定在一起，这样就能在 Python 中显示出对应的三维向量的内容。三维向量的类的使用方法和中间过程的输出如代码 9.4 所示。

代码 9.4 Python 中 vec3 类的使用方法。

```
>>> from example import Vec3
>>> vec1 = Vec3(1.0, 2.0, 3.0)
>>> vec1
vec3: [1.000000,2.000000,3.000000]
>>> vec2 = Vec3(2.0, 3.0, 4.0)
>>> vec1 + vec2
vec3: [3.000000,5.000000,7.000000]
>>> vec1*3
vec3: [3.000000,6.000000,9.000000]
>>> vec1.to_tuple()
(1.0, 2.0, 3.0)
```

在代码 9.4 中可以看到，这里定义了一个方法 to_tuple，但是对应在代码 9.3 中的 C++函数 toTuple 返回的并不是 Python 的元组，而是 C++中内置的元组容器。这是因为 pybind11 自动完成了 C++的容器和 Python 的数据结构之间的转换。为了引入 C++容器和 Python 数据结构的转换功能，需要包含 pybind11/stl.h 这个头文件。代码 9.4 中显示了这个功能的一个示例，通过输出可以看到使用这个方法的确能够把 C++的容器映射成 Python 的元组。有兴趣的读者可以自己写代码尝试一些数据结构，比如 Python 的字典和 C++中的 map 容器之间的相互转换。

9.3 csrc 模块简介

有了 9.2 节中的一些预备知识后，我们就可以深入来看 PyTorch 的一个核心机制，也就是 C++和 Python 的 API 之间的相互映射。举例来说，当我们追踪 PyTorch 的 Python 代码时，nn.Conv2d 模块是我们经常用到的，通过研究源代码可以发现，这个模块定义的位置在 PyTorch 源代码的文件夹 torch/nn/modules/conv.py 中，其中定义了一个类，叫作 nn.Conv2d，通过检查这个类的 forward 方法可以发现，这个类最终调用的函数是 F.conv2d，而这个函数在 torch/nn/functional.py 中，其源头可以追溯到 torch.conv2d。对于 torch.conv2d 函数来说，这个函数并没有 Python 代码定义，因此，这个函数来源于 C++代码。追踪到具体的函数定义会发现，torch.conv2d 函数其实来源于 torch/csrc 目录，具体的位置是 torch/csrc/autograd/generated/python_torch_functions.cpp，定义的函数名称和参数类型来源于 PythonArgParser 类的解析，通过传入函数具体定义的字符串来暴露 C++代码相应的 Python 接口。这个函数会调用 dispatch_conv2d，它负责调用 at::conv2d，也就是前面介绍的 ATen 库的接口来调用相应的卷积函数。关于 ATen 内部的函数调用链，前面已经介绍过，这里不再赘述。

1. PyTorch 中 Python 对应 C++代码的映射原理

从上面简单的例子可以看出，PyTorch 中的 C++接口主要集中在 torch/csrc 目录下，通过一定的方法让 C++接口转换为 Python 函数的映射，然后在 Python 中调用相应的函数。在 torch/csrc 文件夹中，C++代码和 Python 函数之间的映射主要通过以下两种途径来完成。

第一种是 9.2 节中介绍的 pybind11，第二种是使用 CPython 的原生函数，通过 Python 的原生头文件 Python.h，使用 Python 对象的指针 PyObject*来进行参数的传入和返回。从 torch/csrc 目录下的源代码可以看出，对于 ATen 相关的函数映射，目前 PyTorch 的源代码主要采用的是方法二来调用 C++接口，对于其他类型的函数映射，PyTorch 源代码采用的是方法一来调用 C++接口。可以说，总的 torch/csrc 目录下，主要是灵活地使用这两种方法来实现 Python 和 C++的结合。对于日常的应用来说，由于第二种方法比较复杂，而且 PyTorch 中为了让第二种方法的代码结构化，容易通过代码读取配置文件来自动生成，使用了大量的辅助类和自定义的一些宏来完成暴露接口的工作，因此应该以第一种方法为主。PyTorch 使用第二种方法的原因主要是第二种方法的编译速度快，而且严格兼容 C 语言的 ABI（Application Binary Interface，应用二进制接口），而我们知道 ATen 的源代码是严格兼容 C 语言的 ABI 的。

PyTorch 的 csrc 目录下在 Python 中会被初始化为 torch._C 模块，读者可以尝试在 Python 中导入这个包，查看这个包内部主要由哪些类和函数构成。这个包具体的代码包含在 torch/csrc/Module.cpp 中，可以看到在代码中使用 Py_InitModule 这个 Python 函数来对包进行了初始化，并且给这个包赋予了名字 torch._C。在这个初始化代码中，有些函数是直接通过定义一个 C 函数，这个函数的参数类型是 PyObject*，也就是 Python 中对象的指针，一般有一个或者多个这种指针传入，而函数的返回类型也是 PyObject*，通过函数内部的一系列操作，返回对应的结果，并且把结果转换为指针返回。当然，torch._C 中也使用了一些 pybind11 的函数，主要是为了方便中间的操作和数据类型的转换，以及一些对于 Python 的 C 语言 API 可能比较复杂的操作，比如导入一个 Python 的包并调用包内部的函数等。这部分由于使用 pybind11，所以代码相对比较简洁。另外需要注意的是，torch/csrc 中代码的任务并不是实现深度学习中的各种操作，而主要是为 C++的实现提供一个让 Python 能够调用的接口。通过前面的介绍可以知道，具体的计算操作主要是通过 ATen 和 C10 这两个库来实现的。前面已经介绍了 ATen，我们将在后面介绍 C10 张量计算函数库。在 torch/csrc 库中，大部分张量函数的结构在 torch/csrc/autograd 目录中，这个目录不但负责自动求导的功能（将会在下一节中提到），还负责将 ATen 函数库可导的 C/C++函数进行包装，导出为 Python 可以调用的函数。

2. PyTorch 中 JIT 对应 C++代码的映射原理

PyTorch 中 torch/csrc 目录的另一个重要功能是提供 JIT 的函数和接口，其具体的代码在 torch/csrc/jit 目录中。在 JIT 的代码中，和其他 csrc 目录下的代码相比，使用的主要是 pybind11 库，其入口在 torch/csrc/jit/init.cpp 源文件中。以之前提到过的 torch.jit.trace 函数为例，可以发现在这个代码中核心调用的是 torch._C._create_function_from_trace，这个函数的代码同样位于 torch/csrc/jit/init.cpp 源文件中，其本体是一个 C++的匿名（lambda）函数，这个匿名函数中调用的是同目录下 python_tracer.cpp 中的 createGraphByTracing，这个函数会根据输入的参数和模型自动创建计算图，最后返回这个计算图。最后提一下同一目录下的 ir.cpp 和 ir.h，这两个文件定义了 PyTorch 静态计算图的中间表示。中间表示主要有三种数据结构，即 Graph、Value 和 Node，其中第一个是 Graph，定义了计算图本身，而计算图是由两种数据结构构成的，即第二种数据结构 Value，这个数据类型定义了模型的输入/输出和中间结果，一般来说，其类型是张量；第三种数据结构是 Node，这个数据类型负责输入数据并产生输出，可以认为是张量的计算操作，常见的卷积、激活函数这些操作都可以看作是 Node 的实例。通过 Node 和 Value 的组合，可以构建出不同的 Graph 对象实例，这个即是 torch.jit.trace 需要输出的静态图。

另外，PyTorch 中一些比较零散的功能也是在 torch/csrc 目录中实现的，这些功能包括在 torch/csrc/utils 目录下，其中包含了设置 Python 的 GIL 的开启和关闭（AutoGIL），这在设置打开和关闭 GIL 时很有用，因为在 Python 代码中调用 C++，我们根据具体的上下文需要选择加载或者释放 GIL，否则可能会造成 Python 中的线程竞争。另外，torch/csrc 目录中的 Module.cpp 也有一些其他接口，比如设置是否对 cuDNN 库中的候选算法进行基准选择（Benchmark），这个选项可以通过在 Python 中设置 torch.backends.cudnn.benchmark = True 来实现，设置这个选项会使 PyTorch 预先使用不同的算法运行几个迭代步，然后选择其中最快的算法来进行真正的计算。这个代码的实现在 ATen 库中，但是接口是通过 torch/csrc 暴露给 PyTorch 的。

下面详细分析一下 PyTorch 的 torch/csrc 目录是如何使用 ATen 对应的 API 的。从前面的 torch/csrc/autograd/generated/ 目录的名字可以看出，这个文件夹里的代码都是生成的，生成这些代码的 Python 脚本主要位于 tools/autograd/gen_python_functions.py 中，它通过读取 torch/share/ATen/Declarations.yaml，来生成对应的中间接口文件。在这些文件中的函数的主要作用是提供 Python 能够直接调用的函数，并且在函数中调用 ATen 对应的 API，返回 API 计算得到的结果，最后包装成 Python 对象返回。在定义完函数的实现之后，需要做的另一件事情是对函数的注册，这部分也是通过 Python 代码生成具体的 C++源代码文件。具体注册函数的模板可以参考 tools/autograd/templates/python_torch_functions.cpp，可以观察到，对 csrc 来说，对应的 PyTorch 中的库为 torch._C，而几乎所有 PyTorch 内部函数的实现都包含在这个库中，即 torch._C._VariableFunctions，这个类所有的属性即为 PyTorch 中所有的内部函数。有兴趣的读者可以通过对这个类的属性做迭代，然后查看具体有哪些函数在代码中得到了注册。

9.4 autograd 和自动求导机制

1. autograd 包含的数据结构

在 torch/csrc 目录中，除前面介绍的一些 C++代码外，另一个比较重要的部分是 torch/csrc/autograd 目录，这个目录中包含 PyTorch 的自动求导机制和所有可导的激活函数。本节将会介绍 PyTorch 是如何在 C++层面实现自动求导机制的。因为在 PyTorch 中，可导的张量是一个特殊的类型 Variable，我们从 PyTorch 源代码中的 variable.h 和 variable.cpp 入手来研究 PyTorch 的自动求导机制。在 torch/csrc/autograd/variable.h 头文件中，定义了 Variable 类，这个类继承自 at::Tensor，并且增加了一系列新的信息来进行自动求导的计算。Variable 类的实例可以是动态计算图的叶子节点（深度学习模型的输入或者权重），也可以是计算过程中的中间张量。多个 Variable 类的实例计算结果会产生一个新的 Variable 类的实例。Variable 类本身包含梯度相关的元信息，这个信息保存在 AutogradMeta 结构中，主要包含的信息包括 grad_（一个 Variable 实例，存储计算得到的梯度）、grad_fn_（包含梯度函数，该函数的类型是 Node，可以通过 Node 类进行梯度信息的计算）和 grad_accumulator_（另一种类型的 Node 实例，这两种 Node 的区别是前者与计算图的中间节点的张量绑定，后者与计算图的叶子节点张量绑定的）。在 AutogradMeta 结构中还包含了 requires_grad_变量，用来决定叶子节点是否需要梯度。除 Variable 类外，另一个重要的类是 Edge，该类的主要作用是得到张量之间的连接关系，然后根据这个连接关系获取梯度的计算方法，即如何根据下一步张量的输入和梯度的值来获取上一步梯度的值，这部分代码的实现主要是在 Edge 类中，具体的代码位于 torch/csrc/autograd/edge.h 源文件中。最后，我们详细介绍 Node 类。对于 Node 类来说，代表可导的函数，函数接收一个或者多个输入张量，然后给出相应的输出张量。Edge 类本身也可以看作一对 Node 类的集合，其具体的代码在 function.h 和 function.cpp 源文件中。这个类的实现中有一个函数调用的算符，通过使用这个算符可以获取执行函数后的输出。可以认为，Node 本身就是计算图中的函数。

2. 反向传播的执行过程

有了动态图的基本结构之后，就可以进行反向传播的执行。从本质上说，反向传播的过程是根据前向计算的计算图生成相应的反向传播的计算队列，然后并行执行对应的计算队列的过程。执行反向传播的引擎对应实现的源代码在 torch/csrc/autograd/engine.cpp 和 torch/csrc/autograd/engine.h 两个源文件中。在反向传播的计算过程中，整个计算图会被拆分为很多 NodeTask 的实例，每个实例中存储了对应的反向传播函数和反向传播的输入。当某一步反向传播完成之后，对应的输出产生新的 NodeTask 的实例，并且在实例中添加输入张量的值（是一个缓存的值 InputBuffer），而且把实例放入到一个优先队列 ReadyQueue 中。这个队列中存储的将会是等待执行的所有 NodeTask 的实例，由于这些 NodeTask 实例的输入和对应的反向传播函数都已经给出，所以 ReadyQueue 中的实例可以进行并行计算。为了防止线程之间的竞争，在写入输入值的缓存 InputBuffer 时，首先会对计算过程加锁，这样可以防止竞争写入过程中数据的破坏。整个反向传播的过程是一个逐渐在队列中添加 NodeTask 并消耗这些 NodeTask 的过程，当最后执行队列为空的时候，可以认为完成了整个反向传播的过程。

3. 前向计算和反向传播函数的映射过程

最后介绍一下反向传播的函数和对应的前向计算函数的相互映射过程。具体的脚本在 tools/autograd/gen_autograd.py 中，这个脚本将会读取 derivatives.yaml 文件，根据文件的前向和反向传播的函数的映射自动生成对应的反向传播的函数，这些函数一般来说以 backward 结尾。

9.5 C10 张量计算库简介

对 PyTorch 来说，除 ATen 张量计算库外，还有另一个张量计算库 C10（Core Tensor Library），这个张量计算库存在的目的主要是为了统一 PyTorch 的张量计算后端代码和 Caffe2 的张量计算后端代码。一般情况下，因为 PyTorch 是基于动态图的一个框架，而 Caffe2 是基于静态图的一个框架，可以认为 PyTorch 的优点在于其灵活性，而 Caffe2 的优点在于其速度快、容易部署。在合并了 Caffe2 的代码之后，可以预计到 PyTorch 的应用范围可以得到极大的扩展。为了能够实现 PyTorch 和 Caffe2 之间的完全兼容，有必要让这两个框架共享一个底层的张量计算库。目前的趋势是，

ATen 库的一部分功能被迁移到 C10 库中（当然还有很多功能没有迁移），预计 PyTorch 将会完全以 C10 作为后端，这样 PyTorch 和 Caffe2 可以使用一套底层代码，方便模型的训练和部署。

在 ATen 的介绍中，我们已经看到了 ATen 有一个专门的张量类，其中包含张量的基本操作和一些涉及张量计算的内置方法。实际上，ATen 的张量类 at::Tensor 并不是最底层的实现，张量的存储和张量空间的分配位于 C10 函数库中。C10 的核心代码位于 c10/core 目录下，我们从这个目录开始介绍一下 C10 核心代码的结构。首先是张量数据存储的具体实现，这部分代码在 c10/core/TensorImpl.h 和 c10/core/TensorImpl.cpp 这两个文件中，具体则是实现了一个 TensorImpl.h 的结构体，这个结构体负责保存张量的数据以及张量的一些元信息，比如其大小、维度等相关信息。一般来说，为了存储一个张量，需要对内存进行分配，而分配的方式与具体张量存储位置的后端（如 CPU 或 GPU）有关，为了表示存储位置相关的信息，在 C10 中还引入了 Storage 结构体来描述和存储位置相关的信息，在构造 TensorImpl 结构体的过程中可以看到，需要在构造函数中传入具体的 Storage 结构。Storage 结构体的实现位于 c10/core/Storage.h 文件中，通过查看对应的源代码可以发现，其实 Storage 调用的是 Allocator 结构体内部的函数来进行张量数据空间的分配。Allocator 的代码和具体的后端实现有关，分为 CPU 和 GPU 两部分。CPU 上的内存空间分配的代码位置在 c10/core/CPUAllocator.h 和 c10/core/CPUAllocator.cpp 中，为了加快内存读写的速度，如果是 Linux 系统，代码中使用了 posix_memalign 函数对内存进行分配，在分配的过程中同时保持内存对齐。同时，在分配内存之后，会把数据移动到当前线程的 NUMA 节点（Non-uniform memory access，在多核系统中，某一个处理器访问某一部分的内存会相对比较快，这部分就称为 NUMA）上，从而加快访问速度。相对于 CPU 的内存分配实现，GPU 上的内存分配实现主要在 c10/cuda/CUDACachingAllocator.cpp 和 c10/cuda/CUDACachingAllocator.h 这两个文件中，主要是通过 cudaMalloc 函数来实现具体 GPU 的显存的分配。由于在 CUDA 上分配显存的过程需要消耗一定的时间，为了能够重复利用显存，在 CUDACachingAllocator.cpp 中，采用了内存池（Memory Pool）的机制对 GPU 上的显存进行分配。在内存池中，显存的分配是通过不同大小的块（Block）来实现的，当需要给张量分配空间的时候，首先会检查内存池中是否有合适大小的块，如果有，就重复利用对应的块，如果没有，则通过 cudaMalloc 函数来自动创建一个相应大小的块。具体的显存块的结构体在 CUDACachingAllocator.cpp 的 Block 中。为了更有效地利用显存，C10 中使用了两个内存池，一个是大的内存池（大于 1MB），另一个是小的内存池（小于 1MB）。同时，一个大的显存块也能进行分裂，用于存储多个不同的数据。

　　除张量的存储空间的实现外，C10 还提供了张量所在设备的 API。具体的 API 的位置在 c10/core/Device.cpp 和 c10/core/Device.h 两个源代码文件中。在代码中，我们可以看到，PyTorch 支持的后端设备主要包括 DeviceType::CPU、DeviceType::CUDA、DeviceType::MKLDNN 等。设备的定义对于 C++源代码中做张量存储位置的迁移很有意义，通过指定具体的设备可以得到具体的存储方式，从而确定张量数据迁移的方法。

9.6　本章总结

　　阅读 PyTorch 的 C++后端源代码能够有助于我们更好地理解 PyTorch 的工作机制，以及代码的组织形式，从而方便我们更好地处理日常工作中遇到的 PyTorch 的各种错误。本章主要介绍了 PyTorch 后端的代码是如何组织的，特别是如何从 C++的后端出发，通过一步步的抽象和包装，最后将 C++后端的 API 暴露出来供 Python 调用。在目前的 PyTorch 版本中，C++后端的主要组成部分包括张量计算库 ATen 和张量核心库 C10（这两个库之间的作用有所重叠，目前的趋势是从 ATen 迁移到 C10），以及 PyTorch 中使用的 C++后端和 Python 前端的交互接口 torch/csrc 目录。一般来说，从调用 Python 的函数出发，我们可以追踪到 torch._C 开头的函数调用，然后从 torch._C 模块中调用对应的 C++代码（通过 CPython 或者 pybind11 的接口由 Python 调用 C++），而这些 C++代码最终可以追溯到 ATen 和 C10 中 C++ API 的调用。为了能够灵活地在 Python 中使用 C++的代码，PyTorch 对代码做了好几层包装，并且使用了自动代码生成技术（通过读入一些模板文件和函数的声明文件，使用 Python 生成对应的包装代码）。另外，PyTorch 中的自动求导机制也是由 C++代码完成的，中间涉及计算图任务[88]的并行执行。

参考资料

1. F. Rosenblatt, Psychological Review, 1958
2. D. E. Rumelhart, G. E. Hinton, R. J. Williams, Learning internal representations by error propagation, 1986
3. Balázs Csanád Csáji, Approximation with Artificial Neural Networks, Faculty of Sciences, 2001
4. P.J. Werbos, Beyond Regression: New Tools for Prediction and Analysis in the Behavioral Sciences, 1975
5. Hearst, Marti A., Support Vector Machines, IEEE Intelligent Systems, 1998
6. Y. Bengio, P. Lamblin, D. Popovici, H. Larochelle, Greedy Layer-Wise Training of Deep Networks, 2007
7. H. Larochelle, Y. Bengio, Classification using discriminative restricted Boltzmann machines, 2008
8. C.-Y. Liou, J.-C. Huang, W.-C. Yang, Modeling word perception using the Elman network, 2008
9. J. Deng, W. Dong, R. Socher, L.-J. Li, K. Li and Li F.-F., ImageNet: A Large-Scale Hierarchical Image Database, 2009
10. Lowe, David G., Object recognition from local scale-invariant features, 1999
11. A. Krizhevsky, I. Sutskever, G. E. Hinton, ImageNet Classification with Deep Convolutional Neural Networks, 2012
12. Y. Wu et. al., Google's Neural Machine Translation System: Bridging the Gap between Human and Machine Translation, 2016
13. P. Koehn, Fr. J. Och, D. Marcu, Statistical Phrase-Based Translation, 2003
14. W. Chan, N. Jaitly, Q. V. Le, O. Vinyals, Listen, Attend and Spell, 2015

15 D. Amodei, Deep Speech 2: End-to-End Speech Recognition in English and Mandarin, 2015
16 J. Shen, et. al., Natural TTS Synthesis by Conditioning WaveNet on Mel Spectrogram Predictions, 2017
17 A. Oord, et. al., WaveNet: A Generative Model for Raw Audio, 2016
18 O. Kuchaiev, B. Ginsburg, Training Deep AutoEncoders for Collaborative Filtering, 2017
19 H.-T. Cheng, et. al., Wide & Deep Learning for Recommender Systems, 2016
20 A. Y. Ng, M. I. Jordan, On Discriminative vs. Generative Classifiers: A comparison of logistic regression and naive Bayes, 2002
21 P. H. Chen, C. Hsienh, A comparison of second-order methods for deep convolutional neural networks, 2018
22 K. Kawaguchi, Deep Learning without Poor Local Minima, 2016
23 S. J. Reddi, S. Kale, S. Kumar, On the Convergence of Adam and Beyond, 2018
24 R. Szeliski, Computer Vision: Algorithms and Applications, 2010
25 A. G. Howard, M. Zhu et. al., MobileNets: Efficient Convolutional Neural Networks for Mobile Vision Applications, 2017
26 X. Zhang, X. Zhou, M. Lin, J. Sun, ShuffleNet: An Extremely Efficient Convolutional Neural Network for Mobile Devices, 2017
27 S. Loffe, C. Szegedy, Batch Normalization: Accelerating Deep Network Training by Reducing Internal Covariate Shift, 2015
28 Y. Wu, K. He, Group Normalization, 2018
29 D. Ulyanov, A. Vedaldi, V. Lempitsky, Instance Normalization: The Missing Ingredient for Fast Stylization, 2017
30 J. L. Ba, J. R. Kiros, G. E. Hinton, Layer Normalization, 2016
31 A. Krizhevsky, I. Sutskever, G. E. Hinton, ImageNet Classification with Deep Convolutional Neural Networks, 2012
32 X. Glorot, Y. Bengio, Understanding the difficulty of training deep feedforward

neural networks, 2010

33　K. He et. al., Delving deep into rectifiers: Surpassing human-level performance on ImageNet classification, 2015

34　C. Szegedy et. al., Going deeper with convolutions, 2014

35　C. Szegedy et. al., Rethinking the Inception Architecture for Computer Vision, 2015

36　W. Liu et. al., SSD: Single Shot MultiBox Detector, 2015

37　J. Redmon et. al., You Only Look Once: Unified, Real-Time Object Detection, 2015

38　R.Girshick et. al., Rich feature hierarchies for accurate object detection and semantic segmentation, 2014; R. Girshick, Fast R-CNN, 2015; S. Ren, Faster R-CNN: Towards Real-Time Object Detection with Region Proposal Networks, 2016

39　C. Szegedy et. al., Going Deeper with Convolutions, 2014

40　S. Ioffe, C. Szegedy, Batch Normalization: Accelerating Deep Network Training by Reducing Internal Covariate Shift, 2015

41　C. Szegedy et. al., Rethinking the Inception Architecture for Computer Vision, 2015

42　C. Szegedy et. al., Inception-v4, Inception-ResNet and the Impact of Residual Connections on Learning, 2016

43　W. Liu et. al., SSD: Single Shot MultiBox Detector, 2016

44　E. Shelhamer, J. Long, T. Darrell, Fully Convolutional Networks for Semantic Segmentation, 2016

45　L.-C. Chen. et. al., DeepLab: Semantic Image Segmentation with Deep Convolutional Nets, Atrous Convolution, and Fully Connected CRFs, 2017

46　O. Ronneberger, P. Fischer, T. Brox et. al., U-Net: Convolutional Networks for Biomedical Image Segmentation, 2015

47　L. A. Gatys, A. S. Ecker, M. Bethge, A Neural Algorithm of Artistic Style, 2015

48　J. Johnson, A. Alahi, Li F.-F., Perceptual Losses for Real-Time Style Transfer and Super-Resolution, 2016

49　Y. Jing et. al., Neural Style Transfer: A Review, 2017

50　J.-Y. Zhu, T. Park, P. Isola, A. A. Efros, Unpaired Image-to-Image Translation using

Cycle-Consistent Adversarial Networks, 2017
51 D.P. Kingma, M. Welling, Auto-Encoding Variational Bayes, 2014
52 T. Karras, T. Aila, S. Laine, J. Lehtinen, Progressive Growing of GANs for Improved Quality, Stability, and Variation, 2017
53 J. Yu et. al., Generative Image Inpainting with Contextual Attention, 2018
54 T. White, Sampling Generative Networks, 2016
55 Z. Cao et. al., OpenPose: Realtime Multi-Person 2D Pose Estimation using Part Affinity Fields, 2018
56 K. Xu et. al., Show, Attend and Tell: Neural Image Caption Generation with Visual Attention, 2016
57 S. Hochreiter, J. Schmidhuber, Long Short-Term Memory, 1997
58 C. Kyunghyun, et. al., Learning Phrase Representations using RNN Encoder-Decoder for Statistical Machine Translation, 2014
59 J. Chung. et. al., Empirical Evaluation of Gated Recurrent Neural Networks on Sequence Modeling, 2014
60 D. Bahdanau, et. al., Neural Machine Translation by Jointly Learning to Align and Translate, 2014
61 M.-T. Luong, et. al., Effective Approaches to Attention-based Neural Machine Translation, 2015
62 A. Vaswani, et. al., Attention Is All You Need, 2017
63 Z. Yang et. al., XLNet: Generalized Autoregressive Pretraining for Language Understanding, 2019
64 A. Radford et. al., Improving Language Understanding by Generative Pre-Training, 2018
65 T. Mikolov, K. Chen, G. Corrado, J. Dean; Efficient Estimation of Word Representations in Vector Space, 2013
66 J. Pennington, R. Socher, C. D. Manning, GloVe: Global Vectors for Word Representation, 2014

67 S. Bengio, O. Vinyals, N. Jaitly, N. Shazeer, Scheduled Sampling for Sequence Prediction with Recurrent Neural Networks, 2015

68 H. Inan, K. Khosravi, R. Socher, Tying Word Vectors and Word Classifiers: A Loss Framework for Language Modeling, 2017

69 J. Devlin, M.-W. Chang, K. Lee, K. Toutanova, BERT: Pre-training of Deep Bidirectional Transformers for Language Understanding, 2018

70 D. Hendrycks, K. Gimpel, Gaussian Error Linear Units (GELUs), 2016

71 B. Sarwar et. al., Item-based Collaborative Filtering Recommendation Algorithms, 2001

72 S. Rendle, Factorization Machines, 2010

73 D. Billsus, M. J. Pazzani, Learning collaborative information filters, 1998

74 H.-T. Cheng et. al., Wide & Deep Learning for Recommender Systems, 2016

75 D. Amodei, Deep Speech 2: End-to-End Speech Recognition in English and Mandarin, 2015

76 A. Graves et. al., Connectionist Temporal Classification: Labelling Unsegmented. Sequence Data with Recurrent Neural Networks, 2006

77 B. Shi, X. Bai, C. Yao, An End-to-End Trainable Neural Network for Image-based Sequence Recognition and Its Application to Scene Text Recognition, 2015

78 J. Shen et. al., Natural TTS Synthesis by Conditioning WaveNet on Mel Spectrogram Predictions, 2018

79 A. Oord, et. al., WaveNet: A Generative Model for Raw Audio, 2016

80 D. Griffin, J. Lim, Signal estimation from modified short-time Fourier transform, 1984

81 D. Silver et. al., Mastering the game of Go with deep neural networks and tree search, 2016

82 R. S. Sutton, A. G. Barto, Reinforcement Learning: An Introduction, Second Edition,

Section 3.7, 2015

83 V. Minh et. al., Asynchronous Methods for Deep Reinforcement Learning, 2016

84 T. Haarnoja et. al., Soft Actor-Critic Algorithms and Applications, 2018

85 S. Narang et. al., Mixed Precision Training, 2018

86 D. Hendrycks, K. Gimpel, Gaussian Error Linear Units (GELU), 2018

87 J. Chen, M. Grossman, T. McKercher, Professional CUDA C Programming, 2014